$Tg\ {}^{20}_{4}$

$\int 8\tilde{x}$
B.

Ⓒ

ÉLÉMENS

DE

L'ART VETERINAIRE.

ÉLÉMENS
DE
L'ART VETERINAIRE.
ZOOTOMIE
OU
ANATOMIE COMPARÉE,

A l'usage des Elèves des Ecoles Vétérinaires.

Par M. BOURGELAT, Commissaire général des Haras du royaume, Directeur & Inspecteur général desdites Ecoles, de l'Académie royale des Sciences & Belles-Lettres de Prusse, ci-devant Correspondant de l'Académie royale des Sciences de France, &c.

A PARIS;

Chez VALLAT-LA-CHAPELLE, Libraire, au Palais, sur le Péron de la Sainte-Chapelle.

M. DCC. LXVI.
AVEC PERMISSION.

ÉLÉMENS
DE
L'ART VÉTÉRINAIRE.

DE L'ANATOMIE
en général.

INTRODUCTION.

Des parties qui concourent à former celles qui font contenues dans l'intérieur des animaux.

I. L'Anatomie est une science par le moyen de laquelle nous parvenons avec succès à la diffection ou à la décomposition artificielle du corps de l'homme & des animaux. Dans ce dernier cas, on la nomme proprement *Zootomie*, ou *Anatomie comparée*.

Elle est la base de l'Art Vétérinaire, comme elle est le fondement de la Médecine humaine.

Elle expose à nos yeux le nombre prodigieux des parties qui entrent dans la formation des corps, leurs différences, leurs rapports, leur structure & leur situation.

II. On la divise ordinairement en deux parties : en celle qui traite des parties qui ont de la solidité, &

A

qu'on appelle parties dures, & en celle qui envisage en général les parties qui sont molles. L'une est l'*Ostéologie*, l'autre est la *Sarcologie*.

La *Sarcologie* comprend généralement les viscères, les muscles, les vaisseaux, les nerfs, les glandes : aussi la subdivise-t-on en Splanchnologie, en Miologie, en Angéiologie, en Névrologie & en Adénologie.

III. La machine animale est un composé de vaisseaux. L'examen de cette machine se réduit donc à celui de deux sortes de parties, dont les unes sont solides, & les autres fluides.

IV. Les parties solides sont celles dans lesquelles les fluides sont contenus, & circulent sans cesse, tant que la machine est vivante. Ces parties sont formées par une union & un assemblage de fibres.

Les fibres sont des filamens ou de petits corps extrêmement déliés, capables de ressort & douées d'élasticité, & dont la ténuité est telle, qu'ils se dérobent même à l'œil le plus perçant.

Elles reçoivent différens noms, selon la différence de leurs arrangemens, de leur direction, de leur substance, de leur structure, de leur volume & & de leurs usages.

V. Toutes les parties qu'elles forment sous le nom de solides, sont les os, les cartilages, les ligamens, les membranes, les vaisseaux, les nerfs, les muscles, les glandes & les viscères. Il est par conséquent des fibres osseuses, cartilagineuses, ligamenteuses, membraneuses, tendineuses, musculeuses, charnues, &c. comme il en est de longitudinales, de transversales, d'obliques, de circulaires, de spirales, &c.

VI. Des fibres diversement rangées forment les os ; le tissu en est infiniment plus compact que celui des autres parties.

VII. Les cartilages ne different des os, que du plus ou du moins de fermeté: la fubftance en eft polie, élaftique, fouple & blanchâtre.

Les uns font durs, & deviennent offeux avec le temps; les autres font plus mols, & compofent même des parties, comme les cartilages des nafeaux & des oreilles: il en eft de plus mols, qui tiennent de la nature du ligament, & dès-lors on les nomme cartilages ligamenteux.

VIII. Les ligamens font formés de parties fibreufes, blanches, & plus flexibles que celles des cartilages.

IX. Des tiffus de fibres croifées & entre-lacées en plufieurs fens, mais prefque toujours fur un même plan, forment des efpeces de toiles plus étendues, moins roides & moins fortes que les ligamens. On les appelle membranes.

Leur fineffe ou leur épaiffeur, leur fubftance, leur figure, leur fituation & leurs ufages, en font les différences.

Les portions membraneufes les plus minces, fe nomment *pellicules* ou *tuniques*: pofées les unes fur les autres, elles conftruifent des tuyaux, & même des vifceres.

Il en eft de ligamenteufes, de charnues, d'aponévrotiques, &c.

Eu égard à leur figure, on les nomme *fac*, *poches*, *enveloppe*, *cloifons*, &c.

On les nomme *méninge* au cerveau, *plévre* à la poitrine, *périofte*, lorfqu'elle recouvre les os, &c.

Elles tapiffent les principales cavités du corps. Elles forment tous les conduits qui fe diftribuent dans toute l'étendue de la machine, pour la circulation des fucs dont elle a befoin. Elles compofent des parties confidérables, comme l'eftomac, les intestins, la vessie. Elles servent d'organes aux sensations extérieures.

X. Roulées en maniere de tuyaux, elles forment les vaisseaux.

Ceux-ci sont ronds, plus ou moins longs; leur figure approche de celle d'un cône. Ils se divisent & se subdivisent en un nombre infini de ramifications, dont les dernieres, à raison de leur petitesse, sont connues sous la dénomination de vaisseaux capillaires.

XI. Il est quatre classes de vaisseaux dans la machine animale.

XII. La premiere comprend les vaisseaux nerveux ou les nerfs. Ils se présentent comme des cordons blancs & cylindriques, dont la racine est dans la moëlle allongée & dans la moëlle de l'épine. On présume que ces filets ou cordons sont vasculeux, & qu'un fluide très-subtil appellé esprit animal, suc nerveux, les accompagne, les pénetre, & remplit leurs pores jusqu'à leurs extrémités.

XIII. Les vaisseaux sanguins sont de deux sortes.

Les uns, appellés arteres sanguines, reçoivent le sang du cœur, & le distribuent à toutes les parties du corps. Ces arteres sont fortes, composées de plusieurs lames membraneuses, douées de beaucoup d'élasticité, ce qui les rend susceptibles de deux mouvemens.

Le premier a lieu par la dilatation, & se nomme *diastole* : le second résulte de leur contraction, & se nomme *systole*. Ces deux mouvemens opposés forment le pouls.

La seconde sorte de vaisseaux sanguins, comprend les veines qui reçoivent le sang des parties, & le reportent au cœur. Elles sont moins fortes, quoique composées également de plusieurs lames membraneuses, mais plus minces, & moins élastiques ; aussi n'ont-elles point de mouvemens sensibles.

Il est dans leur intérieur des valvules, principalement à celles qui sont dans les extrémités. Ces valvules placées à quelques distances les unes des autres, empêchent le sang, qui est rapporté de la circonférence au centre par ces vaisseaux veineux, de rétrograder & de retourner en arriere.

Les gros troncs des arteres & des veines se divisent en rameaux, en branches, en ramifications: les dernieres sont, comme nous l'avons dit, les vaisseaux capillaires.

Les extrémités capillaires des arteres fournissent au surplus aux extrémités capillaires des veines, & y transmettent le sang qui n'a pu servir à la nourriture des parties, & qui doit être rapporté au cœur.

XIV. On appelle vaisseaux lymphatiques, des tuyaux extrêmement fins, qui ont une tunique transparente & déliée : ils sont destinés à charrier une humeur séreuse mêlée de particules nourricieres, que l'on nomme la lymphe.

Ces vaisseaux sont aussi de deux sortes.

Les arteres lymphatiques semblent partir des divisions des arteres capillaires sanguines, & conduisent la lymphe dans toutes les parties du corps.

Les veines lymphatiques paroissent être la continuation des arteres du même nom ; elles rapportent une portion de la lymphe qui avoit été distribuée aux différentes parties par les arteres lymphatiques, pour s'en décharger ensuite dans les veines sanguines, &c.

XV. Les vaisseaux de la quatrième classe sont de deux sortes, sécrétoires & excrétoires.

Les sécrétoires séparent du sang quelque liqueur particuliere. Ils ne prennent pas naissance dans la courbure de l'artere fanguiné, mais dans le vaiffeau lymphatique, afin que la liqueur fe filtre plus paifiblement.

Les excrétoires font plus forts & plus opaques; étant formés par la réunion des fécrétoires; ils reçoivent la liqueur qui a été féparée, ils la dépofent dans quelque partie, ou la tranfmettent au-dehors.

XVI. Des faifceaux de fibres différemment rangés forment les mufcles.

Dans chacun d'eux, excepté dans ceux qui font circulaires ou creux, on obferve trois parties, le milieu, & les extrémités.

Le milieu, qu'on appelle le ventre du mufcle, eft la partie la plus groffe, la plus rouge, & la feule par laquelle s'exécute la fonction du mufcle; auffi le dit-on compofé de fibres motrices: c'eft auffi proprement ce qu'on appelle chair.

Les extrémités font une de chaque côté; les mêmes fibres les forment: mais là elles font plus ferrées, moins élaftiques, & de couleur blanche. Préfentent-elles des corps ronds, on les appelle des *tendons*. S'épanouiffent-elles en maniere de membranes, on les appelle des *aponévrofes*. C'eft par ces extrémités que les mufcles font attachés aux os, ou aux parties qu'ils doivent mouvoir: ils font les inftrumens du mouvement.

XVII. Les glandes font des corps ronds ou ovalaires, formés par l'entrelacement, le concours, les plis & les replis des vaiffeaux capillaires de toute efpece; c'eft-à-dire, des arteres, des veines fanguines, des vaiffeaux nerveux, lymphatiques & excrétoires: elles font enfermées dans une capfule membraneufe. Leur ufage en fait diftinguer de deux fortes.

Les conglobées, qui ne forment qu'un même

corps, & qui ne servent qu'à séparer ou à perfectionner la lymphe.

Les conglomérées, composées de plusieurs grains glanduleux, & qui séparent du sang quelque liqueur particuliere.

XVIII. On entend par visceres, toutes les parties qui servent aux fonctions vitales ou naturelles, comme le cerveau, les poumons, le cœur, le foie, l'estomac, les intestins, les reins, &c.

XIX. On entend par fluides, des molécules très-déliées qui cédent au moindre attouchement, qui se séparent, qui se heurtent, & roulent les unes sur les autres.

Ils sont répandus dans toute l'étendue de la machine, car elle n'offre pas un seul point où il n'y ait des vaisseaux.

Ils ont tous une même origine; ils émanent d'un même principe: ainsi les humeurs principales dérivent toutes du chyle & du sang proprement dit.

XX. Le chyle est une liqueur blanche, laiteuse: elle differe du sang en couleur, en saveur & en consistance. C'est un mélange qui résulte des alimens, soit qu'ils soient transmis de la mere au petit par le cordon ombilical, soit que l'animal, hors du ventre de sa mere, s'en soit nourri lui-même.

Sa formation s'exécute par différentes préparations, dans la bouche, dans l'estomac & dans les intestins, où il acheve de se perfectionner.

XXI. Le sang est une liqueur rouge: sa consistance est plus solide que celle de l'eau. Il est contenu dans les arteres & veines sanguines.

On y distingue en général une partie rouge ou globuleuse, & la partie blanche ou la lymphe.

Ces deux parties circulant ensemble, paroissent n'en faire qu'une; mais elles se séparent sensiblement dans le sang qui est hors des vaisseaux : la premiere se coagule ; la seconde est aqueuse : c'est ce qu'on appelle la sérosité.

Le sang résulte du chyle, & se renouvelle au moyen des alimens.

XXII. La lymphe est en partie gélatineuse, & en partie séreuse : au moyen des vaisseaux lymphatiques qui la contiennent, elle porte dans tout le corps la nourriture & la matiere des filtrations : elle revient ensuite se rendre dans les veines sanguines.

Sa portion gélatineuse ressemble par son mucilage à un blanc d'œuf : elle se durcit à une légere chaleur.

XXIII. Il est encore d'autres humeurs qui participent aux différens mouvemens du sang, qui se trouvent mêlées & confondues avec lui, & dont elles sont une production. Suffisamment atténuées, elles se séparent dans les glandes conglomérées par le moyen des vaisseaux sécrétoires. C'est cette séparation que nous nommons sécrétion.

XXIV. Ces humeurs sont de trois sortes. Les unes sont repompées, & se mêlent de nouveau dans la masse : on les appelle récrémens, ou humeurs récrémenticielles. Tels sont les esprits animaux qui se séparent dans le cerveau, & dont le résidu reprend ensuite les voies de la circulation, pour aller souffrir dans ce viscere de nouvelles préparations. Tel est le suc nourricier, qui n'est autre chose qu'une lymphe atténuée, portée continuellement dans toutes les parties de la machine par les arteres sanguines, de-là dans les arteres lymphatiques, & dont le résidu est repris par autant de veines lymphatiques qui le rapportent dans les veines sanguines.

Les excrémens ou les humeurs excrémenticielles, sont celles qui n'ont plus de commerce avec le sang, & qui sont jettées au-dehors. Telles sont l'urine, la matiere de l'insensible transpiration, celle de la sueur, l'humeur muqueuse, &c.

Enfin, les excrémens récrémenticiels, c'est-à-dire, les humeurs, dont une partie est jettée hors des voies de la circulation, tandis que l'autre rentre dans le torrent, sont, par exemple, la salive, la bile, le suc intestinal, &c. & c'est ainsi que se divisent toutes les liqueurs émanées du sang.

DE L'OSTEOLOGIE,

OU

DE LA CONNOISSANCE DES OS.

Des Os en général.

1. Les os sont des parties insensibles, plus ou moins blanches, les plus dures, les plus solides & les plus compactes de toutes celles qui entrent dans la composition du corps des animaux.

2. Leur nature, leur conformation, leur structure, leurs parties, leur grandeur, leurs noms, leur situation, leur connexion & leurs usages, sont autant de points à envisager.

L'*Hippostéologie* a pour objet les os du corps du cheval; l'*Gistéologie*, les os du corps de la brebis; la *Bostéologie*, les os du corps du bœuf, &c. C'est ainsi que cette partie de l'Anatomie, connue sous la dénomination générale d'*Ostéologie*, est appellée, selon l'animal dont on se propose d'examiner le squelette.

3. On nomme *squelette*, l'assemblage ordonné, symmétrique & régulier de tous les os, soit dans le squelette naturel, soit dans le squelette artificiel.

Le premier est celui dont les os sont unis en conséquence de leurs propres ligamens, & dans lequel on observe encore les cartilages.

Le second est celui dont les os, après avoir été séparés & désunis, ont été rejoints & remis dans leur premiere difpofition, au moyen de quelque lien artificiel & étranger.

4. Les os forment la charpente de toute la machine : ils font, par leur folidité, le foutien de l'édifice entier ; ils lui fervent de bafe. Le plus grand nombre d'entr'eux eft foumis à l'action des mufcles, c'eft-à-dire, à ces puiffances auxquelles ils fourniffent des attaches, & qui tournent, meuvent & font agir ces parties immobiles par elles-mêmes.

5. Les os font mols dans leur origine : ils paffent, avant d'acquérir la folidité qui les diftingue des parties molles, par tous les dégrés d'accroiffement & de confiftance. Leur état de molleffe eft vifible dans l'embryon : leurs fibres, femblables à des ftries de blanc d'œuf, font mobiles en tout fens dans le principe de leur formation, quoique compofées de parties dont la cohéfion eft naturellement plus intime que celle des fibres dont font formées les autres portions du corps ; & c'eft cette cohéfion, cette premiere difpofition à plus de roideur & à moins de flexibilité, qui diminuant d'une part la force fiftaltique, contraint de l'autre les petits vaiffeaux, de maniere que les liqueurs y font charriées avec moins de promptitude & d'aifance ; de-là la ftagnation des parties terreufes & mucilagineufes contenues dans le fang, & qui parvenues à l'extrémité des tuyaux, s'y arrêtent, s'y durciffent par leur féjour, prennent corps avec le vaiffeau même, l'obftruent, & acquiérent de la folidité. Auffi voyons-nous que la couleur rouge de l'os diminue, & que fa confiftance augmente en dureté, à proportion de l'âge du fœtus, parce-qu'en effet les liqueurs n'ont plus un libre paffage.

6. Il eft donc dans les os des vaiffeaux, qui em-

barrassés & obstrues à raison de leur exilité & de leur finesse, ne prennent plus aucune part à la circulation: mais il en est d'autres dont le diametre étant plus considérable, ne sont pas susceptibles des mêmes engorgemens; & c'est d'eux seuls que les os tirent leur nourriture. Ceux-ci pénetrent dans la substance osseuse par des ouvertures très-sensibles, dans les os macérés ou qui ont bouilli. Ils y sont dispersés en petit nombre, & ils suffisent non-seulement à y porter la matiere du suc nourricier, mais à fournir à la moëlle & au suc moëlleux. Au reste, ces vaisseaux ne sont point ici distribués comme dans tout le reste du corps: les veines n'accompagnent pas les arteres, elles prennent d'autres routes pour rapporter le sang.

7. On doit considérer les os, eu égard à leur structure interne & à leur conformation extérieure, eu égard à leur connexion, enfin eu égard à leurs usages.

8. La structure interne des os conduit à l'examen de leur substance, & des cavités intérieures qu'on y remarque.

9. Par ce mot de substance, on entend le tissu qui résulte du plan général & de l'arrangement des fibres osseuses. La disposition différente de ces fibres a donné lieu à la distinction d'une substance compacte, d'une substance spongieuse, & d'une substance réticulaire.

La *substance compacte* est celle qui forme le corps de l'os, qui en détermine la figure, qui en fait & qui en constitue la force, attendu l'intimité de l'union des fibres dans la partie moyenne des os. Elle est la plus extérieure & la plus blanche.

La *substance spongieuse* est dans l'extrémité des os longs qui ont des cavités, ou dans tout le milieu des os plats qui n'en ont point. Elle résulte des intervalles que les fibres laissent entr'elles à l'extrémité des os cylindriques, plus volumineuse que le corps de l'os, & dans les os plats dépourvus de cavités à leur milieu ; ces intervalles étant autant de cellules qui communiquent ensemble, & qui reçoivent les vaisseaux sanguins, & le suc gras connu sous le nom de suc moëlleux, que ces mêmes vaisseaux y déposent.

La *substance réticulaire* n'existe que dans les cavités des os longs. Plusieurs des fibres s'y séparent visiblement les unes des autres, & composent une espece de réseau en s'y propageant irréguliérement. Cette substance est destinée à soutenir la distribution des vaisseaux sanguins qui fournissent la moëlle, & à supporter la moëlle elle-même.

10. Les cavités intérieures sont de trois sortes.

1.° Les grandes cavités internes, qui sont principalement dans le milieu des os longs, & dans lesquelles se trouve le tissu ou la substance réticulaire.

2.° Les cellules ou les intervalles de la portion ou de la substance spongieuse.

3.° Les pores ou les conduits, dont les uns très-déliés s'évanouissent & se perdent dans la substance de l'os, tandis que les autres moins étroits, & suivant des routes obliques, la percent & la pénetrent entiérement. C'est par ces ouvertures ou par ces pores que s'introduisent dans la substance osseuse les vaisseaux qui servent à l'entretien & à la nourriture des os, ainsi qu'à fournir à la moëlle & au suc moëlleux.

11. La *moëlle* est une masse plus ou moins dense, enveloppée d'une membrane éxtrêmement délicate, qu'on pourroit envisager comme un périoste interne. On en trouve toujours dans la grande cavité des os longs.

Le *suc moëlleux* est un suc onctueux, gras & liquide, qui se montre dans leurs petites cavités cellulaires.

Ce suc, ainsi que la moëlle, qu'on peut regarder comme une huile médullaire, ici d'une consistance plus ferme, là d'une consistance plus molle, séparée du sang artériel, s'extravase après être sortie de ses canaux ; la portion la plus liquide transsude à travers la substance des os par leurs porosités seulement, sans qu'il y ait à cet effet des vaisseaux particuliers : d'où il paroît naturel de conclure que l'huile dont il s'agit ne sert en aucune maniere à la nourriture des os, mais à corriger la rigidité des fibres, à donner une sorte de souplesse à la substance osteuse, à la rendre moins seche, moins fragile & moins cassante.

12. Le volume, la figure, les parties, les éminences, les cavités, les inégalités des os ; telles sont les objets qui peuvent intéresser dans la considération de leur conformation extérieure.

Quant à leur volume, il en est de gros, de moyens & de petits.

Leur figure varie à raison de la diverse disposition des fibres : rassemblées en faisceaux & en maniere de cylindre, elles forment des os cylindriques, comme les fibres qui ne présentent que des lames applaties, forment des os plats, tels que ceux du crâne & de l'omoplate, & ainsi des autres fibres osteuses, &c.

Les parties des os sont certaines portions de leur surface extérieure, divisées différemment à raison de leur étendue, de leur forme & de leur situation.

Dans les os longs on distingue un corps ou une partie moyenne, que quelques-uns ont nommée *diaphise*, & qui est la premiere qui devient dure dans le fœtus : on y confidere enfuite deux extrémités ; l'une fupérieure ou antérieure, l'autre inférieure ou poftérieure.

Dans les os plats on reconnoît deux faces, l'une interne, l'autre externe ; des angles, une bafe, des bords & des parties latérales.

On appelle *éminence*, toute faillie, tout allongement qui fe trouve extérieurement à l'os.

Celle qui forme un feul & même corps avec l'os, fe nomme *apophife*, & l'os dans cet endroit eft toujours plus fpongieux.

Celle qui eft fimplement contiguë, & qui paroît y être rapportée ou unie, s'appelle *épiphife* : c'eft en quelque forte un appendice de l'os.

Ordinairement les *épiphifes* fe joignent avec l'âge fi étroitement au corps de l'os, qu'elles deviennent *apophifes*. Elles font toutes cartilagineufes dans les jeunes fujets ; & quoiqu'infenfiblement elles s'offifient, elles font enfuite conftamment fpongieufes ; & tel eft toujours auffi le tiffu de l'os à l'endroit où elles s'y uniffent.

Les apophifes & les épiphifes donnent plus d'affiette & de fermeté aux articulations, en augmentant les points de contact : elles multiplient les infertions des mufcles & les attaches des ligamens ; elles changent les directions de plufieurs de ceux qui paffent auprès de l'axe du mouvement, & elles en facilitent l'action par l'augmentation de l'angle d'inclinaifon.

Ces deux éminences reçoivent encore d'autres dénominations, en conféquence de leur figure.

Une convexité ou arrondiffement à leur furface, leur méritent le nom de *têtes*.

Si elles font applaties de côté & d'autre, elles prennent celui de *condyles*.

Si elles sont irrégulieres & raboteuses, on leur donne celui de *tubérosités*.

Sont-elles évasées dans leurs extrémités, & étroites dans leur milieu, on les appelle *col*.

Sont-elles aiguës ou pointuës, on les nomme *épine* ou *épineuses*.

Sont-elles longues & tranchantes, on les appelle *crêtes*.

Il en est encore d'obliques, de transverses, de supérieures & d'inférieures; d'autres qu'on nomme *stiloïdes*, *condyloïdes*, *cricoïdes*, *coracoïdes*, *mastoïdes*, &c.

Les deux tubérosités du fémur sont appellées *trochanter*.

Par le terme de cavité, on exprime en général tous les enfoncemens qui sont à la partie externe des os.

Les unes logent des parties molles, comme le cerveau & les yeux.

Les autres reçoivent des parties dures, comme celles qui sont destinées à l'emboitement de l'éminence d'un autre os.

On les nomme *fosses*, lorsque leur ouverture est large.

Sinus, lorsque leur entrée est plus étroite que le fond.

Fossettes, quand elles sont petites.

Trous, quand elles percent d'outre en outre.

Fentes, quand l'épaisseur de l'os est percée par une ouverture longue & étroite.

Canaux ou *conduits*, lorsqu'elles cheminent en maniere de tuyaux.

Pores, lorsque ces canaux ou ces conduits sont extrêmement déliés, & comme imperceptibles.

Gouttieres, lorsqu'elles forment des demi-canaux longs & ouverts.

Rénures,

Rênures, *cannelures* & *fillons*, quand ces demi-canaux sont fort étroits, superficiels, & en quantité.

Sinuosités, quand elles donnent passage à des tendons.

Scissures, lorsqu'elles reçoivent des vaisseaux sanguins & des nerfs.

Echancrures, quand le bord de l'os est comme entaillé.

Labyrinthe, lorsqu'après plusieurs contours cachés, elles communiquent entr'elles.

Les cavités qui reçoivent des parties dures, se distinguent par leur plus ou moins de profondeur.

Les plus profondes se nomment *cotyloïdes*; telle est celle qui reçoit la tête du fémur.

Les autres s'appellent *alvéoles*; telles sont celles dans lesquelles les dents sont fichées & implantées.

Les moins profondes sont dites *glénoïdes*; telle est celle de l'omoplate.

Quant aux inégalités superficielles, elles servent ou aux insertions des tendons, ou à l'attachement des muscles. On les nomme *facettes*, *empreintes*, *impressions*, *traces*, *marques tendineuses*, *musculaires*, *ligamenteuses*, &c.

13. L'union & l'assemblage différent de toutes les pieces osseuses, porte en général le nom d'*articulation*, à l'exception de cette liaison naturelle & intime par laquelle deux os distincts dans les jeunes sujets, n'en forment qu'un seul dans les adultes. Cette liaison naturelle & intime se nomme *simphise*.

14. Il est trois sortes d'articulations: la premiere immobile, la seconde avec mouvement, la troisiéme sans mouvement & avec mouvement: celle-ci est une articulation mixte.

B

L'*articulation immobile* se fait de deux manieres ; par *engrenure*, ou par *trou* & par *cheville*.

Par engrenure, lorsque la connexion est telle qu'elle est affermie par des dentelures & des enfoncemens qui se répondent, de façon que ces éminences & ces cavités sont réciproquement reçues les unes dans les autres : c'est ce que nous nommons *sutures*.

Par trou & par cheville, lorsque l'os est enchâssé & fiché dans la cavité : c'est ce que nous nommons *gomphose*.

Les *articulations mobiles* servant aux différens mouvemens & changemens de situation du corps & de ses parties, peuvent se rapporter à quatre especes de mouvemens : à celui de *coulisse*, à celui de *genou*, à celui de *charniere*, à celui de *pivot*.

Le mouvement de *coulisse* a lieu quand deux os coulent & glissent l'un sur l'autre, comme les vertebres par leurs apophises obliques.

Celui de *genou*, lorsque la tête d'un os se meut dans une cavité, comme la tête du fémur dans la cavité de l'ischion.

Le mouvement de *charniere* s'exécute, lorsque l'extrémité de l'os a deux éminences & une cavité, & que l'extrémité de l'os qui s'articule avec le premier, a deux cavités & une éminence.

Ou lorsqu'une extrémité de l'os est reçue par un os, & que son autre extrémité reçoit le même os.

Ou enfin, lorsqu'un os en reçoit deux autres, un à chaque extrémité, comme les vertebres.

Enfin, le mouvement de *pivot* a lieu, lorsqu'un os considérable tourne sur une pointe, comme la premiere vertebre cervicale sur l'apophise odontoïde de la seconde.

L'*articulation mixte* est, par exemple, celle qui

joint les vertebres par leur corps & à l'os sacrum, ces os n'ayant qu'un mouvement obscur de ressort & de flexibilité proportionné à l'étendue & au volume du cartilage qui les unit, sans qu'ils puissent glisser les uns sur les autres.

15. Les accidens fréquens qui pourroient résulter des articulations mobiles, dont le jeu est toujours suivi d'une collision violente entre des corps durs, ont été prévus: toutes les parties des os destinés à se joindre à quelqu'autre, & à l'exécution de quelques mouvemens, ayant été recouvertes d'un *cartilage* extrêmement adhérent, & ce cartilage lui-même étant rendu plus souple & plus glissant à raison de l'humeur mucilagineuse dont il est sans cesse abreuvé. Cette humeur, que l'on nomme *synovie*, fournie, selon quelques-uns, par des glandes mucilagineuses qui sont des organes au moyen desquels le sang la dépose, & en partie par les pores de la surface interne des *ligamens capsulaires*, se répand entre les pieces articulées; elle en facilite les mouvemens, elle empêche qu'elles ne se froissent, & sans elle les cartilages dont il s'agit se dessécheroient & s'useroient infailliblement.

16. Les *ligamens* qui maintiennent & affermissent la connexion des os, sont plus ou moins forts; & leur structure, ainsi que leur position, varient selon les espèces des articulations.

En général, ils sont presque tous placés en-dehors.

Quelques-uns d'entr'eux sont placés en-dedans, comme le *ligament rond* qui attache la tête du fémur dans la cavité des os des îles; le *ligament* qui attache le tibia avec l'extrémité inférieure du fémur, & celui de la premiere vertebre qui affermit l'apophise odontoide de la seconde.

Dans toutes les articulations, il est des *liga-*

mens larges, ou plutôt des membranes ou des toiles ligamenteuses qui enveloppent tout l'article, en s'attachant aux deux os qui le forment, & qui servant comme de capsule à la synovie, s'opposent à l'écoulement & à la perte de cette humeur.

Dans les articulations par charniere, outre les *ligamens capsulaires*, il est des *ligamens latéraux* situés en-dehors des premiers. Les parties où l'on en rencontre le plus de cette sorte, sont les vertebres, les articulations des genoux, des jarrets, &c.

17. Enfin, les os, leurs cartilages & leurs ligamens, sont extérieurement revêtus d'une membrane. Celle des cartilages s'appelle *périchondre*; celle des ligamens, *périderme*; celle des os, *périoste*.

Le *périoste* ne revêt pas les portions couvertes par les cartilages, ni celles qui sont occupées par les attaches des ligamens & les tendons, ni les parties exposées au frottement. L'usage de cette expansion membraneuse, composée de plusieurs plans de fibres particulieres, dont l'interne adhere immédiatement à la surface osseuse, & y est attachée par quantité de petites extrémités fibreuses de tous les plans qui s'engagent dans les pores de l'os, est de soutenir une infinité de vaisseaux capillaires dont elle est percée, qui fournissent la nourriture à la substance osseuse & à toutes les parties qui appartiennent à l'os.

Elle a une vertu de ressort, une faculté élastique, par le moyen de laquelle elle tend à se resserrer, à revenir sur elle-même, & à s'applanir après qu'elle a été élevée par les petits vaisseaux qui sont entr'elle & l'os. Elle accélere par conséquent la circulation du sang & de la lymphe dans les parties les plus reculées des fibres osseuses.

18. Au surplus, on divise le *squelette humain* en

DE L'ART VETERINAIRE. 21
tête, en *tronc* & en *extrémités* ; & pour suivre à-peu-près le même ordre, nous divisons le *squelette des quadrupedes* en *avant-main*, en *corps* & en *arriere-main*.

L'*avant-main* comprend la *tête*, les *vertebres cervicales* & les *extrémités antérieures*.

Le *corps*, les *vertebres dorsales* & *lombaires*, les *côtes* & le *sternum*.

L'*arriere-main* enfin, l'os *sacrum*, les *os de la queue*, le *bassin*, & toute l'*extrémité postérieure*.

PRÉCIS
HIPPOSTÉOLOGIQUE,
OU
TRAITÉ ABRÉGÉ
DES OS DU CHEVAL,
CONSIDÉRÉS EN PARTICULIER.

SECTION PREMIERE.
Des Os de l'Avant-main.

19. La tête du squelette de l'animal dont il s'agit peut & doit être divisée en crâne, en mâchoire antérieure & en mâchoire postérieure.

Il faut considérer dans les os dont elle est formée,

1.° Ceux qui sont en *nombre pair*; tels sont les pariétaux, les temporaux, les angulaires, les zigomatiques, les maxillaires, les os du nez, les conques ou cornets de cette même partie, & les os du palais.

2.° Les *os impairs*, c'est à-dire, le frontal, l'occipital, le sphénoïde, l'ethmoïde & le vomer, ainsi que l'os de la mâchoire postérieure.

3.° Parmi ces os, ceux qui sont dits *les os propres du crâne*; tels sont le frontal, l'occipital, les deux pariétaux, & les deux temporaux.

4.° *Ceux qui forment la mâchoire antérieure*, & qui sont les os du nez, les angulaires, les zigomatiques, les maxillaires, les os du palais, les cornets du nez & le vomer.

5.° Enfin, *les os communs au crâne & à cette même mâchoire*: tels sont l'ethmoïde & le sphénoïde.

6.° *L'articulation* de tous ces os *par des sutures*, auxquelles on a donné des noms tirés de celui des os dont elles forment la connexion, ou relatifs à leur propre figure. Ainsi la suture qui unit le frontal aux pariétaux, a été dite *suture frontale*; celle qui unit les deux pariétaux l'un à l'autre, *suture sagittale*; *lambdoïde*, celle par laquelle les pariétaux sont articulés avec l'occipital; *temporale*, celle qui les unit aux temporaux, &c. Dans le cheval adulte, la plupart de ces sutures disparoissent; les os s'unissent entiérement dès qu'il a cessé d'être poulain. Au surplus, la considération de cette sorte d'articulation n'est, relativement à l'animal malade, d'aucune utilité évidemment réelle dans la pratique.

Des Os du Crâne.

20. Le crâne est cette espece de boëte osseuse formée par l'assemblage de plusieurs os, & destinée à loger & à contenir le cerveau, le cervelet, & la moëlle allongée.

L'Os Frontal.

21. Cet os est ainsi nommé parcequ'il forme le front. On l'appelle encore du nom de *coronal*, dans l'homme.

Il faut en considérer,

1.° *La division* en deux pieces dans le poulain.

Os propres du crâne.
L'os frontal

2.° *La légere fosse* (1) qui se montre dans sa partie inférieure & latérale, cette fosse formant la portion supérieure de la fosse orbitaire.

3.° *Les deux faces*, l'une externe (2), l'autre interne (3),

4.° *Les apophises orbitaires* (4), c'est-à-dire, les deux éminences qu'on remarque dans la premiere de ces faces, & qui joignent cet os avec deux pareilles apophises du temporal : elles forment le dessus de l'orbite.

5.° *Les trous sourciliers* (5), un de chaque côté, ainsi nommés à cause de leur position dans cette même face aux lieux des sourcils. Ces trous excedent quelquefois le nombre de deux, & donnent passage à une veine, à une artere & à un nerf, qui viennent du dedans de cette cavité se distribuer dans les muscles & dans la peau du front.

6.° *Les deux echancrures* (6), placées supérieurement à ces trous, & contribuant à la formation de la cavité que l'on nomme *les sinieres*.

7.° *Les anfractuosités* (7), qui dans la face interne de ce même os répondent aux circonvolutions du cerveau.

8.° *L'echancrure* (8) & *la sinuosité* (9), servant à loger les grandes aîles du sphénoïde.

9.° *L'épine frontale* (10), ou la légere éminence longitudinale étant dans son milieu, & servant d'attache aux replis de la dure-mere, que l'on appelle *la faulx*.

10.° *La fosse* (11), servant à loger la portion inférieure & antérieure du cerveau.

11.° *Les sinus frontaux* (12), ou les deux cavités, résultant de l'écartement des deux tables qui composent cet os, & se trouvant dans son épaisseur & à sa partie inférieure.

12.° *La cloison osseuse* (13), séparant ces deux

cavités qui s'ouvrent par plusieurs petites ouvertures dans celle des naseaux, une partie de l'humeur muqueuse qui se décharge dans celle-ci, étant filtrée dans les premieres.

Les Pariétaux.

22. *Les pariétaux* font au nombre de deux, un de chaque côté : ils ont été ainsi nommés, parcequ'ils forment les parois du crâne.

Les os pariétaux.

Il faut en considérer,

1.° *La position* entre le frontal, l'occipital & les temporaux.

2.° *La figure* quarrée.

3.° *Les faces*; l'une externe (1), convexe & unie; l'autre interne (2), concave.

4.° *Les quatre bords*; l'un supérieur (3), répondant à l'occipital; l'autre inférieur (4), répondant au frontal; l'interne (5) se joignant avec son semblable, & formant avec lui une crête (6), qui se propageant avec celle de l'occipital, sert d'attache à des muscles de l'oreille externe. Enfin l'externe (7), coupé en forme de biseau pour s'unir plus exactement avec la portion écailleuse du temporal, & se terminant en pointe par une apophise (8), que nous nommerons *apophise pariétale*.

5.° *Les sillons* (9) & *les anfractuosités* (10), qui sont dans la face interne destinée à loger la portion antérieure du cerveau; ces sillons étant formés par des vaisseaux artériels de la dure-mere, & les anfractuosités répondant aux circonvolutions du cerveau.

6.° *La gouttiere* (11), qui près du bord interne est préposée pour recevoir les sinus latéraux de la dure-mere.

7.º *La crête* (12) qui est à ce même bord.

8.º *L'apophise* dite *falciforme* (13), se trouvant à la partie supérieure de ces os, & servant d'attache à la faulx dans le lieu où elle s'écarte pour former la cloison transversale appellée dans l'homme *la tente du cervelet*.

9.º *L'épaisseur* de ces mêmes os moindre que celle des autres, ceux-ci étant d'ailleurs défendus par les muscles crotaphites qui les recouvrent entiérement.

L'Occipital.

23.

1.º Os occipital.

L'occipital forme la partie la plus considérable du crâne.

Il faut en considérer,

1.º *La position* au-delà ou en arriere des pariétaux.

2.º *La forme*, qui en est très-irréguliere.

3.º *Les faces*, l'une externe (1), l'autre interne (2), la premiere présentant sept apophises.

4.º *L'apophise de la nuque* (3), placée transversalement à la partie supérieure de cet os : cette apophise, la plus considérable de toutes, étant destinée à servir d'attache aux muscles extenseurs de la tête, & à en augmenter la force.

5.º *L'apophise cervicale* (4) d'un moindre volume que les autres, située à la partie moyenne de la face que nous examinons, près de l'apophise de la nuque : elle sert d'attache au ligament cervical.

6.º *Les deux apophises stiloïdes* (5), résultant de deux éminences assez longues que l'on voit à la partie postérieure & latérale de l'os, & servant d'attache à d'autres muscles de la tête & de l'os hyoïde.

7.º *Les deux apophises condiloïdes* (6), plus régulieres, arrondies & polies, placées entre les deux apophises stiloïdes, & formant l'articulation de la tête avec la premiere vertebre cervicale.

8.º *L'apophise cunéiforme* (7), nommée ainsi parcequ'elle s'avance comme une espece de coin entre les os du crâne, étant située au-dessous des apophises condiloïdes, & étroitement unie avec l'os sphénoïde, jusqu'au corps duquel elle s'avance.

9.º *La fosse* (8), occupant la partie supérieure de cette même face externe, & résultant de l'intervalle qui est entre l'apophise de la nuque & les apophises condiloïdes.

10.º *Deux échancrures* (9) placées entre les apophises stiloïdes & condiloïdes, recevant des éminences de la premiere vertebre du col dans certains mouvemens de la tête.

11.º *Deux autres échancrures* (10), une de chaque côté de l'apophise cunéiforme, contribuant à la formation de ce qu'on appelle les fentes ou les trous déchirés.

12.º *Une cinquiéme échancrure* (11) à la face externe de l'apophise cunéiforme, séparant les deux apophises condiloïdes près du grand trou de l'occipital.

13.º *Les trous condiloïdiens* (12) placés, un de chaque côté, au-dessous des apophises condiloïdes, & donnant passage à la neuviéme paire de nerfs qui sort du crâne pour se distribuer à la langue.

14.º *Le grand trou* (13) situé entre les apophises condiloïdes, & donnant passage à la moëlle de l'épine & aux vaisseaux vertébraux.

15.º *La crête* (14) qui, située au-dessous de l'apophise transversale, s'unit & se prolonge avec celle des pariétaux.

16.° *La grande fosse* arrondie (15), qu'on remarque dans la face interne, & qui sert à loger le cervelet.

17.° *Les anfractuosités* (16) dont cette fosse est garnie.

18.° *La facette articulaire* (17), qui de chaque côté répond à de pareilles facettes des temporaux.

19.° *La sinuosité* (18), polie, creusée sur l'apophise cunéiforme, & sur laquelle repose la moëlle allongée.

24. *Les temporaux.*

Les os temporaux sont au nombre de deux, un de chaque côté.

On en considérera,

1.° *La position* en-dessous de l'occipital & des deux pariétaux.

2.° *Les faces*, l'une externe (1), l'autre interne (2); & deux parties, l'une écailleuse (3), qui est la plus considérable, l'autre pierreuse (4), qui est postérieure à la premiere.

3.° *L'apophise zigomatique* (5) étant à la face externe, venant se joindre avec une semblable éminence du zigoma, & avec l'apophise frontale, elles forment ensemble une arcade que j'appelle *le pont-jugal* (6), attendu sa ressemblance à un joug.

4.° *La sinuosité zigomatique* (7) étant à la face interne de cette apophise, & dans laquelle glisse le tendon du muscle crotaphite.

5.° *L'apophise mastoïde* (8), moindre que la premiere dont elle est la base, & bornant l'artilation de la mâchoire inférieure.

6.° *Les deux échancrures*, dont une premiere (9) entre le corps de ces os & l'apophise zigomatique contribue à la formation des salieres, & dont la seconde (10), plus irréguliere, & qui se trouve à la partie la plus reculée de ces os, fait la grande portion des trous déchirés destinés à donner passage à l'artere carotide, au commencement de la jugulaire, & aux nerfs de la cinquieme & de la huitiéme paire.

7.° *La cavité glénoïde* (11) partagée par une légere éminence, placée en-devant de l'apophise mastoïde, & recevant l'apophise condiloïde de la mâchoire postérieure.

8.° *Le conduit osseux* (12), pénétrant de dehors jusques dans la partie pierreuse, dans laquelle est renfermée l'organe de l'oüie.

9.° *Le canal* (13) situé sous ce conduit à la base de l'apophise mastoïde, pénétrant dans le crâne, & répondant aux sinus occipitaux de la dure-mere.

10.° *Les petits trous* (14), qui n'ont rien de constant & de fixe, & qui ne servent qu'au passage des vaisseaux sanguins qui pénetrent dans la substance de ces os.

11.° *Le trou stiloïdien* (15), placé entre l'apophise stiloïde & l'apophise mastoïde, & dont la situation est constante au-dessus du conduit osseux.

12.° *Le prolongement osseux* (16), creusé dans son milieu pour l'articulation de l'os hyoïde, & situé au-dessous de ce même conduit osseux & du trou stiloïdien.

13.° *La gouttiere* (17), dans laquelle ce prolongement est logé.

14.° *Le conduit* (18) formant le commencement de la trompe d'Eustache.

15.° *L'apophise stiloïde du temporal* (19), qu'on observe au bord de ce conduit.

16.°. *La facette articulaire* (20), répondant à une pareille facette de l'occipital pour l'union de ces os.

17.° *La tubérosité* (21) placée au-dessus du conduit osseux, servant d'attache à des muscles.

18.° *La fosse temporale* (22), que l'on observe dans la face interne, & qui fait partie de la grande cavité du crâne.

19.° *Le prolongement oblique & tranchant* (23) étant au-dessus de cette fosse, servant d'attache à la tente du cervelet, & distinguant intérieurement la portion pierreuse de la portion écailleuse.

20.° *Le trou auditif interne* (24), qui est à cette même portion pierreuse, & par lequel entre le nerf de la septiéme paire, destiné à l'organe de l'ouïe.

21.° *Les cavités regulieres* (25), qu'on peut voir dans cette portion dite proprement *la roche*. On nomme pareillement ici cet os, *l'os pierreux*.

22.° *Le conduit auditif externe* (26), nommé aussi le *conduit osseux*, dans le fond duquel est la membrane du tympan.

23.° *Le cercle osseux* (27), servant d'attache à cette membrane.

24.° *La caisse du tambour* (28), comprenant l'espace qui est au-delà de cette membrane.

25.° *Les trois ouvertures* étant dans cette caisse; savoir,

La trompe d'Eustache (29), qui est celle d'un conduit en partie osseux, en partie cartilagineux, & en partie membraneux, communiquant dans le fond de l'arriere-bouche.

La fenêtre ronde (30), ainsi nommée, vu sa figure, fermée par une membrane qui est une continuation du périoste.

La fenêtre ovale (31), bouchée par la base d'un petit os que l'on nomme *l'etrier*.

26.° *Le vestibule* (32), qui est une cavité un peu plus grande dans laquelle ces deux ouvertures pénetrent.

27.° *Le limaçon* (33), autre petite cavité au-delà de ce vestibule, & toujours à la portion pierreuse. Elle est contournée en spirale, faisant environ deux circulaires, & son embouchure se trouve dans le vestibule.

28.° *Les canaux demi-circulaires* (34), formant des demi-contours en maniere de petits canaux séparés, & aboutissant aussi dans le vestibule.

29.° *Le labyrinthe* résultant de cet assemblage de contours & de cavités composées du *vestibule*, du *limaçon*, des *canaux semi-circulaires*, & formant en plus grande partie l'organe de l'ouïe, puisque toutes ces portions sont tapissées de la portion molle du nerf auditif.

30.° *Les osselets de l'ouïe* achevant de perfectionner & de completter cet organe, étant particuliers & détachés de l'os pétreux, & au nombre de quatre dans le conduit osseux. Ils tirent leur dénomination de leur figure, & sont nommés *le marteau, l'étrier, l'enclume & l'orbiculaire*. Voyez la Splanchnologie, organe de l'ouïe.

25. Le sphénoïde, dans le cheval adulte, est intimement uni à l'ethmoïde. Pour nous rendre plus intelligibles aux Eleves, nous ne craindrons pas de confondre une partie de celui-ci dans la description que nous ferons de l'autre.

<small>Os communs au crâne & à la mâchoire antérieure.
L'Os sphénoïde.</small>

On en considérera,

1.° *La situation* à la partie postérieure du crâne, où il fait l'office de clef pour la jonction & l'union de l'occipital, des pariétaux & des temporaux.

2.° *La division* qu'on peut en faire en faces externe & interne, & en y reconnoissant un corps & deux branches.

3.° *Le corps* (1) en étant la partie moyenne & la plus épaisse.

4.° *Les branches* (2), dites aussi *les grandes ailes du sphénoïde*, n'étant autre chose que les éminences applaties qui se prolongent jusques vers l'os frontal, entre le temporal & le maxillaire, & qui font partie de l'orbite.

5.° *Les petites ailes* (3) se montrant à la face externe, résultant de deux apophises appellées *ptérigoïdes* dans l'homme, & se joignant avec les os du palais.

6.° *Le trou ptérigoïdien* (4), placé à leur base, & donnant passage à la carotide externe qui se distribue aux parties extérieures de la tête.

7.° *L'épine* (5), ou cette éminence saillante & pointue, qui placée entre les petites ailes, & dans le corps même de l'os, s'unit à la base du vomer.

8.° *Le trou maxillaire antérieur* (6), le premier & le principal des trois trous qu'on apperçoit à cette même face externe, puisqu'il est l'orifice d'un canal ayant plus d'un pouce de diametre, par où passent le cordon antérieur de la cinquiéme paire de nerfs, & plusieurs de ceux qui se distribuent aux yeux, ceux-ci parvenant dans cet organe par un petit trou étant dans ce même conduit, & s'ouvrant du côté de l'orbite.

9.° *Le trou optique* (7) étant l'orifice d'un canal qui offre un passage au nerf optique pour son insertion dans l'œil.

10.° *Le trou orbitaire* (8) moins considérable que les autres, pénétrant de l'orbite dans le crâne à côté de l'os ethmoïde, & fournissant un passage à un filet du nerf ophtalmique, qui va s'associer avec les olfactifs.

11.° *Les deux fosses* (9) étant dans la face interne au revers des grandes ailes, & logeant une portion du cerveau.

12.° *L'orifice des trous* (10) vus à la face externe, mais les deux trous optiques semblant ici joints l'un à l'autre, & paroissant se confondre par une fente transversale.

13.° *La fosse pituitaire* (11), ou le léger enfoncement répondant à ce que l'on nomme dans l'homme *la selle turchique*, & logeant la glande pituitaire.

14.° *Le sinus sphénoïdal* (12) étant dans l'épaisseur du corps même de l'os, & formé par une cavité qui s'ouvre par plusieurs ouvertures irrégulieres dans les cellules ethmoïdales, cette cavité étant alors séparée par une cloison osseuse, & alors il en résulte *deux sinus sphénoïdaux*.

26. L'os ethmoïde a été appellé aussi *l'os cribleux*. Il faut en considérer, L'Os ethmoïde.

1.° *La position* directement au-dessus des cavités des naseaux, car il est à la partie inférieure du frontal, & s'unit de l'autre côté au sphénoïde.

2.° *La composition*, cet os étant formé de lames extrêmement minces & roulées en maniere de cornets.

3.° *Les cellules* (1) tapissées par la membrane pituitaire, & résultant des petites cavités que laissent entr'elles ces lames, & qui communiquent les unes dans les autres.

4.° *La lame perpendiculaire* ou *moyenne* (2), un peu plus forte que les autres, répondant au vomer, & séparant ces cellules.

5.° *Leurs ouvertures* (3), d'une part dans le crâne, & de l'autre dans la cavité du nez: dans le crâne, par les petits trous qui ont mérité à cet os le nom d'*os cribleux*: dans la cavité du nez, par des ouvertures plus larges ; & c'est sans doute à ces cavités cellulaires que quelques-uns ont donné le nom de *sinus ethmoïdaux*; les petits trous de la face interne de cet os offrant au surplus une sortie du crâne aux nerfs olfactifs qui se répandent dans toute l'étendue de la membrane pituitaire.

Des Os de la mâchoire antérieure.

27. Les os du nez se présentent à la face antérieure de cette mâchoire.

Les Os du nez.

On doit en considérer,

1.° *L'union* l'un avec l'autre & avec les maxillaires, le frontal & les angulaires.
2.° *La figure* allongée.
3.° *La largeur* (1) à la partie supérieure.
4.° *L'étroitesse* à la partie inférieure qui se termine en pointe, & que l'on nomme *l'épine du nez* (2).
5.° *La rainure* (3) résultant de leur jonction intérieurement ; rainure logeant dans toute son étendue le cartilage qui constitue la cloison des nasaux.

28. Les os angulaires sont ainsi nommés, attendu qu'ils forment le grand angle de l'œil.

Les Os angulaires.

On en considérera,

1.° *La forme* quarrée irrégulièrement.
2.° *La position*, ces os étant enclavés entre les os du nez, le frontal, les maxillaires & les zigomatiques.
3.° *Les faces*; l'une externe très-unie (1), l'autre interne (2) & l'autre supérieure (3).
4.° *L'apophise angulaire* (4), à laquelle s'attache le tendon du muscle articulaire, & qu'on observe dans la face externe.
5.° *La portion de fosse* (5) étant à la supérieure, & contribuant à la formation de l'orbite.
6.° *Le trou* (6) qui près du grand angle est l'orifice du canal nasal, & pénètre de l'orbite dans les fosses nasales.

7.° *La petite fossette* (7) placée près de ce trou, & destinée à l'attache du muscle petit oblique de l'œil.

8.° *Les portions de fosse* (8) remarquables dans la face interne, séparées par l'éminence résultant du canal nasal, & contribuant à la formation des sinus.

29. Les zigomatiques ressemblent à-peu-près à un triangle. Trois apophises en forment toute l'étendue. *Les Os zigomatiques.*

On en doit considérer,

1.° *La position* à la partie latérale de la tête, entre l'os temporal, les maxillaires & le frontal.

2.° *L'apophise temporale* (1), nommée ainsi parcequ'elle s'unit à l'os temporal. Elle est la première des trois.

3.° *L'apophise angulaire* (2), qui est la seconde. Elle s'unit à l'os angulaire.

4.° *L'apophise maxillaire* (3), qui est la troisième, & qui tient à l'os qui porte ce nom.

5.° *L'épine* (4) qui regne dans toute l'étendue de l'os, & qui se continue avec celle du maxillaire.

6.° *L'échancrure* (5) en forme de croissant, étant entre les apophises angulaire & temporale, & faisant une grande partie de l'entrée de l'orbite.

7.° *La portion de fosse* (6), faisant partie de la fosse orbitaire.

8.° *Le sinus zigomatique* (7), ou la cavité qui est dans l'intérieur & du côté des nasaux, & qui a été appellée ainsi, attendu la maniere dont cet os contribue à sa formation.

30. Dans les os maxillaires on doit considérer, *Les Os maxillaires.*

1.° *Leur volume*, plus étendu que celui de tous les autres os de la mâchoire que nous examinions.

C 2

2.º *Leur union par simphise*, au moyen de laquelle ils forment d'un côté la cavité des nasaux, & de l'autre la voute du palais.

3.º *Leur articulation* avec les os du nez, les os angulaires, les os zigomatiques, les os du palais & le vomer.

4.º *L'épine maxillaire* (1), ou l'éminence tranchante & longitudinale étant à leur face externe & latérale, & s'unissant & répondant à l'épine du zigoma.

5.º *Le trou considérable* (2), placé plus inférieurement entre cette épine & les os du nez, répondant au conduit maxillaire antérieur, & offrant une sortie à une branche de nerfs dépendante de la cinquième paire.

6.º *L'échancrure* (3) qui de chaque côté, & à leur partie inférieure & antérieure, est entr'eux & l'épine du nez, & qui remplie par la peau forme en partie les narines externes.

7.º *La fente incisive* (4) placée inférieurement, & de chaque côté, dans la portion qui forme la voute du palais; cette fente paroissant être une déperdition de substance de cet os, & étant recouverte d'un côté par la membrane pituitaire, & de l'autre par la membrane du palais.

8.º *Le trou incisif* (5), résultant plus bas & dans la simphise maxillaire même des deux échancrures opposées, mais réunies; ce trou pénétrant de dedans la bouche en dehors, & fournissant un passage à de petits vaisseaux comme nombre de petits trous (6) que l'on trouve à la voute du palais, & dont la quantité & la situation ne sont pas constantes.

9.º *Le canal gustatif ou palatin* (7), qui supérieurement & dans cette même voute est formé de chaque côté par une gouttiere de ces os, & par une gouttiere des os palatins; ce canal donnant passage à une artere, à une veine & à une branche de nerf qui se distribue au palais.

10.° *La tubérosité* (8) ou l'éminence arrondie étant au-dessus des dents molaires, à la partie supérieure & externe de ces os, & contenant le principe (9) ou le commencement du conduit maxillaire dont nous avons parlé, par où pénetre le cordon antérieur de la cinquième paire.

11.° *Le trajet & l'avancement* de ces os l'un vers l'autre dans leur partie postérieure, pour former le palais (10).

12.° *Les alvéoles* (11), dont leur bord postérieur externe est garni à cette même partie ; ces alvéoles étant dans chacun de ces os, & à ce même bord, au nombre de dix, dont six plus considérables & supérieures logent les dents molaires (12), tandis que les quatre autres inférieures logent le crochet (13) dans le cheval & dans les jumens bréhaignes, les coins (14), les mitoyennes (15) & les pinces (16).

13.° *La portion unie & tranchante* (17) de ce même bord dans l'intervalle qui, séparant les molaires & les crochets, répond à ce que dans la mâchoire postérieure on nomme *les barres*.

14.° *L'intervalle pareil* (18), mais moins considérable que le précédent, & qui se trouve entre les crochets & les coins.

15.° *La formation de la cavité* des nasaux par la partie interne (19) de ces os, conjointement avec les os du nez.

16.° *L'ouverture assez ample* (20) étant dans cette même portion interne, & fermée en partie par le cornet du nez, répondant à une grande cavité creusée dans l'épaisseur même des maxillaires.

17.° *Les sinus maxillaires* (21), n'étant autre

chose que cette grande cavité tapissée par la membrane pituitaire, où se filtre & se dépose une partie de l'humeur muqueuse, jusqu'à ce que le cheval, en s'ébrouant, l'oblige de sortir par la force & l'impulsion de l'air ; ces sinus, ainsi que les zigomatiques, étant plus ou moins remplis de mucosité dans les chevaux morveux & dans ceux qui jettent.

18.° *La rainure* (22), qui dans la même partie interne de ces os, & dans leur simphise, répond au vomer.

31. Il importe de considérer dans les os du palais, ou palatins,

Les Os palatins.

1.° *Leur situation* à la partie supérieure de la voute palatine formée par les maxillaires ; c'est à cette situation que leur dénomination est due.

2.° *Leur jonction* au bord supérieur de cette voute, à la tubérosité des maxillaires, & plus haut aux petites aîles du sphénoïde.

3.° *La gouttiere* (1), qui répondant à celle des os maxillaires, forme avec elle le canal gustatif ou palatin.

4.° *Le trou nasal* (2), trou considérable percé plus haut, par où passe un rameau du nerf de la cinquième paire.

5.° *L'apophise palatine* (3), ou l'éminence étant du côté du palais, autour de laquelle glisse en partie comme dans une poulie le tendon du muscle péristaphilin externe, muscle de la cloison dans le cheval, & non destiné à relever la luette, puisque l'animal n'en a point ; cette apophise au surplus donnant encore attache au muscle ptérigopharingien.

6.° *L'ouverture ovale* (4), résultant de l'intervalle qui sépare ces os & le sphénoïde, & au bord inférieur de laquelle est attachée la cloison du pa-

Jais. Elle répond aux aux narines, & forme la communication des nasaux avec le gosier.

7.° Enfin *les sinus palatins* (5), ou la cavité que l'on nomme ainsi.

32. Les cornets du nez sont au nombre de deux dans chacune des fosses nasales ; l'un situé antérieurement, l'autre postérieurement. *Les cornets du nez.*

On en considérera,

1.° *Les volutes & les enroulemens*, qui les ont fait appeller *cornets*.

2.° *Leur longueur*, qui de la partie supérieure à l'inférieure est de six à sept travers de doigt.

3.° *L'évasement & la plus grande épaisseur* à leur principe, quoique leur épaisseur y soit très-légere.

4.°. *La diminution & l'étroitesse* à mesure qu'ils descendent vers l'orifice des nasaux.

5.° *La substance*. Elle est papiracée ou cartacée.

6.° *Leur séparation* l'un de l'autre d'environ un doigt dans toute la longueur.

7.° *Les trous innombrables* dont ils sont criblés, percés de maniere qu'ils se montrent comme un réseau ou comme une dentelle magnifique, dont les mailles irrégulieres sont infiniment plus multipliées à l'extrémité inférieure qu'à la supérieure, où elles sont conséquemment plus légeres.

8.° *Le cornet antérieur* (1), tenant à l'os du nez & aux environs de la partie interne du zigoma.

9.° *La portion supérieure de ce cornet* (2), faisant la paroi du sinus zigomatique qu'elle forme inférieurement.

10.° *Sa portion inférieure* (3) étant une espece de vessie osseuse close partout, & divisée par quelques petites cloisons qui, quoique très-déliées & très-molles, sont cependant friables, cette vesfie pouvant être nommée *le finus du cornet antérieur*.

11.° *Le cornet poftérieur* (4) plus voifin des dents molaires, & tenant à l'os maxillaire de maniere qu'il bouche une portion de l'ouverture du finus diftingué par la même dénomination de cet os.

12.° *La premiere partie de ce même cornet* (5), excédant la feconde par fa longueur & par fa largeur, & fe trouvant appliquée à l'emboîtement même du finus, le bord poftérieur de cette portion fe repliant du côté de ce finus en maniere de cornet.

13.° *La feconde partie de ce cornet* (6), plus arrondie, faifant une volute d'un tour & demi, étant comme diftincte & féparée de la premiere par des cloifons ofleufes, formant une cavité confidérable fermée de toutes parts; cette cavité partagée par quelques cloifons ofleufes & membraneufes, d'où réfultent autant de petites cellules pouvant être appellée *le finus du cornet poftérieur*.

33. Le vomer eft le dernier des os de la mâchoire antérieure.

L'Os vomer.

On en confidérera,

1.° *La figure*. Il doit fa dénomination, dans l'animal comme dans l'homme, à fa reffemblance au foc d'une charrue.

2.° *L'étendue* depuis la partie inférieure des nafaux, jufqu'à l'os fphénoïde.

3.° *Les bords*, *les faces* & *les extrémités*.

4.° *Le bord antérieur* (1) préfentant une rainure profonde qui reçoit la lame perpendiculaire de l'ethmoïde, & la cloifon cartilagineufe des nafaux.

5.° *Le bord poftérieur* (2) étant tranchant.

DE L'ART VÉTÉRINAIRE. 41

6.° *Les faces latérales* (3) étant unies & polies.

7.° *L'extrémité supérieure* (4) creusée pour la jonction avec l'épine du sphénoïde.

8.° *L'extrémité inférieure* (5) étant reçue par son bord tranchant dans la rainure des os maxillaires.

Os de la mâchoire postérieure.

34. Un seul os compose la mâchoire postérieure. Il est néanmoins partagé en deux branches dans les poulains ; mais dans le cheval ces branches sont tellement unies, qu'il ne reste à la partie la plus inférieure qu'une légere trace de leur jonction.

Les Os de la mâchoire postérieure.

Il faut y considérer,

1.° *La symphise du menton* (1), qui n'est autre chose que la trace légere dont je viens de parler.

2.° *Deux branches* qui jointes ensemble ont la figure d'un grand V.

3.° *Deux faces* à chacune de ses branches ; l'une interne (2), l'autre externe (3).

4.° *Le trou mentonnier* (4), ou l'orifice d'un conduit osseux dont je parlerai, étant à la face externe.

5.° *La partie inférieure* (5) de cette même face étant assez unie.

6.° *Sa portion supérieure* (6) étant plus large, & présentant de foibles empreintes destinées à servir d'attaches au muscle masseter.

7.° *Le trou* (7) percé dans la face interne & au milieu de la partie supérieure de cette face, & répondant au trou mentonnier par un conduit assez long nommé *le conduit maxillaire postérieur* ; ce conduit donnant passage à une branche de nerf de la cinquième paire, à une artere & à une veine qui se distribuent aux dents.

8.° *Les empreintes musculaires* (8) étant à cette même portion supérieure pour l'attache du muscle sphéno-maxillaire, moteur de la mâchoire.

9.° *L'espace* qui est entre les deux branches formant ce qu'on appelle extérieurement *l'auge* ou *la ganache*, & intérieurement *le canal*.

10.° *Deux bords*, l'un antérieur (9), l'autre postérieur (10).

11.° *La ligne osseuse* (11), régnant intérieurement le long du bord antérieur près des dents molaires, & donnant attache au muscle mylohyoïdien.

12.° *Les dix cavités* ou *alvéoles* étant à ce même bord, & dont les six supérieures sont aussi considérables que celles qui sont au bord postérieur externe des os maxillaires; ces dix cavités logeant pareillement les dents molaires.

13.° *Les autres cavités* ou *alvéoles* moins larges & moins profondes, dont la supérieure loge le crochet dans le cheval & dans la jument bréhaigne, & les autres les coins, les mitoyennes & les pinces.

14.° *L'espace* (12) étant entre les molaires & le crochet, & qu'on appelle en général *les barres*.

15.° *Le tranchant* (13) de ce même bord antérieur, en cet endroit.

16.° *Son arrondissement* (14) du côté de la face externe, & en descendant vers le crochet, arrondissement ou partie mi ronde sur laquelle doit être fixé l'appui de l'embouchure.

17.° *L'apophise dite coronoïde* (15), ou l'éminence pointue terminant le prolongement en forme de courbure de ce même bord antérieur, cette apophise prêtant attache au tendon du muscle crotaphite.

18.° *L'arrondissement* (16) du bord postérieur.

19.° *La tubérosité de la mâchoire* (17) à ce même bord, & à l'endroit de sa courbure.

20.° *Le condile de la mâchoire*, ou *l'apophise condiloïde* (18) résultant de la tête applatie qui termine cette courbure. C'est par cette apophise que cette mâchoire s'articule avec les os temporaux.

21.° *L'échancrure sigmoïde* (19), ou l'échancrure faite en forme de croissant étant entre cette apophise & l'apophise coronoïde.

22.° *L'arête* (20) résultant de la réunion des deux branches à la partie inférieure de ce bord, qui devient toujours plus tranchant à mesure qu'il approche de la simphise, cette arête se noyant dans la convexité que l'on appelle *le menton* (21), & formant le point sensible de la barbe.

23.° *Les empreintes musculaires* (22), qu'on observe supérieurement à cette arête, appellées dans l'homme *apophise-geni*, & donnant attache aux muscles geni-hyoïdien & genioglosse.

L'Os hyoïde.

Il faut considérer dans cet os,

1.° *Sa position* à la base de la langue, au-devant & au-dessus du larynx, qu'il embrasse de même que le pharynx.

2.° *Sa composition*. Il est formé de cinq pieces osseuses.

3.° *Sa division* en corps & en branches.

4.° *Le corps* (1) en étant la principale portion, représentant un croissant, & suivant la convexité du premier cartilage du larynx avec lequel il s'articule.

5.° *L'appendice* (2) saillant du milieu de ce croissant, & se portant en-devant au-dessous de la langue, sa longueur étant d'environ un pouce.

6.° *Les branches*, au nombre de deux de chaque côté, dont une grande & une petite.

7.° *Les petites branches* (3) étant situées obliquement à peu de distance de l'appendice, & s'articulant assez étroitement avec le corps pour ne jouir que d'un mouvement très-obscur.

8.° *Leur articulation* (4) avec les grandes branches & l'angle aigu qu'elles forment en cet endroit.

9. *Les grandes branches* (5) ayant environ cinq pouces de largeur.

10.° *Leur situation* entre les petites branches & l'occipital.

11.° *Leur extrémité inférieure* (6), par laquelle elles s'unissent aux petites branches d'une maniere moins intime que l'union des petites branches au corps de l'os, cette extrémité étant plus étroite que la supérieure.

12.° *Leur extrémité supérieure* (7) formant un angle où s'attache la portion charnue qui occupe l'intervalle qu'il y a de cet angle à l'apophise stiloïde de l'occipital, & cette branche étant articulée par cette extrémité avec l'os temporal.

13.° *Leur face*; l'une externe concave (8), l'autre interne convexe (9).

Des Os du col ou de l'encolure.

36. Sept vertebres cervicales composent le col ou l'encolure de l'animal. Ces os étant une dépendance de ce que l'on nomme *l'épine*, voyez-en la description générale & particuliere, *art.* 50, 51, 52, 53.

Des Os de l'extrémité antérieure.

37. Chaque extrémité antérieure est composée de vingt-une piéces osseuses.

L'omoplate forme l'épaule, l'humérus le bras, le cubitus l'avant-bras, neuf petits os ou offelets, le genou. Il eſt encore au-deſſous de cette derniere partie neuf os, qui font le canon, les péronnés, l'os du pâturon, les os féramoïdes, l'os de la couronne, l'os articulaire, & l'os dit *le petit-pied*.

38. L'omoplate eſt un ſeul os.   L'omoplate

On en conſidérera,

1.º *La forme* qui eſt applatie.

2.º *La ſituation* à la partie antérieure & latérale de la poitrine ſur les premieres des vraies côtes, le jeu en étant très-libre, attendu qu'il n'eſt borné ni ſupérieurement, ni en avant ni en arriere par les clavicules, l'animal en étant dépourvu.

3.º *Les faces*, l'une interne (1), l'autre externe (2).

4.º *La foſſe* ou légere concavité (3) étant à la premiere de ces faces garnie de quelques aſpérités, & logeant le muſcle ſous-ſcapulaire.

5.º *L'épine* (4) ou l'éminence longitudinale partageant la face externe en deux portions inégales, l'une antérieure & l'autre poſtérieure.

6.º *L'empreinte muſculaire* (5) ſe trouvant ſur cette épine, & à laquelles s'attache le muſcle trapeſe.

7.º *La foſſe antépineuſe* (6) n'étant autre choſe que la portion antérieure des deux portions inégales, elle loge le muſcle antépineux.

8.º *La foſſe poſtépineuſe* (7) réſultant de la portion poſtérieure, plus conſidérable que l'antérieure, & logeant le muſcle poſtépineux.

9.º *Les bords*, l'un antérieur, l'autre poſtérieur.

10.º *Le bord antérieur* (8) ſaillant dans toute ſon étendue.

11.º *La tubéroſité* (9), ou l'éminence inégale qui le termine inférieurement; *tubéroſité* dite *de l'omo-*

plate, & servant d'attache au muscle long fléchisseur de l'avant-bras.

12.º *L'apophise coracoïde* (10) plus arrondie & plus courte que celle qui dans l'homme porte le même nom. Elle est à la partie latérale interne de la tubérosité, & sert d'attache au muscle omo-brachial.

13.º *L'empreinte musculaire* (11) étant à la partie supérieure de ce bord, donnant attache au muscle petit pectoral.

14.º *Le bord postérieur* (12) semblable au précédent, & ayant de même à sa partie supérieure des empreintes musculaires pour l'attache des muscles.

15.º *Les deux extrémités*, l'une supérieure, l'autre postérieure.

16.º *L'extrémité supérieure* (13) étant pendant très-long-temps cartilagineuse dans les jeunes chevaux, ce cartilage s'ossifiant ensuite en partie, & ne formant qu'un même corps avec cette extrémité suspendue par un ligament particulier très-fort, qui d'une autre part s'attache aux apophises épineuses des premieres vertebres dorsales.

17.º *L'extrémité inférieure* (14) se terminant par une éminence creusée légerement.

18.º *La cavité glénoïde* (15) résultant du creux pratiqué dans cette éminence, cette cavité recevant la tête de l'humérus, & formant l'articulation par genou du bras avec l'épaule.

19. *L'échancrure* (16) étant au bord de cette cavité pour le passage des vaisseaux qui vont dans l'articulation.

39.º L'humérus est un os cylindrique qui forme le bras.

L'humérus.

On en considérera,

1.° *Le corps* ou la partie moyenne, & les deux extrémités, l'une supérieure, l'autre inférieure.

2.° *Le corps* (1) en étant la portion la plus étroite.

3.° *La tubérosité externe* (2), ou l'éminence longitudinale contournée en arriere, étant à la partie latérale de ce corps.

4.° *La grande sinuosité* (3) régnant dans toute l'étendue de ce même corps, & logeant le muscle court fléchisseur de l'avant-bras.

5.° *La tubérosité interne* (4) étant à sa portion latérale interne.

6.° *L'extrémité supérieure* (5) beaucoup plus volumineuse que le corps, & qu'on a appellé jusqu'ici assez mal-à-propos *la pointe de l'épaule*.

7.° *La tête arrondie* (6) postérieure à cette même extrémité, & qui s'articule avec l'omoplate.

8.° *Les trois éminences* (7) étant à sa partie antérieure, séparées par des sinuosités servant de passage & de coulisse au tendon du muscle long fléchisseur de l'avant-bras.

9.° *La cavité* (8) étant derriere ces éminences, & servant à loger le bord antérieur de la cavité glénoïde dans différens mouvemens de l'épaule avec le bras.

10.° *L'éminence* (9) étant à sa partie latérale externe, servant d'attache au muscle sous-scapulaire.

11.° *L'extrémité inférieure* (10) se terminant par une éminence arrondie, mais oblongue (11), formant l'articulation du bras avec l'avant-bras, articulation opérée par charniere.

12.° *La sinuosité superficielle* (12), partagée par une éminence dans son milieu, & recevant une éminence de l'os qui s'articule avec elle.

13.° *Les condiles*, l'un interne (13), l'autre externe (14).

14.° *La légere cavité* (15), qui antérieurement & supérieurement aux condiles loge dans les mouvemens considérables de flexion l'éminence de ce même os qui s'y articule.

15.° *La cavité profonde* (16) étant à la partie postérieure, recevant dans les mouvemens de flexion de l'avant-bras la pointe du coude ou l'olécrâne.

40. Le cubitus seul forme l'avant-bras, & présente Le cubitus. trois parties; une moyenne, & deux extrémités.

On en considérera,

1.° *Le corps* ou *la partie moyenne* (1), qui est cylindrique & assez égale.

2.° *La légere convexité* (2) qui est au-devant de ce corps.

3.° *Les empreintes musculaires* (3) étant à sa partie postérieure.

4.° *L'apophise olecrane* (4) ou l'éminence considérable étant à l'extrémité supérieure de ce même os, & qui séparée de son corps dans le poulain, n'est alors qu'une épiphise. Il est même quelquefois dans le cheval des intervalles sensibles dans l'union de ces deux pieces.

5.° *Les faces de cette apophise*; l'une externe (5) qui est arrondie; l'autre interne (6) légerement creusée, sa concavité fournissant passage à des tendons.

6.° *Les extrémités de cette même apophise*; l'une supérieure (7) raboteuse, inégale comme une tubérosité, servant d'attache aux tendons des muscles extenseurs de l'avant-bras.

7.° *L'épine de l'olecrane* (8), ou l'éminence longuette & pointue régnant tout le long du corps

de

de l'os, & par laquelle se termine l'extrémité intérieure (9) de cette apophise.

8.° *La cavité semi-lunaire* (10), se montrant à la partie antérieure de l'olécrâne, au lieu du principe de sa jonction avec le cubitus.

9.° *Les deux facettes articulaires* (11), par lesquelles il s'unit à cet os.

10.° *L'éminence* (12) bornant cette cavité, & reçue, ainsi que je l'ai dit, lors des grands mouvemens d'extension de l'avant-bras dans la cavité postérieure de ce même humérus.

11.° *Le plus grand élargissement* sensible dans le cubitus à sa partie supérieure au-dessous de l'apophise olécrâne; cet os présentant dans ce lieu une tête (13), laquelle est applatie.

12.° *Les deux legeres facettes* (14), qui reçoivent les condiles de l'humérus, partagées par de légeres éminences.

13.° *Les tubérosités*, l'une externe (15), l'autre interne (16), ou les éminences inégales étant directement au-dessous de la tête applatie, & servant d'attache à des muscles.

14.° *Les facettes* (17) étant à la partie postérieure, & répondant à de pareilles facettes de l'olécrâne.

15.° *Les facettes lisses & polies* (18), qui se joignent avec la premiere rangée des petits os du genou, & par lesquelles se termine l'extrémité inférieure de l'os, plus large à cette extrémité que dans son corps.

16.° *La cavité* (19) étant à la partie postérieure de cette même extrémité, & recevant dans de forts mouvemens de flexion du genou l'extrémité postérieure du second os de la premiere rangée.

17.° *Les trois sinuosités* (20) étant à sa partie antérieure, partagées par de légeres tubérosités,

& par où passent les tendons des muscles fléchisseurs du canon & les extenseurs du pied.

Os du genou. 41. Neuf petits os propres & particuliers au genou, forment ensemble cette partie ; & c'est par eux que l'avant-bras se trouve joint avec le canon.

Il faut en considérer,

1.° *La disposition en deux rangs*, quatre au premier, (1) (2) (3) (4), trois au second, (5) (6) (7), & deux hors de rang, (8) (9), que l'on pourroit appeller *les pisiformes*.

2.° *Leur union* par de forts ligamens, union si étroite qu'ils paroissent ne faire qu'un seul os, à l'exception des pisiformes & du premier os du premier rang, qui paroît être détaché des autres, & qui fait une éminence en arriere ; cet os pouvant être appellé *l'os crochu*, & servant d'attache à un ligament considérable attaché d'une autre part à la partie supérieure du canon & aux osselets opposés à ce même os du canon, d'où résulte une arcade ligamenteuse par où passent les tendons fléchisseurs du pied.

3.° *La sinuosité* considérable qui se rencontre à la partie interne de ce même os crochu, & au moyen de laquelle il contribue à la formation de cette arcade.

Les os du canon & les péronés. 42. Un os principal & deux petits os qui lui sont unis, forment ce que nous appellons du nom général de *canon*.

On considérera dans l'os principal,

1.° *Sa forme* cylindrique dans tout son corps (1) qui d'ailleurs est lisse & fort uni.

2.° *Son extrémité supérieure* (2), applatie & partagée en plusieurs facettes répondant aux petits os du genou.

3.° *Les facettes latérales* (3), qui reçoivent les péronés.

4.° *La tubérosité* (4) étant à sa partie extérieure.

5.° *Son extrémité inférieure* (5), plus lisse & plus arrondie.

6.° *L'éminence circulaire* (6) qui la partage, & qui fait de l'articulation de cet os avec celui du pâturon une articulation par charnière.

Dans les péronnés.

7.° *Leur position* le long des parties latérales & postérieure du canon.

8.° *Leur forme*; ils peuvent être regardés comme les épines de cet os.

9°. *Leur extrémité supérieure* (7) qui est la plus considérable, & que je nomme *la tête*.

10.° *Les petites facettes* (8) étant à cette même extrémité, & répondant à de pareilles empreintes qui se rencontrent au canon ou aux osselets qui composent le genou.

11.° *Leur diminution insensible* à mesure qu'ils parviennent à leur extrémité inférieure (9).

12.° *Le petit bouton* (10) qui la termine, & que des demi-connoisseurs prennent assez souvent pour un suros, sur-tout lorsque le volume en est plus considérable dans certains chevaux que dans d'autres.

13.° *Leur union* si intime au canon, qu'ils paroissent continus à cet os.

14.° *L'intervalle* qu'ils laissent entr'eux pour loger un fort ligament qui s'étend jusqu'au pâturon.

43. On considérera dans les os sésamoïdes,   Les Os sé-

1.° *Leur situation* sur la partie postérieure de samoïdes.
l'articulation du boulet & du pâturon.

2.° *Les facettes* recouvertes de cartilages lisses & polis; l'une (1) répondant à l'articulation du boulet ; la postérieure (2) facilitant le jeu du tendon du muscle fléchisseur du pied.

44.
Os du pâturon.

Il faut considérer dans l'os du pâturon,

1.° *Sa longueur* étant d'environ quatre pouces dans les chevaux bien jointés & d'une taille moyenne.

2.° *Sa partie supérieure* (1), qui est la plus large.

3.° *Les trois fosses* (2) creusées dans cette même partie, & répondant aux éminences de l'extrémité inférieure de l'os du canon.

4.° *Les deux éminences* (3) se montrant à la portion postérieure de cette même partie, une de chaque côté, à laquelle répondent les os sésamoïdes destinés par leur saillie à donner plus de force à l'action du muscle qui vient s'y attacher par son tendon.

5.° *L'extrémité inférieure* (4) de cet os.

6.° *La division* de cette même extrémité par une légere fossette (5), contribuant à l'articulation de cet os avec la couronne, cette articulation ayant lieu par charniere.

45.
L'os de la couronne.

L'os de la couronne est moins considérable que le précédent.

On en considérera,

1.° *La forme*, qui est à-peu-près quarrée.

2.° *L'extrémité supérieure* (1), partagée en deux fossettes (2) qui s'articulent avec le précédent.

3.° *L'extrémité inférieure* (3), divisée au contraire en deux éminences (4) par une fossette, ce qui fait encore une articulation par charniere, de cet os avec le petit pied.

4.° *Les empreintes ligamenteuses* étant dans toute l'étendue de cet os.

46.
L'os articulaire.

On doit considérer dans l'os articulaire,

1.° *Sa situation* à la partie postérieure de l'articulation du petit pied.

2.° *Sa forme*, qui est celle d'une navette.

3.° *Ses bords*; l'un supérieur (1), l'autre inférieur (2), tous les deux percés de plusieurs petits trous pour l'attache des ligamens.

4.° *La facette cartilagineuse* étant au bord inférieur, pour son articulation avec le petit pied.

5.° *Ses faces*, l'une antérieure (3), l'autre postérieure (4), chacune d'elles ayant deux sinuosités (5), séparées par une petite éminence garnie d'un cartilage lisse & poli, pour faciliter d'un côté le mouvement de l'articulation, & de l'autre le glissement du tendon fléchisseur du pied.

6.° *Les deux angles*, l'un externe (6), l'autre interne (7), étant fixés par les ligamens latéraux de cette articulation.

47. On ne peut se dispenser d'envisager dans l'os qui forme le petit pied, L'os qui forme le petit pied.

1.° *Sa substance*, beaucoup moins compacte & plus spongieuse que celle des os précédens.

2.° *Les trous multipliés* dont il est percé, & qui sont autant de porosités.

3.° *Sa figure* répondant à celle de l'ongle de l'animal.

4.° *Sa portion supérieure* (1), partagée en trois facettes lisses & polies, qui s'articulent avec l'os de la couronne & l'os articulaire.

5.° *Sa portion inférieure* (2), légerement concave, tapissée en partie par l'aponévrose qui résulte du tendon du muscle fléchisseur.

6.° *Sa portion antérieure* (3), arrondie & continuée avec les parties latérales.

7.° *Ses portions latérales*, l'une interne (4), l'autre externe (5), se terminant par deux éminences (6) en forme de bec, garnies d'un cartilage qui s'ossifie dans les vieux chevaux.

8.° *Les échancrures* (7) de ces mêmes éminences, par lesquelles passent les vaisseaux sanguins qui se distribuent dans tout le pied.

9.° *L'echancrure* (8) de la partie postérieure (9).

10.° *Le demi-croissant* (10) formé par l'intervalle de ces deux éminences.

11.° *Les deux trous* (11) assez considérables, qui pénetrent dans le corps même de l'os, & par où s'introduisent les vaisseaux sanguins qui s'y distribuent.

12.° *Les deux bords* résultant de la plus grande étendue en hauteur de la portion antérieure.

13.° *Le bord supérieur* (12) régnant le long de l'articulation, & répondant à la couronne.

14.° *Le bord inférieur* (13), plus grand & plus tranchant, répondant au contour de la pince.

SECTION II.

Des Os du Corps.

48. Le corps est composé en général de l'épine, des côtes & du sternum.

L'épine est cette colomne osseuse, qui comprend non-seulement trente une vertebres & l'os sacrum, mais encore plusieurs petits os qui forment la queue, ensorte que cette colomne s'étend depuis la tête jusqu'à cette derniere partie. Il est bon néanmoins d'observer que les sept vertebres cervicales sont comprises dans l'avant-main, comme l'os sacrum & les os de la queue sont compris dans l'arriere-main : aussi pour rentrer dans l'ordre de notre premiere division, nous envisagerons dans l'épine cinq parties différentes, c'est-à-dire, sept vertebres cervicales appartenant à l'encolure, dix-huit vertebres dorfales, fix vertebres lombaires appartenant au corps, l'os facrum & les os de la queue étant une dépendance de l'arriere-main.

Des Vertebres.

49. On doit confidérer toutes les vertebres par ce qu'elles ont de commun entr'elles, & par ce qu'elles ont de particulier chacune. *Vertebres en général.*

Sous le premier point de vue elles préfentent un corps, fept apophifes, quatre échancrures, & un trou confidérable par où paffe la moëlle épiniere. On en confidérera donc d'abord,

1.° *Le corps* (1) qui en forme la bafe.

2.° *La tête* (2) étant à la partie antérieure de ce corps.

3.° *La cavité* (3) étant à fa partie poftérieure, recevant la tête de la vertebre qui lui répond, & cette cavité diminuant & s'effaçant toujours, ainfi que la tête, à mefure de la terminaifon de l'épine.

4.° *Les petits trous* étant fur le corps, & deftinés à donner paffage à des vaiffeaux fanguins pour la nourriture de l'os.

5.° *Les apophifes latérales ou tranfverfes* (4), au nombre de deux.

6.° *Les apophifes obliques* (5), fervant à leur articulation, & au nombre de quatre, la face articulaire des deux antérieures étant en deffus, celle des poftérieures en-deffous.

7.° *L'apophife épineufe* (6), formant la feptiéme, & étant unique.

8.° *Les échancrures*, qui placées entre le corps de la vertebre & l'apophife tranfverfe, font deux antérieures (7), & deux poftérieures (8); la jonction des échancrures poftérieures de la vertebre de devant avec les échancrures antérieures de la vertebre de derriere, formant un trou qui penetre dans le canal de l'épine, & par où sortent de chaque côté les nerfs cervicaux, intercostaux & lombaires

9.° *Le trou vaste* (9), formant ce canal & contenant la moëlle épiniere.

10.° Enfin, *l'union* de ces vertebres par deux articulations; la premiere ayant lieu par les apophises obliques qui glissent l'une sur l'autre, & d'où résulte une articulation par coulisse; l'autre s'exécutant par la tête, qui reçue dans une cavité, forme une espece d'articulation par genou; mais on peut dire qu'elle est très-bornée.

50.

Vertebres cervicales en général.

Ce qui distingue les vertebres cervicales des autres vertebres, est,

1.° *Leur volume.*

2.° *Le défaut d'apophise épineuse.*

3.° *L'éminence legere* (1), qui en tient lieu, & qui est couchée le long de leur partie supérieure ou de leur corps.

4.° *La plus grande étendue* de leurs apophises transverses.

5.° *Le canal* (2) dont ces mêmes apophises sont percées pour le passage des vaisseaux vertébraux qui se portent à la tête.

6.° *Les éminences* (3) situées antérieurement & sur le corps de l'os, donnant attache aux tendons du muscle long fléchisseur de l'encolure.

51.

Vertebres cervicales en particulier.
Premiere vertebre cervicale.

La premiere cervicale differe des autres vertebres de l'encolure ou du col.

1.° *Par l'entrée plus large du canal* (1), par où passe la moëlle épiniere, & qui reçoit l'apophise odontoïde de la seconde.

2.° *Par les deux fosses semi-lunaires* (2) qui sont à cette entrée, & qui reçoivent les deux condiles de l'os occipital; ce qui forme la jonction par genou de l'encolure avec la tête.

3.° *Par les deux petites cavités* (3) étant aux parties latérales du canal, servant d'attache à des ligamens qui y assujettissent l'apophise odontoïde.

4.° *Par la facette articulaire* (4), sur laquelle gisse cette même apophise.

5.° *Par la forme & l'étendue de ses apophises obliques postérieures* (5), qui facilitent ses mouvemens de rotation sur la vertebre à laquelle elle est articulée.

6.° *Par la forme & l'étendue plus considérable de ses apophises transverses* (6).

7.° *Par la cavité* (7) résultant de ces mêmes apophises à leur partie inférieure.

8.° *Par le trou* (8) étant de chaque côté à la base de la cavité articulaire, & donnant passage à un rameau de l'artere occipitale.

9.° *Par les trous* qu'on observe à cette vertebre de chaque côté supérieurement (9) & inférieurement (10), pour le passage des vaisseaux & des nerfs.

52. La seconde vertebre cervicale differe de la premiere & des autres,

1.° *Par sa longueur.*

2.° *Par l'apophise odontoïde* (1), ou l'éminence qui est à son extrémité antérieure, & qui entre dans le canal vertébral de la premiere.

3.° *Par la largeur* de ses apophises obliques antérieures (2), qui répondent dès-lors aux postérieures de la premiere.

4.° *Par l'éminence très-considérable* (3) qui tient lieu d'apophise épineuse, & qui s'étend tout le long du corps de cet os.

5.° *Par les trous allongés* (4), un de chaque côté, près des échancrures antérieures.

53. La derniere ou septième vertebre cervicale dif-

Seconde vertebre cervicale.

fere de celle-ci, de la premiere & des quatre aî‑tres qui font femblables entr'elles,

Derniere ou feptieme ver‑tebre cervi‑cale.

1.° *Par fon volume* moins confidérable.

2.° *Par fes apophifes tranfverfes* (1), qui ne font pas percées, les vaiffeaux vertébraux ne pénétrant dans les vertebres que dès la fixiéme.

3.° *Par les deux facettes* (2) deftinées à l'articu‑lation de la premiere des vraies côtes.

Il faut confidérer dans les vertebres dorfales en général,

54.

Vertebres dorfales en général.

1.° *Le volume*, qui en eft moindre que celui des cervicales.

2.° *Les apophifes tranfverfes* (1) ayant moins de longueur.

3.° *Les apophifes épineufes* (2) étant très-con‑fidérables.

4.° *Les apophifes obliques* (3), n'étant, pour anfi dire, que des facettes qui fe joignent les unes aux autres.

5.° *Les quatre demi-facettes* (4), dont deux aux parties latérales de leur corps, pour recevoir la tête de leur côté, la demi-facette poftérieure d'u‑ne vertebre avec l'antérieure de celle qui fuit, formant enfemble & à cet effet une cavité.

6.° *La facette entiere* (5) étant à leurs apophifes tranfverfes, pour recevoir la tubérofité de la côte.

7.° *Leur jonction par leur corps* (6) ne confti‑tuant pas une articulation fi confidérable que les cervicales; les têtes & les cavités diminuant, ainfi que je l'ai dit, jufqu'aux vertebres des lombes.

55.

Vertebres dorfales en particulier.

Dans les vertebres dorfales confidérées en par‑ticulier, on obfervera que la premiere vertebre dorfale ayant antérieurement une facette (1), qu'elle partage avec la cervicale qui la précede, eft diffemblable aux autres.

1.° *Par la cavité femi-lunaire* (2) étant à l'apo‑phife tranfverfe, & recevant la tête de la côte.

DE L'ART VETERINAIRE. 59

2.° *Par le moins de volume* (3) de son apophise épineuse.

3.° *Par les apophises obliques antérieures* (4), semblables aux mêmes apophises des cervicales.

56. On verra en second lieu,

1.° *Que les trois suivantes* (5) diminuent en hauteur.

2.° *Que les six dernieres* (6) sont moins élevées, mais plus larges, & que leur élévation est égale.

3.° *Que la derniere ou dix-huitieme* (7) n'a point postérieurement de facette, la derniere côte s'articulant avec la dix-septieme & la dix-huitieme de ces vertebres.

57. On considérera dans les vertebres lombaires, au nombre de six, {Vertebres lombaires en général.}

1.° *Leur ressemblance* aux dernieres vertebres dorsales par leur corps (1), & par leurs apophises épineuses (2).

2.° *La saillie* de leurs apophises transverses ou latérales (3); saillie plus considérable, mais nécessaire pour le soutien des muscles, qui plus antérieurement étoient soutenus par les côtes.

3.° *Le défaut* en elles de facettes latérales, qui auroient été inutiles, puisqu'elles ne reçoivent point de côte.

4.° *Les différences qui sont entr'elles* résidant principalement dans la derniere, & résultant de l'applatissement plus considérable de son corps (4). {Vertebres lombaires en particulier.}

5.° *De sa plus grande largeur* dans ses apophises transverses (5).

6.° *De la facette articulaire* (6), qui se trouve postérieurement à ces mêmes apophises pour son articulation avec l'os sacrum.

58. Les mouvemens de cette colonne osseuse doivent varier suivant la configuration des pieces qui la composent. On observera donc, {Mouvemens résultans des vertebres.}

1.° *Que les vertebres cervicales* se meuvent librement, parcequ'elles n'ont point d'apophises épineuses qui les gênent, & qu'elles ne sont unies à aucun autre os.

2.° *Que la premiere de ces vertebres* a un mouvement de rotation dépendant de la forme évasée de ses apophises obliques, & de celles de la seconde. Elle tourne autour de l'apophise odontoïde de celle-ci.

3.° *Que les vertebres dorsales* sont celles qui ont le moins de mobilité, soit parceque la longueur de leur apophise épineuse, & leur position directement les unes devant les autres, les privent de la facilité de se mouvoir; soit parcequ'elles s'articulent avec les cotes, & que si elles avoient été susceptibles de mouvemens considérables, les visceres contenus dans le thorax en auroient infailliblement souffert.

4.° *Les vertebres lombaires* sont plus mobiles que celles-ci, mais non autant que les cervicales, attendu la longueur de leurs apophises transverses, & le resserrement de leur articulation.

5.° Enfin, *le cartilage intermédiaire* extrêmement élastique & infiniment souple, dont les uns & les autres de ces os sont munis, doit en rendre l'action beaucoup plus facile & plus douce.

59. L'os sacrum.

L'os qui suit immédiatement les vertebres est l'os sacrum. Quoiqu'il fasse, ainsi que les os de la queue, partie des os de l'arriere-main, nous en placerons ici la description, parce qu'ils sont au nombre des os que comprend l'épine. Il faut considérer dans l'os sacrum,

1.° *Sa figure* triangulaire.

2.° *Sa composition.* Dans les poulains il est formé de cinq os, qui sont comme autant de vertebres qui s'unissent entiérement ensuite dans le cheval.

3.° *Le canal osseux* (1) dont il est percé dans toute sa longueur, canal qui répond au canal des vertebres, & qui loge l'extrémité de la moëlle de l'épine.

4.° *La face* ou la partie supérieure (2), présentant une éminence composée en quelque maniere de cinq apophises épineuses (3), qui ne sont séparées que par leurs extrémités.

5.° *La partie ou la face inférieure* (4), applatie, percée de quatre ou cinq trous (5) pénétrant dans le canal de l'épine, & par lesquels sortent des cordons de nerfs.

6.° *Son extrémité antérieure* (6) se joignant avec la derniere vertebre lombaire ; cette articulation semblable à celle des autres vertebres, s'opérant par le moyen de deux apophises obliques (7), & d'une espece de tête (8).

7.° *Les échancrures* (9) au nombre de trois, qui avec de pareilles échancrures de la derniere vertebre lombaire, forment des trous pour le passage des nerfs.

8.° *Les deux facettes* (10) étant aux parties latérales de cette même extrémité, & se joignant aux apophises transverses de la derniere vertebre lombaire.

9.° *Les deux facettes* (11) postérieures, pour l'articulation de cet os avec l'iléon.

10.° *Son extrémité postérieure* (12), s'unissant avec le premier des os de la queue par sa partie moyenne seulement.

On considérera dans les os de la queue, — Os de la queue.

1.° *Le nombre*. Il en est sept à huit.

2.° *La figure*. Ils sont semblables à de petites vertebres.

3.° *L'union* (1) du premier à l'extrémité postérieure de l'os sacrum.

tant un peu plus en dehors, cet arrangement étant suivi jusqu'à la dix-huitième ; ce qui, avec la différence de la longueur & de la courbure, rend le thorax extrêmement étroit extérieurement, & plus évasé postérieurement ; aussi les dernieres côtes étant plus élevées, & en même temps plus courtes, présentent-elles depuis le sternum, un triangle résultant du vuide qui se trouve entr'elles.

6.° *La substance*, partie *osseuse*, partie *cartilagineuse* ; osseuse à leur portion supérieure, cartilagineuse, à la portion inférieure, les cartilages augmentant toujours en longueur depuis la premiere jusqu'à la derniere, celui de la premiere étant extrêmement court & plus large, parceque la côte a plus de largeur, celui de la seconde ayant moins de largeur & plus de longueur, & ainsi successivement des autres, qui dans les dernieres sont très-minces.

7.° *La connexion* ; savoir, premierement celle des vraies côtes d'une part aux neuf premieres vertebres dorsales, & de l'autre au sternum par leur portion cartilagineuse reçue dans les petites facettes dont j'ai parlé, de maniere que toute mobilité n'est pas interdite à ces cartilages, à l'exception de celui de la premiere qui n'en reconnoit point, attendu sa briéveté & son union intime avec l'os. Secondement, celle des fausses côtes d'une part avec les vertebres dorsales suivantes, & de l'autre entr'elles par leur cartilage, des ligamens affermissant au surplus l'articulation des unes & des autres.

8.° *Le corps* (1) étant entre les deux extrémités.

9.° *Les faces*, l'une *interne* (2), étant lisse, polie & concave, pour donner plus d'amplitude au thorax ; l'autre externe (3), étant convexe..

10.°

10.° *Les extrémités*; la *supérieure* (4) répondant aux vertèbres.

11.° *Les éminences* que présente cette extrémité, l'une dite *la tête* (5) de la côte, l'autre *la tubérosité* (6).

12.° *Les facettes* (7) étant sur les parties latérales de la tête, & partagées par une éminence.

13.° *La facette* (8) étant sur la tubérosité, & répondant à une pareille facette des apophises transverses.

14.° *L'extrémité inférieure* (9), garnie d'une facette (10), pour recevoir le cartilage qui s'y unit immédiatement, & d'une maniere qui ne permet aucun mouvement à cette jonction.

15.° *Les bords*; l'*antérieur* (11) arrondi dans la premiere des vraies côtes, comme dans celles qui sont fausses, & tranchant dans les huit dernieres vraies.

16.° *La sinuosité* (12) se montrant extérieurement dans toute l'étendue de même bord, moins marquée depuis la septiéme jusqu'à la treiziéme côte, s'évanouissant dans les autres, & servant d'attache aux muscles intercostaux.

17.° *Le bord postérieur* (13) arrondi, son arrondissement augmentant toujours dans les fausses côtes.

18.° *La scissure* (14) étant à la partie supérieure de ce bord, s'évanouissant de même que la sinuosité du bord antérieur, & logeant les nerfs, l'artere & la veine intercostale, ces vaisseaux se rencontrant quelquefois néanmoins dans le milieu de l'intervalle qui est entre les côtes.

SECTION III.

Des Os de l'arriere-main.

63. L'ARRIERE-MAIN comprend l'os sacrum, les os de la queue décrits art. 59 & 60, & les os du bassin, ainsi que ceux des extrémités postérieures.

<small>64.</small>
<small>Le bassin.</small>
Le bassin n'est, à proprement parler, que l'espace considérable qui est entre les os dont il est formé. Il contient le dernier des intestins, la vessie & les parties de la génération.

Les sept os du concours desquels il résulte, sont trois pairs; deux iléon, deux ischion, deux pubis, & un impair qui est l'os sacrum, situé dans le milieu, & servant comme de clef à tous les autres.

Les os pairs ne sont séparés que dans les jeunes poulains. Dans le cheval, ceux d'un même côté sont non-seulement unis entr'eux, ils le sont encore avec ceux du côté opposé, en sorte que ces six os paroissent n'en former qu'un seul.

<small>65.</small>
<small>Les os iléon.</small>
Les os iléon sont les plus considérables des os du bassin: ils forment ce qu'on appelle communément *les hanches*, & se montrent en-dehors dans les chevaux atrophiés. Leur trop grande saillie est un défaut qui rend l'animal *cornu*.

Il faut en considérer,

1.° *La figure* qui est triangulaire.

2.° *Les faces*, l'une *externe* (1), lisse, concave, logeant les muscles fessiers; l'autre *interne* (2), plus légerement concave, & couverte par le muscle iliaque.

3.° *L'apreté* (3) de cette même face dans sa partie

postérieure, & son union par cette même partie avec un cartilage servant d'attache à l'os sacrum, & qui le joint avec ces os.

4.° *Le corps ou la partie moyenne* (4), qui ne présente rien de particulier.

5.° *Les angles*, au nombre de trois.

6.° *L'angle postérieur* (5), s'unissant à l'os sacrum.

7.° *L'angle antérieur* (6) plus large, & garni de plusieurs aspérités où s'attache la partie postérieure des muscles abdominaux, ainsi que plusieurs muscles de la cuisse.

8.° *La crête* (7) située entre les angles antérieur & postérieur donnant attache au long dorsal.

9.° *L'angle inférieur* (8), s'unissant à l'os pubis & à l'os ischion.

10.° *La concavité* (9) étant à ce même angle, & contribuant avec l'ischion à la formation de la cavité cotiloïde.

11.° *Les empreintes musculaires* (10), qui dans ce même angle servent d'attache au moyen fessier.

12.° *Les échancrures*.

13.° *La premiere semi-lunaire* (11), entre l'angle antérieur & inférieur, sur laquelle passent les tendons des muscles iliaques & psoas allant à la cuisse, ainsi que les vaisseaux cruraux, arteres, veines & nerfs.

14.° *La seconde échancrure* (12) entre l'angle inférieur & postérieur, moins considérable que l'autre, & sur laquelle passent les nerfs sciatiques.

Les ischion sont situés au-dessous des iléon: ils sont unis à ces derniers os & aux pubis.

Les os ischion.

On en considérera,

1.° *Le corps* (1), qui en est la portion la plus forte.

E 2

2.° *La partie antérieure* (2), servant d'attache au muscle biceps.

3.° *La tubérosité* (3) formant la partie inférieure, & servant d'attache aux tendons de plusieurs muscles de la cuisse.

4.° *Les branches*; *l'antérieure* (4) s'unissant avec l'os pubis; *la supérieure* (5) beaucoup plus forte s'unissant avec l'iléon, & formant la plus grande portion de la cavité cotiloïde (6).

5.° *L'enfoncement inégal* (7) étant dans le milieu de cette cavité, & à-peu-près dans l'endroit de la jonction des deux os; le ligament rond qui retient le fémur dans cette même cavité, s'y attache.

6.° *L'échancrure* (8) interrompant cette cavité qui n'est pas exactement ronde; échancrure qui répond à l'enfoncement qui loge le ligament rond, & qui est remplie par un autre ligament très-fort qui la ferme. C'est par elle que passent les tendons des muscles du bas-ventre. La luxation de la cuisse pourroit être plus facile de ce coté qu'en-dehors, où la cavité est plus haute.

7.° *Le trou incomparable* (9), située entre les deux branches de l'os, & formant la portion la plus grande du trou ovalaire (10); c'est là que sont les muscles obturateurs.

8.° *L'échancrure* (11) plus étendue & moins concave, par où passe le tendon de l'obturateur interne, & qui est entre la tubérosité & la branche postérieure.

9.° *L'échancrure triangulaire* (12), résultant de l'union de cet os avec son semblable, les racines du membre du cheval y étant attachées, & l'urètre y passant par conséquent, tandis que dans la jument cette même échancrure fournit un passage au vagin.

67. Les os pubis sont les troisiémes des os du bas- *Les os pubis.*
sin.

Il faut en considerer,

1.° *Le volume* plus petit que celui des autres.
2.° *La forme* triangulaire.
3.° *Les bords* au nombre de trois.
4.° *Le bord interne* (1) se joignant par symphise avec le pubis du côté opposé, leur union étant la même que celle des deux ischion.
5.° *Le bord antérieur* (2) servant d'attache au muscle droit de l'abdomen & à une portion des obliques.
6.° *La légere sinuosité* (3) étant près de ce bord & par où glisse le tendon des muscles du bas ventre.
7.° *Le bord externe* (4) finissant le trou ovalaire & la cavité cotiloïde.

68. Chaque extrémité postérieure est composée *Os de l'exde dix-neuf piéces osseuses.* *trémité postérieure.*

Le fémur forme la cuisse ; le tibia & son épine forment la jambe ; la rotule se trouve sur l'extrémité inférieure du fémur ; six os composent le jarret, & au-dessous de cette partie, ces extrémités ne different en rien par rapport au nombre des os des extrémités antérieures.

69. Le fémur est de tous les os qui étayent & qui *Le fémur.* affermissent la machine, celui qui est le plus considérable.

Il faut en considérer,

1.° *Le corps* (1), qui en est la partie moyenne.
2.° *L'apophise* nommée *le petit trochanter* (2), étant à la partie latérale externe de ce corps.
3.° *La tubérosité* (3) étant à sa partie latérale interne, & à laquelle s'attachent les muscles iliaques & psoas.
.° *La ligne raboteuse* (4) étant au-dessous de

E 3

cette tubérosité, & servant d'attache au muscle biceps.

5.º *L'extrémité supérieure* (5) présentant trois éminences.

6.º *La tête arrondie* (6) formant la plus grande de ces éminences : elle entre dans la cavité cotiloïde, & il en résulte une articulation par genou de la cuisse avec le bassin.

7.º *L'échancrure* (7) étant à la partie latérale interne de cette éminence, & où s'attache le ligament rond qui tient cet os assujetti dans la cavité où il s'emboîte, un autre ligament s'attachant au surplus avec les os des îles en passant par-dessus cette articulation.

8.º *Le grand trochanter* (8), c'est-à-dire, l'apophyse ou l'éminence la plus élevée donnant attache au muscle grand fessier

9.º *La cavité* (9) placée derriere le grand trochanter, pour l'attache des muscles quadri-jumeaux.

10.º *La tubérosité* (10), ou la troisieme éminence âpre, raboteuse, moins détachée du corps de l'os que les autres, & servant d'attache au muscle moyen fessier.

11.º *L'extrémité inférieure* (11), terminée de même par trois éminences, dont une antérieure & deux postérieures.

12.º *L'éminence antérieure* (12), lisse & polie, sur laquelle la rotule porte, glisse & fait ses mouvemens.

13.º *Les éminences postérieures* ou *les condyles*; l'un interne (13), l'autre externe (14), ressemblant tous les deux à des têtes lisses & unies, au moyen desquelles l'articulation de cet os avec le tibia est une articulation par charniere.

14.º *La grande échancrure* (15) qui les sépare.

DE L'Art Veterinaire. 71

Elle est ordinairement garnie de graisse, & remplie de quantité de synovie. Elle donne attache aux ligamens qui s'inserent à l'extrémité supérieure du tibia.

15.° *La cavité* (16) étant au-dessus du condyle externe, où s'attachent le muscle sublime & une portion des jumeaux.

16.° *Les empreintes musculaires* (17) étant du côté opposé, & servant d'attache à l'autre portion des jumeaux.

17.° *L'autre cavité* (18) étant au-dessous du même condyle à sa partie antérieure, pour l'attache du muscle extenseur antérieur du pied.

70. L'os qui glissant sur l'éminence antérieure de l'extrémité du fémur, fait en cet endroit l'office d'une poulie, a été nommé *rotule*.   Os dit la rotule.

On en considérera,

1.° *La forme* : elle est irrégulièrement quarrée.

2.° *La situation* sur l'éminence antérieure dont nous avons parlé.

3.° *Les faces* ; l'externe (1), raboteuse, donnant attache aux tendons des muscles extenseurs de la jambe avant qu'ils parviennent au tibia; l'interne (2), lisse & polie.

4.° *Les deux facettes* (3) étant à cette même face, séparées par une éminence, & garnies d'un cartilage pour son articulation avec le fémur.

71. On considérera dans le tibia qui forme ce qu'on doit appeler proprement *la jambe du cheval*, & ce qu'on a nommé très-improprement *la cuisse*,   Le tibia.

1.° *Un corps* (1) cylindrique, légerement applati à la partie postérieure. On y voit quantité d'empreintes musculaires.

2.° *Une extrémité supérieure* (2), beaucoup plus volumineuse que le corps, & formant une espece de tête applatie.

3.° *Les deux facettes* (3) étant à cette tête, & sur lesquelles roulent deux éminences du fémur.

4.° *L'éminence* (4) séparant ces facettes, & étant reçue dans l'échancrure qui existe entre les deux condyles de ce dernier os.

5.° *L'échancrure* (5) dont cette éminence est creusée, où s'attachent les ligamens que j'ai dit en venir.

6.° *La petite facette* (6) étant à la partie latérale externe, pour l'articulation de l'épine ou du péronné.

7.° *La tubérosité* (7), ou l'éminence inégale & raboteuse étant à la partie antérieure de cette extrémité, & donnant attache au fort tendon des muscles extenseurs de la jambe, après son passage sur la rotule.

8.° *La sinuosité* (8) étant à cette même tubérosité.

9.° *L'échancrure* (9), en forme de gouttiere, étant à la partie externe de cette même tubérosité, & donnant attache au muscle fléchisseur du canon.

10.° *La fosse* (10), dont la partie postérieure de cette même extrémité est creusée, & qui contient communément beaucoup de graisse. C'est là que s'attache aussi un ligament très-fort joignant cet os au fémur. Deux cartilages sémi-lunaires attachés de coté & d'autre à la tête de ce dernier os, servent dans cette jonction à former une cavité un peu plus ample pour recevoir les deux condyles.

11.° *L'extrémité inférieure* (11) présentant trois éminences.

12.° *L'apophise mitoyenne* (12) étant l'éminence du milieu.

13.° *Les apophises condyloides*, dont l'une est

interne (13), & l'autre externe (14), étant les éminences latérales.

14.° *Les sinuosités* (15) à observer aux apophises condiloïdes pour le passage des tendons.

15.° *Les deux cavités* (16) séparant ces trois apophises, & dans lesquelles les éminences du principal os du jarret sont reçues ; ce qui constitue une articulation par charniere plus parfaite que toutes celles que l'on trouve dans les extrémités du corps de l'animal.

72. On doit considérer dans le péronné ou dans l'épine du tibia,   *Le péronné ou l'épine du tibia.*

1.° *Sa situation* le long de la partie latérale externe du tibia.

2.° *Le corps* (1) qui en fait la partie moyenne.

3.° *L'extrémité supérieure* (2) formant une sorte de tête reçue dans la facette de l'extrémité supérieure & de la portion latérale externe de l'os avec lequel il se joint ; ce qui forme une articulation sans mouvement.

4.° *L'extrémité inférieure* (3), se terminant par une pointe qui arrive à environ la partie moyenne du tibia.

5.° *La diminution insensible* à mesure de sa terminaison par cette pointe.

73. Le jarret est composé de six os qui doivent leur   *Les os du* exacte jonction à des ligamens très-forts, & destinés   *jarret.* à s'opposer à leur déplacement dans les violens efforts de cette partie. Quoiqu'ils n'aient entr'eux-mêmes que très-peu de mobilité, cette articulation permet à l'animal des mouvemens extrêmement souples. Il est nombre de facettes par lesquelles ils s'unissent, & plusieurs petites cavités dans les intervalles qui les distinguent ; la graisse & l'humeur synoviale dont elles sont remplies ne contribuent pas peu à adoucir & à lubréfier cette articulation.

74   ELEMENS

La poulie.   On considérera dans le premier de ces os nommé *la poulie*,

1.° *Sa forme*, qui lui a mérité ce nom.

2.° *Son volume*, plus considérable que celui des autres.

3.° *Sa partie antérieure* (1), étant arrondie.

4.° *Les éminences* (2), au nombre de deux, étant à cette même partie.

5.° *La cavité* (3) qui les sépare, & répondant à l'extrémité inférieure du tibia.

6.° *Les facettes* (4), étant au nombre de quatre à sa partie postérieure (5), & répondant à celles qui sont au second os du jarret.

74.
Second os.   Le second os forme ce que nous appellons *la tête* ou *la pointe du jarret*. Il répond assez par sa fonction & par sa figure à ce que dans l'homme on nomme *le calcaneum*.

Il faut en considérer,

1.° *La forme* plus allongée que celle du précédent.

2.° *La tubérosité* (6) formant sa partie supérieure, & à laquelle s'attache un fort tendon du muscle extenseur du canon.

3.° *Les facettes* (7) étant au nombre de quatre à sa partie inférieure, & s'appliquant à celle des os de la poulie.

4.° *L'espece d'échancrure* (8), ou l'enfoncement étant entre ses parties supérieure & inférieure, pour le passage des tendons qui vont s'insérer plus bas.

75.
Os trois, quatre, cinq & six du jarret.   Les quatre autres os qui entrent dans la composition du jarret, sont beaucoup plus petits.

On considérera,

1.° *L'applatissement* du troisième (9), & du quatrième (10).

2.° *Leur jonction* intime & mutuelle.

DE L'ART VETERINAIRE. 75

3.° *L'union* du troisiéme avec la poulie.

4.° *L'union* du quatriéme avec la tête du canon.

5.° *La forme* plus irréguliere du cinquiéme (11).

6.° *Sa position* à la partie latérale externe (12).

7.° *Son union* avec le troisiéme & le quatriéme, & avec le calcaneum.

8.° *La jonction* du sixiéme (13) avec le troisiéme & le quatriéme seulement.

76. Le canon de l'extrémité postérieure ne differe de celui de l'extrémité antérieure, que par un peu plus de longueur.

Le canon

On considérera,

1.° *Son union* supérieurement (1) avec le jarret,

2.° *Les facettes* (2) étant à cette même partie supérieure, & répondant au deuxiéme & au troisiéme des petits os que je viens de décrire.

3.° *La partie inférieure* (3) articulée avec l'os du pâturon.

77. Ce même os du pâturon, ainsi que tous ceux qui terminent l'extrémité dont il s'agit, étant entiérement semblables aux os que nous avons examinés dans l'extrémité de l'avant-main, nous nous bornons à ce que nous en avons dit, pour ne pas tomber dans des répétitions fastidieuses & inutiles.

Os qui terminent l'extrémité postérieure.

RÉCAPITULATION.

78. Nous terminerons cet abrégé par l'énumération des os dont le squelette du cheval est composé. On doit compter

1.º Dans *l'avant-main*,

Os du crâne, tant propres que communs.... 8
Osselets de l'ouïe, quatre de chaque côté... 8
Os de la mâchoire antérieure............13
Dents dans le cheval..................20
Nota. Dans la jument il n'en est pour l'ordinaire que dix-huit.
Os de la mâchoire postérieure............1
Dents dans le cheval..................20
L'os hyoïde........................1
} ...71.

Os de l'encolure ou vertebres cervicales....7
Os des extrémités antérieures, vingt-un pour chacun..........................42
} 49

2.º Dans *le corps*,

Vertebres dorsales....................18
Vertebres lombaires...................6
Les côtes, dix-huit de chaque côté........36
Le sternum.........................1
} ...61.

2.º Dans *l'arriere-main*,

L'os sacrum........................1
Os de la queue......................8
Les iléon..........................2
Les ischion........................2
Les pubis..........................2
Les extrémités postérieures, dix-neuf pour chacune..........................38
} ...53.

TOTAL....234.

DE LA SARCOLOGIE.

LA *Sarcologie* comprend en général toutes les parties molles du corps de l'animal. Voyez l'article II de l'*Introduction*.

Ces parties sont distinguées en *contenantes* & en *contenues*.

9. Les parties *contenantes* servent d'enveloppe générale ou d'enveloppe particuliere aux autres.

Les *contenues* sont celles qui sont couvertes, revêtues & enveloppées.

Les enveloppes *particulieres* sont la plévre, le péritoine, les meninges, &c.

Les enveloppes *générales*, autrement appellées *tégumens communs & universels*, s'étendent extérieurement sur tout le corps de l'animal :

Telles sont la *peau*, que l'on nomme encore *le cuir* ou *le derme*.

La *surpeau*, qu'on appelle aussi l'*épiderme*;
Les *poils*;
La *graisse* ou la *membrane cellulaire* ou *adipeuse*.

Telle est encore l'expansion charnue, qui adhérant fortement au derme, est un vrai *panicule*;

quoiqu'elle n'occupe qu'un certain espace, elle peut être regardée comme faisant partie des tégumens.

Du Cuir ou du Derme.

Le *cuir* ou le *derme* forme proprement le corps de la peau, & n'est autre chose que la membrane considérable placée le plus près des chairs, & qui en recouvre exactement la superficie.

80. Il faut en considérer,

1.° *L'épaisseur*, qui est d'environ deux ou trois lignes, mais qui varie selon les parties que cette membrane revêt. Elle est plus forte en effet au dos, aux jambes, à l'encolure qu'au ventre, aux ars, aux paupieres, aux naseaux, &c.

2.° *Les connexions*; supérieurement avec l'épiderme, inférieurement avec le pannicule charnu, au lieu où il regne & avec la graisse; ces connexions étant plus lâches dans de certains endroits que dans d'autres.

3.° *Les trous* qui sont de plusieurs sortes, les premiers & les plus grands communiquant dans quelque cavité, comme dans les naseaux, dans la bouche, dans les oreilles, dans l'anus, & la peau n'étant pas réellement perforée dans ces parties, mais seulement réfléchie; d'autres plus petits étant les orifices des canaux excréteurs des glandes, qui fournissant en plusieurs endroits une humeur grasse & épaisse, sont apellées *sébacées*: d'autres plus petits encore distingués par le nom de *pores*, & dont la peau se trouve criblée, les uns fournissant un passage aux poils, les autres étant les orifices des artérioles séreuses qui se terminent au niveau du derme, & formant des *pores exhalans*, qui offrent une issue à la matiere de la transpiration; les autres enfin répondant à des veinules séreuses, & constituant ce que nous nommons *pores absorbans*.

4.° *La composition* ou la *substance*; le derme paroissant être un tissu de fibres particulieres, membraneuses & blanchâtres, qui ne peuvent être dites tendineuses & nerveuses, qu'à raison de la ressemblance qu'elles ont avec celles dont les nerfs & les tendons sont formés; ces fibres étant croisées & entrelacées de maniere que le cuir peut s'étendre & prêter autant que le besoin l'exige; comme, par exemple, dans des emphysêmes, dans des cas de tumeurs considérables, dans la circonstance de la plénitude de la cavale, &c. tandis que d'une autre part la force de contraction ou d'élasticité dont elles sont douées, les ramene à leur premier état, dès que la cause de la dilatation cesse.

5.° *Les vaisseaux de toute espece* qui occupent les espaces ou les aréoles que ces fibres irrégulièrement croisées laissent entr'elles.

6.° *Les vaisseaux nerveux* qui y aboutissent; ne se terminant en aucun endroit fixe & limité par des mamelons particuliers, leurs extrémités se portant & se dispersant irrégulièrement dans le corps du cuir, ensorte que nous n'admettrons pas ici une partie distincte à laquelle on donne le nom de *corps mamelonné dans l'homme*.

7.° *Les vaisseaux sanguins* admettant le sang même, & dont la présence est constatée par l'épanchement d'une ou de plusieurs gouttes de sang, ensuite de la plus légere blessure.

8.° *Les vaisseaux exhalans ou vaporiferes*; étant une continuation & des séries des vaisseaux sanguins artériels, mais aboutissant & finissant à la

F 2

peau, & étant destinés à donner passage à l'humeur subtile qui s'échappe en fumée, & qui est la matiere de la transpiration insensible, ainsi qu'à l'humeur séreuse qui constitue la sueur. Leurs extrémités forment, ainsi que je l'ai dit, les *pores exhalans*.

9.° *Les vaisseaux absorbans* étant des veinules séreuses, qui sont pareillement une suite des veines sanguines, leurs extrémités formant ce que j'ai nommé les *pores absorbans* ; c'est par eux que des vapeurs nuisibles ou salutaires peuvent pénétrer de dehors en-dedans, que des corpuscules morbifiques peuvent être, ensuite de l'attouchement immédiat, portés jusques dans la masse, &c.

10.° *Les vaisseaux limphatiques* ; étant aussi l'extrémité des tuyaux artériels, mais répondant à de pareils vaisseaux veineux, charriant & contenant une liqueur dont la portion la plus fine fournit la nourriture à la peau, la plus grossiere rentrant & étant rapportée dans le torrent de la circulation, pour y être de nouveau affinée, & pour acquérir la perfection qui lui est nécessaire.

11.° *Les glandes dites sébacées*, sensibles à la vue, filtrant un suc visqueux servant de liniment aux parties exposées à des humeurs âcres ou à des froissemens ; ces mêmes glandes étant en grande quantité dans quelques endroits du corps, comme aux ars, entre les fesses, dans l'intérieur de l'oreille, du fourreau, &c.

12.° *Les usages* ; la peau servant de couverture à toutes les parties du corps, elle est encore l'émonctoire de toutes les humeurs inutiles ou nuisibles qui doivent être évacuées par la transpiration

& par la sueur, & l'organe de ce sens qui dans l'animal est borné à ce que nous appellons dans l'homme *attouchement*, *toucher général*, au moyen & par l'entremise des vaisseaux nerveux qui se répandent & se distribuent dans le tissu de ce tégument.

De la Surpeau ou de l'Epiderme.

1. L'*épiderme* est une pellicule que les poils qui sont à la superficie du corps de l'animal nous dérobent.

Il faut en considérer,

1.° *La situation* ; cette cuticule étant immédiatement placée sur la peau ; car je ne supposerai point ici un corps muqueux ou réticulaire, que je n'apperçois réellement que dans la langue du cheval & du bœuf, & que je ne découvre point dans le tissu que j'examine.

2.° *Les connexions* très-fortes avec le derme, qu'il suit dans toute son étendue ; connexion qu'on ne peut détruire que par le secours de l'eau bouillante, de la macération, des médicamens épispastiques ou du feu ; souvent par les deux premiers moyens seuls, cette cuticule se réduisant alors en une espece de crasse.

3.° *Les prolongemens* dans l'intérieur à la faveur des ouvertures naturelles, telles que celles des nasaux, de la bouche, &c.

4.° *La substance*, qui n'est autre chose que l'expansion des vaisseaux, particulièrement des séreux ; les extrémités de ces mêmes vaisseaux unies, épanouies & jointes les unes aux autres, formant, au moyen de leur prolongement mutuel, la tunique fine & déliée dont il s'agit ; tunique percée d'autant de trous qu'il en est à la surface du derme.

5.° *L'insensibilité*, à raison de l'absence des nerfs

qui n'entrent point dans sa composition, & qui se bornent tous au derme.

6.° *Les usages*, qui sont de modifier le sens du toucher général, de préserver le derme des impressions douloureuses qu'il éprouve, lorsque cette pellicule a été enlevée, d'en empêcher le dessèchement, &c.

De la Graisse.

82. *La graisse* est encore une enveloppe générale comprise dans les tégumens communs. On doit considérer dans le corps graisseux proprement dit,

1.° *La membrane* dite *adipeuse*, qui n'est autre chose que ce qu'on nomme *le tissu cellulaire*. Elle est formée de plusieurs feuillets extrêmement déliés, dont les entrelacemens variés & sans ordre composent des especes de cellules irrégulieres, qui communiquent toutes entr'elles par des pores qui sont les interstices des fibres de ces feuillets. Cette communication est évidente, lorsque par le moyen d'un soufflet on parvient à gonfler un animal, puisque l'on produit dans toute l'étendue superficielle de son corps un emphysême artificiel.

2.° *La matiere grasse & oléagineuse* qui constitue véritablement la graisse, & qui est séparée du sang par les vaisseaux dont ces cellules plus ou moins amples, plus ou moins nombreuses, selon les différentes parties qu'elles occupent, sont parsemées ; cette séparation s'opérant comme par transsudation par les pores des petites arteres dans ces mêmes cellules, où cette portion la plus huileuse du sang acquiert un peu plus de consistance, & se dissipe enfin insensiblement, soit en sortant avec l'humeur de la transpiration & de la sueur, soit en rentrant dans la circulation par les pores des veines capillaires sanguines, qui la repompent & qui l'absorbent.

3.º *L'étendue & le trajet*, ce corps suivant presque par-tout la peau sous laquelle il est situé. Il n'en est point sous celle des paupieres, des oreilles, du membre, & dans tous les endroits où la nature a voulu faire des applatissemens, & marquer des bornes & des limites. On en trouve dans les interstices de plusieurs muscles, dans toutes les parties dont les mouvemens sont fréquens, aux muscles de l'œil, autour des articulations. Le crâne n'en contient point ; mais dans le thorax le cœur en est entouré, & l'abdomen est la cavité qui en contient le plus, l'épiploon, le mésentere, les reins en étant amplement garnis, & la graisse étant ici plus solide, & formant ce qu'on appelle *axonge* dans l'animal. Que s'il est des parties qui en soient totalement privées, d'autres où il en est peu, & d'autres où on en rencontre beaucoup, ces différences ne proviennent que de l'absence du tissu, & de la plus ou moins grande quantité des cellules, cette humeur ne se séparant qu'autant qu'elle en rencontre de disposées à la recevoir.

4.º *Les usages*, qui sont de s'opposer en remplissant les interstices des muscles, au frottement violent qui résulteroit de leurs contractions fortes & réitérées ; de maintenir dans un état de souplesse ceux qui sont exposés à être mus continuellement, comme ceux des yeux & le cœur ; de garantir le globe de la dureté des parois de l'orbite dans lequel il est renfermé ; de modifier sur la superficie du corps où elle se trouve répandue toute impression extérieure ; de réparer toutes les difformités qui accompagnent toujours une extrême maigreur ; de servir dans l'abdomen d'appui, de coussinet aux intestins & aux autres visceres; de préserver la substance des reins & le bassinet de l'âcreté des sels urineux ; de faciliter par-tout & d'adoucir l'action & la réaction des parties qui glissent & qui se meuvent les unes sur les autres ; de tempérer en rentrant dans la masse l'acrimonie des humeurs, d'en modérer la marche trop violente ; peut-être, de fournir au sang une matiere qui peut lui tenir lieu de nourriture, &c.

Des Poils.

83. Les *poils* sont de petits filets plus ou moins tenus & plus ou moins déliés, dont le corps du cheval est extérieurement revêtu, & qui forment ce qu'on en appelle *la robe*.

Il faut en considérer,

1.° *Les différences*, eu égard à leur consistance, à leur longueur & à leur force : ceux de la queue étant infiniment plus longs & plus gros, & constituant proprement, ainsi que ceux qui sont à la partie supérieure de l'encolure & qui tombent sur le front, ce qu'on nomme *les crins* : ceux qui sont au dessus de la fosse orbitaire, un peu plus forts que les autres poils qui les avoisinent, étant distingués par le nom de *sourcils* : ceux qui bordent la paupiere supérieure, plus considérables encore que ces derniers, étant appellés *cils* : ceux qui sont épars çà & là près du menton formant la barbe : ceux qui garnissent la partie postérieure du boulet formant le fanon, &c. Les poils paroissant au surplus plus clairs dans les poulains, & les crins s'y montrant comme des cordes mal filées.

2.° *L'absence dans certaines parties*, telles que

celles de la génération, où l'on ne voit qu'une espece de duvet ; la circonférence de l'anus, où ce duvet est moins sensible ; la circonférence des yeux, des nasaux & des lévres dans certains chevaux, qui à raison de cette absence dans ces derniers endroits, sont dits avoir *du ladre*.

3.° *La couleur*. Voyez les Observations générales sur le cheval considéré extérieurement.

4.° *La racine* qui est dans le corps graisseux, & que l'on distingue par de petites éminences ovalaires que nous appellons *bulbes* ou *oignons*. Elle est vasculeuse, comme la racine des plumes des oiseaux.

5.° *Les bulbes* ou *oignons* adhérant immédiatement à la racine du poil & à la peau, & renfermés dans des corpuscules ovales & blanchâtres, semblables à de petites vessies formées par une membrane assez épaisse, eu égard à leur volume, & pleine d'un suc visqueux approchant de la nature du sang ; chaque vessie recevant des vaisseaux qui y déposent ce suc, lequel est proprement la matiere nourriciere des poils.

6.° *La sortie* par l'extrémité la plus petite de ces especes de glandes ; ils percent le tissu de la peau & l'épiderme, & s'étendent plus ou moins en longueur, selon la quantité plus ou moins considérable de l'humeur qui doit fournir à leur entretien & à leur accroissement.

7.° *La forme*, la partie qui est hors la peau paroissant ronde, & le microscope nous la faisant au surplus voir diaphane.

8.° *Les usages* étant les mêmes que ceux que l'on attribue à l'épiderme. Ils défendent encore l'animal des injures du tems, & lui servent d'ornement & de parure.

PRÉCIS MYOLOGIQUE,
ou
TRAITÉ ABRÉGÉ
DES MUSCLES.

DES MUSCLES DU CHEVAL,
Confidérés en général.

85. La *Myologie* donne la connoiffance des mufcles : elle inftruit de leur compofition, de leur origine, de leur infertion, de leur fituation, de leur action & de leurs ufages.

86. On appelle du nom de *mufcles*, les organes par le moyen defquels les divers mouvemens du corps de l'animal s'opèrent & s'exécutent.

87. Quelle que foit la divifion que nous avons faite de leurs parties en moyenne & en charnue, (XVI), en extrémités tendineufes & aponévrotiques, le nombre de ceux que l'on découvre dans le cheval offre des différences fenfibles.

1.° Les uns n'ont à leur extrémité ni tendons ni aponévrofes apparentes : ils s'attachent & fe terminent fimplement par quelques petits filets blanchâtres légèrement tendineux, & qui gardent le même ordre & la même figure que le corps ou la portion moyenne.

2.° Les autres ont un tendon à une de leurs extrémités, & une aponévrofe à l'autre.

3.° Ceux-ci font munis de deux portions charnues, entre lefquelles on apperçoit un tendon.

4.° Dans d'autres enfin, ces portions charnues multipliées forment autant de têtes qui se terminent par un seul & unique tendon.

88. Leurs dénominations diverses se tirent :

1.° De leur composition ; ainsi ceux qui sont formés de deux portions charnues & d'un seul tendon dans le milieu, sont nommés *digastriques* ; ainsi ceux qui ont plusieurs portions charnues formant autant de têtes, & qui n'ont qu'un tendon, sont appellés *biceps*, *triceps*.

2.° De leur figure : ainsi celui qui représentera un grand quarré inégal & irrégulier, sera désigné par le nom de *trapèse* ; celui qui sera obliquement quarré, par le nom de *rhomboïde* ; celui qui aura des dentelures, par le nom de *dentelé* ; ceux dont la forme sera pyramidale, par le nom de *muscles pyriformes* ou *pyramidaux* ; ceux dans lesquels elle sera ronde & quarrée, par le nom de ces figures, &c.

3.° De la direction de leurs fibres : c'est pour cela que nous nommons tels muscles, *muscles droits*, *obliques*, *transverses*, *orbiculaires* ; & que nous appellons *penniformes*, ceux dont les fibres étant parallèlement rangées le long du tendon mitoyen, font l'effet de la barbe d'une plume.

4.° De leur volume : ainsi il en est de *grands*, de *petits* & de *moyens*, de *vastes*, de *grêles*, &c.

5.° De leur situation : ils sont donc ou *antérieurs* ou *postérieurs*, ou *supérieurs* ou *inférieurs*, ou *droits* ou *gauches*, ou *latéraux*, *dorsaux*, *postépineux*, *antépineux*, &c.

6.° De leurs attaches : aussi donne-t-on à quelques-uns les noms de *milo-hyoïdien*, *géni-hyoïdien*, *hyoïdien*, *sterno-hyoïdien* ; *sterno-tiroïdien*, &c.

7.° Enfin de leurs usages : aussi en est-il qu'on indique par les noms de *releveurs*, *d'abaisseurs*, d'*abducteurs*, d'*adducteurs*, d'*extenseurs*, de *fléchisseurs*, d'*accélérateurs*, d'*érecteurs*, &c.

89. Les muscles sont encore divisés en muscles *pleins*, en muscles *creux*, en muscles *simples* & en muscles *composés*.

Les muscles *pleins* sont ceux qui n'ont aucune cavité; le nombre en est infiniment plus considérable que celui des muscles *creux*.

Les muscles *creux* sont tous ceux qui sont caves, comme le cœur, l'estomac, les intestins, la vessie.

Les muscles *simples* sont ceux dont les fibres gardent & suivent une même direction d'une extrémité à l'autre, & dans lesquels on ne remarque qu'un seul corps.

Les muscles *composés* présentent ou plusieurs portions charnues, ou plusieurs tendons à quelqu'une de leurs extrémités, ou une disposition différente de fibres dans un seul & même corps, comme, par exemple, dans quelques-uns de ceux de l'encolure & du dos, où l'arrangement des fibres est à sens & à contresens.

90. Les attaches des muscles sont ou entierement aux os, ou seulement aux os d'un côté, & de l'autre à quelques parties molles, où ils n'ont aucune connexion avec les unes & les autres de ces parties.

91. Leurs usages varient selon ces diverses attaches.

Il est constant que la portion charnue du muscle est la seule qui soit susceptible de contraction ou de raccourcissement, d'extension ou de relâchement.

Il n'est pas moins certain que la portion tendineuse est de nature à résister aux efforts que l'on feroit pour l'allonger.

Or si la portion charnue seule se contracte & se

raccourcit, il faut nécessairement que les deux points où s'attache le muscle, s'approchent l'un de l'autre; que si l'un de ces points présente moins de résistance, il soit emporté, & que par une suite naturelle la partie où ce point est fixé soit mue.

Il faut donc conclure,

1.° Que tous les muscles qui par leurs deux extrémités sont attachés aux os, peuvent les mouvoir réciproquement l'un sur l'autre, selon que l'un ou l'autre de ces os est plus stable, plus fixe, soit en conséquence de leur attitude, soit en conséquence de la coopération de quelques autres muscles, soit enfin attendu leur plus grande disposition naturelle à être mus.

2.° Que dans tous les muscles dont la connexion n'a lieu avec les os que d'un seul côté, la partie molle à laquelle ils sont attachés de l'autre part, c'est-à-dire, par l'autre extrémité, ne peut jamais servir de point fixe; & c'est ainsi que la détermination des effets des muscles des oreilles, des levres, &c. ne change jamais.

3.° Qu'à l'égard de ceux qui n'ont aucune attache à des parties immobiles, comme le sphincter, le cœur, &c. la direction orbiculaire de leurs fibres fait qu'ils se suffisent à eux-mêmes, & qu'ils peuvent agir sans avoir d'autre point d'appui que celui que les fibres trouvent les unes dans les autres, tandis que la résistance réside dans le milieu.

Il importe encore de considérer dans le jeu des membres des animaux, comme dans celui des membres de l'homme, trois diverses especes de mouvemens, c'est-à-dire, des mouvemens simples, des mouvemens composés, enfin un mouvement tonique.

Mais il ne suffit pas pour examiner ces actions diverses, de connoître la situation, les véritables insertions des muscles, & d'en faire joüer les tendons dans les cadavres; il faut saisir le concours des causes au moyen desquelles chacune d'elles est opérée.

Les mouvemens simples ont lieu par des muscles qui sont les *principaux moteurs*, tous les autres entrant aussi proportionnellement en contraction, ceux-ci, comme *directeurs du mouvement*, ceux-là, pour le *contrebalancer*: ainsi, au moment où l'animal fléchit la jambe, les muscles *extenseurs*, qui sont les *antagonistes des fléchisseurs*, puisqu'ils sollicitent une action contraire, *contrebalancent* celle de ces derniers, tandis que les *adducteurs* & les *abducteurs* de cette même partie, pareillement contractés, en *dirigent le mouvement*. Du reste il est aisé, pour peu qu'on réfléchisse sur la tendance naturelle des muscles à se contracter, de comprendre la nécessité de cette coopération, ainsi que la nécessité des *antagonistes* : tous les muscles en ont, sans excepter même ceux qui sont impairs, car le cœur a pour antagonistes ses oreillettes.

Dans les *mouvemens composés* ou de circumduction, comme dans ceux où l'animal *chevale* ou se porte de côté, les muscles ne se contractent que successivement les uns après les autres.

Enfin, dans les circonstances de la roideur, de la fixité, de l'immobilité de la partie, de cet état, en un mot, qu'on a désigné par le nom de *mouvement tonique*, tous les muscles sont dans une égale contraction, c'est-à-dire, que les forces contraires des *antagonistes* étant en même raison & dégré, la partie se trouve arrêtée entre tous les mouvemens dont elle est susceptible.

Les

DE L'ART VETERINAIRE. 93

93. Les uns & les autres de ces mouvemens, à l'exception du dernier qui est purement passif, forment ce que nous appellons *mouvement animal & volontaire*, mouvement que l'animal fait & exécute en conséquence d'une volonté libre & déterminée, soit par des besoins divers, soit par les objets différens dont son instinct peut être frappé.

Le mouvement du cœur, des intestins, de l'estomac, &c. &c. ne dépend en aucune maniere de l'instinct & de la volonté de l'animal, puisqu'il ne peut de lui-même & à son gré suspendre en lui la circulation, s'opposer à la digestion & à l'élaboration des alimens qu'il a pris, les empêcher d'enfiler la route des intestins, arrêter enfin le mouvement péristaltique de ces derniers visceres : aussi tous ces mouvemens ont-ils été appellés *mouvemens involontaires & naturels*.

En ce qui concerne ce qu'on a nommé *mouvement mixte*, nous dirons que celui-ci est en partie volontaire & en partie involontaire : tel est le mouvement de la respiration, que l'animal n'a la liberté d'interrompre & d'augmenter que pour quelques instans.

94. Tous les muscles sont essentiellement composés de fibres simples, parsemées & entourées de filets nerveux, & d'une quantité considérable de vaisseaux sanguins & lymphatiques. Ces fibres, appellées en général *fibres motrices* ou *mouvantes*, sont, à l'endroit du corps ou de la portion charnue du muscle, beaucoup plus grosses, beaucoup plus molles, beaucoup moins près les unes des autres, que dans le tendon, où elles sont infiniment plus déliées, plus fermes, & tellement serrées, que le tendon est infiniment plus petit que la portion moyenne, quoiqu'elles y soient en même quantité.

Dans tous les muscles cependant les fibres ne

G

deviennent pas toutes tendineuses ou aponévrotiques au même endroit: dans les uns, ce changement s'observe premierement dans le milieu & successivement dans les côtés: dans d'autres au contraire les fibres extérieures commencent à se resserrer, tandis que celles du milieu sont charnues dans une plus grande étendue.

Quant aux nerfs qui y aboutissent, ils s'y divisent de maniere que dépouillés de la membrane qui les enveloppoit, ils se répandent & se perdent dans leur substance; car leurs dernieres ramifications se dérobent bien-tôt aux recherches de nos mains & de nos yeux.

En ce qui concerne les vaisseaux sanguins qui s'y ramifient, ils sont autour de toutes ces fibres extrêmement déliés, & si nombreux, que tout le muscle ne paroît être que vaisseaux.

95. Une enveloppe membraneuse particuliere & propre à chaque muscle, & qui n'est autre chose qu'un tissu cellulaire, revêt cet assemblage de fibres & de vaisseaux de toute espece. Ce tissu se plonge dans les intervalles qui sont entr'elles, de maniere qu'il sépare chacune d'elles en particulier. Il communique d'un muscle à l'autre par une continuation mutuelle & réciproque. Il est au surplus le siége de la graisse que l'on trouve dans les espaces qui sont entr'eux, & qui en marquent les *intersections*.

96. La force des muscles dépend en général de la direction, de la multitude, de la pluralité, de la longueur, de la dureté, de l'élasticité naturelle de leurs fibres motrices, comme de leur propre situation. Elle résulte en même temps dans le cheval, de leur communication intime les uns avec les autres, de leur entrelacement fréquent, ainsi que des gaînes membraneuses & aponévrotiques

infiniment plus multipliées dans l'animal que dans l'homme, qui en resserrant, pour ainsi dire, les fibres, rendent les muscles beaucoup plus compacts.

Il est évident que toutes les parties se meuvent par des muscles, & que l'action de ces instrumens quant aux membres de l'animal, consiste à tirer en se raccourcissant les parties solides auxquelles ils s'inferent, de maniere que leurs extrémités se rapprochent, & que la partie la plus mobile, ou celle dans laquelle la résistance est moindre, cede à celle dont la force surpasse cette résistance: mais entreprendre d'expliquer la forme & les autres dispositions méchaniques des fibres motrices au moment de leur contraction, ainsi que tous les changemens qu'elles éprouvent lors de leur action quelconque, ce seroit vouloir ou accréditer, ou multiplier les erreurs.

On ne peut se dispenser d'admettre des fibres, des tuyaux nerveux, sanguins & lymphatiques dans la formation des faisceaux musculeux. Si toute la machine animale considérée en général, n'est en effet qu'un composé de solides & de fluides, il s'ensuit que chacune de ces parties ne doit sa figure & son existence qu'à un assemblage de canaux qui contiennent & qui charrient sans cesse des liquides, & celles qui sont susceptibles de mouvement & de sentiment, sont principalement tissues de ces trois genres de tuyaux.

Si ces mêmes tuyaux sont la principale substance du muscle, il est incontestable qu'il doit être perpétuellement abreuvé par le sang & par les esprits; mais est-ce le sang ou les esprits, ou bien le sang & les esprits ensemble qui produisent cette contraction vitale, en conséquence de laquelle l'animal se meut, & qu'il ne faut confondre ni avec la contraction résultante de la nature irritable de la fibre musculaire, ni avec celle qui naît de son élasticité ?

100. Liez une artere; le mouvement des muscles dans lesquels le vaisseau se portoit sera aboli ou considérablement diminué, quoique le nerf soit dans sa parfaite intégrité. Or si l'interception du fluide circulant dans le canal artériel, & qui ensuite de la ligature ne peut plus parvenir dans ces muscles, en diminue ou en abolit l'action, il paroitroit que cette action seroit due à la présence ou à l'influx de ce même fluide : cependant la pâleur du muscle dans sa systole, pâleur qui ne peut provenir que de la moindre abondance du sang dans l'instant précis de la contraction, & la diminution du volume de ce même muscle au moment de son effort, prouveroient que ce n'est point à l'augmentation & à l'accélération de ce fluide, que le raccourcissement dont il s'agit doit être rapporté.

101. Il seroit dangereux de se fonder en pareille matiere sur des faits & des observations avouées par les uns & contredites par les autres; tâchons de résoudre par des principes généralement adoptés la question que nous agitons; non-seulement nous en serons plus intelligibles à nos Eleves, mais nous leur apprendrons à ne pas systématiser, à recourir aux vérités connues pour en déduire quelques lumieres sur celles qui ne le sont pas, ou qui demeurent enveloppées d'une infinité de nuages; enfin à fuir des écarts trop fréquens & trop funestes dans la Médecine des hommes.

102. Personne n'ignore 1.° que la circulation ne peut être accélérée, & la quantité du sang augmentée dans une partie au gré de l'animal : or la quantité & la marche du sang ne pouvant être augmen-

tées à raison de la volonté ou de l'instinct dans le membre à mouvoir, & le mouvement de ce même membre étant un acte subit de ce même instinct & de cette même volonté, il est constant qu'il ne sauroit être occasionné par l'abord impétueux & par la plus grande abondance de ce fluide.

2.° Il est également porté du cœur par les arteres dans tous les muscles : or son influx ne peut le faire regarder comme la cause stricte du mouvement, parcequ'alors il ne seroit pas possible de comprendre comment un seul membre seroit mu, & comment les autres ne le seroient pas en même temps.

3.° Nul changement dans le pouls lors de la contraction de tels ou tels muscles.

4.° La célérité, la vîtesse, la promptitude extrême de l'action variée des membres prouvent que cette action ne peut dépendre que de la forte application d'un corps très-fluide & très-subtil au-dedans du muscle : or toutes ces conditions indispensables ne se rencontrent point au dégré proportionné & requis dans la liqueur artérielle.

03. Pourquoi donc l'affaissement du muscle est-il une suite de la ligature de l'artere ? D'où viennent la diminution, l'abolition du mouvement de la partie, malgré l'intégrité du nerf ? La raison de ce phénomene est infiniment simple. Une partie ne peut être mue, qu'autant qu'elle est dans son état naturel & qu'elle jouit de la vie, & elle n'en jouit qu'autant que la circulation s'y exécute : or dès que l'action des vaisseaux, ces forces mouvantes qui doivent porter le sang nécessaire à son entretien & à sa nourriture, se trouvera empêchée, la vie de cette même partie s'éteindra, puisque le principe en sera détruit, & conséquemment les

G 3

opérations du membre cesseront. Si elles languissent, s'il s'affoiblit seulement, ce n'est que parceque le sang dans sa marche ne rencontrera pas un obstacle entier & complet, & qu'il y parviendra encore, mais en petite quantité, par des ramifications collatérales: ainsi la ligature de l'artere peut donner lieu à la diminution ou à l'abolition du mouvement, sans qu'on doive en conclure que l'augmentation de ce même mouvement soit effectuée par l'influx du sang, qui certainement n'est pas plus ici une cause efficiente, que l'humeur cryſtalline relativement au sens de la vue; cependant l'épaissiſſement & l'opacité de cette humeur conduiront à la cécité, & il ne s'ensuivra pas qu'on doive la déclarer l'organe de la vision.

104. Les effets de la ligature des nerfs qui se propagent dans les muscles de la partie à laquelle tout mouvement sera rendu par la cessation de l'interception du sang qui devoit s'y porter, & dont on a suspendu le cours, sont la paralysie du membre & son entiere immobilité : mais si du défaut d'action produit par la ligature de l'artere, je ne peux tirer la preuve de la contraction musculaire par l'influx du sang artériel, il ne m'est pas plus permis d'en assurer les causes sur l'influx du suc nerveux, qui dans cette circonstance peut aussi n'être considéré que comme un agent indispensable de la vie de la partie ; car il y concourt conjointement avec le sang, & un de ces deux mobiles enlevé, cette partie doit nécessairement périr.

105. Comment donc parvenir à la découverte de la vérité que nous cherchons, & remonter au principe certain, non de l'action spontanée des muscles, action indépendante de la volonté de l'animal, & qui subsiste par le cours régulier, par la présence, par l'abord continuel & non interrompu

du sang & des esprits, mais de leur contraction & des mouvemens en tous sens des membres quelconques.

Tous mes doutes se dissipent par la réflexion suivante, à laquelle je reviens toujours.

A peine l'animal veut-il étendre ou fléchir la jambe, qu'elle obéit sur le champ, & qu'elle est étendue ou fléchie. D'où procede la vîtesse de cette détermination, qui se fait sentir presque dans le même moment à la partie qu'il veut mouvoir, si ce n'est d'un liquide prodigieusement mobile? & quels sont les sucs les plus mobiles qui se rencontrent dans la machine animale, si ce ne sont les esprits animaux qui après avoir passé par divers dégrés successifs d'atténuation, ont enfin acquis la plus grande subtilité?

106. Il faut donc nécessairement conclure,

1.° Que le suc nerveux & le sang présens dans une partie, la maintiennent dans son état naturel.

2.° Que la soustraction totale de l'une ou de l'autre de ces liqueurs en opérera la ruine.

3.° Que dès que la volonté ou aucune cause externe ne sollicite l'action d'un membre quelconque, tous les vaisseaux qui se distribuent & qui se portent dans les muscles, soit fléchisseurs, soit extenseurs de la partie, sont également pleins par les esprits & par le sang, ensorte que ces mêmes muscles sont dans un parfait équilibre.

4.° Que la moindre addition, comme la moindre soustraction, augmentant nécessairement l'action des uns & des autres, rompront l'équilibre de leur puissance, si néanmoins cette addition ou cette soustraction n'a lieu que dans l'un d'eux: ainsi, par exemple, la soustraction faite dans l'extenseur seulement, le fléchisseur l'emportera; ou l'addition faite dans celui-ci, l'extenseur ne pourra que céder, attendu la cessation de l'égalité des résistances.

5.° Que l'addition ou l'augmentation qui provoquent les mouvemens, & qui en sont la cause efficiente, ne peuvent être que de la liqueur contenue dans les nerfs, & que conséquemment un influx plus ou moins abondant du suc nerveux, est le principe unique du raccourcissement ou de la systole des muscles.

6.° Que lors d'une moindre quantité d'esprits animaux dans celui qui fléchit le membre, comme dans celui qui l'étend, les proportions étant toujours observées, ainsi qu'on le voit dans le marasme & dans la vieillesse, ce même membre en agira avec moins de force, mais l'équilibre ne subsistera pas moins.

7.° Que cet équilibre conservé, dans le cas d'une addition considérable, produira cette convulsion, ce mouvement tonique que nous nommons dans l'homme le *tetanos*, & le *mal de cerf* dans l'animal.

Tels sont les points auxquels nous invitons les Eleves à s'arrêter. Entreprendre de pousser les recherches au-delà, ce seroit une tentative d'autant plus téméraire, que la Nature s'est à cet égard constamment refusée à des génies qu'elle sembloit avoir néanmoins pourvus & doués de la faculté de découvrir les opérations les plus secrettes.

PRÉCIS MYOLOGIQUE.

DES MUSCLES DU CHEVAL,
CONSIDÉRÉS EN PARTICULIER.

MUSCLES DE L'AVANT-MAIN.
DES MUSCLES DE LA TÊTE.

Des Muscles servant aux mouvemens des parties particulieres qui en dépendent.

Muscles de l'Oreille externe.

97. Nous comptons six muscles pour l'exécution des différens mouvemens de l'oreille externe : nous les désignons par les noms de *premier, second, troisième, quatrième, cinquième & sixième.*

Muscles de l'oreille externe.

98. On remarquera dans le *premier* proprement dit, & qui est le plus considérable,

Muscle premier.

1.° *Sa position* sur toute la partie supérieure du crâne.

2.° *Son union* (1) & *sa jonction* avec celui du côté opposé.

3.° *Son attache fixe* (2) à la crête de l'occipital, à la crête du pariétal & au frontal.

4.° *Les six portions séparées* (3) par lesquelles ils se terminent, ayant chacune une direction différente, & résultant de la réunion de ses fibres du côté de l'oreille.

5.° *Ses usages*; ce muscle par sa situation faisant

la fonction des muscles frontaux, & pouvant, en agissant entièrement, tirer l'oreille en-dedans, c'est-à-dire, la rapprocher près de l'autre, & la porter aussi en avant & en arriere, suivant le dégré d'action de ses portions antérieures ou postérieures.

109. *Muscle deuxième.*

Il faut considérer dans le muscle *second*,

1.° *Sa position* au-dessous du premier.

2.° *Son attache* (1) à la crête de l'occipital.

3.° *Sa terminaison* (2) à la partie la plus haute de la base de l'oreille.

4.° *Ses usages*, qui sont de rapprocher les oreilles l'une de l'autre, en agissant avec le premier.

110. *Muscle troisième.*

On considérera dans le muscle *troisième*.

1.° *Sa jonction* (1) avec la partie postérieure du premier.

2.° *Sa composition* : il ne naît d'aucunes parties solides, & ne présente qu'un plan de fibres de la longueur de quatre ou cinq travers de doigt, & de la largeur d'environ un pouce.

3.° *Son adhérence* aux muscles de la tête & au ligament cervical.

4.° *Les deux attaches* (2) par lesquelles il se termine à la partie postérieure de la base de l'oreille.

5.° *Ses usages*. Il tire l'oreille en arriere.

111. *Muscle quatrième.*

On remarquera dans le muscle *quatrième*,

1.° *Sa situation* au-dessous du troisième.

2.° *Sa structure*, qui est à-peu-près la même.

3.° *Ses attaches* (1), qui occupent aussi une portion plus basse de la base de l'oreille.

4.° *Ses usages* : il tire l'oreille en bas, ou plutôt en-dehors.

112. *Muscle cinquième.*

Dans le *cinquième muscle* on remarquera,

1.° *Son trajet* le long de la glande parotide, dénommée jusqu'à présent par les maréchaux *avive*.

2.° *Son attache* (1) à cette glande par un simple tissu cellulaire.

3.° *Son volume* (2) plus considérable à la partie supérieure, au moyen de la portion qui s'y unit.

4.° *L'attache* (3) par laquelle il se termine à la partie antérieure de la base de l'oreille.

5.° *Ses usages*, qui sont de tirer l'oreille en-devant & en-dehors.

113. Il faut observer dans le *muscle sixième*,

1.° *Son attache* (1) à la partie interne du cartilage qui est à la portion antérieure de la base de l'oreille

2.° *Son trajet* de devant en arriere par-dessous cette base.

3.° *Sa terminaison* à la partie (2) postérieure & inférieure de cette même base.

4.° *Ses usages :* il tire, de concert avec le muscle second, l'oreille en arriere.

Nota. Si tous ces muscles exercent ensemble & conjointement leur action, ils maintiendront l'oreille droite ainsi qu'elle l'est, lorsque l'animal étonné de quelque bruit y prête attention, & semble vouloir l'écouter.

Il est au surplus une infinité de petites portions charnues qui me paroissent plutôt des linéamens musculeux, que de vrais muscles, & qui semblent destinés néanmoins à dilater & à resserrer la conque ; mais le mouvement n'en est pas assez manifeste pour craindre le reproche de n'en avoir fait ici qu'une légere mention.

Muscle sixième.

Des Muscles de l'Oreille interne.

114. *Les muscles de l'oreille interne* sont au nombre de quatre ; trois pour l'osselet appellé *le marteau*, & un seul pour l'osselet appellé *l'étrier* ; leur petitesse, leur exilité ordinaire, en rendent le plus souvent la découverte très-difficile.

Muscles de l'oreille interne.

115.   On considérera dans *le premier muscle du marteau*, ou dans le *muscle externe*.

Muscle premier ou externe.

1.° *Son attache fixe* à la partie supérieure du méat osseux.

2.° *Son attache mobile* au col de l'os dont il s'agit.

3.° *Le principe* qui en est charnu.

4.° *La fin* qui en est tendineuse.

5.° *Son trajet* sous la membrane garnie des cryptes d'où suintent les sucs cérumineux.

6.° *Le trajet de son tendon* qui se porte au haut de la membrane du tambour.

7.° *Ses usages* : il tire le marteau & la membrane à laquelle cet osselet est appliqué du côté du méat, & de son action résulte l'applanissement & le relâchemement du tympan. Ainsi lorsqu'il agit seul, il dispose cette membrane d'une part, en en diminuant la tension, à des vibrations plus lentes, & à se mettre relativement à ces vibrations, à l'unisson des sons graves que les vibrations soudaines de cette même membrane trop tendue n'auroient jamais pû rendre & transmettre tels, & à augmenter de l'autre, en la remettant dans un plan droit, la cavité de la caisse; ce qui ne peut que favoriser l'entrée & l'admission de l'air qui s'insinue & qui parvient dans cette cavité par la trompe d'Eustache.

116.   On observera dans le *muscle second* ou *semi-circulaire*,

Muscle deuxième ou semi-circulaire.

1.° *Son attache* à la paroi extérieure de la trompe d'Eustache, à laquelle il est collé.

2.° *Son autre attache* à l'apophise notable, mais fine & déliée du col du marteau.

3.° *Ses usages* ; il attire en-dedans, lors de sa contraction, & l'osselet & la membrane ; il en augmente par conséquent la convexité, & sa convexité ne pouvant être augmentée que ses fibrilles ne soient plus tendues, elle devient capable de vibrations plus promptes & plus rapides, & se trouve par-là en raison harmonique avec les sons aigus.

117. Dans le *muscle troisième* ou *interne*, on observera, *Muscle troisième ou interne.*

1.° *Sa situation* le long de la paroi interne du canal d'Eustache.

2.° *Son attache* au-dessus de l'apophise dont je viens de parler.

3.° *Ses usages* : il produit les mêmes effets que le précédent, & ces deux muscles s'unissant dans leur action, coopèrent de manière que le tympan peut être mû & frémir, suivant une multitude infinie de déterminations.

118. Le *muscle de l'étrier* est assez considérable. On en observera, *Muscle de l'étrier.*

1.° *La naissance* dans le canal de l'os pétreux, presque dans le fond du tympan.

2.° *Le tendon grêle*, que l'on apperçoit dans la caisse.

3.° *L'attache de ce tendon* à la tête de l'osselet, du côté de sa plus grosse branche.

4.° *L'usage*, qui est assez obscur. Il paroît néanmoins que pouvant élever la partie antérieure de la base de ce petit os, il a la faculté d'étendre la membrane qui ferme la fenêtre ovale.

Des Muscles des Paupieres.

119. L'exécution des mouvemens des paupieres est due à deux muscles, dont l'un est commun aux deux paupieres, & l'autre propre à la paupiere supérieure. *Muscles des paupieres.*

120. On considérera dans le *muscle orbiculaire*, c'est-à-dire, dans le premier, *Muscle orbiculaire.*

1.° *Sa composition* : il est formé de fibres qui s'étendent circulairement autour de l'entrée de l'orbite.

2.° *Son attache* (1) à toute la circonférence & à la face interne de la peau.

3.° *Sa terminaison*, toutes ses fibres se réunissant au grand angle de l'œil, & se terminant par un tendon très-court (2) à l'apophise angulaire.

4.° *Ses usages*, ce muscle fermant, lors de sa contraction, l'ouverture des paupieres, & les rapprochant l'une de l'autre, la paupiere inférieure cependant ne faisant alors aucun mouvement sensible.

121. *Muscle releveur de la paupiere supérieure.*
A l'égard *du muscle propre à la paupiere supérieure*, c'est-à-dire, *du muscle releveur de cette même paupiere*, on observera,

1.° *Son attache* (1) au fond de l'orbite.

2.° *Son trajet* sur le muscle releveur de l'œil.

3.° *Sa terminaison* (2) par une expansion en maniere de patte d'oie à la partie supérieure du tarse.

4.° *Son usage*. Ce muscle éloignant de la paupiere inférieure la paupiere supérieure qu'il releve, c'est de son action que dépend principalement le mouvement de celle-ci.

Des Muscles des Yeux.

122. *Muscles des yeux.*
Les muscles des yeux sont au nombre de sept, non-seulement dans le cheval, mais dans le plus grand nombre des quadrupedes. On sait que dans l'homme ils ne sont qu'au nombre de six.

Ces muscles, dans l'animal dont il s'agit, sont quatre *droits*, deux *obliques* & un *orbiculaire*.

123. *Muscles droits.*
Les quatre muscles droits reçoivent leur dénomination de leurs usages.

On en doit considérer,

1.º *L'origine* & les attaches (1) dans le fond de la cavité orbitaire.

2.º *Le trajet* de devant en arriere, trajet dans lequel ils s'écartent les uns des autres.

3.º *La terminaison* de chacun suivant sa direction, & leur insertion à la portion antérieure de la cornée (2) opaque près de la cornée lucide par quatre tendons applatis formant une large aponévrose qui s'étend sur la partie antérieure de l'œil, au-dessous de la conjonctive, à laquelle elle est aussi adhérente.

4.º *La situation* de celui qui est dit *le releveur*, à la partie supérieure du globe.

<small>Muscle releveur.</small>

5.º *La situation* de celui qui est dit *l'abaisseur*, à la partie inférieure de ce même globe.

<small>Muscle abaisseur.</small>

6.º *La situation* de celui qui est dit *adducteur*, à sa partie latérale interne.

<small>Muscle adducteur.</small>

7.º *La situation* de celui qu'on appelle *abducteur*, à sa partie latérale externe.

<small>Muscle abducteur.</small>

8.º *Les usages*; ces muscles, lorsqu'ils agissent séparément, tirant le globe de l'œil en-haut, en-bas, du côté du grand & du côté du petit angle. Si le releveur concourt avec l'abducteur, ou l'adducteur ou l'abaisseur avec l'un ou l'autre de ceux-ci, l'œil est tiré obliquement : enfin les quatre muscles agissant ensemble, le globe est tiré vers le fond de l'orbite, & l'œil maintenu dans l'état fixe qui constitue le mouvement tonique.

124. Des deux *muscles obliques*, l'un est appellé *le grand oblique* ou le *trochléateur*.

<small>Muscles obliques. Muscle grand oblique.</small>

On en observera.

1.º *L'attache* (1) au fond de l'orbite.

2.º *Le trajet* le long de la paroi interne de cette cavité jusqu'au grand angle.

3.º *La dégénération* en un tendon (2) qui passe dans un anneau ou une espece de lentille cartilagineuſe (3), qui fait office de poulie, & que l'on nomme la *trochlée*.

4.° *Le retour*, au moyen duquel il ſe porte ſous le tendon du muſcle releveur.

5.° *La terminaiſon* (4) à la partie ſupérieure & antérieure de la cornée opaque.

6.° *Les uſages*: ce muſcle entrant en contraction, fait tourner l'œil ſur ſon axe; il le tire en même temps en-devant, & l'incline en bas.

Muſcle petit oblique.

Le ſecond des *obliques* eſt appellé le *petit oblique*, & par quelques-uns le *muſcle tres-court*.

On en conſidérera,

1.° *L'attache* (1), à l'os angulaire, dans la petite foſſette qui eſt près du conduit naſal.

2.° *La marche oblique* vers le petit angle.

3.° *Le paſſage* ſous le tendon de l'abaiſſeur.

4.° *La terminaiſon* (2) à la partie inférieure & antérieure de la cornée opaque.

5.° *Les uſages*, qui ſont de tourner l'œil ſur ſon axe dans un ſens contraire à l'action du grand oblique, de le tirer en même temps en-devant, & de diriger la pupille en haut; alors le grand & le petit oblique ſont antagoniſtes l'un de l'autre: mais dans leurs mouvemens ſympathiques, c'eſt-à-dire, lorſqu'ils entrent en même temps en contraction, ils contre-balancent l'action des muſcles droits, ils tirent en-devant l'œil que ces muſcles tirent dans l'orbite, & le tenant comme ſuſpendu ſur ſon axe, ils le ſoumettent exactement à leur action.

125.

Muſcle orbiculaire ou ſuſpenſeur.

On doit obſerver dans le *muſcle orbiculaire*, autrement appellé par quelques-uns le *ſuſpenſeur de l'œil*,

1.° *Son origine* (1), il naît de la circonférence du trou optique.

2.° *Son trajet*: il accompagne & il embraſſe de tout côté le nerf qui porte ce nom.

3.° *Son inſertion* (2) à la partie poſtérieure de la cornée

cornée opaque, entre celle des muscles droits & le nerf dont je viens de parler.

4.° *Sa division* en deux, trois ou quatre portions dans certains chevaux, tandis que dans la plupart il ne presente qu'un seul muscle ; cette variation se remarquant au surplus dans l'œil de plusieurs animaux, comme dans celui du mouton, où la division a lieu de même quelquefois en deux, trois & quatre parties, & dans l'œil du chien, où l'on trouve assez fréquemment quatre & cinq petits muscles au lieu d'un qui ont chacun des insertions distinctes sur la sclérotique.

5.° *Ses usages.* On a pensé qu'ils se bornoient à soutenir & à suspendre le globe dans les animaux qui paissent, & à défendre le nerf optique, qui en est le pédicule & le soutien, des tiraillemens & de la fatigue qu'il pourroit éprouver, la tête de l'animal étant tenue basse pendant un certain espace de temps. D'autres personnes se persuadant que les quatre muscles droits, agissant ensemble, peuvent produire en partie le même effet, ont imaginé que ce muscle contractant uniformément la sclérotique à laquelle il est attaché, rend ainsi le globe de l'œil plus ou moins sphérique, selon la distance des objets, tandis que plusieurs autres, vû sa division en plusieurs parties charnues, dont les insertions diverses se trouvent & se rencontrent entre celles des muscles droits, ont cru qu'il est destiné à aider & à faciliter l'action de ces mêmes muscles, selon que ses fibres diverses agissent.

Des Muscles des Lèvres.

26. Les lèvres, distinguées en lèvre antérieure & en lèvre postérieure, soit qu'elles s'écartent, soit qu'elles se rapprochent l'une de l'autre, soit enfin

Muscles des lèvres.

qu'elles soient portées de divers côtés, exécutent ces différens mouvemens au moyen de dix-sept muscles, dont les uns communs aux deux lèvres sont au nombre de sept, trois de chaque côté, connus sous le nom de *muscle molaire interne*, de *muscle molaire externe* & de *muscle cutané* : le septième, qui forme lui-même les lèvres, étant appellé *le muscle orbiculaire* de ces parties.

Les dix autres sont propres à chaque lèvre ; il en est cinq de chaque côté, trois particuliers à la lèvre antérieure, & nommés le *maxillaire*, le *releveur* & le *mitoyen antérieur*, & deux propres à la lèvre postérieure, qui sont le *releveur propre de cette lèvre*, & le *mitoyen postérieur*.

127.
Muscle orbiculaire.

On observera dans le *muscle orbiculaire*, le plus considérable des muscles communs, & qui est impair,

1.° *Sa composition* : il est formé de fibres qui s'étendent circulairement autour de la bouche, & c'est à la direction de ces fibres qui composent ensemble, ainsi que je l'ai dit, les deux lèvres, qu'il doit sa dénomination.

2.° *Son adhérence* très-forte à la peau dans toute son étendue.

3.° *Ses attaches*, quoique ce muscle, par sa structure, semble n'avoir pas besoin de point fixe pour agir, l'une (1) au cartilage du nez, ayant lieu par un ligament ; l'autre (2) se faisant de même à l'endroit de la mâchoire postérieure, que nous avons nommée la *symphise du menton*.

Muscles communs aux deux lèvres.

4.° *Ses usages*, ce muscle serrant & rapprochant, lors de sa contraction, les lèvres l'une de l'autre, & fermant entièrement la bouche.

128.
Muscle molaire externe.

On doit considérer dans le *muscle molaire externe*, qui peut être comparé à celui qui a le nom de *buccinateur* dans l'homme, & qui d'ailleurs est appellé, ainsi que le muscle suivant, du nom des dents qu'il avoisine,

1.° *Son attache* (1) à la partie antérieure de l'apophise coronoïde : elle a lieu par un tendon.

2.° *Son trajet* de haut en bas au-dessus du molaire interne, auquel il adhere fortement.

3.° *Son expansion* (2) dans ce même trajet, & son union avec la membrane interne de la bouche.

4.° *Sa terminaison* (3) à la commissure des lèvres & par des fibres charnues transversales aux parties latérales (4) de l'une & l'autre mâchoire, à l'endroit qui répond aux barres.

On observera dans le *molaire interne*. {Muscle molaire interne.}

1.° *Sa situation* au-dessous du précédent.

2.° *Ses attaches* d'une part (1) à l'os maxillaire, & de l'autre (2) à la mâchoire postérieure près des dents molaires.

3.° *Son trajet* de haut en bas en s'unissant à la membrane interne de la bouche.

4.° *Sa terminaison* (3) à la commissure des lèvres, au-dessous du molaire externe.

Nota. Ces deux muscles contribuent aux mouvemens des lèvres, en les relevant. Ils aident à la mastication, en ramenant les alimens qui se portent en-dehors & qui s'écartent de dessous les dents, après que la langue les y a poussés. Ils tirent encore la membrane qui tapisse la bouche, de maniere qu'ils la garantissent de l'accident d'être pincée, lorsque la mâchoire postérieure se rapproche de l'antérieure.

29. Il suffit de considérer dans le *muscle cutané*, {Muscle cutané.}

1.° *Sa naissance* de la face externe du muscle masseter par une légere aponévrose.

2.° *Son attache* (1) à l'épine zigomatique.

3.° *Son trajet*, au moyen duquel il recouvre le muscle releveur.

4.° *Les deux portions* (2) par lesquelles il se perd quelquefois à la commissure des lèvres.

5.° *Son usage*: il tire les deux lèvres de côté, & agissant avec son semblable, il les détermine en haut.

130.
Muscles propres à la lèvre antérieure.

Muscle releveur.

Le premier des *muscles propres à la lèvre antérieure*, est dit *releveur* de cette lèvre.

On remarquera,

1.° *Son attache fixe* (1) au-dessous de l'orbite, au lieu de la jonction des os angulaire, maxillaire & zigomatique.

2.° *Son trajet*: il descend le long des naseaux.

3.° *Son changement* en un tendon (2), après un léger espace de chemin.

4.° *La jonction* (3) de l'extrémité de ce même tendon avec celle du tendon du côté opposé.

5.° *La légere aponévrose* (4) qui en résulte, & par laquelle les deux muscles ensemble se terminent au milieu de la lèvre antérieure.

6.° *Son usage*: il est suffisamment indiqué par le nom même de ce muscle, que les maréchaux ont coupé jusqu'à présent, dans l'espérance de remédier à l'imperfection de la vue, & d'allégir la tête du cheval. Cette opération, qui n'annonce pas beaucoup de lumieres, est connue en maréchallerie sous le nom de *énerver*.

131.
Muscle maxillaire.

Le second des muscles propres à la lèvre dont nous parlons, est le *muscle maxillaire*.

On en considérera,

1.° *L'attache supérieure* (1) à l'os maxillaire & à l'os angulaire au-dessus du précédent.

2.° *Le trajet* de haut en bas.

3.° *La division* de sa partie moyenne en deux portions.

4.° *La terminaison* de l'une de ces portions (2) à la lèvre antérieure près la commissure.

5.° *La terminaison* de la seconde de ces portions (3) à la partie moyenne de cette même lévre, après qu'elle a passé au-dessous du muscle pyramidal des nasaux.

6.° *Les usages*: il releve la lévre antérieure, & peut être regardé dès-lors comme congénere du précédent.

32. Le troisiéme des muscles propres est le *mitoyen antérieur*: il est dit *incisif* dans l'homme.

Muscle mitoyen antérieur.

On en envisagera,

1.° *Les attaches* au bord alvéolaire (1), à l'endroit des dents de coin & des mitoyennes.

2.° *La terminaison* (2) à la lévre antérieure.

3.° *Les usages*: il approche cette lévre de la postérieure; il peut encore aider à la dilatation des nasaux.

33. Le premier des muscles propres à la lévre postérieure, est dit *releveur* de cette lévre, & il est semblable par sa structure au releveur de la lévre antérieure.

Muscles propres à la lévre postérieure.

On considérera,

1.° *Son attache fixe* (1) à la partie latérale externe de la mâchoire postérieure, à l'endroit des dents molaires les plus hautes.

Muscle releveur.

2.° *Le trajet de son tendon* le long de cette mâchoire, sans contracter d'union, comme le releveur de la lévre antérieure, avec celui du côté opposé.

3.° *La terminaison* (2); il se perd dans la peau du menton.

4.° *Les usages*: ils sont suffisamment indiqués par le nom sous lequel on le désigne.

34. Le second des muscles propres à cette lévre est nommé *mitoyen postérieur*.

Muscle mitoyen postérieur.

On examinera,

1.° *Ses attaches* (1) au bord alvéolaire, à l'endroit des dents de coin & des mitoyennes.

2.° *Sa terminaison* (2) à la lévre postérieure, dans laquelle il se perd.

3.° *Ses usages*, qui sont tels qu'il la rapproche de l'antérieure, ensorte que lors de la contraction des mitoyens antérieurs, des mitoyens postérieurs & de l'orbiculaire, la bouche se trouve exactement fermée.

Des Muscles des nasaux.

Muscles des nasaux.

135. Sept muscles, dont trois pairs & un impair, ont le même usage & la même fonction, relativement aux nasaux : ils en relevent la peau, & en dilatent les orifices.

Muscle transversal.

L'impair est appellé *muscle transversal*, attendu la direction de ses fibres.

On en considérera,

1.° *L'attache fixe* (1) à l'épine du nez.

2.° *Le trajet* (2) : il s'étend transversalement & de chaque côté sur toute la plaque cartilagineuse qui acheve de former les nasaux.

Muscle pyramidal.

Dans le premier des muscles pairs nommé *pyramidal*, eu égard à sa figure,

On observera,

1.° *Son attache* (1), par une portion assez grêle, à la partie moyenne & externe de l'os maxillaire au-dessous de son épine.

2.° *Son trajet* de haut en bas en s'élargissant & en croisant (2) une portion du maxillaire.

3.° *Sa terminaison* (3) à toute la circonférence externe des nasaux, depuis le cartilage transversal, jusqu'à la portion sémi-lunaire, quelques-unes de ses fibres s'étendant sur l'orbiculaire des lévres.

Muscle court.

Dans le second des muscles pairs, c'est-à-dire,

dans le muscle que nous appellerons *muscle court*, attendu la briéveté de ses fibres,

On considérera,

1.º *Son attache* (1) le long de la partie latérale externe des os du nez, près de l'épine.

2.º *L'évanouissement* prompt & subit de ses fibres dans la peau des fausses narines.

Enfin dans le *muscle cutané*, qui est le troisiéme & le dernier des muscles pairs, *Muscle cutané.*

On remarquera,

1.º *Son attache* (1) à l'échancrure du bord antérieur de l'os maxillaire, qui forme l'entrée des nasaux.

2.º *Son évanouissement* total dans la peau des nasaux & des fausses narines.

Nota. Nous n'appercevons point ici de muscles constricteurs; il n'est qu'une certaine quantité de fibres & de linéamens charnus qui peuvent opérer le resserrement des nasaux, & qui se distribuent à la peau & à la portion sémi-lunaire du cartilage de ces parties. Ces fibres paroissent même dépendre du muscle orbiculaire des lèvres.

Des Muscles de la mâchoire postérieure.

136. La mâchoire postérieure est la seule qui soit mobile. Les mouvemens principaux dont elle est susceptible, l'écartent & la rapprochent de la mâchoire antérieure. Ils sont opérés à l'aide de dix muscles, cinq de chaque côté, appellés le *masseter*, le *crotaphite*, le *sphéno-maxillaire*, le *stilo-maxillaire* & le *digastrique*. *Muscles de la mâchoire postérieure.*

137. Le *masseter* est un muscle fort & applati, dont il faut considérer, *Muscle masseter.*

1.º *La position.* Il occupe la face externe de la portion supérieure & la plus large de la mâchoire dont nous parlons, & cache une partie du crotaphite, particulierement son tendon.

2.° *Son attache fixe* (1) à toute l'épine de l'os maxillaire & à celle du zigomatique.

3.° *Sa terminaison* (2) à la face externe & au bord de la tubérosité de cette mâchoire.

Muscle crotaphite.

On considérera, eu égard au muscle *crotaphite*,

1.° *Sa position.* Il occupe la cavité que nous nommons les *Salieres*.

2.° *Son attache* (1) à toute la circonférence de cette cavité, ensorte qu'il adhere à l'os frontal, au pariétal & à l'occipital.

3.° *La réunion* de toutes ses fibres en un seul & fort tendon (2) ensuite de ces attaches.

4.° *Le traiet & le passage* de ce même tendon dans la sinuosité zigomatique.

5.° *L'attache* (3) du muscle à l'apophise coronoïde par ce tendon qui l'embrasse.

6.° *L'aponévrose* dont ce même muscle est recouvert, & qui n'est point dans l'animal, comme on l'a pensé à l'égard de l'homme, une continuation du péricrâne.

Muscle sphéno-maxillaire.

En ce qui concerne le *sphéno-maxillaire*, on observera,

1.° *Sa position* à la partie interne de la mâchoire.

2.° *Son attache supérieure* (1) par des fibres très-fortes à l'apophise palatine & aux petites ailes résultant des deux apophises appellées *ptérigoïdes* dans l'homme, ainsi qu'à la ligne saillante qui en est une continuation.

3.° *Son attache* forte & *sa terminaison* (2) à toute la face interne de la mâchoire postérieure, à l'opposite du masseter.

Nota. Les usages de ces trois muscles consistent

à rapprocher cette mâchoire de l'antérieure. Ils font très-courts & très-charnus. Cette structure étoit convenable à leur fonction, car la mastication ne s'opéreroit que très-imparfaitement, si la mâchoire dans ses mouvemens étoit dépourvue de la force nécessaire pour rompre, triturer & broyer les alimens.

38.   Le muscle *stilo-maxillaire* est le premier & le plus fort des muscles destinés à écarter la mâchoire postérieure de l'antérieure. *Muscle stilo-maxillaire.*

On observera,

1.° *Son attache* très-forte (1) à toute l'apophise stiloïde de l'os occipital.

2.° *Sa terminaison* (2) à la tubérosité de la mâchoire qu'il peut mouvoir.

Le *digastrique* tire son nom de sa structure. (*Voyez le chiffre* 88.) *Muscle digastrique.*

On en considérera,

1.° *L'attache supérieure* (1) à l'extrémité de l'apophise stiloïde de l'occipital.

2.° *Le trajet* qu'il fait en gagnant la face interne de la mâchoire, son tendon mitoyen passant dans une ouverture que lui présente le muscle stilo-hyoïdien.

3.° *Sa terminaison* (2) qui a lieu intérieurement le long de la partie tranchante du bord postérieur de la mâchoire.

Nota. Les *usages* de ces deux muscles sont de tirer la mâchoire postérieure en arriere. Si tous les muscles d'un même côté seulement agissent ensemble, ils font exécuter à cette partie des mouvemens latéraux nécessaires à la mastication ; ou de ces mouvemens désagréables qu'on remarque dans les chevaux qui cherchent à dérober les barres, & que nous exprimons en disant que *l'animal fait les forces.*

Des Muscles propres de la tête, ou qui servent à ses mouvemens.

139.
Muscles propres de la tête.

La tête peut être baissée, élevée & portée de côté & d'autre.

Ces divers mouvemens ont leur exécution au moyen de vingt-deux muscles, parmi lesquels la portion du muscle commun de l'encolure ne se trouve pas comprise. Onze muscles de chaque côté complettent le nombre que nous venons de fixer, dont huit fléchisseurs qui sont le *sterno-maxillaire*, le *long*, le *petit* & le *court fléchisseur*, dix extenseurs nommés *splénius, grand complexus, petit complexus, grand droit* & *petit droit*, & quatre appellés *grand* & *petit obliques* pour les mouvemens latéraux.

140.
Muscle sterno-maxillaire.

Le muscle *sterno-maxillaire* est très-long & très-grêle.

On en doit observer,

1.° *L'attache inférieure* (1) à la pointe du sternum.

2.° *Le trajet* qu'il fait en montant le long de la partie latérale de l'encolure.

3.° *La terminaison* (2) à la tubérosité de la mâchoire postérieure.

4.° *Les usages.* Ce muscle, en conséquence de cette derniere attache, ne pouvant mouvoir la mâchoire séparément, mais abaissant & fléchissant toute la tête en tirant cette même mâchoire.

Muscle long fléchisseur.

Il faut considerer dans le *long fléchisseur*,

1.° *Son attache* (1), qui a lieu antérieurement aux apophises transverses de la troisiéme, quatriéme & cinquiéme vertebres cervicales par autant de petits tendons.

2.° *Son trajet* : il monte par-devant la premiere & la seconde sans s'y attacher.

3.° *Sa terminaison* (2) à l'apophise cunéiforme de l'occipital.

Eu égard au muscle *court fléchisseur*, On observera,

Muscle court fléchisseur.

1.° *Sa longueur* qui est beaucoup moindre, puisqu'il ne s'étend que depuis la premiere vertebre cervicale jusqu'à l'occipital.

2.° *Son attache* (1) à la partie antérieure du corps de cette premiere vertebre.

3.° *Sa terminaison* (2) un peu en arriere du précédent.

En ce qui concerne enfin le muscle *petit fléchisseur*, On remarquera,

Muscle petit fléchisseur.

1.° *Son attache* (1) aux parties latérales du corps de la premiere vertebre cervicale.

2.° *Sa terminaison* (2) à l'apophise stiloïde de l'occipital.

Nota. Les usages de ces trois muscles sont indiqués par leur dénomination.

I. Le muscle *splénius* doit son nom à sa figure infiniment plus approchante de celle de la rate dans le cheval que dans l'homme.

Muscle splénius.

On observera,

1.° *Son attache inférieure* (1) aux apophises épineuses de la seconde, troisiéme, quatriéme & cinquiéme vertebres dorsales formant le garot, ainsi qu'au ligament cervical.

2.° *Son attache* (2) aux apophises transverses des cinq premieres vertebres cervicales, & sa nouvelle union au ligament cervical.

3.° *Sa terminaison* (3) par une aponévrose à l'apophise de la nuque.

4.° *L'union* (4) d'une portion de muscle dépendante de celui-ci à cette même aponévrose, avec laquelle elle se confond, cette seconde portion venant des apophises transverses des cinq vertebres cervicales inférieures (5).

Muscle grand complexus.

Le *grand complexus* est ainsi appellé à raison de plusieurs plans de fibres qui le rendent assez fort.

On en considérera,

1.° *La portion* au-dessous du *splénius.*

2.° *Les attaches* (1) aux apophises épineuses de la seconde, troisiéme & quatriéme vertebres dorsales formant le garot, aux six premieres apophises (2) transverses de ces mêmes vertebres, à celles (3) des cinq vertebres cervicales inférieures.

3.° *L'union* au ligament cervical.

4.° *La terminaison* (4) à l'éminence transversale de l'os occipital.

Muscle petit complexus.

Il faut remarquer eu égard au *petit complexus*,

1.° *Sa position* au-dessus du grand complexus; il est couché le long de la partie supérieure du ligament cervical.

2.° *Son attache* (1) à l'apophise épineuse de la seconde vertebre cervicale.

3.° *Sa terminaison* (2) à la partie postérieure de l'os occipital.

Muscle grand droit.

Le muscle *grand droit* est supérieur au petit complexus.

On considérera,

1.° *Son attache* (1) à la partie supérieure de l'apophise épineuse de la seconde vertebre cervicale.

2.° *Sa terminaison* qui a lieu, ainsi que celle du muscle précédent (2) à la partie postérieure de l'occipital.

Muscle petit droit.

On observera dans le muscle *petit droit*,

1.° *Sa position* directement au-dessous du grand droit.

2.° *Son attache* (1) inférieure à la premiere vertebre & au bord de la cavité articulaire, ensorte qu'il recouvre l'articulation de cette vertebre avec la tête.

3.° *Sa terminaison* au-dessus (2) des condyles de l'occipital.

Nota. Les *usages* de ces muscles ont été déja désignés ; ils relevent la tête & l'étendent.

Il faut considérer dans le muscle *grand oblique*, 1.° *Sa position* entre la premiere & la seconde vertebre cervicale.

Muscle grand oblique.

2.° *Son attache* (1) à toute l'épine de la seconde.

3.° *Sa terminaison* (2) à l'éminence transversale de la premiere.

Enfin on remarquera dans le muscle *petit oblique*, 1.° *Son attache* (1) à l'apophise transverse de la premiere vertebre cervicale.

Muscle petit oblique.

2.° *Sa terminaison* (2) à la partie latérale de l'éminence transversale de l'occipital.

Nota. Les *usages* du grand & petit obliques sont d'opérer les mouvemens latéraux & sémi-circulaires de la tête. Quoique le premier de ces muscles ne soit point attaché à cette partie, sa contraction n'en opere pas moins cet effet, parceque les mouvemens dont il s'agit s'exécutent principalement au moyen de la liberté de l'articulation de la premiere vertebre avec la seconde : or ce muscle faisant tourner cette premiere vertebre, fait par conséquent tourner la tête.

J'ajouterai que ces mouvemens latéraux peuvent aussi avoir lieu par l'action des muscles extenseurs ou par l'action des muscles fléchisseurs d'un seul & même côté.

Des Muscles de l'os hyoïde.

143.
Muscles de l'os hyoïde.

L'*os hyoïde* dans l'homme attaché par un ligament à l'apophise stiloïde du temporal & au cartilage tyroïde, se trouve articulé dans le cheval avec le temporal par ses longues branches, & fixé de plus par une portion charnue rémplissant l'espace que ces mêmes branches laissent entre leurs angles & l'apophise stiloïde de l'occipital, où cette même portion s'attache.

Les principaux mouvemens dont cet os, plus stable dans l'animal, est susceptible, sont d'être élevé, abaissé & tiré en avant & en arriere. Ils sont opérés à l'aide & par le moyen de douze muscles, dont dix pairs & deux impairs, ceux-ci étant appellés *milo-hyoïdien* & *transversal*, & les pairs désignés par les noms de *géni-hyoïdiens*, *hyoïdiens*, *stilo-hyoïdiens*, *sterno-hyoïdiens* & *kerato-hyoïdiens*.

144.
Muscle milo-hyoïdien.

On observera dans le muscle *milo-hyoïdien*,

1.° *Sa forme* qui est applatie.

2.° *Sa position* dans l'auge directement au-dessous de la peau.

3.° *Son attache* (1) de chaque côté à toute la partie interne de la mâchoire, à cette ligne osseuse qu'on appelle *miloïde* dans l'homme.

4.° *Sa terminaison* (2) à l'appendice de l'os hyoïde.

Muscle géni-hyoïdien.

Dans le muscle *géni-hyoïdien* on remarquera,

1.° *Sa position* au-dessus du précédent.

2.° *Son attache* (1) qui a lieu seulement à la partie inférieure de la concavité de la mâchoire à l'endroit que l'on nomme dans l'homme *apophise géni*.

3.° *Son trajet* le long du milo-hyoïdien.

4.° *Sa terminaison* (2) à l'appendice de l'os hyoïde.

Nota. Les usages de ces muscles consistent à tirer cet os en avant & à l'abaisser.

Le muscle *sterno-hyoïdien* se confond souvent jusqu'à sa partie moyenne avec le sterno-tyroïdien, de façon que jusques-là l'un & l'autre ne présentent qu'un seul muscle.

Muscle sterno-hyoïdien.

On considérera dans ce même *sterno-hyoïdien*,

1.° *Son attache fixe* (1) à la pointe du sternum.
2.° *Son trajet* le long de la trachée artere.
3.° *Sa terminaison* (2) à la partie antérieure du corps de l'os hyoïde, près du milo-hyoïdien.

Le muscle *hyoïdien* n'a point d'attache fixe aux os.

Muscle hyoïdien.

On observera,

1.° *Sa naissance* (1) par une légere aponévrose de la face interne du petit pectoral, à l'endroit de la pointe de l'épaule.

2.° *Son trajet de bas en haut* le long de la face interne du muscle commun de l'encolure & du bras; il y adhere fortement par un tissu cellulaire, & il s'en détache ensuite pour se porter sous la ganache.

3.° *Sa terminaison* (2) au même lieu que le précédent.

Nota. Les usages de ces muscles sont de tirer l'os hyoïde en arriere.

Le muscle *stilo-hyoïdien* est un muscle auquel nous conservons ce nom, vû sa ressemblance avec celui qu'on appelle ainsi dans l'homme.

Muscle stilo-hyoïdien.

Il faut considérer,

1.° *Son attache* (1) à la pointe ou à l'extrémité supérieure des longues branches de l'os hyoïde, & non à l'apophise stiloïde, comme dans le corps humain.

2.° *Sa terminaison* (2) aux parties latérales du corps de cet os.

3.° *L'ouverture* (3) dont il est percé donnant passage au tendon mitoyen du muscle digastrique. (*Voyez le chiffre* 138).

4.° *Ses usages* étant de tirer en haut & latéralement le corps de l'os dont il s'agit, qui est uni avec les grandes branches d'une maniere assez lâche pour que ce mouvement soit permis : ce muscle est d'ailleurs aidé dans cette action par le digastrique, qui se courbe en passant par son ouverture ; or la courbure n'existe plus lorsque celui-ci entre en contraction, & elle ne peut être effacée que l'extrémité du muscle stilo-hyoïdien ne soit tirée, & par conséquent l'os hyoïde lui-même.

147. *Muscle kerato-hyoïdien.*

On remarquera dans le muscle *kerato-hyoïdien*,

1.° *Son attache* (1) aux petites branches de l'os hyoïde.

2.° *Sa terminaison* (2) au bord de la partie inférieure des grandes branches.

3.° *Son usage* : il rapproche les grandes branches des petites.

148. *Muscle transversal.*

Le muscle *transversal* est ainsi nommé parcequ'il s'étend transversalement d'une petite branche à l'autre.

On considérera,

1.° *Son attache* (1) de chaque côté aux extrémités de ces petites branches près de leur articulation avec les grandes, ensorte que le point fixe réside dans le milieu du muscle.

2.° *Ses usages* qui paroissent se borner à maintenir dans leur situation naturelle ces mêmes petites branches, & à en empêcher l'écartement qui auroit pu avoir lieu dans certaines circonstances.

Des

Des Muscles de la Langue.

L'exécution des mouvemens de la langue est due à six muscles, trois de chaque côté, connus sous le nom de *génioglosse*, de *basioglosse* & d'*hyoglosse*.

Muscles de la langue.

Il faut considérer dans le *génioglosse*,

1.° *Sa position*. Il est directement au-dessous & dans le milieu de la langue.

Muscle génioglosse.

2.° *Son attache* (1) au-dessus du géni-hyoïdien, à la partie inférieure de la concavité de la mâchoire, au lieu des apophises *geni* dans l'homme.

3.° *Le trajet* de ses fibres qui de là s'étendent en haut & en bas.

4.° *Leur prolongement* jusqu'à la base de la langue (2) où ce muscle se termine.

5.° *Ses usages*, qui sont de tirer la langue hors de la bouche.

Dans le muscle *basioglosse* on examinera,

Muscle basioglosse.

1.° *Son attache fixe* (1) à la base, c'est-à-dire, au corps de l'os hyoïde.

2.° *Le trajet* de ses fibres qui se propagent à côté & en-dehors du précédent, jusqu'à l'extrémité de la langue où ce muscle se termine (2).

3.° *Ses usages*, qui sont de tirer la langue en dedans & en arrière.

Le muscle *hyoglosse* est dans son trajet détaché de la langue, à la différence des génioglosses & basioglosses qui s'y dispersent entièrement.

Muscle hyoglosse.

On observera;

1.° *Son attache* (1) à la partie externe & inférieure des grandes branches de l'os hyoïde.

2.° *Son trajet* : il se porte de là à côté & en-dehors du basioglosse jusqu'à l'extrémité de la langue.

3.° *Son attache* mobile (2) à cette même ex-

I

trémité, à peu près à l'endroit où le précédent se termine.

4.° *Ses usages* : il tire la langue de côté, & agissant avec son semblable il la tire en arriere.

Des Muscles du Larinx.

150. Le larinx est la partie supérieure du conduit cartilagineux appellé la *trachée-artere*. Il est composé lui-même de cinq cartilages, qui sont le *tyroïde*, le *cricoïde*, les deux *aryténoïdes* & l'*épiglotte*. De leur forme & de leur jonction résulte une ouverture ovale bien moindre que celle de la trachée artere. On l'appelle *la glotte*. Elle a la liberté de se dilater & de se resserrer, les cartilages n'étant unis que par des ligamens, & étant plus susceptibles de dilatation & de constriction.

Muscles du larynx.

Ces mouvemens sont l'effet de l'action & du jeu de quinze muscles, dont sept pairs & un impair.

Les pairs sont les *sterno-tiroïdiens*, les *hyo-tiroïdiens*, les *crico-tyroïdiens*, les *crico-aryténoïdiens postérieurs*, les *crico-aryténoïdiens latéraux*, les *aryténoïdiens* & les *tyro-aryténoïdiens*.

L'impair est l'*hyo-épiglotique*.

151. Il faut considérer dans les muscles *sterno-tyroïdiens*,

Muscles sterno-tyroïdiens.

1.° *Leur principe* : ils ne forment d'abord qu'un seul muscle.

2.° *La naissance* de ce muscle (1) à la pointe du sternum.

3.° *Son trajet* le long de la trachée-artere.

4.° *Sa division* qui dès-lors (2) en fait deux muscles.

5.° *Leurs attaches* (3) aux parties antérieures & latérales du cartilage tyroïde.

6.° *Leur communication*, à l'endroit de la divifion, avec les sterno-hyoïdiens dont ils partent quelquefois, ou avec les fibres desquels leurs fibres s'entrelacent.

7.° *Leurs usages*, ils tirent en bas le larynx en entier.

On considérera dans les muscles *hyo-tyroïdiens*,

1.° *Leurs attaches* (1) aux parties latérales du corps de l'os hyoïde.

2.° *Leur trajet* à côté du cartilage tyroïde.

3.° *Leur terminaison* (2) au bord de ce même cartilage.

4.° *Leurs usages*: ils levent le larynx en entier.

On observera dans les muscles *crico-tyroïdiens*,

1.° *Leurs attaches* (1) à toute la face latérale externe du cartilage cricoïde.

2.° *Leur terminaison* (2) au bord inférieur du tyroïde, en arriere du précédent.

3.° *Leurs usages*: ils rapprochent le cartilage tyroïde du cricoïde.

Dans les muscles *crico-aryténoïdiens postérieurs*, on remarquera,

1.° *Leur position*: ils occupent toute la face postérieure du cartilage cricoïde.

2.° *Leurs attaches* (1) à cette même face.

3.° *Leur terminaison* (2) à la partie inférieure du cartilage aryténoïde.

4.° *Leurs usages*, qui sont de dilater la glotte.

Les muscles *aryténoïdiens* sont deux petits muscles, dont on remarquera,

1.° *La position*, à la partie postérieure du larinx.

2.° *Leur trajet* d'un cartilage aryténoïde à l'autre.

On considérera dans les muscles *crico-aryténoïdiens latéraux*,

1.° *Leurs attaches* (1) au bord supérieur du cricoïde.

2.° *Leur terminaison* (2) à la partie latérale externe de l'aryténoïde.

Muscles tyro-aryténoïdiens.

Les muscles *tyro-aryténoïdiens* présentent une bande charnue d'environ demi-pouce de largeur, dont on peut faire deux muscles séparés.

On observera,

1.° *Leur attache* qui est la même (1) à la partie interne & moyenne du cartilage tyroïde.

2.° *Leur terminaison* (2) qui est aussi la même à la partie latérale du cartilage aryténoïde.

Note. L'usage de ces trois muscles est de fermer entièrement la glotte.

Muscle hyo-épiglotique.

Enfin en ce qui concerne le muscle *hyo-épiglotique*, on observera,

1.° *Son attache* (1) intérieurement au corps & à la base de l'appendice de l'os hyoïde.

2.° *Sa terminaison* (2) à la convexité de l'épiglotte.

3.° *Ses usages*: il relève l'épiglotte, & dilate par conséquent la glotte.

Des Muscles du Pharinx.

152.

Muscles du pharynx.

Le pharinx est l'ouverture supérieure de l'œsophage. Cette partie pour la déglutition doit être élevée, abaissée, dilatée & resserrée. Treize muscles, dont six pairs & un impair, opèrent ces mouvemens. Les six pairs sont connus sous le nom de *ptérigo-palato-pharingiens*, d'*hyo-pharingiens*, de *tyro-pharingiens*, de *kerato-pharingiens*, de *crico-pharingiens*, & d'*aryténo-pharingiens*.

L'impair a été appellé *œsophagien*.

153.

Muscle ptérigo-palato-pharingien.

Dans le muscle *ptérigo-palato-pharingien* on considérera,

1.° *Son attache* (1) à l'apophise palatine & à celle appellée dans l'homme *ptérigoïde* du sphénoïde auprès de la poulie, par où passe le tendon du péristaphilin externe.

2.° *Sa terminaison* (2) à la partie supérieure du pharinx.

3.° *Ses usages*, qui consistent à dilater le pharinx en le tirant en haut & latéralement.

On observera dans le *kerato-pharingien*, — *Muscle kerato-pharin-gien.*

1.° *Son principe* (1) : il naît de la partie interne & moyenne des grandes branches de l'os hyoïde.

2.° *Sa terminaison* (2) au pharinx au-dessous du précédent.

3.° *Ses usages :* il dilate le pharinx en tirant sa partie postérieure de devant en arriere.

Nota. On trouve quelquefois ici un petit muscle dont les attaches & les usages sont les mêmes que ceux du muscle dont nous parlons ; on pourroit le nommer le *petit kerato-pharingien*.

Il faut remarquer dans l'*hyo-pharingien*, — *Muscle hyo-pharingien*

1.° *Son principe* (1) à l'extrémité des parties latérales du corps de l'os hyoïde.

2.° *Sa terminaison* (2) à la partie postérieure du pharinx.

Eu égard au *tyro-pharingien*, — *Muscle tyro-pharingien.*
On fera attention,

1.° A *son principe* (1) au cartilage tyroïde.

2.° A *sa terminaison* (2) à la partie postérieure du pharinx.

En ce qui concerne le muscle *crico-pharingien*, — *Muscle crico-pharingien.*
On observera,

1.° *Son attache* (1) au cartilage cricoïde.

2.° *Sa terminaison* (2) à la partie postérieure du pharinx.

Nota. Les usages de ces trois muscles sont de resserer le pharinx en l'approchant de ses attaches.

Muscles aryténo-pharingiens.

Quant aux muscles *aryténo-pharingiens*, ils présentent deux paquets de fibres dont on verra,

1.° *Les attaches* (1) à la partie inférieure du cartilage aryténoïde.

2.° *La terminaison* (2) au pharinx, dans lequel ils se perdent.

3.° *Les usages*, qui se bornent à soutenir le pharinx.

Muscle œsophagien.

Le muscle *œsophagien* est, ainsi que nous l'avons dit, le seul qui soit impair.

On en observera,

1.° *La substance* : il ne présente qu'un amas de fibres charnues & circulaires qui occupent le pharinx.

2.° *Les attaches* (1) de chaque côté à tout le larinx.

3.° *Les usages* : il ferme en se contractant l'ouverture du pharinx, ce qui arrive dans le tems de la déglutition pour favoriser la descente des alimens poussés dans ce même pharinx par l'action de la langue, &c.

Muscles de la cloison du palais & de la trompe d'Eustache.

154.
Muscles de la cloison du palais & de la trompe d'Eustache.

Le voile du palais est la partie flotante qui est au fond de la bouche de l'animal. Elle est une continuation de la membrane du palais, de celle des nasaux & d'une membrane aponévrotique placée entre les deux précédentes.

Cette cloison dans le cheval appuie & porte directement sur l'épiglotte, ensorte que si ce cartilage est levé & dans sa position naturelle, il ferme le peu d'ouverture qui reste entre la cloison & la langue dans le fond de la bouche.

A l'égard de la trompe d'Eustache, elle est la

continuation du conduit qui communique de l'arriere bouche dans l'oreille interne. Ce conduit est en partie osseux, en partie cartilagineux & en partie membraneux dans l'homme ; dans le cheval la portion membraneuse forme une poche considérable qui enveloppe la portion cartilagineuse dans toute son étendue, cette portion cartilagineuse prenant naissance de l'extrémité de la portion osseuse, descendant le long des parties latérales du sphénoïde, en s'élargissant de plus en plus, & souvent se terminant par une espece de pavillon blanchâtre à la partie supérieure du pharinx, ensorte que le cartilage présente une gouttiere qui communique dans la poche membraneuse & dans l'oreille interne.

55. Cinq muscles operent tous les mouvemens du voile du palais & de cette trompe ; savoir, deux pairs qui sont les *péristaphilins internes & externes*, & un impair nommé le *velo-palatin*.

Il faut considérer dans le muscle *péristaphilin externe*,

1.° *Son attache* (1) à l'apophise stiloïde du temporal & à la trompe d'Eustache.

2.° *Son trajet* le long des portions latérales de la trompe & sur la sinuosité (2) de l'apophise palatine & de l'apophise ptérigoide dans l'homme, qui font ici office de poulie.

3.° *Sa terminaison* (3) à la partie inférieure du voile du palais dans lequel il se perd.

Quant au muscle *péristaphilin interne*,
On observera,

1.° *Son attache* (1) au même endroit que le précédent.

2.° *Son trajet*, ce muscle se portant de dehors en dedans par-dessus le pavillon avec lequel il contracte adhérence, & passant sous le ptérigo-pha-

Muscle péristaphilin externe.

Muscle péristaphilin interne.

ringien & sous la portion inférieure de son congenere.

3.° *Sa terminaison* (2) à la partie inférieure du voile du palais.

Nota. Les *usages* de ces muscles sont d'élever le voile du palais & de dilater la trompe.

Musc. velo-palatin.

On doit remarquer dans le muscle *velo-palatin*,

1.° *Sa position* entre la membrane palatine & l'aponévrotique.

2.° *Son attache* (1) par un tendon très-grêle aux os palatins au lieu de leur jonction.

3.° *Sa terminaison* (2) à la partie inférieure & moyenne du voile du palais.

4.° *Ses usages*, ce muscle étant auxiliaire des précédens, il élève le voile du palais & l'applique plus exactement aux arriere-narines.

Nota. Ce même voile est abaissé par plusieurs petits paquets de fibres renfermées dans la duplicature des membranes qui forment les piliers & se terminent aux parties latérales & inférieures de de ce voile.

Muscles de l'encolure ou du col.

156. Le col peut être fléchi, étendu & porté de côté & d'autre.

Muscles de l'encolure ou du col.

Quatorze muscles sont préposés à l'exécution de ces mouvemens, sept de chaque côté, dont deux fléchisseurs & cinq extenseurs.

Les fléchisseurs sont le *scalene* & le *long-fléchisseur*.

Les extenseurs sont le *long* & le *court-épineux*, le *long* & le *court-transversal*, & le *peaucier*.

157. On envisagera dans le muscle *scalene*,

1.° *Sa situation* à la partie antérieure & inférieure de l'encolure.

Muscle scalène.

2.° *Sa composition*, ce muscle étant formé de deux portions unies à leur partie supérieure (1), & à leur partie inférieure (2), d'où résulte une bifurcation donnant passage aux nerfs & aux vaisseaux du bras.

3.° *L'attache* de la portion la plus considérable (3) inférieurement à la face externe de la premiere côte, par une portion assez large.

4.° *Son trajet*, cette portion se portant delà en diminuant jusqu'à la quatriéme vertébre cervicale inférieure.

5.° *Sa terminaison* (4) par autant de principes tendineux aux parties latérales antérieures du corps de la septiéme, sixiéme, cinquiéme & quatriéme vertebre cervicale.

6.° *L'attache* (5) de l'autre portion à la même côte & aux apophises transverses de ces mêmes vertèbres.

7.° *Sa réunion* avec la premiere.

8.° *Les usages* de ce muscle qui fléchit l'encolure, ainsi que nous l'avons dit, & qui peut encore servir à la respiration en élevant la premiere côte. En ce cas les vertebres cervicales sont son attache fixe.

Il faut considérer dans le muscle *long-fléchisseur*;

Muscle long-fléchisseur.

1.° *Sa composition*: il est formé de plusieurs plans de fibres semblables à autant de petits muscles réunis, & dont néanmoins il n'en résulte qu'un seul.

2.° *Son étendue* depuis la sixiéme vertebre dorsale (1), jusqu'à la premiere vertebre cervicale (2).

3.° *Sa jonction* dans ce trajet supérieurement avec celui du côté opposé.

4.° *Son attache* fixe au corps & aux apophises

latérales (3) de toutes les vertebres qu'il recouvre, par des principes tendineux qui se portent obliquement de dehors en dedans.

5.° *Sa terminaison* (4) supérieurement, par un tendon commun aux deux muscles & fort, à l'éminence moyenne & antérieure de la premiere vertebre du col.

6.° *Ses usages* suffisamment indiqués par le nom qu'on lui accorde.

158. Eu égard au muscle *long-transversal*,

Muscle long-transversal.

On observera,

1.° *Ses attaches* (1) aux apophises transverses de la premiere vertebre dorsale & des cinq dernieres vertebres cervicales.

2.° *Sa terminaison* (2) par un tendon qui se confond avec le muscle splénius & le muscle commun, à l'apophise transverse de la premiere vertebre cervicale.

3.° *Ses usages*, ce muscle extenseur de l'encolure pouvant contribuer aussi aux mouvemens de la tête, & ces mouvemens auxquels il peut contribuer étant des mouvemens latéraux.

Muscle court-transversal.

Le *court-transversal* tirant de ses attaches son nom, comme le précédent, en differe par son moins de volume.

On remarquera,

1.° *Ses attaches* (1) inférieurement aux apophises transverses des cinq premieres vertebres du dos, par autant de petits tendons qui se portent obliquement de devant en arriere.

2.° *Sa terminaison* (2) aux apophises transverses des dernieres vertebres cervicales par de semblables tendons, mais qui se propagent à contre-sens des autres, puisqu'ils se portent de derriere en devant de maniere que le milieu de ce muscle en est la partie la plus large.

Le muscle *long-épineux* est un muscle assez considérable, dont on observera, {*Muscle long-épineux.*}

1.º *L'étendue* depuis la (1) treiziéme apophise épineuse des vertebres dorsales, jusqu'à la troisiéme apophise épineuse des vertebres cervicales inférieures. Il recouvre presque toute la face latérale du garot.

2.º *Son attache* à la partie supérieure des apophises épineuses des treize premieres dorsales (2), par autant de tendons qui se confondent dans son principe avec ceux du long dorsal.

3.º *Sa terminaison* (3) aux apophises épineuses des trois dernieres vertebres cervicales.

En ce qui concerne le muscle *court-épineux*, on examinera, {*Muscle court-épineux.*}

1.º *Son attache* (1) inférieurement par des tendons aux apophises épineuses & obliques de la premiere dorsale & des cinq dernieres vertebres cervicales.

2.º *Sa terminaison* (2) par un tendon assez fort à celles de la premiere.

Nota. Les usages de ces muscles les ont fait appeller *extenseurs*.

Le muscle *peaucier* est un muscle cutané très-mince & assez large, en partie charnu & en partie aponévrotique. {*Muscle peaucier.*}

On observera,

1.º *Son attache* (1) tout le long du ligament cervical.

2.º *Son trajet*, dans lequel il recouvre tous les muscles de l'encolure, de la tête, & une partie de la face externe de l'omoplate.

3.º *Son adhérence* très-forte (2) ayant lieu avec le muscle commun (*Voyez* 160.) par son aponévrose.

4.º *Son union* (3) avec celui du côté opposé, dans

lequel il se confond, en formant antérieurement une seconde portion charnue qui recouvre la trachée-artere, les jugulaires & les carotides.

5.° *Sa terminaison* (4) à la pointe du sternum.

6.° *Ses usages* paroissant se borner à opérer la corrugation de la peau comme un pannicule charnu ; à servir de gaîne à tous les muscles de l'encolure & de la tête, & à les affermir dans leur situation.

159. Muscles inter-transversaires.

Outre les muscles dont nous venons de parler, il en est une quantité de très-petits qui forment ce que nous nommons les *muscles inter-transversaires*, à raison de leur situation dans l'intervalle de toutes les apophises transverses, excepté dans celui qui sépare la premiere vertebre de la seconde.

Nota. Leur usage les rend auxiliaires des extenseurs.

Au surplus tous les muscles extenseurs dont nous avons fait mention, en se contractant, non-seulement tirent & font mouvoir les vertebres où ils se terminent, mais ils mettent en mouvement toutes celles auxquelles ils s'attachent, & toutes ces vertebres ne peuvent être mues sans que la tête ne participe de ces mouvemens; & lorsque tous les muscles d'un côté agissent ensemble, ils donnent lieu à des mouvemens latéraux.

160. Muscle commun à la tête, à l'encolure & au bras.

On ne peut donner d'autre nom que celui de *muscle commun*, à un muscle qui ayant des connexions avec trois différentes parties, doit nécessairement agir sur les unes & sur les autres.

On observera dans celui-ci,

1.° *Sa position* sous le peaucier.

2.° *Son étendue* depuis la partie inférieure & antérieure de l'humérus (1), jusqu'à la partie postérieure de la tête (2).

3.º *Son principe* (3), ce muscle ne présentant alors qu'un corps charnu.

4.º *L'attache* de ce corps (4) à la partie inférieure & antérieure de l'os du bras.

5.º *Son trajet* par-devant la pointe de l'épaule & le long des parties latérales de l'encolure.

6.º *Sa division* en deux portions (5), lorsqu'il est parvenu jusqu'à environ la cinquième vertebre cervicale.

7.º *L'attache* de l'une de ces portions (6) à la tubérosité de la partie pierreuse du temporal.

8.º *L'attache* de l'autre (7) par plusieurs portions tendineuses à la seconde, troisiéme, quatriéme & cinquiéme des apophises transverses des vertebres cervicales, en se confondant avec le tendon du long-transversal.

9.º *La portion charnue* (8) qui se détache de ce muscle au-dessus de la pointe de l'épaule.

10.º *La terminaison* (9) de cette même portion au sternum.

11.º *Les usages* du muscle dont il s'agit, qui sont d'étendre la tête, de mouvoir l'encolure latéralement, de l'étendre quand il agit avec son semblable, & de tirer le bras en avant quand le point fixe est au col.

I. Quoique la tête & l'encolure soient très-affermies dans leur articulation au moyen de ligamens particuliers & de nombre de muscles, il est néanmoins encore un ligament très-fort que nous nommons *ligament cervical*.

<small>Ligamens cervical.</small>

On remarquera,

1.º *Son principe*, dans lequel il est double (1), tandis qu'il est simple dans le reste de son étendue.

2.º *Son attache* (2) la plus solide aux apophises épineuses des six premieres vertebres dorsales.

3.º *Sa division*(3) ensuite de cette attache, en deux lames qui remplissent l'intervalle triangulaire résultant de la situation élevée de l'encolure & du garot.

4.º *La réunion* de ces deux lames.

5.º *Leurs attaches* (4) aux apophises épineuses de la quatriéme, troisiéme & seconde vertebre cervicale.

6.º *Le prolongement* du ligament par-dessus la premiere vertebre sans s'y attacher.

7.º *Son attache* (5) très-forte à la partie postérieure de l'occipital & de l'apophise cervicale.

8.º *Ses usages*, qui sont de soutenir l'encolure & la tête indépendamment même de tous les muscles, sur-tout lorsque cette derniere partie est basse, & qu'il faut conséquemment une plus grande force pour la relever.

Nota. On doit juger au surplus par la position de ce ligament, que tous les muscles extenseurs de l'encolure doivent y adhérer & s'y attacher en partie.

DES MUSCLES DE L'EXTRÉMITÉ ANTÉRIEURE.

Muscles de l'omoplate ou de l'épaule.

162. L'épaule est portée en avant, en arriere, en haut, en bas, & elle est rapprochée des côtes par l'action de cinq muscles appellés le *trapese*, le *rhomboide*, le *releveur propre*, le *petit pectoral* & le *grand dentelé*.

Muscles de l'extrémité antérieure.

163. Le *trapese* tire son nom de sa figure qui est quadrilatere (*Voyez* 88.), ayant deux côtés opposés paralleles entr'eux, les deux autres ne l'étant pas. Quelques-uns l'ont appellé *capuchon* dans l'homme. On considérera,

Muscle trapese.

1.° *Sa partie la plus large* (1) qui est tournée du côté de l'épine.

2.° *Son attache* (2) aux apophises épineuses des douze premieres vertebres dorsales.

3.° *Sa terminaison* (3) aux empreintes musculaires qu'on observe à la partie moyenne de l'épine de l'omoplate, par ses fibres réunies en une pointe.

Dans le muscle *rhomboïde*, assez semblable à un turbot dans l'homme, on observera, {Muscle rhomboïde.}

1.° *Sa forme*, qui est celle d'un losange (*Voyez* 88).

2.° *Ses attaches* (1) aux apophises épineuses qui forment le garot.

3.° *Sa terminaison* (2) à la face interne du cartilage de l'omoplate; il se confond avec le releveur propre.

Nota. Les usages de ces deux muscles consistent à tirer l'omoplate ou l'épaule en haut du côté de l'épine.

64. On remarquera dans le muscle *releveur propre*, {Muscle releveur propre.}

1.° *Ses attaches* (1) tout le long des parties latérales du bord supérieur du ligament cervical, depuis environ la seconde vertebre cervicale.

2.° *Sa terminaison* (2) à la partie supérieure & interne du cartilage de l'omoplate, ce muscle qui s'élargit alors paroissant se confondre avec le rhomboïde.

3.° *Ses usages*: il releve l'omoplate en la tirant en avant.

65. Le muscle *petit pectoral* doit le nom par lequel on le désigne, à sa position sur le poitrail de l'animal. {Muscle petit pectoral.}

Il faut en considérer,

1.° *L'attache fixe* (1) aux parties latérales du sternum, & aux cartilages des trois premieres vraies côtes.

2.° *Le trajet* le long du bord antérieur de l'omoplate jusqu'à la partie supérieure.

3.° *La terminaison* (2) à cette même partie aux empreintes musculaires qu'on y observe.

4.° *Les usages*: il tire l'épaule en bas & du côté du poitrail.

166.
Muscle grand dentelé.

Le muscle *grand dentelé* est le plus considérable des muscles de l'épaule.

On en observera,

1.° *Les dentelures* ou *digitations* (1) au nombre de huit adhérentes à l'extrémité inférieure des huit premieres côtes, s'entrelaçant avec les digitations antérieures du muscle grand oblique du bas-ventre, & s'étendant tout le long de la partie inférieure & latérale du col.

2.° *Les attaches* (2) aux apophises transverses des cinq dernieres vertebres cervicales, ainsi qu'aux apophises transverses des trois premieres vertebres du dos.

3.° *La terminaison* (3) à la partie supérieure & interne de l'omoplate, par un fort tendon résultant de la réunion de ses fibres.

4.° *Les usages*, ce muscle tirant l'épaule en bas & la rapprochant des cotes, il la porte encore en arriere ou en avant lors de l'action de sa portion postérieure ou antérieure.

Muscles du bras.

167.
Muscles du bras.

Le bras se meut en tout sens, attendu son articulation par genou avec l'omoplate. Il peut donc être porté en avant, en arriere, en dedans, en dehors, en rond & en maniere de pivot.

Toutes ces différentes actions sont dues à dix muscles appellés le *muscle commun*, le *grand pectoral*, l'*omo-brachial*, l'*antepineux*, le *postépineux*,

le

le *grand dorfal*, le *fous-fcapulaire*, l'*adducteur*, le *long* & le *court abducteur*.

68. Le mufcle *commun* peut être comparé par fa ſtructure au mufcle *deltoïde* de l'homme.

Mufcle commun.

On obfervera,

1.° *Son attache* (1) à tout le bord tranchant du ſternum.

2.° *Son trajet* de dedans en dehors.

3.° *Son autre attache* (2) par un tendon applati à la partie inférieure & antérieure de l'humérus.

4.° *Son prolongement* par une aponévrofe fur les mufcles du bras & de l'avant-bras que cette mê-me aponévrofe recouvre, & avec lefquels elle fe confond.

5.° *Ses ufages*, qui font d'opérer l'action de *che-valer*, c'eſt-à-dire, de croifer une jambe l'une fur l'autre: quand il agit avec le grand pectoral, il approche le bras du poitrail.

On doit confidérer eu égard au mufcle *grand pectoral*,

Mufcle grand pecto-ral.

1.° *Sa fituation* au-deſſous du précédent.

2.° *Ses attaches* (1) à la partie inférieure & anté-rieure de l'aponévrofe du grand oblique, au carti-lage xiphoïde (2), à la partie latérale du ſternum (3), & aux cartilages des fix dernieres vraies côtes (4).

3.° *Sa terminaifon* (5) à la partie fupérieure & latérale interne de l'humérus, en fe confondant avec le tendon de l'omo-brachial.

4.° *Ses ufages*, ce mufcle portant le bras en-de-dans, & le mufcle commun concourant au même effet.

69. Le mufcle *ante-pineux* remplit la foſſe antépineu-fe de l'omoplate.

Mufcle an-ti-pineux.

On examinera,

1.° *Son attache* à cette même foſſe (1).

K

2.° *Sa terminaison* (2) par deux tendons très-courts à la partie supérieure des deux éminences antérieures de l'humérus.

3.° *L'ouverture* (3) résultant de ces deux tendons, & donnant passage au long fléchisseur de l'avant-bras.

Muscle omo-brachial.

On observera, en ce qui concerne le muscle *omo-brachial*,

1.° *Son attache* (1) à l'éminence qui se trouve à la partie latérale interne de la tubérosité de l'omoplate, éminence appellée *apophise coracoïde* dans l'homme.

2.° *Sa terminaison* (2) à la partie antérieure & moyenne du corps de l'humérus.

Nota. Les *usages* de ces deux muscles sont de porter le bras en avant,

170.

Dans le muscle *poste-pineux*,

Muscle post-épineux.

On envisagera,

1.° *Sa situation* dans la fosse post-épineuse.

2.° *Son attache* (1) à cette même fosse.

3.° *Sa terminaison* (2) à l'éminence externe & supérieure de l'humérus.

Muscle grand dorsal.

Le *grand dorsal* est un muscle extrêmement large, qui recouvre presque toutes les côtes.

On considérera,

1.° *Ses attaches* (1) par une aponévrose à l'angle antérieur des os des îles, & aux apophises épineuses des vertebres lombaires & dorsales.

2.° *Son épanouissement* sur les côtes, ce muscle devenant charnu jusqu'au-dessous de l'omoplate.

3.° *La seconde aponévrose* dans laquelle il dégénere ensuite, & qui se confond avec celle du long extenseur de l'avant-bras & de l'adducteur du bras.

4.° *Sa terminaison* (2) à la tubérosité interne de l'humérus.

DE L'ART VETERINAIRE. 143

Nota. Les *usages* de ces deux muscles sont de porter le bras en arriere.

On observera dans le muscle *sous-scapulaire*,   *Muscle sous-*
1.° *Sa position* dans la fosse de la face interne de   *scapulaire.*
l'omoplate qu'il remplit entiérement.

2.° *Sa terminaison* (1) à la partie supérieure & interne de l'humérus.

Nota. Ce muscle, ainsi que l'ante-pineux & le poste-pineux, s'attachant à la circonférence de la tête de l'humérus, & formant une aponévrose commune qui se confond avec le ligament capsulaire de cette articulation, ce même ligament, au moyen de ce méchanisme, est élevé dans l'action de ces muscles, sans être exposé aux risques d'être pincé entre l'humérus & l'omoplate.

On considérera dans le muscle *adducteur*,   *Muscle*
1.° *Son attache* (1) à la partie supérieure du bord   *adducteur.*
postérieur de l'omoplate du côté interne.

2.° *Son trajet*: il descend le long de ce même bord.

3.° *Sa terminaison* (2) à la tubérosité interne de l'humérus, en se confondant avec le grand dorsal.

Nota. Les *usages* de ce muscle & du précédent sont de porter & de serrer le bras contre la poitrine.

Il faut observer dans le muscle *long-abducteur*,   *Muscle*
1.° *Son attache* (1) à la partie supérieure du bord   *long-abduc-*
postérieur de l'omoplate du côté externe.   *teur.*

2.° *Son trajet*: il descend le long de ce même bord.

3.° *Sa terminaison* (2) à la tubérosité externe de l'humérus.

On envisagera enfin dans le muscle *court-ab-*   *Muscle*
ducteur,   *court-abduc-*
1.° *Son attache* (1) le long de la partie moyenne   *teur.*

du bord postérieur de l'omoplate au-dessous du poste-pineux.

2.° *Sa terminaison* (2) au-dessous de la tubérosité externe de l'humérus, entre le poste-pineux & le long abducteur.

Nota. Les *usages* de ces deux muscles sont de porter le bras en-dehors.

Lorsque tous les muscles du bras agissent ensemble, ils tiennent cette partie roide & dans une même situation ; agissant successivement les uns après les autres, ils opéreront des mouvemens de rotation, & l'action successive des seuls muscles ante-pineux, poste-pineux & sous-scapulaire, fera tourner le bras sur son axe.

Muscles de l'avant-bras.

173.
Muscles de l'avant-bras.

Le cubitus est joint à l'humérus par charnière, & les mouvemens que permet cette articulation se bornent à l'extension & à la flexion.

Ils ont ici lieu par le moyen de sept muscles, nommés le *long* & le *court-fléchisseur*, le *long*, le *gros*, le *court*, le *moyen* & le *petit-extenseur*.

174.
Muscle long fléchisseur.

Le muscle *long fléchisseur* répond au muscle que dans l'homme on nomme le *biceps*, quoiqu'il n'ait pas deux tendons supérieurement.

On observera,

1.° *Son attache* (1) à la tubérosité de l'omoplate par un tendon extrêmement fort & très-gros.

2.° *L'augmentation* de la grosseur de ce tendon ensuite de cette attache, & son changement en un corps épais & cartilagineux fait en forme de poulie, qui dans les mouvemens de contraction du muscle glisse sur l'éminence moyenne de la partie supérieure & antérieure de l'humérus, & occupe les deux sinuosités : ce tendon fait à l'épaule ce que la rotule fait au graslet, car il roule & glisse immédiatement sur l'os, au moyen de l'humeur synoviale de l'articulation le ligament capsulaire n'étant point au-dessous, mais s'attachant extérieurement aux environs & au bas de cette articulation.

3.° *La partie charnue* qui succede au tendon, & qui descend le long de la partie antérieure du bras.

4.° *Sa terminaison* (2) par un tendon moins fort que le précédent, à la tubérosité interne du cubitus.

5.° *L'aponévrose* se détachant extérieurement de ce tendon, & s'épanouissant sur les autres muscles de l'avant-bras dans lesquels elle s'évanouit insensiblement.

Il faut remarquer, eu égard au *court-fléchisseur*, Muscle court fléchisseur.

1.° *Son attache* (1) à la partie postérieure & au-dessous de la tête de l'humérus.

2.° *Son trajet* de derriere en devant, ce muscle glissant sur la grande sinuosité de ce même os.

3.° *Sa terminaison* (2) à la tubérosité interne du cubitus au-dessous du précédent.

Nota. Les *usages* de ces deux muscles sont indiqués par leur dénomination; ils fléchissent l'avant-bras.

On considérera dans le muscle *long-extenseur*, Muscle long extenseur.

1.° *Ses attaches* (1) par une aponévrose au bord postérieur de l'omoplate, cette aponévrose recouvrant la face interne du gros-extenseur, & se confondant avec celle du grand-dorsal.

2.° *L'origine* de ses fibres charnues naissant de la partie supérieure de ce même bord.

3.° *Leur trajet :* elles descendent en s'élargissant le long du gros-extenseur, & recouvrent toute face interne de l'articulation.

4.° *Sa terminaison* (2) à la partie latérale interne de l'apophise olécrâne.

5.° *Son changement* en une aponévrose qui recouvre les muscles du canon.

Muscle gros extenseur. Il faut observer dans le muscle *gros-extenseur*,

1.° *Sa position* au-dessus de celui-ci.

2.° *Son attache* (1) tout le long du bord postérieur de l'omoplate.

3.° *Son trajet :* il suit le précédent.

4.° *Sa terminaison* (2) à l'apophise olécrane.

Muscle court extenseur. On envisagera dans le muscle *court-extenseur*,

1.° *Sa position* à la partie latérale externe du bras.

2.° *Son attache* (1) au-dessous de la tête, & à la tubérosité externe de l'humérus.

3.° *Sa terminaison* (2) à l'apophise olécrâne.

Muscle petit-extenseur. Le *petit-extenseur* ne fait pas un grand trajet.

Il faut considérer,

1.° *Son attache* (1) à la partie postérieure & inférieure de l'humérus, dont il occupe une portion de la cavité profonde & postérieure.

2.° *Sa terminaison* (2) par un tendon à la partie postérieure de l'olécrâne.

Muscle moyen extenseur. On observera dans le muscle *moyen-extenseur*,

1.° *Son attache* (1) à la tubérosité interne de l'humérus.

2.° *Son trajet* le long de la partie interne du bras.

3.° *Sa terminaison* (2) à la partie supérieure & interne de l'olécrâne.

Nota. Les *usages* de ces cinq muscles sont indiqués par leur dénomination ; leur fonction est d'étendre l'avant-bras.

Des Muscles du Canon.

176. Le canon n'est susceptible que des mouvemens de flexion & d'extension. Ils ont ici lieu à contre-sens de ceux de l'avant-bras, puisque le canon se fléchit en arriere, & qu'il s'étend en avant au moyen de cinq muscles, dont trois *fléchisseurs* & deux *extenseurs*.

Les fléchisseurs sont le *fléchisseur-interne*, le *fléchisseur-externe* & le *fléchisseur-oblique*.

Les extenseurs sont le *droit-antérieur* & l'*extenseur-oblique*.

Muscles du canon.

177. On remarquera dans le muscle *fléchisseur-interne*,

Muscle fléchisseur-interne.

1.° *Son attache* (1) supérieurement au condyle interne de l'humérus.

2.° *Son trajet* jusqu'au genou, où il entre dans un ligament annulaire & particulier.

3.° *Sa terminaison* (2) par un tendon applati à la partie postérieure du canon.

Il faut observer dans le muscle *fléchisseur-oblique*,

Muscle fléchisseur-oblique.

1.° *Son attache* (1) supérieurement à la partie postérieure du condyle interne de l'humérus.

2.° *Son trajet* qui est oblique de haut en bas.

3.° *Sa terminaison* (2) à l'osselet du genou, que nous avons nommé l'*os crochu*.

On considérera dans le muscle *fléchisseur-externe*,

Muscle fléchisseur-externe.

1.° *Son attache* (1) supérieurement à la partie postérieure du condyle externe de l'humérus.

2.° *Sa premiere terminaison* (2) à l'os crochu par un tendon.

3.° *Le prolongement* de ce tendon après cette attache le long de la partie latérale externe des os du genou.

4.° *Sa derniere terminaison* (3) à la tête du péroné.

Nota. Les usages de ces muscles sont suffisamment connus par le nom qui les désigne.

178. On observera dans le muscle *extenseur-droit-antérieur*.

Muscle extenseur droit antérieur.

1.° *Sa position* à la partie antérieure de l'avant-bras.

2.° *Son attache* (1) supérieurement à la tubérosité & au condyle externe de l'humérus.

3.° *Son trajet* en descendant & en passant sous le tendon de l'extenseur oblique dans une sinuosité de la partie inférieure du cubitus, où il est recouvert d'un ligament annulaire & particulier.

4.° *Sa terminaison* (2) sans sortir de ce ligament, antérieurement à la tubérosité du canon.

Il faut considérer enfin dans le muscle *extenseur oblique*;

Muscle extenseur oblique.

1.° *Son attache* (1) supérieurement à la partie latérale externe du cubitus, depuis la partie moyenne jusqu'à l'inférieure.

2.° *Son trajet* en se portant obliquement de dehors en dedans pardessus le tendon de l'extenseur droit-antérieur, il traverse obliquement l'articulation, & passe dans un ligament annulaire & particulier.

3.° *Sa terminaison* (2) à la partie latérale & interne de la tête du canon.

Nota. Les *usages* de ces muscles sont exprimés aussi par le nom qu'on leur donne; l'extenseur oblique peut encore déterminer latéralement le canon.

Muscles du Pied.

179. Nous comprenons dans le pied tout ce qui est en dessous du canon c'est-à-dire, le boulet, le

Muscles du pied.

pâturon, la couronne & le pied proprement dit, ces parties faisant leurs mouvemens ensemble, & leurs muscles étant communs. Elles sont articulées par charnière, & ne sont par conséquent capables que d'extension & de flexion..

On compte pour ces deux actions opposées quatre muscles, deux *fléchisseurs* & deux *extenseurs*. Les deux fléchisseurs sont le *sublime* & le *profond*, & les deux extenseurs, *l'extenseur antérieur* & *l'extenseur latéral*, sans parler de deux autres petits muscles nommés *lombricaux* dans l'homme.

30. Le muscle *sublime*, appellé ainsi eu égard à sa situation, & nommé encore *perforé* eu égard à sa structure, occupe la partie postérieure de la jambe depuis le bras jusqu'au pied. *Muscle sublime.*

On observera,

1.° *Son attache* (1) supérieurement à la partie postérieure du condyle interne de l'humérus.

2.° *Son trajet* en descendant le long du muscle profond, passant dans l'arcade ligamenteuse qui est derrière le genou, & se portant jusqu'à l'extrémité inférieure du canon où il s'élargit.

3.° *Sa seconde attache* (2) par une expansion ligamenteuse aux os sésamoïdes.

4.° *Son prolongement* le long du pâturon.

5.° *Sa terminaison* (3) de chaque côté à la partie supérieure de la couronne, par deux branches tendineuses laissant entr'elles une ouverture qui a donné lieu, ainsi que je l'ai dit, d'appeller encore ce muscle *muscle perforé*, sur-tout dans l'homme, ce tendon étant en lui véritablement percé d'un trou, mais se divisant simplement ici en deux branches.

Le muscle *profond* est au-dessous du muscle sublime, & part du même endroit & de la même *Muscle profond.*

attache, ces deux mufcles étant unis à la partie fupérieure.

On en remarquera,

1.° *Le volume*, plus confidérable que celui du fublime.

2.° *La compofition* : il paroît formé de quatre à cinq petits mufcles qui fe réuniffent cependant en un feul & fort tendon, & dont il en eft deux que l'on diftingue & que l'on fépare plus aifément.

3.° *L'attache féparée* (1) du premier de ces deux petits mufcles à la partie poftérieure de l'olécrâne.

4.° *Sa pofition* à la partie interne & concave de cette apophife.

5.° *L'union* qui se fait près du genou de fon tendon qui eft extrêmement mince avec le tendon fort & commun dont je viens de parler, cette portion de mufcle ou ce petit mufcle donnant auffi quelquefois un tendon au fléchiffeur oblique du canon.

6.° *L'attache* (2) du fecond de ces deux petits mufcles à la partie poftérieure & moyenne du cubitus

7.° *L'union* qu'il contracte de même avec le tendon commun.

8.° *Le trajet* de ce même tendon commun dans l'arcade ligamenteufe du genou, au-deffous ou audevant du fublime, d'où il eft appellé *profond*, ce tendon defcendant jufqu'au bas du pâturon où il traverfe la fente formée ou l'efpace laiffé par les branches tendineufes du *perforé*, & devenant alors *perforant*.

9.° *Sa terminaifon* (3) à la partie inférieure de l'os du pied, où il s'épanouit en maniere d'aponévrofe.

Nota. Les ufages de ces deux mufcles fe bornent, ainsi qu'on peut le concevoir, à opérer la flexion du pied.

Il faut, eu égard au muscle *extenseur antérieur*, considérer, {Muscle extenseur antérieur.}

1.° *Son attache* (1) supérieurement & antérieurement au condyle externe de l'humérus & au cubitus.

2.° *Son trajet* le long de la partie externe de ce dernier os jusqu'au genou, où il passe dans un ligament annulaire & particulier pour se porter obliquement sur la partie antérieure du canon jusques sur le boulet.

3.° *Son adhérence* en cet endroit au ligament de cette articulation.

4.° *Sa jonction*, après être encore descendu, avec le muscle suivant.

Le muscle *extenseur-latéral* est situé à la partie externe de l'avant-bras. {Muscle extenseur-latéral.}

Il faut en remarquer,

1.° *L'attache* (1) à la partie supérieure & externe du cubitus.

2.° *Le trajet* le long de la partie latérale de cet os, & dans un ligament annulaire & particulier de l'articulation du genou, ainsi que le long de la partie antérieure du canon sur laquelle il chemine obliquement.

3.° *L'adhérence* qu'il contracte avec l'articulation du boulet, où il se joint avec le muscle précédent & se confond avec deux parties ligamenteuses venant de la partie postérieure du canon.

4.° *La forte aponévrose* résultant de ces quatre corps réunis.

5.° *Sa terminaison* (2) à tout le bord supérieur de l'os du pied.

Nota. Les *usages* de ces deux muscles sont trop sensibles pour être obligé d'annoncer qu'ils étendent le pied.

Des Muscles lombricaux.

182. Il est encore deux petits muscles qui peuvent être comparés aux lombricaux de l'homme.

Muscles lombricaux.

On en verra,

1.° *Le principe* (1) à la partie inférieure du tendon du profond.

2.° *La terminaison* (2) au pâturon.

3.° Quant à *leurs usages*, ils peuvent être regardés comme les auxiliaires des précédens.

DES MUSCLES DU CORPS.

SECTION I.
Des Muscles du Dos & des Lombes.

83. Les muscles du dos & des lombes ayant les mêmes fonctions, ou du moins se prêtant mutuellement des secours, nous les rangerons dans la même classe, & nous les réunirons dans une même & seule description, à l'effet d'éviter toute confusion, & des répétitions inutiles. *Muscles du dos & des lombes.*

Ces muscles sont de chaque côté le *long-dorsal* & le *psoas des lombes*. Il en est de plus d'autres petits appellés, les uns *épineux-transversaires*, & les autres *inter-épineux*.

84. Le muscle *long-dorsal* est un muscle très-considérable & très-composé. *Muscle long dorsal.*

On en observera,

1.° *La naissance* ou le *principe* (1) postérieurement à la crête de l'iléon.

2.° *Les attaches* (2) aux apophises épineuses & transverses de toutes les vertebres lombaires, ainsi qu'aux cinq dernieres apophises épineuses des vertebres dorsales.

3.° *Le trajet* qu'il fait ensuite de ces attaches, de derriere en devant, le long du bord inférieur du long-épineux du col avec lequel il se confond en partie.

4.° *Ses attaches* (3) dans ce trajet par des portions charnues à la partie supérieure de toutes les côtes,

& par des tendons aux apophises transverses de toutes les vertebres dorsales, ce muscle remplissant presque tout l'intervalle qui est entre les côtes & les apophises épineuses.

5.° *Sa terminaison*, (4) après avoir insensiblement diminué de largeur, par trois tendons aux deux dernieres vertebres cervicales.

6.° *Ses usages*: les mouvemens qu'opere ce muscle devant être très-forts, car il est composé de beaucoup de plans de fibres, dont chacun a des attaches particulieres: c'est aussi par lui que tout le tronc de l'animal est mû, soit que le cheval fasse une pesade, une courbette, une pointe, ou qu'il éleve le devant de maniere ou d'autre; soit aussi que par une action contraire il rue, il épare ou leve le derriere.

Muscles épineux-transversaires.

Eu égard aux muscles *épineux-transversaires*, qui doivent leurs noms à leurs attaches, on en considérera,

1.° *Le nombre*, qui est égal à celui des vertebres lombaires & dorsales.

2.° *La position* oblique tant sur les unes que sur les autres de derriere en devant.

3.° *Les attaches* (1) constantes aux apophises transverses d'une vertebre, & aux apophises épineuses (2) de l'autre, & ainsi successivement depuis l'os sacrum jusqu'à la premiere vertebre du dos, tous ces petits muscles se joignant & s'atteignant de maniere qu'ils paroissent n'en composer qu'un seul.

Muscles inter-épineux.

Les muscles *inter-épineux* occupent l'intervalle que laissent les apophises épineuses entr'elles.

Nota. Les *usages* de ceux-ci & des précédens sont de concourir avec le long dorsal aux mêmes effets.

DE L'ART VETERINAIRE. 155

On remarquera, en envisageant le muscle *psoas des lombes*,

Muscle psoas des lombes.

1.º *Son attache* (1) aux parties latérales du corps des trois dernieres vertebres dorsales, & aux quatre premieres lombaires.

2.º *Sa terminaison* (2) à la partie inférieure & interne de l'iléon, près de la cavité cotyloïde.

3.º *Ses usages* : ce muscle étant l'antagoniste du long dorsal, de maniere que quand l'animal leve le devant, comme il a son point fixe à l'iléon, il sert à le baisser, & lorsque l'animal leve le derriere, le point fixe devenant le point mobile, entraîne le bassin, & par conséquent le train de derriere. Il aide encore beaucoup au cheval à se relever quand il est couché ; il est alors secondé par les muscles du bas-ventre, qui approchent le bassin des côtes. Il contribue enfin aux mouvemens latéraux, en agissant de concert avec ces mêmes muscles.

Des Muscles de la respiration.

La respiration suppose nécessairement deux mouvemens, c'est-à-dire l'inspiration opérée par l'élevation des côtes, & l'expiration opérée par leur abaissement.

Muscles de la respiration.

L'un & l'autre de ces mouvemens doivent être exécutés au moyen de certains muscles, indépendamment de l'action de l'air & de la structure des côtes qui y contribuent principalement.

Nous diviserons ces muscles en inspirateurs & en expirateurs, & en communs & propres à chacun de ses mouvemens.

Les premiers sont les *releveurs des côtes*, les *intercostaux internes & externes*, le *transversal*, & le *muscle du sternum*.

Les seconds sont le *long dentelé*, *l'intercostal commun* & *le diaphragme*.

Les premiers des muscles propres à l'inspiration sont les *releveurs des côtes*.

Il faut en considérer,

1.° *Le nombre*; on en compte quinze (1).

2.° *Les attaches* (2), celle du premier étant à l'apophise transverse de la seconde vertebre dorsale, celle du second à l'apophise transverse de la troisième.

3.° *Leur terminaison* (3), celle du premier se faisant à la partie antérieure & supérieure de la troisième côte, celle du second à la partie antérieure & supérieure de la quatrième, & ainsi de suite pour les attaches & les terminaisons des treize suivans.

4.° *Leurs usages* suffisamment indiqués par leurs noms.

Les muscles *intercostaux* remplissent les intervalles de toutes les côtes.

On en observera,

1.° *Le nombre*. S'il est dix-sept intervalles entre les côtes, & qu'ils soient au nombre de deux dans chaque intervalle, il en est trente-quatre de chaque côté, ou soixante-huit en tout.

2.° *Leur structure*. Ils sont composés de deux plans de fibres séparés & disposés à contre-sens, d'où résultent deux muscles différens, dont l'un est interne & l'autre externe.

3.° *Le trajet du plan externe*, ce plan se portant de devant en arriere, & obliquement de bas en haut.

4.° *Le trajet du plan interne*, celui-ci se portant obliquement de haut en bas, de maniere que les fibres de ces deux muscles ou de ces deux plans se croisent à angles aigus, & ne sont séparées que par un tissu cellulaire fort léger.

5.° *Leurs attaches* au bord & à la sinuosité de toutes

toutes les côtes : il semble néanmoins que la plus fixe (1) est à leur bord postérieur, & la mobile (2) au bord antérieur, savoir, de la premiere à la seconde, de la seconde à la troisième, & ainsi successivement.

6.° *Leurs usages* développés par leur disposition, & qui sont d'élever les côtes, parceque la premiere où commence le premier point d'appui n'est pas trop mobile, & convient par conséquent très-bien pour leur servir de point fixe.

Le muscle *transversal* présente une bande charnue de la largeur d'environ deux doigts.

Muscle transversel.

On en remarquera,

1.° *Le trajet*, ce muscle s'étendant transversalement depuis la premiere côte jusqu'à la quatrième.

2.° *L'attache* (1) à la face externe de la premiere côte.

3.° *La terminaison* (2) à la face externe de la quatrième côte, près des attaches du muscle droit du bas ventre, après avoir passé par-dessus la seconde & la troisième sans s'y attacher.

4.° *Les usages*, la premiere côte servant de point fixe à ce muscle, il tire la quatrième en avant & la releve.

On observera dans le muscle *du sternum*,

Muscle du sternum.

1.° *Sa position* & ses attaches à la face interne de cet os.

2.° *Ses attaches* (1) par des productions tendineuses aux cartilages des vraies côtes.

3.° *Ses usages*. Ces productions étant obliques de devant en arriere, il peut aider ces côtes dans leur mouvement & les élever, quoique le sternum lui-même soit mu dans l'inspiration, attendu qu'il est comme la clef & le point d'union de toutes les côtes.

Nota. Le col & l'épaule présentant un point

L

fixe au muscle grand dentelé & au muscle scalene, ces deux muscles peuvent aider l'action de tous ceux dont nous venons de parler.

187.

Muscles communs à la respiration.

Le premier des muscles communs à la respiration est le *long dentelé*.

On en considérera,

Muscle long dentelé.

1.º *La position* le long du dos au-dessous du grand dorsal.

2.º *La composition* : il est formé de deux portions, l'une antérieure & l'autre postérieure, qui dans leur entrelacement à la partie moyenne de la poitrine ne paroissent être qu'un seul & même muscle : mais en voyant la direction de ses fibres, & en faisant attention à son usage, on pourroit en faire deux muscles particuliers.

3.º *Les attaches* (1) de la portion antérieure aux apophises épineuses des douze premieres vertebres dorsales par une aponévrose.

4.º *La terminaison* (2) de cette même portion, après qu'elle s'est portée de devant en arriere par huit digitations charnues aux quatre dernieres vraies & aux quatre premieres fausses côtes.

5.º *Les attaches* (3) de la portion postérieure par une aponévrose aux apophises épineuses de toutes les vertebres lombaires, & aux cinq dernieres dorsales.

6.º *La terminaison* (4) de cette même portion, après qu'elle s'est portée obliquement de derriere en devant, au bord postérieur des sept à huit dernieres fausses côtes, par autant de digitations charnues qui s'entrelacent avec les digitations postérieures du muscle grand oblique de l'abdomen.

M. Côte intercostal commun.

Le muscle *intercostal commun* a été ainsi nommé, parcequ'il s'attache à toutes les côtes.

Il faut en observer,

1.º *La position* : il est couché le long de leur

partie supérieure, au-dessous du long dentelé.

2.° *La composition*, ce muscle étant composé de deux plans de fibres réunies.

3.° *Les attaches* (1) du plan externe par trois tendons aux apophises transverses des trois premieres vertebres lombaires.

4.° *Sa terminaison* (2), après s'être porté de derriere en devant par autant de tendons à la partie supérieure du bord postérieur de toutes les côtes.

5.° *Les attaches* (3) du plan interne à l'apophise transverse de la premiere vertebre dorsale.

6.° *Sa terminaison* (4) après qu'il s'est porté de devant en arriere, par autant de tendons moins sensibles que les précédens, à la partie antérieure & supérieure de toutes les côtes, les tendons de ces deux plans de fibres se croisant en maniere d'X.

Nota. Les usages de ces deux muscles sont de servir à l'inspiration & à l'expiration en élevant & en abaissant les côtes.

Le diaphragme est un muscle qui sépare la poitrine du bas-ventre. *Le diaphragme.*

On examinera,

1.° *Sa plus grande largeur* à la partie (1) supérieure, qu'à (2) l'inférieure.

2.° *Sa convexité* du côté de la poitrine.

3.° *Sa concavité* du côté du bas-ventre.

4.° *Sa partie charnue* (3).

5.° *Sa partie aponévrotique* (4).

6.° *Son attache supérieure* par deux parties tendineuses appellées les *piliers du diaphragme*, l'un à droite (5) & l'autre à gauche (6) aux parties latérales du corps (7) des trois premieres vertebres lombaires & des deux dernieres dorsales, à la face interne (8) de toutes les fausses côtes, aux deux dernieres (9) vraies, & au cartilage xiphoïde (10).

7.° *Son centre nerveux* ou *tendineux*, c'est-à-dire, la large aponévrose (4) résultant à sa partie moyenne des fibres rayonnées qui viennent se rendre de la circonférence au centre, ce centre lui servant de point fixe avec les deux piliers.

8.° *Les trois ouvertures* dont ce muscle est percé.

9.° *La première* ou *la supérieure* (11) étant l'espace qui sépare les deux piliers, elle donne passage à l'aorte.

10.° *La seconde* (12) qui est à droite, donnant passage à la veine cave.

11.° *La troisième* (13) qui est à gauche en offrant un à l'œsophage.

12.° *Les usages* de ce muscle. Il augmente, en se portant en arrière dans l'inspiration, la capacité de la poitrine, & facilite la dilatation des poumons. Dans l'expiration au contraire, il diminue la capacité que son premier mouvement avoit accrue, ce premier mouvement étant un mouvement actif dans lequel consiste sa véritable fonction, & le second n'étant qu'un mouvement passif occasionné par la contraction des muscles abdominaux à laquelle il cede.

Des Muscles de l'abdomen ou du bas-ventre.

188.
Muscles de l'abdomen.
Huit muscles, quatre de chaque côté, entourent & forment la plus grande partie des parois du ventre ou du coffre de l'animal; la direction de leurs fibres en a déterminé la dénomination; ainsi le premier ou le plus extérieur a été appellé *muscle grand oblique*, le second, *muscle petit oblique*, le troisième, *muscle transverse*, & le quatrième, *muscle droit*.

189.
Muscle grand obli-
Le muscle *grand oblique* est le muscle le plus considérable & le plus étendu: Il se montre aussi-

tôt qu'on a enlevé les tégumens & le pannicule charnu. *que ou oblique externe.*

On considérera,

1.° *Ses attaches postérieures* (1) étant à toute la crête des os des îles, c'est-à-dire, le long de l'angle antérieur & à l'os pubis.

2.° *Ses attaches antérieures* (2) ayant lieu extérieurement à la partie inférieure des quinze dernieres côtes par autant d'appendices charnus qui se terminent & finissent par un petit tendon, ces appendices formant des digitations ou dentelures dont les six à sept premieres s'entrelacent avec celles du long dentelé (*voyez* 187), & sont recouvertes par le grand dorsal (*voyez* 170).

3.° *La légere aponévrose* (3) étant à sa partie supérieure, n'ayant aucune attache fixe le long de son bord, & adhérant seulement aux muscles qu'elle recouvre.

4.° *L'entiere & forte aponévrose* (4) étant à sa partie inférieure & postérieure, se joignant inférieurement à celle du côté opposé, contribuant par cette jonction à la formation de ce qu'on appelle *la ligne blanche*, & contractant adhérence avec l'aponévrose du petit oblique.

5.° *L'ouverture ovale* (5) dont cette portion aponévrotique est percée dans le cheval comme dans l'homme, pour le passage des vaisseaux spermatiques, cette ouverture étant appellée communément *l'anneau du grand oblique* ou *de l'oblique externe*.

6.° *L'arcade* (6) placée un peu plus postérieurement & nommée *l'arcade crurale*; elle fournit un passage aux vaisseaux cruraux.

7.° *La direction* des fibres de ce muscle étant obliquement de devant en arriere & de haut en bas.

L 3

Muscle petit oblique.

Dans le muscle *petit oblique* il faut remarquer,

1.° *Sa position* immédiatement au-dessous du grand oblique.

2.° *Ses attaches postérieures* (1) étant à tout l'angle antérieur des os des îles & au pubis.

3.° *Son trajet*, ce muscle se portant de ces attaches à contre-sens du grand oblique, c'est-à-dire, obliquement de haut en bas & de derriere en devant.

4.° *Ses attaches antérieures* (2) par plusieurs tendons au bord des cartilages des fausses côtes, d'où l'on voit qu'antérieurement il n'outre-passe pas & ne se porte pas même si loin que le grand oblique.

5.° *Sa partie supérieure* (3) n'ayant, ainsi que ce dernier muscle, aucune attache fixe.

6.° *L'aponévrose* (4) plus large dans le milieu qu'à ses extrémités, étant à sa partie inférieure qu'elle termine, & finissant à la ligne blanche.

7.° *L'adhérence de cette aponévrose* avec celle du grand oblique par sa face externe, tandis que par sa face interne elle est collée au muscle droit & adhere fortement à toutes ses intersections, d'où l'on voit qu'elle differe de l'aponévrose que l'on rencontre dans le corps humain, en ce qu'elle ne se partage point en deux lames pour envelopper & former une gaîne au muscle droit; ici ce muscle en est simplement recouvert.

Nota. Les usages particuliers de ces deux muscles consistent à faire faire au corps de l'animal des mouvemens latéraux.

190. *Muscle transverse.*

Le muscle *transverse* est directement situé au-dessous du précédent, ses fibres se portant de haut en bas depuis les vertebres des lombes jusqu'à la ligne blanche.

On examinera,

1.° *Ses attaches* (1) les plus fixes, ayant lieu supérieurement par une aponévrose aux apophises transverses des vertebres lombaires.

2.º *Sa terminaison* (2) inférieurement à la ligne blanche par une autre aponévrose, ce muscle dégénérant ainsi à quelque distance de cette ligne, de charnu qu'il a été ensuite de son aponévrose supérieure.

3.º *Son attache postérieure* (3) à l'angle antérieur des os des îles & au pubis, par une aponévrose si mince quelquefois qu'on la prendroit pour le péritoine ; mais on l'en sépare aisément pour peu que l'on y fasse attention.

4.º *Ses attaches antérieures* (4) au bord interne du cartilage de toutes les fausses côtes & de quelques-unes des vraies jusqu'au cartilage xiphoïde.

5.º *Ses usages* particuliers qui sont de servir comme de sangle, à l'effet de soutenir fortement tous les visceres du bas ventre.

Nota. Il résulte de cette exposition que la ligne blanche n'est autre chose que la réunion des aponévroses de ces trois paires de muscles. De cette réunion naît un corps un peu plus épais, & qui s'étend depuis le cartilage xiphoïde jusqu'au pubis. C'est dans le milieu de ce corps ou de cette ligne que se trouve le cordon ombilical dans le fœtus & le nœud ombilical ou la cicatrice des vaisseaux ombilicaux dans les poulains. Du reste, les différentes aponévroses des muscles abdominaux forment par leur réunion, & à la partie postérieure, un fort tendon passant sur la sinuosité du pubis, traversant le pectinœus, s'insérant dans l'échancrure de la cavité cotyloïde, & se terminant dans l'échancrure de la tête du fémur avec le ligament rond de cette articulation.

Nous ajouterons qu'il se porte une quantité considérable de nerfs à ces muscles, ces nerfs étant une continuation des derniers intercostaux & des

191. *marginal:* Ligne blanche.

lombaires; ils font volumineux & parfaitement visibles sur la face externe de chacun de ces muscles, spécialement sur le transverse d'où ils vont aboutir au muscle droit.

192.
Muscle droit.

Les muscles *droits* forment la quatriéme paire des muscles abdominaux. On les a ainsi nommés, attendu la direction droite de leurs fibres. On peut se les représenter comme deux bandes larges d'environ un demi-pied, car ils ne s'étendent point, ainsi que les autres, sur la plus grande partie de la circonférence du coffre, & on en examinera,

1.º *La position* à la partie inférieure de l'abdomen, à côté de la ligne blanche, un de chaque côté.

2.º *L'étendue* depuis le pubis jusqu'au sternum.

3.º *L'attache* (1) la plus solide étant au pubis.

4.º *Le trajet*, ces muscles se portant de cette attache en avant, entre l'aponévrose du transverse & celle du petit oblique, jusqu'à la partie antérieure de l'abdomen.

5.º *Les attaches* (2) au sternum & aux cartilages des six dernieres vraies côtes par plusieurs appendices charnus & aponévrotiques.

6.º *L'écartement* (3) l'un de l'autre à la partie antérieure, tandis qu'à la postérieure peu s'en faut qu'ils ne se joignent.

7.º *Les interfections* (4) ou les lignes tendineuses, qui au nombre de neuf interrompent la direction de leurs fibres & les divisent en plusieurs parties; ce qui étoit évidemment nécessaire, attendu leur longueur, pour que leur contraction eût plus de force & plus d'effet: ces interfections plus apparentes à la face externe qu'à l'interne, & auxquelles l'aponévrose du petit oblique adhere fortement, tenant les fibres charnues plus réunies & empêchant qu'elles ne se divisent & ne s'écartent dans les gonflemens du ventre. Par elles la contraction de ces muscles ne s'opere pas dans un même point, mais elle se fait dans chacune de ces portions, & dès-lors l'action de ces muscles en est moins incommode & plus étendue.

8.° *Les usages propres* étant de contribuer sensiblement à l'expiration en ramenant à eux les côtes & le sternum, & de porter par un sens contraire & en avant le derriere en tirant le bassin.

93. *Nota.* Outre les *fonctions particulieres à chacun des muscles abdominaux*, il en est de *communes* & de *générales* qui peuvent être déduites de leur position, de leur structure, de leur contraction ou de leur jeu.

1.° En examinant leur force & leur situation, on sera convaincu qu'ils doivent ensemble contenir, maintenir & soutenir tous les visceres du bas-ventre.

2.° En en considérant l'action & le jeu, on verra qu'ils servent nécessairement à la respiration en tirant les côtes & en sollicitant leur abaissement. Ils diminuent en effet alors l'ampleur ou la capacité de la poitrine : or cette capacité ne peut être diminuée que l'air ne soit chassé au dehors & l'expiration accomplie. Il ne faut pas croire au surplus que la poitrine diminuant de volume, celui du bas-ventre augmentera : au contraire il diminuera de même, la diminution du volume de la poitrine n'étant occasionnée que par la contraction de ces muscles, & ces muscles ne pouvant se contracter sans presser tous les visceres de l'abdomen, qui se logent dès-lors dans l'espace que leur offre & que leur fournit le relâchement du diaphragme, qui au moment de l'expiration peut se prêter & être poussé du côté de la poitrine.

3.° C'est en conséquence de cette pression alternative que ces mêmes muscles hâtent la digestion & la progression des alimens, en premier lieu, de l'estomac dans les premiers intestins, de ces premiers intestins dans les autres, & qu'ils en procurent la déjection par l'anus, comme la sortie de l'écoulement de l'urine par l'uretre.

4.° C'est encore conséquemment à cette même pression qu'ils facilitent l'intrusion du chyle dans les vaisseaux lactés, dans le réservoir, & du réservoir dans le torrent de la circulation ; qu'ils concourent à la sécrétion des différentes liqueurs qui se séparent dans le foie, dans le pancréas, dans les reins & dans tous les autres filtres qui sont en grand nombre dans cette cavité ; qu'ils empêchent la stagnation du sang ; qu'ils en accélerent la progression dans des parties lâches, dans des vaisseaux remplis de circonvolutions & extrêmement fins, & où conséquemment les liqueurs seroient plus disposées à s'arrêter ; ce qui n'arrive que trop fréquemment, pour peu que ces mouvemens soient rallentis par le défaut d'action de la part des solides, ou par le trop grand épaississement de ces mêmes liqueurs, & ce qui donne lieu à presque toutes les maladies des visceres de l'abdomen, que l'on peut par cette raison prévenir, au moyen d'un exercice constant, continuel & réglé.

L'usage de ces muscles, en un mot, est très-marqué & très-nécessaire dans l'expulsion du fœtus.

SECTION II.

Des Muscles de l'arriere-main.

194. Nous placerons dans la description des muscles de l'arriere-main, les muscles des *testicules*, du *membre*, du *clitoris*, de l'*anus* & de la *queue*.

Muscles des testicules.

5. Le muscle *cremaster* est un faisceau de fibres charnues de la longueur d'un demi-pied & d'un pouce de grosseur.

Muscles des testicules.
Muscle cremaster.

On en considérera,

1.º *L'origine* (1) au bord postérieur du muscle oblique interne & à l'aponévrose du *fascia lata*, ainsi qu'à celle du transverse qui en est près.

2.º *Le trajet*, ce muscle passant derriere le bord du grand oblique pour se joindre au cordon des vaisseaux spermatiques, cheminant & descendant avec eux jusqu'aux testicules.

3.º *L'aponévrose* (2) dans laquelle il dégénere près de ces mêmes testicules, aponévrose qui s'épanouissant & formant l'espece de poche qui les enveloppe, compose véritablement dans l'animal la tunique érytroïde.

4.º *Les usages* qui sont, lors de sa contraction, de tirer & d'élever les testicules.

Muscles du membre.

6. Les muscles du membre sont au nombre de six, trois de chaque côté, savoir, deux *érecteurs*, deux *accélérateurs* & deux *triangulaires*.

Muscles du membre.

7. Les muscles *érecteurs* pourroient, vû leurs attaches, être appellés comme dans l'homme, *muscles ischio-caverneux*.

Muscles érecteurs.

On en observera,

1.º *L'attache* (1) à la partie postérieure, supérieure & interne de la tubérosité de l'ischion.

2.º *Le trajet*, ces muscles descendans obliquement de derriere en devant en embrassant les deux branches ou les racines du corps caverneux.

3.° *Leur terminaison* (2) aux parties latérales de ce même corps.

4.° *Les usages*: en se contractant ils tirent & appliquent le corps caverneux contre l'os pubis.

Muscles accélérateurs.

Les muscles *accélérateurs* se présentent comme deux petites bandes charnues très-minces, plus fortes néanmoins à l'endroit du bulbe de l'uretre qu'ils recouvrent.

On en remarquera,

1.° *La jonction* (1) aux muscles triangulaires au-dessous des os pubis, jonction ensuite de laquelle ils se couchent sur l'uretre même.

2.° *L'union de l'un & de l'autre* (2) dans le milieu de ce même canal ; union marquée par une ligne blanchâtre & tendineuse qui règne dans toute leur étendue, & ces muscles près de leur terminaison recouvrant encore les ligamens urétro-coccygiens.

3.° *Les attaches* (3) tout le long de l'uretre au corps caverneux même, depuis le ligament interosseux des os pubis jusqu'à environ cinq à six travers de doigt de distance de la tête du membre.

4.° *Les usages*, ces muscles agissant sur l'uretre en commençant depuis le bulbe jusqu'auprès de l'extrémité du membre, déterminent la progression de la semence dans ce canal plus étroit au moment de l'érection, attendu le gonflement du tissu spongieux. Leur action a lieu par secousses, & selon que ces secousses sont plus ou moins fortes, vives & répétées, la semence est dardée avec plus ou moins de violence.

Muscles triangulaires.

Les muscles *triangulaires* sont beaucoup plus petits que les autres, & répondent à ceux que dans l'homme on nomme *muscles transverses*.

Il faut en remarquer,

1.º *La position* entre les tubérosités des os iſ-chion.

2.º *Les attaches* (1), un de chaque côté entre ces mêmes tubérosités.

3.º *Leur trajet* en dedans, en ſe portant l'un contre l'autre & diminuant de volume, ces muſcles recouvrant les petites proſtates & s'étendant juſqu'à la grande en enveloppant le canal de l'uretre.

4.º *Les uſages* : ils agiſſent ſur les canaux éjaculatoires & ſur les proſtates; ils font avancer la ſemence dans l'uretre & dégorger l'humeur qui ſe filtre dans les proſtates & qui ſe mêle avec la ſemence. Ils peuvent auſſi comprimer en partie & élargir le bulbe de l'uretre auquel ils s'attachent.

Muſcles du Clitoris.

Il eſt quatres muſcles du *clitoris*, deux de chaque côté.

Il faut conſidérer dans les muſcles *premiers* du clitoris,

1.º *Leur naiſſance* (1) aux parties latérales du ſphincter de l'anus.

2.º *Leur trajet* du haut en bas en recouvrant le corps caverneux.

3.º *Leur terminaiſon* (2), un de chaque côté, aux parties latérales du clitoris.

4.º *Leurs uſages*, qui peuvent être de relever le clitoris; & d'une autre part on pourroit encore les enviſager comme des muſcles conſtricteurs.

Les muſcles *ſeconds* du clitoris peuvent être comparés aux muſcles érecteurs de la verge.

On en remarquera,

1.º *L'attache* (1) à la tubéroſité de l'iſchion.

2.º *La terminaiſon* (2) à la racine du clitoris.

3.° *Les usages* : ils font les fonctions des érecteurs de la verge.

Muscles de l'anus.

199.
Muscles de l'anus.
Muscle sphincter de l'anus.

Les muscles de l'anus sont au nombre de trois, dont un impair & un pair.

L'impair est appellé le *sphincter de l'anus* ; il a environ deux doigts de largeur.

Il faut en observer,

1.° *La composition* : il est composé de plusieurs trousseaux de fibres circulaires qui entourent l'intestin.

2.° *La réunion* de ces fibres qui rentrent les unes dans les autres à la partie supérieure & à l'inférieure, ce muscle se confondant au surplus d'une part avec la peau & de l'autre avec l'intestin même.

3.° *Les usages* : il ferme l'anus & s'oppose à la sortie involontaire de la fiente ; il cede néanmoins à la force supérieure des muscles abdominaux dans le temps des déjections.

Muscles pairs de l'anus.

Les muscles pairs de l'anus sont plats, & de la largeur d'environ deux travers de doigt : on peut dire qu'ils sont bien moins considérables dans l'animal que ceux qu'on appelle les *deux releveurs* dans l'homme.

Il faut en examiner,

1.° *L'attache* (1) à la partie interne & supérieure de l'ischion.

2.° *Leur trajet* de chaque côté le long du rectum.

3.° *Leur terminaison* à l'anus, où ils se confondent & se perdent dans les fibres du précédent.

4.° *Leurs usages* : ils sont les agens & les moyens par lesquels l'anus chassé & poussé en dehors au moment où l'animal fiente, est remis dans sa situation naturelle, parce qu'ils operent dans le cheval selon une ligne horisontale de dehors en dedans, tandis que dans l'homme, dont la situation est perpendiculaire, ils tirent de bas en haut.

Des Muscles de la queue.

Les différens mouvemens qu'on observe dans la queue de l'animal sont opérés par le moyen de dix muscles, qui sont deux *sacro-coccygiens supérieurs*, quatre *sacro-coccygiens inférieurs*, deux *obliques* & deux *latéraux*. {Muscles de la queue.}

On considérera dans le muscle *sacro-coccygien supérieur*, {Muscle sacro-coccygien supérieur.}

1.° *Son attache* (1) à la face ou à la partie supérieure de l'éminence de l'os sacrum, à l'endroit où il présente en quelque maniere des apophises épineuses.

2.° *Sa terminaison* (2) par des tendons très-courts à tous les os de la queue.

3.° *Ses usages* : on comprend que ces muscles sont les releveurs de la queue.

Des quatre muscles *sacro-coccygiens inférieurs*, deux sont *internes* & deux sont *externes*. {Muscles sacro-coccygiens inférieurs externes.}

Il faut observer dans le muscle *sacro-coccygien externe*,

1.° *Son attache* (1) à la partie latérale interne de l'os sacrum.

2.° *Sa terminaison* (2) par de forts tendons à la partie inférieure de tous les os de la queue.

On remarquera dans le *sacro-coccygien inférieur interne*, {Muscle sacro-coccygien inférieur interne.}

1.° *Son attache* (1), de même que le précédent, à la partie latérale interne de l'os sacrum.

2.° *Sa terminaison* (2) à la partie inférieure des cinq premiers des os de la queue.

Nota. Les *usages* de ces muscles consistent à l'abaisser.

Muscles latéraux.

On observera dans les muscles *latéraux*,
1.° *Leurs attaches* (1) par des tendons aux parties latérales des apophises épineuses des deux dernieres vertebres lombaires, & aux parties latérales de l'os sacrum.
2.° *Leur terminaison* (2) par de forts tendons à tous les os de la queue.

Muscles obliques.

Enfin on examinera dans les muscles *obliques*,
1.° *Leurs attaches* (1) par un tendon applati au ligament sacro-sciatique.
2.° *Leur trajet* ayant lieu obliquement de bas en haut.
3.° *Leur terminaison* (2) à la partie inférieure de l'os sacrum & aux quatre ou cinq premiers des os de la queue.

Nota. Les *usages* des *latéraux* & des *obliques* sont de faire faire à cette partie des mouvemens latéraux. Tous les muscles de la queue agissant ensemble, elle est tenue roide, fixe & immobile.

Muscles de l'extrémité postérieure.

Muscles de la cuisse.

201.
Muscles de la cuisse.

Le fémur étant articulé par genou avec les os du bassin, peut être fléchi, étendu, mu latéralement en dedans & en dehors, & même en quelque sorte circulairement. Ces derniers mouvemens ne sauroient néanmoins être opérés avec autant de facilité & de liberté que dans l'articulation du bras & de l'épaule, parceque la tête de l'os l'os dont il s'agit reçue dans la cavité cotyloïde y est, pour ainsi dire, comme emboëtée.

On compte seize muscles pour la cuisse. Ces seize muscles sont le *petit*, le *grand*, le *moyen fessier*, le *psoas*, l'*iliaque*, le *pectineus*, le *biceps*, le *grêle-interne*, le *fascia-lata*, le *long-vaste*; les quadri-jumeaux, qui sont l'*obturateur externe*, l'*obturateur interne*, le *pyriforme* & les *jumeaux*, enfin le muscle *droit*.

Le muscle *petit-fessier* se montre le plus extérieurement. Muscle petit-fessier.

On en considérera,

1.º *Les deux pointes* qu'il présente à sa partie supérieure, dont l'une est antérieure & l'autre postérieure.

2.º *L'attache* (1) de l'antérieure à l'angle antérieur de l'os des îles.

3.º *L'attache* (2) de la postérieure à l'angle postérieur de ce même os.

4.º *L'intervalle semi-circulaire* (3) étant entre ces deux attaches & laissant voir le grand-fessier, cet intervalle étant recouvert par l'aponévrose du fascia-lata.

5.º *La terminaison* (4) des deux portions réunies inférieurement, au petit trochanter par un tendon applati.

Dans le muscle *grand-fessier* on remarquera, Muscle grand-fessier.

1.º *Sa position* au-dessous du précédent.

2.º *Son volume* qui est très-considérable, puisqu'il remplit toute la face externe des os des îles & la partie supérieure des lombes.

3.º *Son attache supérieure* (1) par une pointe charnue à l'aponévrose du long-dorsal, à toute la crête de l'os iléon, & à toute la face externe du même os,

M

4.° *Sa terminaison* (2) au grand trochanter & à la tubérosité du fémur.

5.° *La portion charnue* (3) qui se détache de ce muscle.

6.° *La terminaison* (4) de cette portion par un tendon au petit trochanter.

Muscle moyen-fessier.

Il faut envisager dans le muscle *moyen fessier*,

1.° *Ses attaches* (1) aux empreintes musculaires qui se trouvent au-dessus de la cavité cotyloïde.

2.° *Son trajet* sur l'articulation.

3.° *Sa terminaison* (2) par un tendon au petit trochanter.

Nota. Ces muscles sont les extenseurs de la cuisse.

203.
Muscle psoas.

Quoique le muscle *psoas* soit hors du péritoine, il est contenu dans l'abdomen.

On en considérera,

1.° *Les attaches supérieures* (1) aux apophises transverses & aux parties latérales du corps des deux dernieres vertebres dorsales, des quatre premieres lombaires, & à la derniere fausse côte.

2.° *Le trajet* en arriere par-dessous ou par-devant le muscle iliaque.

3.° *Sa sortie* de l'abdomen en passant sur l'arcade crurale.

4.° *Sa jonction* avec le tendon de l'iliaque.

5.° *Sa terminaison* (2) à la tubérosité interne du fémur.

Muscle iliaque.

Le muscle *iliaque* est pareillement dans l'abdomen.

On ne peut se dispenser d'en considérer,

1.° *La position*; il remplit toute la face interne de l'os iléon.

2.° *L'attache* (1) à tout le bord interne de la circonférence de cette face.

3.° *Le trajet*, ce muscle passant avec le précédent fur l'arcade crurale, & fe joignant avec fon tendon.

4.° *La terminaifon* (2) à la tubérofité interne du fémur.

Le mufcle *pectineus* n'eft pas auffi confidérable; il eft totalement hors du baffin. *Mufcle pectineus.*

On en obfervera,

1.° *L'attache* (1) d'une part au bord antérieur de l'os pubis à fa jonction avec fon femblable.

2.° *La terminaifon* (2) à la partie moyenne & interne du fémur, au-deffous de la tubérofité interne.

Nota. Ces mufcles font les fléchiffeurs de la cuiffe.

Le mufcle *biceps* tire fa dénomination des deux portions charnues ou des deux têtes (*voyez le chiffre* 88.) qu'il montre à fa partie fupérieure. *Mufcle biceps.*

Il faut confidérer,

1.° *L'attache* de l'une (1) au bord interne de l'os pubis.

2.° *L'attache* de l'autre (2) à la branche antérieure de l'ifchion.

3.° *Le trajet* de ces deux têtes fimplement unies par un tiffu cellulaire jufqu'à la partie moyenne de la cuiffe, où elles ne forment alors qu'un feul & même corps.

4.° *La terminaifon* (3) de la plus petite ou de la plus courte, un peu plus bas à la partie poftérieure du fémur.

5.° *Le prolongement* de l'autre, d'où réfulte une ouverture pour le paffage des vaiffeaux cruraux.

6.° *Sa terminaifon* (4) par un tendon applati à la partie fupérieure & interne du tibia.

On confidérera dans le mufcle *grêle-interne*; *Mufcle grêle-interne.*

1.° *Ses attaches* (1) à la partie inférieure de la tubérofité de l'ifchion.

2.° *Son trajet* au-deſſous du biceps.

3.° *Sa terminaiſon* (2) à la partie moyenne & poſtérieure du fémur, à côté de la tubéroſité interne.

Nota. Ces muſcles ſont les adducteurs de la cuiſſe, c'eſt-à-dire, qu'ils la tirent & la portent en dedans.

Muſcle faſcia-lata.

205. Le muſcle *faſcia lata* eſt ſupérieurement placé à la partie latérale externe de la cuiſſe.

On en remarquera,

1.° *L'attache fixe* (1) à l'angle antérieur de l'iléon, où il recouvre le bord du muſcle iliaque.

2.° *Le trajet* juſques ſur le grand trochanter.

3.° *La terminaiſon* (2) à la partie moyenne & antérieure de la cuiſſe.

4.° *L'aponévroſe* qui part de ſa portion charnue ; cette aponévroſe appellée *faſcia lata* à cauſe de ſon étendue, recouvrant en arriere une partie des muſcles feſſiers, & ſe propageant enſuite ſur toute la partie externe de la cuiſſe & de la jambe en s'attachant aux muſcles qu'elle cache, enſorte que ce muſcle peut faire mouvoir la cuiſſe & la jambe.

Muſcle long-vaſte.

Le muſcle *long-vaſte* doit ſon nom à ſa longueur & à ſon volume.

On en obſervera,

1.° *L'étendue* de l'os ſacrum à la jambe,

2.° *L'attache ſupérieure* (1) à l'éminence de l'os ſacrum, qui eſt compoſée en quelque maniere de cinq apophiſes épineuſes & à la tubéroſité de l'iſchion.

3.° *La poſition* : il occupe tout l'intervalle qui eſt entre ce dernier os & le grand trochanter.

4.° *Le trajet* : il deſcend le long de la partie externe de la cuiſſe, en ſe joignant au biceps de la jambe.

5.º *L'attache* (2) qu'il contracte dans ce trajet par un tendon au petit trochanter.

6.º *Les trois portions* charnues (3) qu'il présente ensuite.

7.º *La terminaison* par une aponévrose.

8.º *L'attache* (4) de cette aponévrose à la rôtule.

9.º *Sa dispersion* sur les premiers muscles de la jambe, toujours dans la partie latérale externe, ainsi ce muscle ne peut mouvoir la cuisse en dehors sans y porter la jambe.

Nota. Il suit donc que le *fascia-lata* & ce dernier muscle sont les abducteurs communs de l'une & de l'autre de ces parties.

On considérera dans le muscle *obturateur externe*, [*Muscle obturateur externe.*]

1.º *Son attache* (1) à toute la circonférence du trou ovalaire du côté externe.

2.º *Sa terminaison* (2) dans la cavité qui se trouve derriere le grand trochanter.

3.º *Son usage*, qui consiste à faire tourner la cuisse en dedans; action qui peut être aussi aidée par le muscle biceps.

Dans le muscle *obturateur interne* on envisagera, [*Muscle obturateur interne.*]

1.º *Son attache* (1) à toute la circonférence du trou ovalaire du côté interne.

2.º *Son étendue* sur la face interne de l'ischion.

3.º *Son trajet* hors du bassin en passant sur l'échancture la moins concave de cet os, & son tendon se confondant avec celui du pyriforme.

4.º *Sa terminaison* (2) au même endroit que l'obturateur externe.

On observera dans les deux muscles *jumeaux*, l'un supérieur & l'autre inférieur, [*Muscles jumeaux.*]

1.º *Leurs attaches* (1) au bord de l'ischion & au pubis près de la symphise.

2.° *Leur trajet :* ils recouvrent l'obturateur externe.

3.° *Leur terminaison* (2) en se confondant avec ce dernier muscle dans la cavité placée derriere le grand trochanter.

Muscle pyriforme.

Eu égard au muscle *pyriforme*, on considérera,

1.° *Sa naissance* (1) à la partie interne de l'os sacrum, à l'endroit de son articulation avec l'iléon.

2.° *Sa réunion* avec les muscles précédens.

3.° *Sa terminaison* avec eux (2) dans la cavité placée derriere le grand trochanter.

Nota. Ces trois muscles sont les antagonistes de l'obturateur externe & du biceps ; ils tournent par conséquent la cuisse en-dehors.

Muscle droit.

Le muscle droit a environ cinq travers de doigt de longueur.

On en examinera,

1.° *La situation* à la partie antérieure & supérieure de la cuisse, au-dessous du muscle droit antérieur de la jambe.

2.° *Son attache* (1) au-dessus de la cavité cotyloïde.

3.° *Sa terminaison* (2) par un tendon assez grêle à la partie supérieure & antérieure du fémur.

4.° *Son usage.* Ce muscle, aidé par le tendon des muscles du bas-ventre, qui va s'inférer dans la tête du fémur, faisant tourner la cuisse sur son axe.

Nota. L'action successive de tous les muscles de cette partie, peut lui faire faire des mouvemens de rotation.

Muscles de la jambe.

207.
Muscles de la jambe.

La jambe étant articulée par charniere avec la cuisse, n'est capable que des mouvemens d'extenfion & de flexion ; la rotule ayant d'ailleurs beaucoup de rapport avec l'action des mufcles, opérant le premier de ces mouvemens.

L'un & l'autre ont lieu par l'action de neuf mufcles, qui font le *biceps*, le *demi-membraneux*, le *droit antérieur*, le *vafte externe*, le *vafte interne*, le *crural*, le *long*, le *court adducteur* & *l'abducteur*.

08. Les raifons de la dénomination du mufcle *biceps de la jambe*, font les mêmes que celles de la dénomination du mufcle *biceps* de la cuiffe (*voyez le chiffre* 204).

Mufcle biceps.

On en confidérera,

1.° *Les deux têtes* qu'il préfente à fa partie fupérieure.

2.° *L'attache* (1) de la plus longue à l'extrémité de l'os facrum.

3.° *L'attache* (2) de la feconde à la tubérofité de l'ifchion.

4.° *Leur réunion* pour ne former qu'un feul corps de mufcle.

5.° *L'aponévrofe* dans laquelle ce corps de mufcle dégénere.

6.° *Sa terminaifon* (3) par cette aponévrofe à la partie interne & fupérieure du tibia.

7.° *Son adhérence* avec les autres mufcles de la partie poftérieure de la jambe.

Le mufcle *demi-membraneux* a été nommé ainfi de l'aponévrofe qui le termine.

Mufcle demi-membraneux.

On examinera,

1.° *Son attache* fupérieure (1) aux premiers os de la queue & à la tubérofité de l'ifchion.

2.° *Son trajet* le long de la partie poftérieure de la cuiffe.

3.° *Sa terminaifon* par une forte aponévrofe (2) qui s'attache au condyle interne du fémur & à la

M 4

partie latérale interne de l'extrémité supérieure du tibia.

Nota. Ces deux muscles sont les fléchisseurs de la jambe.

209. On considérera dans le muscle *droit antérieur*,

Muscle droit-antérieur. Son attache supérieure par deux tendons (1) au-dessus & au-dessous de la cavité cotyloïde de l'os des îles.

Muscle vaste-externe. Dans le muscle *vaste-externe*,
Son attache (1) à toute la partie externe du fémur depuis le trochanter.

Muscle vaste-interne. Dans le muscle *vaste-interne* qui est du côté opposé,
Son attache (1) à toute la partie interne du fémur.

Muscle crural. Dans le muscle *crural* enfin,
Sa position: il occupe toute la partie antérieure du fémur.

Nota 1.° que les muscles *vastes* & le *crural* sont tellement adhérens les uns aux autres, qu'il est très-difficile de les séparer. Cette adhérence augmente à la partie inférieure, où le *droit antérieur* se joint aussi à eux, les tendons de ces quatre muscles se réunissant & formant une forte aponévrose qui garnit toute la partie antérieure de l'articulation, s'attache fortement à toute la face externe (2) de la rotule, & se termine à la tubérosité qui est à la partie antérieure du tibia.

Nota 2.° que ces quatre muscles sont les extenseurs de la jambe: lors de leur contraction la rotule glisse sur la partie inférieure du fémur; elle élève par conséquent le tendon de ces muscles, & les éloignant du centre du mouvement, elle donne plus de force à leur action & à leur jeu.

210. Le muscle *long-adducteur* est le même que celui que dans l'homme on appelle le *muscle couturier*

Muscle long-adducteur.

On en remarquera,

1.º *La naissance* (1) au tendon du psoas des lombes.

2.º *Le trajet* obliquement par-dessus les muscles iliaques & psoas qu'il croise, & le long de la partie interne de la cuisse.

3.º *La terminaison* (2) à la partie latérale & interne de la tête du tibia, en se confondant avec le court adducteur.

Le muscle *court adducteur* est un muscle assez large qui recouvre toute la face interne de la cuisse. {Muscle court-adducteur.}

On considérera,

1.º *Son attache* (1) tout le long de la symphise du pubis & de l'ischion.

2.º *Sa terminaison* (2) inférieurement par une large aponévrose à la partie supérieure & interne du tibia, qu'il recouvre presqu'entierement.

Nota. Les usages de ces muscles sont indiqués par le nom qui les désigne; ils portent la jambe en dedans, pourvu néanmoins que cette partie soit fléchie.

Le muscle *abducteur* est d'un très-petit volume. {Muscle abducteur.}

On en observera,

1.º *La position* sous l'articulation de la jambe & de la cuisse.

2.º *L'attache* (1) à la partie latérale du condyle externe du fémur.

3.º *Le trajet*, dès cette attache, obliquement de haut en bas & de dehors en dedans, depuis la partie interne du tibia jusqu'à environ la partie moyenne.

4.º *La terminaison* (2) à cette même partie dans les empreintes musculaires qu'on y observe.

5.º *L'adhérence* dans ce trajet au ligament capsulaire de cette articulation, cette adhérence mettant ce muscle à portée d'élever ce ligament, de manière qu'il ne peut être pincé dans les mouvemens de flexion.

6.° *Les usages* : ils sont indiqués par son nom ; il porte donc la jambe en dedans dans le temps de la flexion, & il est aidé dans cette action par les abducteurs de la cuisse.

Muscles du canon.

212.
Muscles du canon.

Muscle fléchisseur.

Les mouvemens permis au canon se bornent à la flexion & à l'extension, & sont opérés par trois muscles, dont un *fléchisseur* & deux *extenseurs*.

On envisagera dans le muscle *fléchisseur*,

1.° *Ses deux attaches* supérieures ; l'une (1) ayant lieu par un tendon très-fort dans la cavité qui est à la partie antérieure & inférieure du condyle externe du fémur ; l'autre (2) ne se faisant que par des parties charnues dans la sinuosité qui est au-dehors de la tubérosité du tibia.

2.° *La réunion* presque subite de ces deux parties en un seul corps.

3.° *Leur trajet* en descendant le long de la partie antérieure du tibia.

4.° *Leur terminaison* (3) à la tubérosité de la partie supérieure du canon.

5.° *Les deux tendons* ou les deux *productions tendineuses* partant de cette attache, & se portant chacune obliquement dans un ligament annulaire & particulier de chaque côté du jarret.

6.° *L'attache* (4) du tendon ou de la production tendineuse interne, à la partie latérale & légèrement postérieure du second des os plats qui entrent dans la composition de cette partie.

7.° *L'attache* de la production tendineuse externe (5) à la partie inférieure & externe du calcaneum.

8.° *Les usages*, sur lesquels le nom donné à ce muscle ne peut laisser aucun doute.

13. Le premier des *extenseurs du canon* forme ce que l'on appelle dans l'homme les *jumeaux*. Ils doivent cette dénomination à leur structure.

Muscles jumeaux ou muscle premier extenseur.

On en remarquera,

1.° *Les deux corps charnus* exactement distincts qui sont à leur partie supérieure.

2.° *L'attache* (1) de l'un de ces corps à la partie latérale externe de la cavité qui se trouve à la partie inférieure du fémur.

3.° *L'attache* de l'autre (2) aux empreintes musculaires qui se trouvent à la partie latérale interne & inférieure de cet os du côté opposé.

4.° *La réunion* de ces deux portions en une seule, & en un tendon unique très-fort.

5.° *La terminaison* (3) par ce tendon à la pointe du jarret, au-dessous du sublime ou perforé qui glisse sur lui.

Le muscle *extenseur latéral* ressemble au muscle que dans l'homme on appelle le *muscle plantaire* ; nous le nommons *extenseur latéral*, attendu sa situation.

Muscle extenseur latéral.

On remarquera dans ce muscle très-grêle,

1.° *Ses attaches* (1) à la tête de l'épine du tibia, entre l'extenseur latéral du pied & le muscle profond.

2.° *Son trajet* oblique sur la partie postérieure du tendon des jumeaux.

3.° *Sa terminaison* (2) au calcaneum, c'est-à-dire, à la pointe du jarret par un tendon très-grêle renfermé dans la gaîne du tendon des jumeaux.

Nota. Les usages de ces muscles sont suffisamment indiqués.

Des Muscles du Pied.

214. *Muscles du pied.*

Sous la dénomination générale de *pied*, nous comprenons ici, comme dans les extrémités antérieures, le boulet, le pâturon, la couronne & cette partie.

Toutes ces différentes portions sont fléchies & étendues par le moyen de six muscles, qui sont le *sublime* ou *perforé*, le *profond* ou *perforant*, l'*oblique*, l'*extenseur antérieur*, le *petit extenseur* & l'*extenseur latéral*.

215. *Muscle sublime ou perforé.*

Il faut remarquer dans le muscle *sublime* ou *perforé*,

1.° *Son attache* (1) supérieure dans la cavité qui est au-dessus du condyle externe du fémur, au-dessous & entre les deux attaches des jumeaux.

2.° *Son changement* en un tendon assez fort qui se porte au-dessus, & passe sur le tendon des jumeaux pour gagner le calcaneum.

3.° *Son élargissement* en cet endroit.

4.° *L'espece de poulie* qu'il y forme, & qui dans ses mouvemens glisse sur cet os ou sur cette pointe du jarret.

5.° *Les deux expansions* tendineuses qui maintiennent ce tendon dans cette situation.

6.° *Leurs attaches* (2) aux parties latérales du calcaneum.

7.° *Le trajet* de ce muscle, qui quitte ensuite cet os & descend en dessus du tendon du muscle profond.

8.° *Son attache* (3) à la partie inférieure & postérieure de l'os du pâturon, par deux tendons séparés dans l'intervalle desquels passe le second fléchisseur, & de-là son nom de *perforé*.

Muscle profond ou perforant.

On envisagera dans le muscle *profond* ou *perforant*,

1.° *Son attache* supérieure (1) à la partie postérieure de la tête du tibia & de son épine.

2.° *Son trajet* le long de cet os jusqu'à la partie interne du calcaneum.

3.° *Son passage* en cet endroit dans une échancrure (2) pratiquée dans cet os, & fermée par un ligament.

4.° *Sa progression* le long de la partie postérieure du canon, recouvert alors par le tendon du sublime, dans lequel il passe inférieurement après avoir glissé sur les os sésamoïdes pour se propager jusqu'au-dessous du pied.

5.° *Sa terminaison* (3) en cet endroit par une aponévrose qui s'épanouit & qui s'attache à presque toute la face inférieure de cette partie.

Il faut considérer dans le muscle *fléchisseur oblique*, {*Muscle fléchisseur oblique.*}

1.° *Son attache* supérieure (1) à la partie postérieure de la tête du tibia, à côté du muscle profond.

2.° *Son trajet* oblique de haut en bas, ce muscle gagnant la partie latérale interne de l'articulation du jarret, & passant dans un ligament annulaire & particulier.

3.° *Sa réunion* (2) au tendon du profond, à environ la partie moyenne du canon.

Nota. Les *usages* de ces muscles sont faciles à saisir : ils operent la flexion du boulet, du pâturon, de la couronne & du pied.

6. On considérera dans le muscle *extenseur antérieur*, {*Muscle extenseur antérieur.*}

1.° *Son attache* supérieure (1) à la partie antérieure & inférieure du condyle externe du fémur, dans la cavité qu'on y observe.

2.° *Son trajet* le long du fléchisseur du canon, ce muscle passant sur la partie antérieure du jarret.

3.° *Le passage* de son tendon dans un ligament annulaire & particulier.

4.° *Sa progression* antérieurement jusqu'à sa réunion au tendon des deux muscles suivans.

Muscle petit extenseur.

Eu égard au muscle *petit extenseur*, on remarquera,

1.° *Sa situation* entre le tendon de l'extenseur antérieur & de l'extenseur latéral.

2.° *Son attache* (1) à la partie latérale externe du jarret & au ligament de l'articulation.

3.° *Sa réunion* au tendon de l'extenseur antérieur.

Muscle extenseur latéral.

Le muscle *extenseur latéral* est un peu plus en dehors que l'extenseur antérieur.

On en observera,

1.° *L'attache* (1) au condyle externe du fémur, & tout le long de l'épine du tibia.

2.° *Le trajet*, ce muscle descendant jusqu'au jarret, où son tendon passe dans un ligament annulaire & particulier.

3.° *La réunion* de ce tendon avec les tendons de l'extenseur antérieur & du petit extenseur.

4.° *Le trajet* de ces trois tendons réunis en un seul : ils se portent sur l'articulation du boulet, où ils contractent une adhérence avec le ligament capsulaire, & descendent le long du pâturon où se joignent à eux deux portions ligamenteuses qui en augmentent la force.

5.° *Leur attache* (2) par une expansion aponé-névrotique à tout le bord supérieur de l'os du pied.

Nota. Les *usages* de ces muscles sont connus par leurs noms mêmes.

Muscles lombricaux.

Les muscles *lombricaux* sont quelquefois absens : leurs usages & leur situation sont les mêmes qu'aux extrémités antérieures (*Voyez le chiffre* 182).

RÉCAPITULATION.

Muscles des parties dépendantes de la Tête.

Muscles de l'oreille externe.......
- premier.
- second.
- troisiéme.
- quatriéme.
- cinquiéme.
- sixiéme.

de l'oreille interne...
- premier *ou* externe.
- second *ou* fémi-circulaire.
- troisiéme *ou* interne.
- de l'étrier.

des paupieres.......
- orbiculaire.
- releveur de la supérieure.

des yeux...........
- releveur.
- abaisseur.
- adducteur.
- abducteur.
- grand-oblique.
- petit-oblique.
- orbiculaire ou suspenseur.

des lévres.........
- orbiculaire.
- molaire externe.
- malaire interne.
- cutané.
- releveur de l'antérieure.
- maxillaire.
- mitoyen antérieur.
- releveur de la postérieure.
- mitoyen postérieur.

des nasaux........
- transversal.
- pyramidal.
- court.
- cutané.

Muscles de la mâchoire postérieure .... { masseter.
crotaphite.
sphéno-maxillaire.
stylo-maxillaire.
digastrique. }

Muscles propres de la Tête.

Muscles de la Tête... { sterno-maxillaire.
long ⎫
petit ⎬ fléchisseurs.
court ⎭
splénius.
grand complexus.
petit complexus.
grand droit.
petit droit.
grand & petit obliques. }

de l'os hyoïde....... { milo-hyoïdien.
géni-hyoïdien.
sterno-hyoïdien.
hyoïdien.
stylo-hyoïdien.
kerato-hyoïdien.
transversal. }

de la langue........ { génioglosse.
basioglosse.
hyoglosse. }

du larynx........... { sterno-tyroïdiens.
hyo-tyroïdiens.
crico-tyroïdiens.
crico-aryténoïdiens postérieurs.
crico-aryténoïdiens latéraux.
tyro-aryténoïdiens.
hyro-épiglottique. }

du Pharinge

Muscles du pharinx... {
 ptérigo-palato-pharingiens.
 kérato-pharingiens.
 hyo-pharingiens.
 tyro-pharingiens.
 crico-pharingiens.
 aryténo-pharingiens.
 œsophagien.
}

Muscles de la cloison du palais & de la trompe d'Eustache.. {
 péristaphilins-externes.
 péristaphilins-internes.
 vélo-palatin.
}

Muscles de l'encolure.

Muscles de l'encolure.. {
 scalène.
 long-fléchisseur.
 long-transversal.
 court-transversal.
 long-épineux.
 court-épineux.
 peaucier.
}

Intertransversaires.

commun à la tête, à l'encolure & au bras. } muscle commun.

Muscles de l'extrémité antérieure.

de l'épaule......... {
 trapèse.
 rhomboïde.
 releveur propre.
 petit-pectoral.
 grand-dentelé.
}

du bras............ {
 commun.
 grand-pectoral.
 ante-épineux.
 omo-brachial.
 post-épineux.
 grand-dorsal.
 sous-scapulaire.
 adducteur.
 long & court abducteur.
}

Muscles de l'avant-bras. { long-fléchisseur.
court-fléchisseur.
long-extenseur.
gros-extenseur.
court-extenseur.
petit-extenseur.
moyen-extenseur.

du canon............ { fléchisseur-interne.
fléchisseur-externe.
fléchisseur-oblique.
extenseur droit antérieur.
extenseur-oblique.

du pied............ { sublime.
profond.
extenseur-antérieur.
extenseur-latéral.
lombricaux.

Muscles du Corps.

du dos & des lombes.. { long-dorsal.
psoas des lombes.
épineux-transversaires.
inter-épineux.

de la respiration..... { releveur des côtes.
intercostaux.
transversal.
du sternum.
long-dentelé.
intercostal-commun.
diaphragme.

du bas-ventre........ { grand-oblique.
petit-oblique.
transverse.
droit.

Muscles de l'arriere-main.

des testicules.......... crémaster.

Muscles du membre.. { érecteur.
accélérateur.
triangulaires.

du clitoris........... { premier.
second.

de l'anus............ { sphincter.
pairs.

de la queue......... { sacro-coccygiens-supérieurs.
sacro-coccygiens - inférieurs externes.
sacro-coccygiens - inférieurs internes.
obliques.
latéraux.

Muscles de l'extrémité postérieure.

de la cuisse......... { le petit-fessier.
le grand.
le moyen.
psoas.
iliaque.
pectinéus.
biceps.
grêle-interne.
fascia-lata.
long-vaste.
obturateur-externe.
obturateur-interne.
piriforme.
jumeaux.
droit.

Muscles de la jambe....
{
biceps.
demi-membraneux.
droit-antérieur.
vaste-externe.
vaste-interne.
crural.
long-adducteur.
court-adducteur.
abducteur.
}

du canon..........
{
fléchisseur.
premier extenseur.
extenseur latéral.
}

du pied..........
{
sublime ou perforé.
profond ou perforant.
fléchisseur oblique.
extenseur antérieur.
petit-extenseur.
extenseur-latéral.
lombricaux.
}

Fautes à corriger.

Art. 141. Pag. 129. lig. 9. *la portion*, lisez, *la position*.
ibid. ibid. 20. *sa position au dessus*, lisez, *au dessous*.
ibid. ibid. 27. *inférieur*, lisez, *supérieur*.
158. 155. 21. *à celles de la première*, lisez, *de la seconde*.
186. 256. 30. *obliquement de bas en haut*, lis. *de haut en bas*.
ibid. ibid. 32. *obliquement de haut en bas*, lis. *de bas en haut*.
Rec. 187. 22. *molaire interne*, lisez, *molaire*.

PRÉCIS ANGEIOLOGIQUE,

NEVROLOGIQUE
ET ADENOLOGIQUE,

OU

TRAITÉ ABRÉGÉ

DES VAISSEAUX SANGUINS,
DES VAISSEAUX NERVEUX,
ET DES GLANDES DU CHEVAL.

Par M. BOURGELAT, Commissaire général des Harras du Royaume, Directeur & Inspecteur général desdites Ecoles, de l'Académie royale des Sciences & Belles-Lettres de Prusse, ci-devant Correspondant de l'Académie royale des Sciences de France, &c.

A PARIS,

Chez VALLAT-LA-CHAPELLE, Libraire, au Palais, sur le Perron de la Sainte-Chapelle.

M. DCC. LXVIII.
AVEC PERMISSION.

PRÉCIS ANGEIOLOGIQUE,

OU

TRAITÉ-ABRÉGÉ

DES VAISSEAUX SANGUINS DU CHEVAL.

Des Vaisseaux sanguins du Cheval.

ON donne en général le nom de *Vaisseaux* à toutes celles des parties de l'animal, qui, formant des tuyaux (X) plus ou moins longs, & d'un diametre plus ou moins étendu, servent à faire circuler des liqueurs, & les contiennent.

Les uns & les autres de ces canaux sont désignés par des dénominations tirées de leurs différences, & qui y sont relatives; de-là les noms de *vaisseaux sanguins, lymphatiques, nerveux, laiteux, lactés, sécretoires, excrétoires,* &c. &c.

Les premiers, c'est à-dire, ceux qui, contenant le sang (XIII), le portent du centre à la circonférence, & de la circonférence au centre, sont l'objet de *l'Angéiologie* : c'est dans ce mouvement que consiste ce que l'on a nommé la circulation, sans doute pour exprimer le cercle que suit & que décrit le sang dans son cours & dans sa marche.

Le cœur en est le principal instrument ; il est le

O

principe & le terme de tous les *Vaisseaux sanguins*. Ceux dont il est le principe, & par la voie desquels le fluide est charrié dans toutes les extrêmités de la machine, sont ce qu'on appelle *les arteres* : ceux dont il est le terme, & par la voie desquels ce même fluide est rapporté au lieu d'où il est porté, forment ce qu'on nomme *les veines*.

218. *Les arteres* sont des canaux élastiques & actifs, cédant nécessairement à l'impulsion qu'ils reçoivent du sang, se resserrant lorsqu'ils ont été dilatés, & se racourcissant ensuite de leur allongement.

Il n'en est que deux, à proprement parler, dans le cheval comme dans l'homme, *l'artere pulmonaire*, & *l'aorte* ; toutes les autres ne sont que des ramifications, des divisions & des subdivisions de celles-ci.

219. On n'est pas d'accord sur la forme des *arteres* ; quelques-uns les envisagent comme des cônes convergens, leur plus grand cercle ou leur baze étant au cœur, & leurs pointes aux parties auxquelles elles se terminent ; d'autres prétendent qu'elles ne présentent qu'une suite de cylindres qui vont en diminuant : sans nous arrêter à une foule de subtilités, nous dirons que dans le cheval la figure en est conoïde, en convenant cependant, qu'eu égard aux extrêmités des derniers rameaux, elle pourroit être regardée comme cylindrique.

220. Leur substance ou leur structure est un point sur lequel les Anatomistes du corps humain ne se concilient pas davantage. Les uns en ont multiplié les tuniques à l'infini ; les autres les ont reduites à un très-petit nombre. Ici nous voyons simplement une membrane principale très-forte qui en fait le corps & qui les compose, cette membrane pouvant être partagée en presqu'autant de feuillets qu'on le veut ; ce qui vraisemblablement a donné lieu à la

multitude de divisions imaginées par les Auteurs. Elle est revêtue d'une membrane celluleuse, bien différente du tissu ou de l'enveloppe que l'artere emprunte de la plévre dans le thorax, du péritoine dans le bas-ventre, &c. & elle est entiérement tapissée d'une tunique aussi celluleuse, mais plus fine & infiniment plus lisse ; cette tunique est polie par tout & sans valvules, quoiqu'on voie quelques plis dans certains endroits vers l'origine des rameaux. Du reste, les fibres de la membrane principale sont à peu près circulaires, car on n'apperçoit pas de vrais cercles entiérement séparés les uns des autres ; peut-être que le premier cercle fournit au second des filets obliques.

21. Le principe des *divisions* ou *des branches* est différent. Les unes naissent plus près, les autres plus loin du cœur ; celles-ci partent de la face inférieure de *l'aorte*, celles-là de sa face supérieure, de ses faces latérales, &c. &c.

22. Nul ordre plus fixe & plus certain dans les angles qui en résultent. Ici l'angle est très-aigu, là il l'est moins ; en cet endroit il est, pour ainsi dire, obtus, &c. &c.

23. Quant à leurs diverses inflexions, elles sont en général peu régulieres ; néanmoins on les voit assez constamment ménagées dans les *arteres* de certaines parties, telles que celles de *l'uterus*, des *intestins*, du *cordon ombilical*, &c. elles peuvent être allongées sans aucune incommodité, attendu leur tortuosité, & c'est ainsi que les premieres s'étendent & suivent une ligne droite, quand la matrice est élargie & distendue dans le fœtus ; il en est de même de celles des intestins distendus par les vents, ou par les matieres contenues dans le canal intestinal, de celles du cordon ombilical dans les diverses positions du fœtus, plus ou moins éloigné du placenta, &c. &c.

224. L'union, ou plutôt la communication d'une *artere* avec l'autre, est ce que nous appellons *anastomose*, soit que deux troncs, par exemple, communiquent par un rameau intermédiaire, soit que deux *arteres* se rencontrent comme la grande & la petite mésentérique, &c. &c.

225. Il faut encore observer, que les *arteres* ont leurs artérioles, leurs veinules & leurs nerfs, dont les origines sont différentes, selon ces mêmes *arteres*, & selon leur plus ou moins de proximité du cœur.

226. En ce qui concerne leur position, ces canaux sont par-tout à couvert, les troncs les plus considérables rampant le long des os & se trouvant à l'abri de toute atteinte à la faveur des muscles & des tégumens. J'ajouterai, qu'il est peu d'endroits dans le corps de l'animal où l'on n'en rencontre, & les parties qui en sont dénuées sont, l'épiderme, les poils proprement dits, &c. &c.

227. Enfin, leur terminaison est digne d'attention.

1°. Ces tuyaux se divisent très-différemment à chaque partie où ils finissent; leurs extrémités forment dans le foie de petits pinceaux; dans les vesicules bronchiques un rets admirable; dans les testicules des pelotons; dans les reins des plis & des arcs; dans les intestins des espèces de branches d'arbres; dans l'uvée des anneaux & des rayons; dans le cerveau des inflexions tortueuses; dans l'épiploon un réseau lâche, &c. &c.

2°. Ces mêmes tuyaux, devenus des *artérioles* qui tendent à leur fin, répandent de fréquens rameaux qui s'amincissent au point de n'être plus susceptibles de divisions, & qui, en cet endroit, se réfléchissent sur eux-mêmes, & se changent en veines; c'est ainsi que les *tuyaux veineux* sont réellement continus aux *tuyaux arteriels*.

3°. D'autres canaux de cette nature émanans

DE L'ART VETERINAIRE. 197

des mêmes *arteres*, sont destinés à séparer du sang différens fluides, & se terminent dans des conduits excrétoires, semblables aux *veines*.

4°. Une infinité d'autres vaisseaux, dont, selon plusieurs Auteurs, les *tuyaux artériels* sont le principe, se rendent à différentes glandes.

5°. D'autres *arteres*, purement séreuses à leur fin, ne charient que la sérosité, dégénèrent en pores exhalans, & se terminent ainsi dans presque toutes les parties du corps, dans la peau, dans les membranes qui forment quelques cavités, dans les ventricules du cerveau, dans les chambres de l'œil, dans les cellules adipeuses, dans les vessicules pulmonaires, dans les cavités de l'estomac, des intestins, de la trachée-artere, &c. &c.

228. Les *veines* ressemblent aux *arteres*, & en différent en plusieurs points.

Quelques-uns n'admettent en général que deux *troncs veineux*, comme deux troncs *artériels*, la *veine pulmonaire*, & la *veine-cave*; d'autres comptent six troncs; dont quatre de la *premiere de ces veines*, & deux de la *seconde*.

229. La forme en est aussi conoïde, si l'on envisage ces vaisseaux près du cœur, c'est-à-dire, à leur terme ou à leur fin, où ils sont très-considérables ; & quand on les suit dans leur dégénération & dans leurs divisions à mesure qu'ils s'en éloignent, on voit que les extrêmités des *veinules* sont pareillement cylindriques.

230. Leur structure est telle qu'ils sont très-minces, même à leurs troncs, & qu'ils s'affaissent quand ils sont abandonnés à eux-mêmes. La membrane principale qui en constitue le corps, est composée de fibres longitudinales & non circulaires, quelquefois très-denses en certains endroits ; la tunique interne en est lisse, polie ; elle prête davantage que

O 3

celle des *arteres*, elle est moins fragile, & elle devient assez souvent très-dure & très-épaisse dans les animaux, tels que le bœuf & le cheval: la tunique externe est enfin celluleuse. Au surplus le diametre de ces *tuyaux veineux* est plus considérable, leurs troncs plus nombreux, & ils sont susceptibles d'une dilatation plus grande que les *arteres*. Toutes ces différences étoient essentielles & indispensables. La largeur & le nombre de ces canaux suppléent à la lenteur du sang qu'ils charrient; car s'il y eût eu égalité de diametre & de tuyaux, ils n'auroient pu fournir au cœur autant de sang qu'il en envoie dans les *arteres*, comme s'il y avoit eu égalité de force dans leurs parois, ils auroient inévitablement opposé trop de résistance à ces mêmes *canaux artériels*.

Nous ne nous livrerons point ici à une infinité de calculs, ni à ce que plusieurs recherches ont pu nous apprendre de la grandeur relative de ces canaux; il suffira de prévenir, qu'on pourroit très-aisément errer en tentant de s'en assurer dans le cadavre, parce qu'il doit nécessairement arriver en lui un retrécissement dans les *arteres* susceptibles de contraction, même après la mort, comme une augmentation de capacité dans les *veines*, qui ne sont qu'une sorte de réservoir passif d'une grande partie du fluide artériel; ainsi, l'on comprend qu'il n'est pas possible dès lors de saisir & de reconnoître d'une maniere certaine & positive la constante proportion des diametres.

231. En considérant le principe des *vaisseaux veineux*, on voit que les uns partent des plus petites *arteres* par des rameaux qui s'y insérent, & que d'autres viennent des pores absorbans de toute la superficie du corps, ou des cavités de l'œil, des intestins, de la poitrine, du péritoine, du péricarde, des ventricules du cerveau, &c. &c. Quant aux variétés

des angles & des inflexions, elles suggerent à peu près les mêmes observations que l'inspection des *canaux artériels*.

32. Les anastomoses sont plus fréquentes & plus visibles dans les grandes *veines*; elles ont lieu, non seulement entre les petites, mais entre les grandes, entre les veines voisines, entre les droites & les gauches, les antérieures & les postérieures, &c.

33. On a donné le nom de valvules à des membranes fines & transparentes, placées dans leurs cavités d'espace en espace, à distances inégales, & disposées de façon qu'elles s'ouvrent du coté du cœur, & qu'elles ferment celui des extrêmités. Ces digues singulieres & vraiment sensibles, sont différentes & beaucoup moins épaisses que celles du cœur; mais solitaires ou doubles, elles peuvent occuper tout le canal en se dilatant. Il n'en est ni dans les petites ramifications *veineuses*, ni en général dans celles qui sont dans la capacité de la poitrine & du crâne; elles sont plus fréquentes dans les rameaux éloignés du cœur & dans les gros troncs, où le sang est obligé de remonter perpendiculairement contre son propre poids. On en rencontre dans la *veine-porte* du cheval, & dans ses branches capitales; elles y sont doubles, placées près de l'embouchure des ramifications collatérales, deux au-dessus & deux au-dessous de chaque ouverture. L'usage commun des valvules est au surplus de déterminer vers le cœur toute la pression de quelque côté que les *veines* la reçoivent, tandis qu'elles empêchent le sang, aussi-tôt qu'il a enfilé le tronc, de rétrograder dans les rameaux. Elles soutiennent encore le poids de ce fluide; elles empêchent que la colonne supérieure ne pese sur l'inférieure, & que le sang qui monte par les troncs ne résiste à celui qui s'éleve par les rameaux. Enfin elles étoient évidemment nécessaires dans la

veine-porte du Cheval, non seulement eu égard à la longueur considérable des branches de cette *veine*, qui d'ailleurs sont incapables d'une contraction assez forte pour accélérer le mouvement progressif des fluides, mais encore, attendu leur éloignement de l'action des muscles abdominaux, à laquelle elles ne sont point aussi exposées que dans l'homme, parce que le volume monstrueux des gros intestins amortit l'impression du jeu de ces muscles ; ce qui rend ces vaisseaux susceptibles d'engorgemens, qui seroient encore plus fréquens sans la présence de ces valvules.

234. La célérité & la continuité de la marche progressive du sang exigeoient des agens qui secondassent l'action du cœur ; de-là la nécessité de la force contractile (XIII) des *arteres* qui sont dilatées par le fluide que ce viscere pousse & leur envoie au moment où il se contracte lui-même, & qui se contractent à leur tour au moment où il se dilate, & où il reçoit ce même fluide, qui revient sans cesse à ce centre ; ainsi, le sang chassé dans les *arteres* agit immédiatement sur elles, & ces mêmes *arteres*, en se contractant, réagissent immédiatement sur lui ; & c'est par cette voie qu'elles perpétuent la force qu'il a reçue & qui l'entraîne.

235. Il n'en est pas de même des *vaisseaux veineux* continus aux *canaux artériels* qui en sont le principe, & dans lesquels cependant ce mouvement alternatif, d'ailleurs non essentiel à leurs fonctions, ne subsiste point sensiblement. Dispersées dans tous les lieux que parcourent les rameaux de l'aorte, elles reprennent le fluide pour le rapporter, de la circonférence ou des extrêmités, au cœur. La somme des *arteres* ou des *artérioles*, qui sont le produit des divisions & des sous-divisions multipliées de cette même aorte, excéde certainement par sa capaci-

té celle du tronc commun, & les aires de tous ces rameaux prises ensemble, seroient plus grandes que l'aire du vaisseau principal; mais soient prises chaque *branche artérielle* en particulier, ces branches diminuant toujours en s'éloignant du tronc, il est évident que le fluide porté aux extrémités du corps de l'animal dans le cours de chaque *ramification artérielle*, enfile constamment des canaux plus étroits, qui lui opposant une plus grande résistance, le contraignent à en forcer les parois ces parois, vu la contractilité naturelle des fibres dont elles sont pourvues, s'exerçant ensuite sur lui en revenant sur elles-mêmes, & en le restituant dans leur état. Les *veines* recevant le sang immédiatement des *artères* dont elles sont une suite, & leurs rameaux grossissant à proportion qu'ils approchent du cœur, il n'est pas moins certain que le *sang veineux* est poussé d'un espace étroit dans un espace successivement plus large, il doit donc rencontrer moins d'obstacles. Or, comme il n'entre des extrémités des *canaux artériels* dans les *veines* que globule par globule, pour ainsi dire, & qu'il parcourt toujours dans sa progression vers le centre des diametres plus considérables, où, dès qu'il est arrivé, il se divise encore à une plus grosse masse, il ne sauroit exciter & effectuer une dilatation sensible des vaisseaux qui le contiennent: telle est donc la raison de la diastole & de la systole des *artères*, & du défaut de ce mouvement dans les veines, dont le tissu, foible & lâche, eût d'ailleurs été incapable de résister aux forces dilatantes. Au surplus, le retour du sang qui chemine bien plus lentement dans ces mêmes canaux que dans ceux dont ils sont une continuation, est incontestablement déterminé par la contraction successive du cœur & des *artères*, & merveilleusement aidé par les valvules dont ils sont garnis, par leur position dans l'épaisseur des muscles & près des tégumens, &c. &c.

236. Par une exception particuliere, le diametre de la *veine pulmonaire*, ainsi que le nombre de ses divisions, sont bien moins considérables que le diametre & le nombre des ramifications de *l'artere* du même nom, plus petite dans l'adulte que l'aorte, la *veine-cave* étant aussi plus vaste que *l'aorte* & *l'aorte pulmonaire* ensemble. La raison de cette singularité dans les vaisseaux qui se portent aux poulmons, est assez simple. Il n'est aucunes parties du corps de l'animal, comme de l'homme, qui puissent recevoir la moindre goutte artérielle, que cette goutte n'ait été exactement filtrée dans ce viscere. Toutes les liqueurs y passent une fois dans le même espace de tems qu'elles emploient à circuler, à se distribuer & à se répandre dans le reste de la machine. C'est même ici que se prépare d'avance la matiere nourriciere, puisque tout le chyle y est porté. C'est encore principalement ici que le sang se forme, & qu'il est parfaitement atténué & divisé : or nous voyons, 1°. beaucoup plus de foiblesse dans le ventricule antérieur qui le transmet dans les *arteres pulmonaires*, que dans le ventricule postérieur, d'où ensuite de son élaboration dans le poulmon, il sera envoyé dans *l'aorte*. 2°. Ce sang, déposé par la *veine-cave* dans le premier de ces ventricules, y arrive purement *veineux*, c'est à-dire, dépouillé de toutes les différentes humeurs qui le rendoient propre à fournir la matiere des secrétions. 3°. Le ventricule gauche ou postérieur a réellement moins de capacité que l'antérieur : ainsi, en considérant le premier fait, on peut penser qu'un moindre diametre dans les *arteres* dont il s'agit eût opposé trop de résistance aux efforts du ventricule qui se trouve avoir moins de force que l'autre. En observant le second,

on doit préfumer que le fang dans l'état où il est apporté par la *veine-cave* dans ce même ventricule, ne chemine qu'avec peine dans les différentes distributions artérielles qu'il a à parcourir pour être de nouveau brifé, affiné & fubtilifé, & que la multiplicité de ces arteres n'a eu pour objet que d'en faciliter le cours. Enfin, en s'arrêtant au dernier, on peut croire que le ventricule poftérieur, où le fang élaboré doit fe rendre, étant moins ample que l'autre, ni la multitude, ni le calibre des canaux *veineux* qui le lui rapportent, ne devoient point être fupérieurs au calibre & au nombre des canaux *arteriels* ; & peut-être que l'étroiteffe des *veines* fert à augmenter les chocs des particules, c'eft-à-dire, à forcer les molécules du fang apporté par les *arteres*, à fe rapprocher davantage, à fe toucher plus fouvent ou en plus de points, & à le rendre plus compact.

Des Vaisseaux en particulier.

Des Vaisseaux pulmonaires.

Les vaisseaux pulmonaires appartiennent fpécialement & particulierement aux poumons. On confiderera :

1°. *L'artere pulmonaire* fortant du ventricule droit ou antérieur,

2°. *Sa marche oblique* en haut & en arriere en joignant l'aorte ; ce qui conftitue le tronc de cette *artere*.

3°. *L'étendue de ce tronc.* Elle est de cinq à fix pouces.

4°. *Sa division en deux branches.* Le volume de la gauche étant plus confidérable que celui de la droite, mais la longueur de l'une & de l'autre étant égale dans l'animal.

5°. *Le trajet de ces mêmes branches.* Chacune d'elles se rendant de son côté aux poumons, dans lesquels elles se divisent & se subdivisent à l'infini.

6°. *Le canal artériel*, ou le vaisseau de communication entre *l'artere pulmonaire* & *l'aorte*. Ce canal ayant environ quinze lignes de longueur, & deux ou trois lignes de diametre, partant du tronc même de *l'artere pulmonaire*, près de sa division en deux branches, se portant de-là obliquement en arriere, & faisant une légere courbure pour s'insérer à la partie latérale de *l'aorte postérieure* dès son commencement, & à deux doigts de la naissance de *l'aorte antérieure*, s'oblitérant dans l'animal né comme le canal veineux, & subsistant alors sous la forme d'un ligament qui est toujours dans la même situation.

239. 7°. *Les veines pulmonaires* étant le produit de la dégénération des vaisseaux artériels en veinules, dont le calibre, augmentant insensiblement, forme des *veines*, leur diametre devenant moindre que celui des ramifications artérielles qu'elles suivent ; ces veines se montrant ensuite sous la forme de quatre troncs, qui s'implantent, deux de chaque côté, ou un dans chacun des angles du *sac gauche*, dit aussi le *sac pulmonaire*; tous ces vaisseaux, tant artériels que veineux, ayant accompagné au surplus les ramifications des bronches, sur l'extrêmité vessiculaire desquelles on voit un lacis vasculeux non moins admirable dans le cheval que dans l'homme.

De L'Aorte.

240. *L'Artere pulmonaire* porte le sang du ventricule droit ou antérieur dans les poumons. Ce même sang, reçu & repris par les *veines pulmonaires*, est

rapporté dans le ventricule gauche ou postérieur ; de ce ventricule il est porté dans toute l'étendue du corps par un vaisseau dont le volume est très-considérable & qui sort de ce même ventricule en se montrant au côté droit de *l'artere pulmonaire*. Ce vaisseau n'est autre chose que *l'aorte*. On remarquera :

1°. *Le Tronc*. Il est de la longueur d'environ deux pouces.

2°. *Les arteres coronaires* du cœur sortant immédiatement de ce tronc, & s'étendant sur les faces de ce viscere, l'une à droite & l'autre à gauche.

3°. *L'artere coronaire droite* faisant, après sa sortie du tronc, quelque trajet sur la base de ce viscere, & cheminant du côté droit entre la base du sac & du ventricule du même côté qu'elle couronne jusqu'à la cloison des sacs, où elle se divise en deux branches, la premiere & la principale se portant le long du septum des ventricules & du côté droit, en laissant échapper plusieurs ramifications collatérales, qui se dispersent & pénétrent sensiblement dans la substance de cet organe jusqu'à sa pointe : la seconde, dont le volume & le calibre sont moindres, marchant postérieurement en entourant & en embrassant la base du sac gauche, ensorte qu'elle est entre cette base & celle du ventricule. Elle fournit pareillement nombre de petits rameaux qui se répandent dans l'une & dans l'autre de ces cavités.

4°. *l'artere coronaire gauche* suivant du côté gauche à peu près les mêmes divisions, cheminant sur la cloison des sacs, & se bifurquant à deux pouces de son origine ; la plus considérable des deux branches résultant de cette bifurcation, fixant la route qu'elle décrit le long de la face gauche du cœur dans la rainure qui répond au septum - medium, & parvenant ainsi à la pointe de ce viscere, où elle s'anastomose avec celle de l'autre face; elle produit dans ce trajet une infinité de rameaux qui se plongent dans les ventricules: l'autre branche chemine entre la base du sac gauche & celle du cœur qu'elle couronne de ce même côté, ses rameaux collatéraux se perdant également les uns au sac & les autres au ventricule.

5°. *La division de ce même tronc de l'aorte* en deux branches très remarquables, l'une d'elles s'élevant, se contournant & se courbant en arriere par dessus la division des arteres pulmonaires; cette courbure formant ce que l'on nomme la crosse de l'aorte, & cette branche constituant ce que l'on appelle *l'aorte postérieure*, tandis que l'autre, qui se porte en avant, sera nommée avec raison *l'aorte antérieure*.

De l'Aorte antérieure.

241. *L'aorte antérieure* peut être comparée à *l'aorte supérieure* de l'homme; elle en diffère néanmoins en ce qu'elle se porte en avant & par un seul tronc l'espace de trois ou quatre travers de doigt, tandis que dans le sujet humain, elle est d'abord fournie par trois branches, c'est-à-dire, par la carotide gauche & par les sousclavieres.

En recherchant ici les divisions de cette artere principale, & en la suivant dans ses progrès, on trouvera:

1°. *Les arteres tymiques* partant de ce tronc unique avant la division.

242. 2°. *Les arteres axillaires* résultant de la division de ce même tronc en deux branches à son arrivée à l'extrémité antérieure du sternum, ces arteres étant nommées ainsi, parce qu'elles passent sous les ars. Elles répondent aux sousclavietes de l'homme, &

se distribuent dans toute l'extrêmité antérieure de l'animal, le diametre de l'axillaire gauche étant infiniment moins étendu que celui de l'axillaire droite, & cette branche donnant d'abord une ramification au péricarde.

3.° *Le tronc des carotides* étant une branche considérable qui part de l'axillaire droite.

4.° *La division de ce tronc* en deux branches égales, ayant lieu à environ trois travers de doigt de sa naissance.

5.° *Les carotides* elles-mêmes n'étant autre chose que ces deux branches & montant dans l'encolure le long de la trachée artere jusqu'à la base du crâne.

6.° *Les ramifications irrégulieres* qu'elles envoient dans ce trajet aux muscles du col & aux parties voisines.

7.° *L'artere tyroïdienne* & les autres vaisseaux qu'elles fournissent au larynx, aux glandes parotides & maxillaires.

8.° *Leur division* en *carotide externe* & en *carotide interne*, cette division s'opérant à quelque distance de la base du crâne.

9.° *La carotide externe* se divisant en six branches, qui sont, *l'occipitale*, la *maxillaire interne*, la *maxillaire externe*, *l'auriculaire*, la *temporale* & la *maxillaire postérieure*.

10.° *L'artere occipitale* se portant au-devant de l'apophise transverse de la premiere vertebre cervicale, & se divisant en quatre rameaux.

Le premier de ces rameaux passant au-dessous de l'apophise stiloïde de l'os occipital, & fournissant plusieurs ramifications, dont la plupart vont se perdre dans la poche membraneuse de la trompe d'Eustache & dans les parties voisines, une de ces ramifications suivant le nerf lingual dans le crâne.

Le second se portant par-dessus cette même apophise stiloïde, pénétrant par des trous pratiqués dans la substance de l'os, & se divisant, avant que d'en sortir, en diverses ramifications, dont les unes s'échappent au dehors par de semblables trous percés dans le temporal, & se distribuent au péricrâne & au muscle crotaphite, tandis que les autres s'introduisent dans le crâne & se répandent dans les sinus occipitaux, ainsi qu'à la dure-mere; l'une de ces ramifications s'anastomosant au surplus avec une pareille ramification de l'artere meningere, & allant se perdre dans la roche.

Le troisieme rameau sortant par le trou qui est à la partie inférieure de l'apophise transverse de la premiere vertébre, s'anastomosant avec un rameau de la vertébrale, & se perdant dans les muscles de la tête.

Enfin le quatrieme rameau envoyant quelques ramifications aux muscles de la tête, après avoir passé par le trou supérieur de cette même apophise transverse, & pénétrant dans le canal spinal par le trou qui est à la base de la cavité articulaire; il se porte dans le crâne, où il s'anastomose le plus souvent avec celui du coté opposé, & quelquefois avec les vertébrales, qu'il supplée dans le cas où celles-ci ne s'introduisent pas dans cette cavité.

11.° *L'artere maxillaire interne* fournissant, à un pouce de sa naissance, un rameau qui va se distribuer au pharinx sous le nom *d'artere pharingienne*, en donnant quelques ramifications au voile du palais; cette même artere maxillaire cheminant ensuite le long de la face interne de la mâchoire, & se divisant en deux branches, dont la premiere s'insinue dans la substance de la langue sous le nom *d'artere ranine*. La seconde fournit quelques rameaux

meaux au muscle masseter, au sphéno-maxillaire, & une ramification plus notable qui se propage tout le long de l'auge jusqu'au menton, en donnant quelques rameaux aux muscles de l'os hyoïde & de la langue; cette même branche passant sur le bord de la mâchoire en dehors, au-dessous du muscle masseter; il en part d'abord une ramification qui se porte tout le long de cette mâchoire jusqu'à son extrêmité; elle se ramifie ensuite de manière à former les *arteres labiales*, les *arteres nasales* & les *arteres angulaires*.

12°. L'*artere maxillaire externe* se portant sur la face externe de la mâchoire postérieure, pénétrant & se distribuant dans le muscle masseter, où elle communique & s'anastomose avec plusieurs autres vaisseaux. Elle donne quelques rameaux au muscle sphéno-maxillaire, à la glande parotide, & quelques-unes de ses branches outre-passent la mâchoire, se propagent dans la bouche, & se distribuent aux gencives & au palais.

13°. L'*artere auriculaire* se ramifiant à l'oreille externe, & laissant échapper dans sa route quelques rameaux qui vont à la glande parotide.

14°. L'*artere temporale* étant au-dessous & en dehors de l'apophise condiloïde de la mâchoire postérieure, & fournissant d'abord deux rameaux, dont le premier passant au-devant de l'oreille, & laissant échaper quelques ramifications qui se portent à cette partie, ainsi qu'à la grande parotide, s'évanouit dans les muscles voisins; tandis que le second, qui passe sous le pont jugal, se distribue aux parties qui environnent l'œil, ainsi qu'au crotaphite; cette même artere temporale chemine ensuite le long de l'épine maxillaire, en s'introduisant dans le muscle masseter & dans les muscles voisins où elle se perd.

P

15°. *La maxillaire postérieure*, qui, plongeant dans la substance du muscle spheno-maxillaire lui fournit plusieurs rameaux ainsi qu'au voile du palais. Elle pénetre dans le canal de la mâchoire postérieure, elle envoie dans sa route des ramifications aux dents ; elle sort enfin par le trou mentonnier pour se ramifier dans les parties voisines.

245. 16°. *Les nouvelles divisions de la carotide externe*, qui, après avoir donné les six branches principales que nous venons de suivre, gagne la partie latérale du sphénoïde, & laisse échapper cinq rameaux.

Le premier formant *l'artere meningere* qui pénetre dans le crâne à la faveur de la fente déchirée, dans l'endroit même de la sortie du cordon postérieur de la cinquieme paire de nerfs, & laisse échapper une ramification qui s'anastomose avec une ramification semblable émanant du second rameau de *l'occipitale* & se perd dans la roche ; cette même *artere meningere* marchant ensuite entre la dure-mere & le pariétal & se distribuant & se ramifiant sur cette membrane.

Des quatre autres rameaux, il en est deux qui s'évanouissent dans le muscle spheno-maxillaire & dans ceux de la trompe d'Eustache ; les autres vont l'un à l'articulation de la mâchoire, l'autre au muscle crotaphite.

17.° *Le trajet de la même carotide externe, ensuite de cette division* dans le trou ptérigoïdien ; cette artere, avant sa sortie de ce même trou, fournissant *l'artere oculaire*, & celle-ci se divisant en deux branches, dont la premiere laisse échapper quantité de ramifications qui se distribuent aux muscles & à toutes les parties qui composent le globe, ainsi qu'une ramification plus légere qui suit le nerf optique jusques dans le crâne ; cette premiére branche marche enfuite au-dedans des falieres, & fe perd dans la peau & dans la graiffe de ces mêmes parties.

La feconde fournit quelques ramifications à l'œil, & s'introduit dans le crâne par le trou orbitaire interne. Elle en donne encore quelques-unes qui fuivent les nerfs olfactifs dans le nez, & elle communique enfuite avec la carotide interne, en en envoyant plufieurs au cerveau.

28°. *La divifion de cette même carotide externe en trois rameaux après fa fortie de ce même trou*; le premier de ces rameaux marchant le long de la tubérofité maxillaire, & fe perdant dans le mufcle molaire, dans les glandes du même nom, dans le maffeter & dans la membrane de la bouche; les deux autres étant connus fous la dénomination *d'artere maxillaire antérieure & d'artere palatine*.

19°. *L'artere maxillaire antérieure* fournifant un rameau qui chemine le long de la partie inférieure de l'orbite, fe diftribue dans les mufcles, au fac nafal, à la conjonctive, à la paupiere inférieure, &c. & vient s'anaftomofer avec l'angulaire; cette même artere pénétrant enfuite dans le conduit maxillaire antérieur, donnant des ramifications aux dents, & fortant enfin par le trou qui répond à ce même conduit, pour s'évanouir dans les parties voifines.

20°. *L'artere palatine* pénétrant par le trou guftatif, ou palatin, pour fe diftribuer au palais, & donnant, avant fon introduction, deux rameaux, dont l'un fe porte aux voiles du palais, & l'autre dans le nez par le trou nafal, pour fe répandre dans la membrane pituitaire, fous le nom *d'artere nafale interne*; après quoi cette même artere palatine marchant le long des parties latérales de la voûte du palais, fournit des ramifications à la mem brane qui la tapisse, ainsi qu'aux gencives, quelques-unes pénétrant par les fentes incisives pour se perdre dans les fosses nasales, & lorsqu'elle est parvenue à l'extrêmité inférieure de la mâchoire, elle s'anastomose avec celle du côté opposé, passe par le trou incisif, & se perd dans les gencives & dans la levre antérieure.

247. 21°. *L'artere carotide interne* faisant plusieurs inflexions lors de son entrée dans le crâne par la fente déchirée, se plongeant dans le sinus caverneux, communiquant avec celle du côté opposé, fournissant un rameau qui s'anastomose avec la vertébrale, traversant le sinus dans lequel elle s'est plongée, se divisant, après l'avoir traversé, en deux branches dont l'une s'anastomose avec celle du côté opposé & avec *l'oculaire*, née de la carotide externe, tandis que l'autre s'anastomose avec les vertébrales ; toutes les deux présentant ensuite une multitude de ramifications irrégulieres, dont les unes se plongent dans la substance du cerveau, les autres rampent dans ses anfractuosités, & s'y trouvent soutenues par la pie-mere, qui reçoit aussi, de même que la dure-mere, quelques-uns de ces vaisseaux. Il est encore un rameau de cette même artere carotide, qui, sortant du crâne, se porte dans le globe de l'œil, & penetre dans la cornée, en accompagnant le nerf optique. Au surplus, cette même carotide fournit à tous les nerfs des artérioles qui les accompagnent dans leur marche, comme la carotide externe en fournit qui suivent ces mêmes nerfs du dehors au-dedans du crâne.

248. 22°. *L'artere axillaire gauche* fournissant le plus souvent, dès son principe, cinq branches, que nous nommerons *dorsale, cervicale supérieure, vertébrale, thorachique interne & thorachique externe* ; nous parlerons ensuite des deux rameaux qu'elle donne dès

sa sortie du thorax, & que nous distinguerons par les noms d'*artere cervicale inférieure* & d'*artere scapulaire*.

23.° *L'artere dorsale* envoyant d'abord une ramification au médiastin, fournissant la seconde intercostale, donnant bientôt après un rameau, qui, se portant en arriere, produit la troisieme, quatrieme & cinquieme intercostale, & se perd dans les parties voisines ; cette même dorsale sortant de la poitrine par l'intervalle que laissent entr'elles la seconde & la troisieme côte pour se répandre dans les muscles grand dentelé, splénius, complexus, ainsi que dans le ligament cervical, & dans toutes les parties du gârot.

24.° *L'artere cervicale supérieure* sortant de la poitrine entre la premiere & la seconde côte, donnant la premiere intercostale, passant dessous le muscle court transversal, marchant tout le long du ligament cervical & de la face interne du complexus, fournissant dans ce trajet des ramifications à toutes les parties qu'elle rencontre, & s'évanouissant enfin près de la premiere vertébre.

25.° *L'artere vertébrale* s'insinuant à deux ou trois pouces de son origine dans les vertébres cervicales par les trous qui sont à leurs apophises transverses, elle chemine jusqu'à la partie supérieure de la premiere vertébre. Là il s'en détache un rameau qui s'anastomose avec le troisieme rameau de l'occipitale, & s'évanouit comme lui dans les muscles de la tête. Le plus souvent ces mêmes vertébrales s'y perdent aussi ; d'autrefois elles pénétrent dans le crâne par le trou vertébral, formé par la premiere & la seconde vertebre, & elles s'anastomosent. De cette réunion resulte le tronc vertébral qui communique avec les deux occipitales ; elles se séparent ensuite pour se réunir bientôt, après quoi elles se subdivisent en une multitude de ramifications qui se répandent dans la substance du cervelet, & dont quelques-unes communiquent avec des rameaux de la carotide interne. La plus reguliere est celle qui, du tronc vertébral, vient se plonger dans le canal de l'épine en faveur de la moëlle épiniere ; celle-ci forme *l'artere spinale* qui marche le long de la partie antérieure de cette moëlle, & lui fournit dans ce trajet, ainsi qu'à ses enveloppes, nombre de petites artérioles. Il est encore un petit rameau qui, naissant de ce même tronc vertébral, accompagne le nerf auditif dans l'organe de l'ouïe. Quelquefois une seule artere *vertébrale* pénétre dans le crâne & s'associe avec *l'occipitale* ; mais dans la circonstance où ni l'une ni l'autre ne s'y introduisent, les *occipitales* en font les fonctions & fournissent *l'artere spinale*, au lieu de leur réunion.

26°. *L'artere thorachique interne*. De sa premiere division, qui a lieu peu de tems après sa naissance, résulte la *thorachique externe* ; elle se porte ensuite le long des parties latérales & internes du sternum, en passant sur les cartilages des côtes. Dans ce trajet elle envoie des ramifications au médiastin, & il s'en détache des rameaux très-sensibles, dont les uns, s'échappant au-dehors, se distribuent aux muscles grand & petit pectoral ; les autres gagnant le bord postérieur des côtes, & se perdent dans les muscles intercostaux. Cette même *artere thorachique interne* parvenue au cartilage xiphoïde, donne un rameau considérable qui sort de la poitrine, chemine le long de la face interne du muscle droit, & s'anastomose avec *l'abdominale* ; elle poursuit ensuite sa route jusqu'à la derniere des fausses côtes, à chacune desquelles on la voit départir des ramifications, ainsi qu'au diaphragme.

27.° *L'artere thorachique externe*, dont la naissance est, ainsi que nous l'avons dit, due à la *thorachique interne*, mais qui part quelquefois de l'*axillaire gauche* ; elle se porte le long des parties latérales du thorax, & se distribue dans tous les muscles qui couvrent cette partie.

28.° *L'artere cervicale inférieure* cheminant en-devant & au-dedans de tous les muscles de l'encolure, & fournissant dès son principe une ramification qui marche à la trachée-artere & à l'œsophage.

29.° *L'artere scapulaire* se propageant entre l'épaule & la poitrine, se portant également aux muscles de l'une & de l'autre, soit en dedans, soit en-dehors de l'omoplate, en envoyant quelques rameaux à l'articulation de cette partie avec le bras & plusieurs autres aux muscles extenseurs de l'avant-bras.

30.° *L'artere axillaire droite* ne fournissant que les *carotides* & la *cervicale supérieure*, & non autant de branches que *l'axillaire gauche*.

31.° *L'artere cervicale supérieure* laissant échapper dès son principe deux rameaux, dont le premier accompagne le nerf diaphragmatique jusqu'à sa fin, & envoie quelques ramifications à la trachée-artere, à l'œsophage, au médiastin & au péricarde, tandis que l'autre perce la partie supérieure de cette enveloppe, pour gagner la face concave du poumon, dans lequel elle se ramifie. Cette même artere cervicale fournit encore *la dorsale*, qui, par conséquent, n'émane point de l'axillaire comme la dorsale opposée. Cette branche est d'abord le tronc de la seconde intercostale, & ensuite elle donne la troisieme & la quatrieme ; quelquefois aussi cette artere & la cervicale qui en est le principe passent par l'intervalle de la premiere & de la seconde côte, & chemine comme la dorsale gauche & la cervicale inférieure.

P 4

250. 12.° *L'artere brachiale ou humérale*, qui n'est autre chose que l'axillaire arrivée à la partie interne du bras où elle prend ce nom ; cette artere, dès son principe, laissant échapper quelques branches qui entourent l'articulation de cette partie & de l'épaule, descendant de-là le long de la partie interne de l'humérus jusqu'au coude, où nombre de ramifications s'en détachent pour aller aux muscles voisins, passant ensuite sur la partie antérieure de l'articulation du bras & de l'avant-bras, & donnant une branche qui chemine le long de la partie latérale externe du cubitus jusqu'à l'articulation du genou, & dont plusieurs ramifications, qui se portent aux muscles extenseurs du canon & du pied, sont des émanations. Cette même *artere humerale* se contournant en arriere, gagnant la partie postérieure du cubitus, le long duquel elle se porte en descendant toujours, & fournissant sans cesse des rameaux aux muscles qu'elle rencontre. Lorsqu'elle est parvenue à la partie inférieure de ce même os, elle laisse échaper un rameau qui marche le long de la partie postérieure du canon, & s'anastomose avec les arteres articulaires du boulet, & dans sa marche avec une ramification du tronc principal ; les rameaux qui entourent l'articulation du genou étant au surplus nommés *arteres poplitees*, & le tronc de cette même *brachiale* passant derriere cette articulation, dans un anneau formé par l'os crochu & par un ligament annulaire. Il rampe postérieurement le long du canon jusqu'au dessus du boulet.

33.° *Les arteres articulaires* naissant de l'endroit de la bifurcation de *l'humerale*, au dessus de cette même partie, & se divisant en quatre rameaux, dont deux sont destinés aux parties de l'articulation, & deux autres remontent & s'anastomosent avec ceux dont nous avons parlé.

34.° *Les arteres latérales* resultant de la bifurcation même, & étant deux branches égales sortant de l'intérieur de la jambe, passant de chaque côté de l'articulation du boulet, quoiqu'un peu en arriere, descendant le long de la partie postérieure du pâturon jusqu'à la couronne, & fournissant des ramifications qui s'anastomosent entr'elles, tant à la face antérieure qu'à la face postérieure de ces parties. Elles envoient aussi chacune une artériole aux talons.

35.° *L'artere plantaire*, qui est une des branches de la division des arteres latérales à la couronne, cette artere cheminant postérieurement à l'autre branche de cette division, & se plongeant dans le pied où elle s'anastomose avec celle du côté opposé, en laissant échapper de chaque côté un rameau qui s'anastomose sur la pince avec celui du côté contraire.

36.° Enfin, les *arteres coronaires du pied* partant aussi de cette même division, cheminant antérieurement à la *plantaire*, & se portant autour de la couronne, leur anastomose étant encore plus sensible sur le contour de cette partie & à sa face antérieure, & leurs nombreuses ramifications pénétrant & se repandant dans toute l'étendue du pied.

De l'Aorte postérieure.

1. *L'aorte postérieure* après sa courbure, ou après la crosse, gagne le corps des vertebres du dos le long duquel elle marche un peu à gauche jusques dans l'abdomen. En la suivant dans sa marche & dans ses différentes divisions, on considérera :

1.° *Les arteres bronchiques* naissant de sa partie supérieure à quelque distance de sa courbure, près de la premiere intercostale, qui, le plus souvent, naît de cette premiere artere ; ces arteres bronchiques comprenant plusieurs petites branches qui vont aux poumons, & qui accompagnent les vaisseaux aériens jusqu'à leurs dernieres divisions. Elles envoient des ramifications au péricarde & à l'œsophage.

2.° *Les arteres œsophagiennes* envoyées du même lieu par *l'aorte* à l'œsophage, & dont la plus considérable marche le long de sa partie postérieure, & s'anastomose avec un rameau de la gastrique, ces arteres naissant quelquefois des bronchiques.

3.° *Les arteres intercostales*, au nombre de quatorze ou quinze de chaque côté seulement, la premiere étant due à la cervicale supérieure, la seconde, la troisieme, la quatrieme & la cinquieme à la dorsale gauche, & la seconde, la troisieme & la quatrieme, du côté opposé, à la dorsale droite ; les autres qui fournissent aussi des artérioles au dos & à la moëlle épiniere, naissant de la partie supérieure de l'aorte dans le thorax, à l'exception de la sixieme & de la cinquieme du côté droit, qui émanent de la premiere intercostale de ce même côté, après qu'elle a donné une ramification, qui se distribue à la trachée, à l'œsophage & au péricarde. Il en naît ensuite encore un rameau plus considérable, qui va se perdre dans les muscles du dos.

252. 4.° *Le trajet que fait l'aorte* du thorax dans l'abdomen par l'ouverture résultant de l'intervalle ou de l'écartement des deux piliers du diaphragme ; cette artere continuant sa marche sous les vertébres des lombes jusqu'à l'os sacrum.

5.° *Les arteres diaphragmatiques* émanant de ce tronc à sa sortie par le diaphragme, & dès son entrée dans le bas-ventre, quelquefois dans son passage-même, souvent par une petite branche qui se divise en deux ou trois rameaux, souvent aussi par trois rameaux diſtincts & ſéparés, ces arteres s'évanouiſſant dans le muſcle dont il s'agit.

6.° L'artere cœliaque formant une branche remarquable donnée par l'aorte, un peu en arriere du lieu de ſa ſortie, & ſe diviſant auſſitôt pour fournir l'artere *hépatique*, l'artere *gaſtrique* & l'artere *ſplénique*.

7.° L'artere *hépatique* ſe portant dans le foie, & laiſſant échapper, avant de ſe plonger dans ce viſcere, quelques ramifications qui ſe diſtribuent au pancréas & au canal hépatique: *l'artere gaſtro-épiploïque droite*, qui marche le long de la grande courbure de l'eſtomac, & qui ſe propage dans l'épiploon, lui doit ſa naiſſance, ainſi que l'artere *pylogique*, formée d'un petit rameau qui gagne le pylore.

8.° L'artere *gaſtrique* cheminant dans la petite courbure de l'eſtomac entre les deux orifices, ſous le nom d'*artere coronaire ſtomachique*, ſe diſperſant dans la plus grande partie de ce viſcere, s'anaſtomoſant avec d'autres arteres, & donnant une ramification qui ſe propage le long de l'œſophage & s'anaſtomoſe avec *l'œſophagienne*.

9.° L'artere *ſplénique* gagnant la rate, fourniſſant dans ſon trajet *les arteres pancréatiques*, nommées ainſi, parce qu'elles vont au pancréas, & *les vaiſſeaux courts* auxquels nous conſervons ce nom, quoiqu'il s'en faut bien qu'ils aient ici proportionnément la même brièveté que dans l'homme; ils vont au grand cul-de-ſac du ventricule; enfin elle donne la *gaſtro-épiploïque gauche*, qui ſe porte à l'épiploon & à ce viſcere, & qui communique le long de ſa grande courbure avec *la gaſtro-épiploïque droite*.

10.° *Le tronc de l'artere méſentérique antérieure* partant de la partie inférieure de l'aorte, trois doigts au-deſſous de la *cœliaque*; ce tronc ſe trouvant conſtamment dilaté & tortueux, de maniere qu'on pourroit regarder cette dilatation comme une dilatation anévrifmale ou contre nature, fi cette fingularité ne fe montroit pas également dans tous les chevaux.

11.° *L'artere méfentérique antérieure* naiffant de ce tronc dilaté, envoyant une branche au pancréas, & fe diftribuant au méfentere & aux inteftins, le plus grand nombre de ces ramifications étant refervé aux inteftins grêles, quelques-unes fe portant à l'épiploon, & quelquefois au ventricule ; les autres branches plus notables étant deftinées aux gros inteftins, l'une d'elles s'anaftomofant, comme dans l'homme, avec une branche de la méfentérique poftérieure, & deux autres plus confidérables marchant tout le long des grandes portions du colon, & s'anaftomofant à l'endroit de la feconde courbure. cette anaftomofe eft des plus marquées.

12.° *Les arteres émulgentes ou rénales*, quelquefois au nombre de deux, venant des parties latérales de l'aorte, en arriere de la méfentérique antérieure, & fe plongeant fur le champ dans les reins ; celle du côté droit étant plus longue que la gauche.

13.° *Les arteres capfulaires ou furrénales*, fournies par les *émulgentes* dès leur principe, & fe diftribuant aux reins fuccinturiaux.

14.° *Les arteres adipeufes* partant des mêmes émulgentes, & fe diftribuant dans la graiffe.

15.° *L'artere méfentérique poftérieure* fortant de l'aorte cinq ou fix travers de doigt après & en arriere des *émulgentes*. Elle eft beaucoup moindre que l'antérieure, & fe répand dans les gros inteftins ; une de ces premieres divifions remonte & s'anaftomofe avec une branche de la grande méfentérique ; les dernieres fe portent au rectum & à l'anus.

16.° *Les arteres fpermatiques premieres* naiffant

un peu après celle-ci, & toujours en arriere; ces arteres, dans le cheval, sortant de l'abdomen comme dans l'homme, par l'anneau du muscle oblique externe, faisant plusieurs inflexions, & se divisant à leur arrivée près des testicules en plusieurs branches, les unes allant à l'épididyme, les autres aux testicules mêmes ; ces mêmes arteres naissant très-souvent, tant dans le cheval que dans la jument, avant la mésentérique postérieure, & se portant dans la femelle par un trajet plus court aux ovaires dans lesquels elles se distribuent.

17.º *Les arteres lombaires*, au nombre de cinq ou six rameaux seulement, sortant de la partie supérieure de l'aorte & de chaque côté, se perdant dans les lombes, principalement dans les muscles de l'abdomen, & envoyant des ramifications au dos & à la moëlle épiniere.

18.º *La division de l'aorte lors de son arrivée à la derniere vertebre lombaire.* Là elle se partage en quatre branches; les deux premieres sont les *iliaques externes*; les deux autres, les *iliaques internes*. Cette division differe de celle que l'aorte offre ici dans le corps humain; car on n'y voit en effet d'abord que deux branches nommées *iliaques communes*, & qui se subdivisent ensuite plus bas en *externes* & en *internes*.

19.º *L'iliaque interne* fournissant à une distance d'environ deux pouces de son principe, deux branches, gagnant ensuite le long de la partie interne du bassin, se divisant encore en deux rameaux, & se partageant enfin de nouveau en deux branches à l'angle inférieur de l'iléon.

20.º *L'artere honteuse interne*, née de sa premiere division, donnant dans sa marche deux rameaux; le premier constituant *l'artere ombilicale* qui passe au-dessous de l'urethre, gagne la partie latérale de la vessie, & se porte sur le fond de cette poche, où elle se confond dans l'ourague avec celle du côté opposé. On sait que dans le fœtus ces deux arteres forment le cordon ombilical. Dans le cheval adulte, elles se trouvent souvent oblitérées ; & dans l'homme ces mêmes vaisseaux oblitérés, au lieu de se terminer à la vessie, se portent très-distinctement jusqu'à l'ombilic.

Quant au second des rameaux émanant de cette même artere *honteuse interne*, il se porte aux parties latérales & postérieures de la vessie, & s'y distribue, ainsi que dans les vessicules séminales & dans les prostates.

L'artere dont il s'agit poursuivant ensuite sa route en-dessus de la tubérosité de l'ischion, laisse échapper quelques rameaux allant au rectum & à ses muscles, après quoi elle pénetre dans le bulbe de l'urethre où elle s'évanouit. Elle peut être comparée à l'artere honteuse de l'homme. Il faut observer que dans la jument, elle fournit *les arteres vaginales* & se partage en deux rameaux, dont l'un chemine entre les branches du clitoris, & se ramifie sur les parties extérieures de la génération, tandis que l'autre se répand sur le tissu spongieux d'où résulte le corps caverneux, ainsi que dans le vagin.

21.° *L'artere sacrée* étant aussi une branche de la premiere division de *l'iliaque interne*, cheminant le long de la partie latérale interne de l'os sacrum, donnant des rameaux qui passent dans les trous de cet os pour se distribuer dans le canal de l'épine, fournissant ensuite *l'artere coccygienne*, qui va se perdre dans les muscles de la queue, & sortant enfin du bassin pour se jetter & pour s'évanouir dans les muscles de la cuisse & de la jambe.

22.° *Les deux rameaux* émanans de la seconde division de cette même *iliaque* dans son trajet le long de la partie interne du bassin, l'un de ces rameaux se portant le long de la face interne de l'iléon, & se perdant dans cet os & dans les parties voisines; l'autre formant *l'artere fessiere*, qui passe par l'échancrure sciatique, & s'évanouit dans les muscles fessiers & dans quelques muscles voisins.

23.° *Les deux branches enfin* partant de la troisieme division de *l'iliaque*, parvenue à l'angle inférieur de l'iléon; la premiere sortant du bassin par l'échancrure crurale, par dessus le tendon du muscle psoas, des lombes & par dessus le muscle iliaque, & se perdant dans le muscle moyen fessier & dans les muscles extenseurs de la jambe; la seconde formant *l'artere obturatrice*: celle-ci chemine le long de la face interne du pubis, à côté des vessicules séminales & de la vessie; elle sort du bassin par le trou ovalaire, en perçant le muscle obturateur, & elle se divise en deux rameaux; le premier va se perdre dans le corps caverneux, sous le nom *d'artere caverneuse*; le second se répand dans les muscles qui sont à la partie interne de la cuisse. Dans la jument, cette même obturatrice ne laisse échapper qu'une légere ramification, qui se porte & s'évanouit dans les branches du clitoris.

24.° *L'artere iliaque externe* fournissant *l'artere utérine* dans la jument, & *l'artere spermatique seconde* dans le cheval, ainsi que la *petite iliaque*, qui après s'être répandue dans le muscle du même nom, est dirigée près de l'angle antérieur de l'iléon, & se divise en deux rameaux, dont l'un s'évanouit dans les muscles abdominaux, tandis que l'autre sort du bassin pour se distribuer au fascia-lata : cette même *iliaque externe* passant au surplus par-dessus les muscles de l'abdomen & fournissant, lors de son arrivée à l'arcade crurale, l'artere *abdominale*, dont émane l'artere honteuse externe, ainsi qu'un rameau qui se porte aux muscles de la cuisse.

25°. *L'artere spermatique seconde* envoyant d'abord plusieurs ramifications à l'uretere, aux vesicules séminales & à la vessie, gagnant ensuite le cordon spermatique auquel elle se joint pour sortir par l'anneau de l'oblique externe avec l'artere *spermatique premiere*, elle ne forme point les inflexions qu'on remarque dans celle-ci ; elle marche droit, & se plonge ainsi jusques dans le centre du testicule.

26.° *L'artere utérine* naissant comme la *spermatique seconde* du cheval du côté opposé à la *petite iliaque*, elle est très-considérable dans la jument pleine ; elle marche entre la duplicature des ligamens larges, & se distribue dans les cornes & dans le corps de la matrice.

27.° *L'artere abdominale* régnant le long des parties latérales du bassin sur le bord duquel elle chemine, elle sort de l'abdomen par-devant les os pubis, se porte le long de la face interne du muscle droit, & s'anastomose avec la *thorachique interne*.

28.° *L'artere honteuse externe* sortant par l'arcade crurale, se portant aux parties externes de la génération, aux glandes inguinales, à la peau, & se propageant jusqu'à l'extrémité de la verge, elle se perd dans le tissu spongieux de sa tête. Dans la jument, cette artere se porte entiérement aux mammelles, & elle s'y évanouit ; elle y constitue *l'artere mammaire*.

256. 29.° *Les arteres crurales* n'étant que les *iliaques externes*

externes qui changent de nom dès qu'elles sortent de l'abdomen pour se porter le long de la partie interne de la cuisse.

30.° *Les arteres musculaires*, échappées de l'artere crurale peu de tems après, & se perdant dans cette partie.

31.° *Le nombre des ramifications* que l'artere crurale donne dans sa route à toutes les parties qu'elle rencontre.

32.° *Les arteres articulaires* naissant de *l'artere crurale* qui se contourne à la partie inférieure de la cuisse pour passer derriere le fémur, & qui donne ces mêmes arteres dès qu'elle approche de l'articulation de cet os.

33.° *L'artere tibiale postérieure*, fournie par la même *crurale* bientôt après la naissance des *articulaires*; cette même *artere tibiale postérieure* marchant le long de la partie postérieure & interne du tibia au-dessous du muscle fléchisseur oblique du pied jusqu'à l'articulation du jarret où elle glisse dans la sinuosité du calcaneum, & s'anastomose au-dessous de cette articulation, d'une part, avec la tibiale *antérieure*, & de l'autre, avec des rameaux de l'artere *articulaire* du boulet qu'elle rencontre.

34°. *L'artere tibiale antérieure* émanant de la *crurale* comme la précédente, se contournant de derriere-en-devant, marchant le long de la partie antérieure du tibia au dessous du muscle fléchisseur du canon, donnant, lorsqu'elle est parvenue au-devant de son articulation, un rameau qui passe entre les os du jarret & la tête du peronné externe; ce rameau gagne la partie postérieure du canon, s'anastomose avec la *tibiale postérieure*, & se perd à cet os. Cette même *artere tibiale* chemine ensuite obliquement sur la partie latérale externe du canon près du peronné : lorsqu'elle touche à sa partie inférieure, elle passe entre ces deux os pour arriver à la portion postérieure du premier d'entr'eux par dessous le ligament & le tendon fléchisseur du pied ; elle se ramifie sur le boulet, & elle se bifurque comme dans l'extrêmité antérieure pour fournir les *arteres laterales*. Celles-ci régnent à côté de l'articulation du boulet & le long du pâturon jusqu'à la couronne ; elles se divisent ensuite en *arteres coronaires* & en *arteres plantaires*, & les unes & les autres se distribuent & s'anastomosent ainsi que nous l'avons vu dans les pieds antérieurs.

Des Veines.

257. Les *veines* étant une suite des canaux artériels, le cœur en est le terme. Elles y aboutissent par des troncs composés de la réunion d'une multitude de ramifications, qui venant de différens endroits remplies du sang qu'elles ont reçu des arteres, sont convergentes à mesure qu'elles approchent de ce viscere. Tel est le nombre de ces ramifications, des rameaux & des branches qui successivement en résultent, que l'on ne peut se former une idée simple & nette des divisions & de la distribution des *canaux veineux* en les considérant dans leur principe ; il s'agit donc de les envisager à leur fin comme si les troncs fournissoient les divisions, qui bien loin d'en émaner & d'en partir, s'y terminent. Cet ordre, qui, relativement aux *arteres*, est conforme aux loix que suit le sang dans sa marche, semble, relativement aux *veines*, blesser ces mêmes loix ; mais il est suggéré par la nécessité d'éviter la confusion qui naîtroit de l'examen qu'on en feroit, si on entreprenoit d'en suivre la progression en partant de leur origine, & d'ailleurs il est

aisé de se rappeller toujours que tous ces canaux *veineux* sont chargés de rapporter ce fluide de la circonférence au centre.

De la Veine-cave.

La veine-cave part, d'un côté, de la partie antérieure & supérieure du sac droit, & de l'autre, de la partie postérieure de ce même sac. Le tronc qui se propage antérieurement forme ce que l'on appelle la *veine-cave antérieure*, & celui qui se propage postérieurement, est ce que l'on nomme la *veine-cave postérieure*.

De la Veine-cave antérieure.

La *veine-cave antérieure* partant du sac droit, ainsi que nous venons de l'observer, forme un tronc très-considérable, qui monte & s'élève au côté droit de l'aorte antérieure jusqu'auprès de la division de cette artere en axillaire. On considérera :

1°. *La veine azigos* venant de la partie supérieure de ce tronc, se portant en arriere le long des vertébres dorsales un peu du côté droit, & se terminant environ à la derniere de ces vertébres ; cette *veine* fournissant au surplus toutes les *intercostales postérieures*, qui partent de chaque côté de ce même tronc.

2°. *La veine cervicale supérieure* partant de ce même tronc, fournissant la *premiere intercostale* & la *dorsale*, & celle-ci donnant la 2e. 3e. 4e. & 5e. *intercostale*. Cette même *cervicale* accompagnant l'artere du même nom jusqu'à ses dernieres ramifications.

3°. *La veine dorsale* passant entre la seconde &

la troisieme côte, & se distribuant aux muscles de l'omoplate du col & du dos.

4°. *Les veines vertébrales*. La *vertébrale* du côté droit naissant de ce même tronc, accompagnant jusques dans le cerveau l'artere du même nom, passant comme elle dans les trous vertébraux & communiquant avec les *occipitales*; la *vertébrale* du côté gauche étant fournie par la cervicale supérieure.

5°. *Les veines spinales* dues aux veines *vertébrales* dans leur trajet, & répondant dans la moëlle de l'épine.

6°. *Les veines médiastines & tymiques* se portant, les unes au médiastin, & les autres au tymus.

7°. *Les thorachiques internes* partant de la partie extérieure du tronc, avant sa division en *axillaires*, suivant les arteres du même nom le long des parties internes & latérales du sternum ; elles naissent quelquefois des axillaires.

260. 8°. *La division de la veine-cave antérieure à sa sortie du thorax* par-dessus le sternum & au-devant de la division de *l'aorte antérieure* en *axillaires*, cette veine fournissant quatre branches principales, qui sont les *jugulaires* & les *axillaires*

261. 9°. Le *Tronc de la veine jugulaire*, qui après s'être séparée de la *veine-cave*, donne la *cervicale inférieure*, qui suit l'artere du même nom jusqu'à ses dernieres ramifications.

10. *La veine des ars* partant de la *jugulaire* à un pouce de sa naissance, & formant celle que l'on nomme *céphalique* dans l'homme. Elle descend le long de la face interne du bras : parvenue à l'articulation du coude, elle s'anastomose avec un rameau de la *brachiale interne* & poursuit son trajet le long de la partie latérale interne. Elle chemine jusqu'à la partie postérieure du cubitus, en laissant échap-

per des ramifications qui se distribuent dans les muscles qu'elle rencontre : arrivée au genou, elle en donne une autre qui s'anastomose *avec la brachiale interne*, & fournit, en passant sur l'articulation, quelques rameaux d'où résultent les *veines poplitées*; elle suit ensuite sa route le long de la partie postérieure & interne du canon jusqu'au boulet, où elle s'unit de nouveau avec la même *veine brachiale interne*.

11.º *La veine jugulaire*, qui après avoir fourni ces deux rameaux, s'élève antérieurement & latéralement le long de l'encolure ; elle suit beaucoup plus extérieurement que les *carotides* les côtés de la trachée-artere, & fournit dans ce trajet quelques ramifications aux parties voisines.

12.º *La veine tyroïdienne* partant de cette même veine avant sa division & se portant au larinx, aux glandes tyroïdes, parotides & maxillaires.

13.º *La veine maxillaire interne* sortant de ce même tronc lorsqu'il est parvenu près de la tubérosité de la mâchoire, communément à trois ou quatre doigts en-dessous & en arriere de cette tubérosité, cette veine pouvant être aisément apperçue à l'extérieur, pour peu que la *jugulaire* soit gonflée & se portant en dedans de la mâchoire & sous l'auge. Elle répondroit par sa situation à la veine jugulaire externe de l'homme ; mais les distributions en sont différentes, toutes les veines externes de la tête humaine se dégorgeant dans le seul tronc de la jugulaire externe, tandis que dans l'animal les veines intérieures partent séparément du tronc ou des ramifications *de la jugulaire*.

14.º *Les ramifications* que la *maxillaire interne* fournit aux muscles masseter & spheno-maxillaire.

15.º *La veine ranule* n'étant autre chose que le

premier rameau échappé de la veine dont il s'agit, pénétrant dans la substance de la langue, & que l'on ouvre dans certains cas à la portion inférieure de cette partie, s'anastomosant enfin avec celle du côté opposé près de l'os hyoïde.

16.° *Le trajet continué de cette veine maxillaire interne* par-dessus le bord postérieur de la mâchoire, sa division en trois branches lorsqu'elle est parvenue à la face externe de cette même mâchoire; la première de ces branches descendant le long des muscles molaires, & formant *les veines labiales*; la seconde remontant dessous le muscle masseter, augmentant considérablement de volume & s'anastomosant avec la *maxillaire postérieure* avant de pénétrer dans le canal de la mâchoire; la troisieme gagnant l'épine du maxillaire & se divisant en deux rameaux, dont l'un passe par-dessous cette même épine, communique avec la *temporale* & va former *les veines angulaires & nasales externes*; tandis que l'autre monte le long du zigoma en-dessous du masseter, où elle est très-considérable, pénètre dans l'orbite, à la faveur du pont jugal, en fournissant la *veine palatine*, la *nasale interne*, la *maxillaire antérieure* & *l'oculaire*, & communique dans le sinus caverneux par le trou qui donne passage au nerf ophtalmique.

17.° *La veine palatine* résultant, ainsi que nous l'avons dit, du second rameau de la troisieme branche de la *maxillaire interne*, pénétrant dans la bouche par le conduit gustatif ou palatin, & se distribuant sur toute la voute du palais, en formant un lacis ou un réseau admirable sur toute cette partie au moyen de sa communication avec celle du côté opposé.

18.° *La veine nasale interne*, échappée du même

second rameau, s'insinuant par le trou nasal & accompagnant l'artere du même nom.

19.° *La veine maxillaire antérieure* étant aussi une division de ce même rameau, pénétrant par le conduit maxillaire antérieur, & suivant l'artere maxillaire antérieure.

20°. *La veine oculaire* provenant encore du rameau dont nous avons parlé, accompagnant l'artere oculaire dans toutes ses ramifications.

21.° *La seconde branche de la jugulaire* pouvant être comparée à la *jugulaire interne* humaine, accompagnant la *carotide interne* dans le crâne, plongeant dans le sinus caverneux, & fournissant dans sa marche la *veine occipitale*, qui suit l'artere du même nom dans toutes ses divisions.

22.° *La troisieme branche de la jugulaire* formant la *veine auriculaire* qui se distribue à l'oreille externe & aux parotides.

23.° *La veine maxillaire externe* formant la quatrieme branche de la *jugulaire*, accompagnant l'artere du même nom, & se plongeant dans le masseter.

24.° *La veine temporale*, vulgairement appellée *la veine de larmier*, résultant de la cinquieme & derniere branche de *cette même jugulaire*, traversant le muscle masseter en-dessous & en-dehors de l'apophise condyloïde de la mâchoire, descendant le long de l'épine du zigoma, & communiquant avec la *maxillaire interne*, à l'endroit où elle fournit les *angulaires*; cette veine donnant au surplus, près de l'articulation de la mâchoire, un rameau qui pénetre dans le crâne par le canal qui est à la base de l'apophise mastoïde du temporal.

25.° *Le trajet de la jugulaire*, qui ensuite de ces cinq branches échappées d'elle, descend le long de la face interne de la mâchoire, fournit des rameaux au pharinx & au muscle spheno-maxillaire, se plonge dans le canal de la mâchoire postérieure, sous le nom de *maxillaire postérieure*, en s'anastomosant avant que d'y pénétrer avec le second rameau de la *maxillaire interne*, ainsi que nous l'avons observé.

262. 26.° *La veine axillaire* étant une des principales divisions de la veine-cave, à sa sortie du thorax, marchant pardevant les arteres axillaires, ces veines étant égales en longueur, parce que la *veine-cave* ici ne se divise qu'à sa sortie de la poitrine au-dessus du sternum, tandis que dans l'homme ce vaisseau conservant sa situation à droite, la *sousclaviere gauche* a plus de trajet à faire, & est conséquemment plus longue que la *sousclaviere droite*; cette veine axillaire sortant du thorax en passant sur le bord de la premiere côte, gagnant la partie interne de l'épaule & des ars, & donnant ici la *thorachique externe*, la *scapulaire*, & peu après la *veine de l'eperon*.

27.° *La veine thorachique externe* se portant le long de la partie latérale de la poitrine, accompagnant l'artere du même nom jusqu'à ses dernieres ramifications.

28°. *La veine scapulaire* cheminant en-dedans de l'omoplate entre cette partie & les côtes, & se perdant dans tous les muscles des environs, tant en-dedans qu'en-dehors de l'épaule.

29°. *La veine brachiale ou humérale* n'étant autre chose que la *veine axillaire*, qui prend ce nom lorsqu'après s'être portée sous la partie interne de l'articulation du bras avec l'omoplate, elle est descendue le long de la partie latérale de l'humérus: Elle envoie près de la partie supérieure de cet os quelques ramifications à cette articulation, & se divise en trois branches, qui sont la *veine de l'eperon*, la *brachiale interne* & la *cubitale*.

30.° *La veine de l'éperon* cheminant extérieurement & sous le pannicule charnu le long de la partie latérale de la poitrine & du bas-ventre, & se distribuant à toutes les parties voisines.

31.° *La veine brachiale interne* fournissant à environ cinq à six pouces de son trajet, un rameau considérable qui envoie quelques ramifications aux parties voisines, & s'anastomose près de l'articulation du cubitus avec la *veine des ars* : cette même *brachiale interne* cheminant avec l'artere du même nom, s'anastomosant avec la *veine cubitale* & la *veine des ars* quand elle est parvenue à cette articulation, & laissant échapper dans sa marche quelques ramifications qui se portent aux muscles qu'elle rencontre.

32.° *La veine cubitale* descendant le long de la partie postérieure de l'humerus, passant sur la sinuosité de l'olécrane, donnant des ramifications à l'articulation du cubitus & aux parties voisines, cheminant le long de la partie postérieure de la jambe entre les muscles fléchisseurs du canon, s'anastomosant avec la *brachiale interne* quand elle est arrivée à l'articulation de cet os avec le cubitus, & se divisant dès lors en veines *articulaires*, *musculaires* & *latérales*.

33.° *Les veines articulaires* naissant de l'endroit de la division près du boulet & entourant l'articulation.

34°. *La veine musculaire* étant un des rameaux qui part de ce même endroit & qui remonte jusqu'auprès du genou, en se perdant dans les muscles du canon.

35.° *Les veines latérales* étant les deux branches de cette division, l'une à droite, l'autre à gauche, chacune d'elles descendant le long du pâturon, fournissant dans leur trajet plusieurs ramifications, s'anastomosant sur la couronne quand elles sont parvenues aux cartilages, formant dès lors la *veine coronaire*, se répandant dans toute l'étendue du pied, par-dessous la substance sillonnée & la sole charnue, & composant enfin, au moyen de leurs fréquentes anastomoses, le réseau admirable que l'on remarque dans toute cette partie.

De la Veine-cave postérieure.

263. La veine-cave postérieure sortant du sac droit à l'opposite de la veine-cave antérieure, se porte horisontalement l'espace de quatre ou cinq travers de doigt jusqu'au diaphragme, qu'elle traverse à la partie latérale droite du centre aponévrotique de ce muscle. Nous considérerons :

1.° *Les veines coronaires*. Celle du côté droit étant fournie par elle peu après sa sortie du sac ; celle du côté gauche partant du sac du même côté ; l'une & l'autre accompagnant les arteres dans toute leur étendue & communiquant ensemble.

2°. *Les veines diaphragmatiques*, c'est à-dire, les deux ou trois branches qu'elle fournit à cette cloison musculeuse lors de son passage ; le trajet de ces veines dans cette partie s'opere d'une maniere particuliere ; elles semblent en effet ne résulter que d'un intervalle dans le centre nerveux, à peu près comme les sinus de la dure-mere, ensorte qu'on ne peut absolument point séparer les tuniques de ces veines, tuniques qui paroissent confondues avec les fibres mêmes du diaphragme.

3°. *Les veines hépatiques* partant immédiatement de cette même veine-cave, lorsque sortant du thorax elle passe le long du foie, en pénétrant légerement sa substance ; ces *veines hépatiques* se plongeant dans ce viscere, l'une à droite, l'autre à gauche, & la troisieme dans le milieu.

4.° *Le trajet de la veine-cave*, qui hors du trajet du foie, s'étend de droite à gauche, & de bas en haut, pour atteindre le corps des vertébres des lombes, & pour se rapprocher de l'aorte qu'elle accompagne jusqu'à l'os sacrum, en suivant toujours le côté droit.

5.° *Les veines émulgentes* étant les deux vaisseaux qu'elle fournit au lieu de la naissance des arteres du même nom ; ces deux vaisseaux allant l'un à droite, l'autre à gauche, pour se distribuer à chaque rein, la *veine émulgente gauche* étant plus longue & le chemin qu'elle doit faire étant plus étendu, puisqu'elle passe par-dessus l'aorte.

6.° *La veine capsulaire* allant aux reins succenturiaux, & partant communément du principe des *émulgentes*, quelquefois aussi du tronc *de la veine-cave*, principalement & plus fréquemment du côté droit.

7.° *Les veines spermatiques* naissant de la partie inférieure de la *veine-cave* à quelque distance & en arriere des *émulgentes*, & s'écartant d'abord de leur origine en cheminant obliquement en-dehors & en arriere pour joindre les arteres nommées de même. Dans le cheval, elles les conduisent jusqu'aux testicules en sortant de l'abdomen par l'anneau des muscles obliques. Dans la jument, elles n'outre-passent point la capacité du bas-ventre ; elles se terminent à l'ovaire ; le diametre en est aussi plus considérable, sur-tout dans les jumens qui ont porté. Souvent encore *la veine spermatique droite* tire son origine *de la veine-cave* ; tandis que la *spermatique gauche* part & naît de *l'émulgente*.

8.° Les veines lombaires sortant ensuite de chaque côté & de la partie supérieure de la *veine cave* pour se perdre dans les muscles de l'abdomen & des lombes.

264. 9°. *Les veines iliaques communes* résultant de la bifurcation du tronc de la *veine-cave postérieure* parvenu à la derniere vertébre lombaire, chacune de ses branches se divisant en *iliaques internes* & en *iliaques externes*.

265. 10°. *Les veines iliaques internes* se divisant en deux rameaux, à environ trois pouces de leur naissance, le premier formant la *veine honteuse interne*, accompagnant l'artere du même nom, & se distribuant aux parties du bassin comme à la vessie, aux vesicules seminales, au bulbe de l'urethre, aux grandes & aux petites prostates dans le cheval, & dans la jument, au vagin & aux parties extérieures de la génération ; & ce rameau communique avec la *caverneuse*.

11.° *La veine sacrée* résultant du second rameau, accompagnant l'artere du même nom & se distribuant aux muscles de la cuisse & de la queue.

266. 12.° *Les veines iliaques externes* donnant dès leur commencement & dès leur partie extérieure même la *petite iliaque* ; celle-ci se plongeant dans les muscles iliaques, ainsi que dans les parties voisines, & sortant ensuite de l'abdomen par l'arcade crurale.

13.° *Les veines utérines* partant de ces mêmes veines iliaques, se distribuant à l'utérus dans la jument, formant dans le cheval la *veine spermatique seconde*, & suivant les mêmes distributions que les arteres du même nom.

14.° *La veine fessiere* fournissant un rameau qui gagne la face interne du bassin, & se distribue dans les muscles psoas & iliaques ; *cette même fessiere* sortant du bassin par l'échancrure sciatique,

& se distribuant dans les muscles fessiers, ainsi que dans les parties voisines.

15.° *Le rameau échappé des iliaques* externes sortant du bassin par l'arcade crurale pour se déployer & se ramifier dans le muscle moyen fessier, ainsi que dans les muscles extenseurs de la jambe.

16.° *La veine obturatrice* accompagnant l'artere du même nom sortant du bassin par le trou ovalaire, fournissant la *veine caverneuse*, ainsi que plusieurs rameaux, qui vont se perdre dans les muscles de la partie interne de la cuisse, & s'anastomosant avec la *tibiale postérieure*.

17.° *Les veines caverneuses* se portant au membre de l'animal, passant sous le ligament qui les soutient, communiquant avec la *honteuse interne*, se répandant sur le membre, en fournissant des rameaux au corps caverneux ; quelques-uns de ces mêmes rameaux communiquant avec *les veines honteuses externes*, & l'une & l'autre de ces *veines caverneuses*, formant un lacis admirable sur toute l'étendue du membre, en donnant des ramifications au tissu spongieux de l'urethre, & se perdant dans la tête de ce même membre.

18.° *La veine abdominale*, fournie par *l'iliaque externe* quand elle est parvenue à l'arcade crurale ; cette même *veine abdominale* envoyant quelques rameaux au membre dans le cheval, & aux mammelles dans la cavale, marchant le long de la face interne du muscle droit dans lequel elle se distribue, & se plongeant en même tems dans les parties qui en sont les plus voisines.

19.° *Les veines honteuses externes* étant les plus remarquables des branches, qui sont le produit de *l'iliaque* lorsqu'elle est sortie par l'arcade dont j'ai parlé, communiquant entr'elles, s'anastomosant avec la *veine caverneuse*, se distribuant dans les parties extérieures de la génération, & contribuant au réseau qui rampe sur le membre, & qui se montre dans les parties voisines.

20.° *Les veines mammaires* étant des ramifications des *honteuses externes* allant aux mammelles dans la jument; d'autres petits vaisseaux se portant aux glandes inguinales, à la graisse & à la peau.

267.   21.° *La veine crurale* n'étant autre chose que *l'iliaque externe*, qui prend ce nom dès qu'elle est arrivée à la cuisse ; cette veine descendant le long de la partie interne, & gagnant obliquement la partie postérieure.

22.° *Les veines musculaires*, fournies par la *crurale* dans ce trajet, & se distribuant aux muscles de cette partie.

23.° *La veine saphène* répondant dans cette extrémité à celle qu'on nomme *veine des ars*, ou *veine céphalique* dans l'extrémité antérieure, naissant de la partie supérieure de la *crurale*, cheminant en descendant extérieurement le long de la partie interne de la cuisse, laissant échapper près de l'articulation un rameau qui s'anastomose avec la *tibiale postérieure*, poursuivant son trajet le long de la partie externe de la jambe ; laissant échapper, lorsqu'elle est parvenue au jaret, un rameau qui s'anastomose avec des rameaux de la *tibiale antérieure*, cheminant le long de la partie externe du canon en gagnant la partie postérieure, & se joignant avec la *tibiale antérieure*, près de l'articulation du boulet.

24.° *La veine tibiale postérieure* naissant de la *crurale* avant son arrivée à l'articulation du tibia, s'anastomosant avec un rameau de *l'obturatrice*, & accompagnant l'artere tibiale postérieure jusqu'à ses dernieres ramifications.

25.° *La veine tibiale antérieure* n'étant que cette *même crurale*, parvenue au grasset, en gagnant la partie postérieure de cette articulation ; elle se porte à la partie antérieure du tibia ; elle passe sous son épine pour suivre son trajet le long de cet os, & donne dans sa marche des veines aux muscles voisins. Arrivée sur le devant de l'articulation du jarret, elle laisse échapper des rameaux, qui s'anastomosent avec la *saphène* ; elle pénètre entre les os de cette articulation ; elle se porte postérieurement le long du canon, toujours un peu plus du côté interne, & chemine ainsi jusqu'auprès du boulet, où elle se joint à la *saphène*.

26°. *Les veines latérales* qui ne diffèrent point de celles de l'extrémité antérieure, & d'où naissent les *veines coronaires*, qui forment ici de même le lacis curieux que l'on admire dans le pied.

De la Veine-porte.

La veine-porte, ainsi appellée, attendu son entrée dans le foie par cet endroit qui donne passage à tous les vaisseaux de ce viscere, fait fonction d'artere à l'égard de cette partie, & favorise une circulation particuliere, puisqu'elle ne se joint à la *veine-cave* que comme les vaisseaux artériels se joignent aux veines, c'est-à-dire, par l'extrémité de ses ramifications. Il faut en considérer :

1.° *Le tronc*, autrement dit, *le sinus*, placé entre le foie, l'estomac & la premiere portion d'intestin qui avoisine ce dernier viscere.

2.° *Les branches sortant des deux extrémités de ce tronc*, dont les unes constituant ce que l'on nomme la *grande veine-porte*, ou la veine-porte ventrale, sont comme les racines de cette espece d'arbre, tandis que les autres qui répondent au foie font comme les rameaux, & forment ce que l'on appelle la *petite veine-porte*, ou la *veine-porte hépatique*.

269. 3°. *La veine-porte ventrale*, ou *la grande veine-porte*, recevant le sang de tous les visceres abdominaux contenus dans le péritoine, c'est-à-dire, de l'estomac, du pancréas, de la ratte, de l'épiploon, du mésentere & des intestins ; ses ramifications étant d'ailleurs fort irrégulieres. Elles répondent à l'artere cœliaque & aux deux arteres méfentériques, & en rapportent le sang au foie. Il seroit difficile de les distinguer au surplus en *grande & petite méseraïque* comme dans l'homme. On y discerne simplement la *veine splénique*, qui est un rameau assez considérable, sortant le premier du tronc pour se distribuer à la ratte. De ce rameau partent les veines qui vont au fond de l'estomac former les *vaisseaux courts*, ainsi que d'autres branches, qui régnant le long de la grande courbure, composent les *veines gastro-épiploïques gauches*, veines qui s'anastomosent avec des rameaux dépendans des premieres divisions des méfentériques, & connus sous le nom de *gastro-épiploïques droites*. On donne aussi celui de *veines gastriques* à celles de ces branches qui suivent l'artere gastrique dans la petite courbure ; mais il est impossible d'assigner pareillement à ces veines une origine constante, à moins que l'on ne dise qu'elles partent toujours & invariablement de la *grande* méfentérique. Le reste de cette *grande veine-porte* est destiné à parcourir l'étendue du mésentere, du mésocolon, pour se distribuer aux intestins, à l'anus, &c.

270. 4°. *La petite veine-porte*, ou *la porte-veine hépatique*, sortant de l'extrémité du sinus à l'opposé de la porte ventrale, se plongeant par plusieurs branches

DE L'ART VETERINAIRE. 241
ches dans la substance du foie qu'elle pénetre, à côté du canal hépatique, & s'y ramifiant de maniere que toutes ses subdivisions répondent aux grains pulpeux & glanduleux qui composent ce viscere, ainsi qu'aux extrêmités des *veines hépatiques* qui reçoivent le sang de cette veine pour le transmettre dans la *veine-cave*, & le conduire dans le torrent de la circulation.

PRÉCIS NEVROLOGIQUE,
OU
TRAITÉ-ABRÉGÉ
DES NERFS DU CHEVAL.

Des Nerfs en général.

271. Les *nerfs* (XII) font des cordons blancs, connus aussi sous la dénomination de *canaux* ou de *tuyaux nerveux*. Nombre de personnes appellent fort mal-à-propos encore de ce nom de *nerfs* les tendons, les ligamens & les muscles de l'animal; cette même erreur, ou cette même confusion, a eu long-tems lieu à l'égard de ces parties dans le corps de l'homme, lorsque l'anatomie humaine n'étoit pas plus avancée que le sont malheureusement aujourd'hui l'anatomie comparée & la médecine vétérinaire.

Les uns paroissent immédiatement fournis par la moëlle allongée, les autres par la moëlle épiniere, leur premiere source ou leur origine étant ou dans le cerveau ou dans le cervelet; le tissu de la moëlle allongée & de la médule spinale, qui est une suite & un prolongement de celle-ci, naissant lui-même du concours & de la réunion des fibres médullaires & des substances de ces deux corps.

Les premiers sortent par les trous du crâne, les seconds par les trous du canal vertébral.

2. Leurs enveloppes sont produites par celles des visceres auxquels ils doivent leur naissance, la piemere leur offrant, lorsqu'on les voit sortir de la masse moëlleuse, une gaine qui est l'unique & la seule qui les accompagne dans le trajet qu'ils font depuis la moëlle allongée & depuis la moëlle épipiere, & la dure-mere qui sert de périoste interne au crâne, & qui se continue dans le canal des vertébres, les encourant & les suivant avec la piemere dans leurs différentes divisions au moment où ils se propagent hors des cavités osseuses qui les contiennent.

3. Les notions que l'on a de leur fabrication intérieure dans laquelle les uns admettent des fibres médullaires caves, & d'autres des fibres pleines & dénuées de cavités, ne peuvent être regardées comme vraiment exactes & précises; ce qu'il y a de plus certain, c'est que leur substance est évidemment pulpeuse avant leur entrée dans la gaîne commune que leur fournissent les méninges, & nous voyons qu'à leur terme & en arrivant aux parties dans lesquelles ils semblent se perdre, & où ils déposent ces enveloppes, ils s'épanouissent sous la forme d'une membrane infiniment tenue ou d'une pulpe très-molle. Cette expansion membraneuse ou médullaire est très-sensible. 1°. Dans le nerf optique, qui paroît finir par une espece de globule, du contour duquel partent des fibrilles ou des filamens dépouillés de leurs gaines qui tapissent tout le fond de la cavité oculaire sous le nom de *rétine*. 2°. Dans le nerf de la septieme paire dont un des rameaux répandu dans le limaçon & dans le labyrinthe, est, ou paroît être, l'organe immédiat de l'ouie, il est désigné par la dénomination de *portion-molle*; enfin dans les nerfs olfactifs dont la substance, depuis leur naiss-

sance jusqu'à leur fin, n'a rien de dur & de compact.

274. Le trajet des tuyaux nerveux les conduit, comme celui des vaisseaux sanguins, dans toutes les parties; mais ceux-ci dans leur route diminuent toujours proportionnément au nombre de leurs divisions & à leur éloignement du centre, tandis que le diametre des nerfs augmente sensiblement en plusieurs endroits à une distance considérable de leur naissance. Leur marche s'exécute au travers de parties molles, lâches & sans cesse humectées, qui pressent leur surface & dans lesquelles ils serpentent, ils se replient, ils décrivent des courbes, des lignes obliques, ils rétrogradent ou reviennent sur eux-mêmes, &c.

275. Leurs attaches sont à différens points, sur-tout aux angles formés par leurs replis, leurs flexions & leurs contours infinis.

276. Les vaisseaux sanguins ne communiquent que dans leurs rameaux; les communications des nerfs ont lieu à la sortie du crâne & du canal de l'épine, ou dans ces cavités; les mêmes troncs envoient aussi des rameaux en différens endroits & souvent ces rameaux se joignent à d'autres filets émanans aussi d'autres troncs; de-là principalement la sympathie, la correspondance des unes & des autres parties du corps de l'animal, leur sentiment, leur affection réciproque & mutuelle lorsque l'une d'elles est attaquée de quelques maux.

277. On a donné le nom de *plexus* ou de *lacis* à des especes de rets ou de filets résultans de leurs entrelacemens divers, tels sont ceux qui forment les plexus cardiaque, pulmonaire, stomachique, &c. &c.

278. On appelle aussi du nom de *ganglion* de légeres tumeurs nerveuses, ou des petits corps durs

nés de leurs dilatations, dont la structure n'est pas bien connue ; ces petits corps ronds paroissent vasculeux & reçoivent plusieurs artérioles, comme les tuyaux nerveux, qui ne sont certainement pas dépourvus de vaisseaux sanguins. Lancisi, qui a examiné les ganglions dans le cheval, & qui du reste les a envisagés comme de petits cerveaux, ou comme des substituts de ce viscere, a cru y appercevoir trois tuniques, l'une externe vaginale, l'autre moyenne charnue, & la troisieme tendineuse. Nous n'avons pas été assez heureux pour démêler cet appareil ; quoi qu'il en soit, il a conclu d'après cette structure musculeuse, que les ganglions peuvent brider les fibres nerveuses & fournir une nouvelle augmentation de mouvement.

Cette description a fait naître à un Auteur (*) moderne très-estimable de nouvelles idées. Il en a conclu, que le cerveau étant le filtre du fluide animal, les ganglions sont le second filtre de ce fluide, & qu'ils n'ont été répandus dans tout le systême nerveux, que comme autant de glandes destinées à séparer du fluide nerveux ou sensitif général les especes de ce fluide nécessaires aux différentes sensations.

79. En ce qui concerne les usages généraux des nerfs, on les regarde avec raison comme les organes du sentiment & du mouvement ; mais une foule d'expériences, telles que les compressions, les sections, les ligatures, ont prouvé que ce n'est qu'eu égard à leur continuité & à la liberté de leur commerce avec le cerveau, qu'ils ont la faculté de mettre en jeu les ressorts de toutes les parties, ces canaux n'ayant en eux-mêmes & par

---

(*) M. Lecat.

eux-mêmes aucune des conditions requises pour leur donner de l'activité, & n'étant que des tuyaux de communication préposés pour charrier ou pour transmettre de la masse moëlleuse à ces mêmes parties, & de ces mêmes parties à cette même masse, l'esprit animal, c'est-à-dire, le fluide infiniment subtil & pur, d'où dépendent le sentiment, la force, l'action & la tension des fibres & des parties solides de la machine. Ce qui est soumis à nos sens, ce que toutes nos recherches nous démontrent, dépose au surplus hautement contre ceux qui ont cru devoir les déclarer des organes actifs & moteurs, & combat toute idée de leurs fonctions conséquemment à une force & à une possibilité de traction, de vibration, d'oscillation, de trémoussement & d'ondulation, dont ils ne sauroient être susceptibles.

DES NERFS EN PARTICULIER.

Nerfs de la moëlle allongée.

280. E<small>N</small> soulevant la *masse du cerveau*, on découvre successivement *vingt nerfs*, dix de chaque côté, qui naissent de la base de cette masse ou de la production médullaire, que l'on nomme *moëlle allongée*. Ces *dix paires de nerfs* sortent, par des ouvertures différentes, de la cavité osseuse dans laquelle elles sont renfermées, & sont autant de troncs séparés, qui divisés & partagés ensuite en branches, en rameaux, en ramifications, en filets, se portent & se distribuent à diverses parties. Nous considérerons :

1°. *Les nerfs olfactifs, ou de la première paire*, naissant postérieurement de la partie inférieure des corps cannelés, étant réellement caves dans le cheval, leur cavité commençant du côté de leur origine par un principe assez étroit qui augmente à mesure qu'il approche de l'os ethmoïde, & se termine par un cul-de-sac dans le fond de la petite fosse où cet os est logé. On y trouve seulement de la sérosité comme dans les autres cavités que l'on nomme ventricules ; peut-être vient-elle des ventricules antérieurs ; aussi pourroient-ils être appellés *ventricules olfactifs*, eu égard à leurs cavités distinctes & remplies de cette humeur limpide ; ces mêmes nerfs au surplus paroissant blanchâtres à l'extérieur & à l'intérieur, & étant évidemment grisâtres dans le milieu de leur substance, cette même substance grisâtre sortant de la partie inférieure des processus, passant par les trous de l'os cribleux, & s'insinuant par autant de filets qu'il est de trous à la superficie de cet os jusques dans les naseaux, où ces mêmes filets, qui d'ailleurs ne sont pas sensiblement plus vasculeux que les autres tuyaux nerveux, se répandent en nombre de ramifications dans toute l'étendue de la membrane pituitaire. La dure-mere, qui tapisse l'os ethmoïde du côté du crâne, en accompagne toutes les distributions en passant par les mêmes ouvertures.

2°. *Les nerfs optiques, ou de la seconde paire*, venant des éminences du cerveau appellées les *couches ou les lits des nerfs optiques*, se portant jusques sur la fosse pituitaire où ils s'unissent étroitement l'un à l'autre précisément au bas de la glande dont le siege est dans cette fosse, se séparant aussi-tôt, passant dans les trous optiques de l'os sphénoïde, entrant dans les cavités orbitaires, se plongeant enfin chacun de leur côté dans le globe de l'œil, en ne s'insérant pas directement vis-à-vis la prunelle, mais légerement & un peu plus du côté interne. Du reste la substance en est sensiblement pulpeuse.

3°. *Les nerfs moteurs des yeux, ou les nerfs de la troisieme paire*, naissant de la partie postérieure de la moëlle allongée à l'endroit qui répond à la selle turchique, accompagnant le cordon antérieur de la cinquieme paire, sortant par le trou maxillaire antérieur & pénétrant dans l'orbite, où ils se divisent en trois branches, dont deux se perdent dans la substance des muscles droits, abaisseurs & abducteurs de l'œil, & le troisieme dans le petit oblique.

4°. *Les nerfs obliques*, ou *de la quatrieme paire*, appellés dans l'homme par Willis, *nerfs pathétiques*; ces nerfs très-déliés naissant de la partie antérieure & latérale de la moëlle allongée entre le cerveau & le cervelet, au-dessus des tubercules quadrijumeaux, se portant obliquement vers l'apophise pierreuse pour atteindre le cordon antérieur de la cinquieme paire, passant par le trou maxillaire antérieur, & marchant obliquement, lorsqu'ils sont parvenus dans l'orbite, au muscle grand oblique dans la substance duquel ils se ramifient.

283. 5°. *Les nerfs de la cinquieme paire*, beaucoup plus considérables, prenant naissance des parties latérales de la protubérance annullaire, s'avançant du côté de l'apophise pierreuse du temporal & se divisant en deux gros cordons, l'un *antérieur*, l'autre *postérieur*, & connus tous les deux sous le nom de *maxillaires*.

Le maxillaire antérieur descendant le long des parties latérales de la selle turchique, sortant du crâne par le trou maxillaire antérieur, & laissant échapper dans ce conduit une branche moins notable & plus légere, que l'on nomme *l'ophtalmique*, cette branche perçant le trou commun qui est dans ce même conduit pour se porter dans l'orbite & fournissant quatre rameaux.

Le premier de ces rameaux formant *le nerf sourcilier* qui passe le long de la voûte de l'orbite & fournit un cordon qui enfile le trou orbitaire interne, pénetre dans le crâne, s'associe aux nerfs olfactifs, chemine avec eux par les trous de la lame cribleuse de l'ethmoïde & se distribue dans le nez; ce même premier rameau continuant sa route, sortant par le trou sourcilier, s'épanouissant sur le front & se distribuant au muscle releveur de la paupiere, au muscle orbiculaire, au péricrâne & aux autres parties voisines.

Le second rameau n'étant autre chose que le nerf appellé *lachrimal*, parce qu'il se porte en plus grande partie à la glande lacrhimale comme à la paupiere supérieure.

Le troisieme se portant au grand angle de l'œil, & se distribuant au sac lacrhimal, à la caroncule lacrhimale, à la membrane clignotante, au péri-orbite, &c.

Le quatrieme enfin gagnant la partie externe de l'orbite, & se ramifiant dans la paupiere inférieure.

Ce même cordon antérieur, avant d'entrer dans l'os maxillaire, fournissant encore deux rameaux, dont le premier dit *le nerf gustatif* ou *palatin*, avant de pénétrer par le trou palatin, donne un filet qui va s'épanouir dans le voile du palais & dans les muscles de cette partie; ce même *nerf palatin* enfilant ensuite ce trou, & s'épanouissant dans toute la substance de la membrane palatine, tandis que le second rameau, nommé le *nerf nazal*, pénetre dans le nez par le trou nazal, & s'épanouit dans toute la substance de la membrane pituitaire. Il fournit encore des rameaux au voile du palais, ainsi qu'aux glandes & aux muscles de ces parties.

Ce *même maxillaire antérieur* entrant ensuite dans le conduit maxillaire antérieur, d'où il envoie des filets aux dents de la mâchoire antérieure, sorti de ce conduit par le trou maxillaire externe, il se disperse dans les muscles des nazeaux, des levres & dans leurs tégumens.

Le cordon maxillaire postérieur sortant de la base du crâne par la portion la plus élargie de la fente déchirée, & fournissant aussi-tôt deux cordons qui vont s'associer à la huitieme paire pour former le *nerf intercostal commun* ; (*Voy.* 289) s'avançant ensuite de derriere en-devant le long de la face interne de la mâchoire postérieure pour entrer dans le conduit maxillaire postérieur, & fournissant des rameaux à chacune des dents ; de-là sortant par le trou mentonnier, & se ramifiant dans les muscles de la lévre postérieure, dans le menton, dans les gencives, &c. mais ayant fourni avant d'entrer dans ce conduit quatre cordons très-remarquables.

Le premier, connu sous le nom de *petit nerf lingual*, parce qu'il se répand dans la langue & dans ses muscles ; celui-ci descendant le long de la portion interne de la mâchoire pour se propager dans la substance de ces parties, & communiquant avec *les nerfs de la neuvieme paire*.

Le second passant par l'échancrure sigmoïde de la mâchoire postérieure, & se perdant dans le muscle masseter.

Le troisieme s'épanouissant dans la substance du

muscle sphéno-maxillaire, & envoyant quelques filets au digastrique.

Le quatrieme se distribuant au muscle molaire & aux glandes de ces parties.

6°. *La sixieme paire* prenant naissance de la partie postérieure de la moëlle allongée au-dessous de la protubérance annullaire, passant avec la *cinquieme paire* par le trou maxillaire antérieur, pénétrant dans l'orbite & venant se ramifier dans la substance du muscle adducteur de l'œil & dans l'orbiculaire.

7°. *Les nerfs auditifs*, ou *de la septieme paire*, naissant des parties latérales & supérieures de la moëlle allongée, allant dans le trou auditif de l'os des tempes, ces nerfs étant composés de deux substances d'une consistance différente, leur partie inférieure étant nommée la *portion-dure*, parce qu'elle est la plus ferme, la supérieure étant pulpeuse & moëlleuse à peu-près comme les *nerfs olfactifs*, & distinguée par le nom de *portion-molle*, celle-ci étant proprement destinée à l'organe de l'ouie, pénétrant par les porosités osseuses qui sont au fond du canal auditif, & se dispersant dans les cavités de l'oreille interne, l'autre ou la *portion dure* sortant par le trou stiloïdien, se divisant en deux cordons, dont l'un se ramifie dans la glande parotide, ou dans la glande vulgairement appellée *avive*, dans les muscles des oreilles, dans le muscle crotaphite & dans la peau, & dont l'autre se joint à deux cordons de la *cinquieme paire*, se porte sur la face externe du masseter & va s'épanouir dans la substance des muscles des lévres & des nazeaux.

8°. *La paire vague*, ou la *huitieme paire*, naissant de la partie moyenne de la moëlle allongée, recevant dès son origine un cordon de nerfs qui remonte de la moëlle épiniere, entre par le grand trou de l'occipital & vient s'unir à elle ; ce cordon de nerf étant désigné par le nom de *nerf spinal* ou de *nerf accessoire de* Willis dans l'homme, ou *d'accessoire de la huitieme paire* ; cette même *huitieme paire* unie à ces *nerfs accessoires* sortant de la base du crâne supérieurement, de la partie la plus étroite des trous déchirés, fournissant un cordon qui va se distribuer aux larinx & aux muscles de l'os hyoïde, & s'associant ensuite avec deux cordons de la *cinquieme paire*, pour se distribuer, ainsi que nous le dirons, & former le *grand nerf sympatique*, ou *l'intercostal commun*. (*Voy.* 289)

287. 9°. *Les grands nerfs linguaux*, ou *hypoglosses*, ou *les nerfs de la neuvieme paire*, leur origine étant à l'extrémité de la moëlle allongée, ces nerfs se montrant d'abord comme plusieurs petits filets qui se réunissent & qui sortent du crâne par les trous condiloïdiens de l'occipital, se portant, dès qu'ils sont hors de cette cavité, dans le canal de la mâchoire, fournissant dans ce trajet des filets aux parties voisines comme aux muscles de la tête, de la langue, du larynx, du pharynx, aux glandes jugulaires, & se perdant ensuite dans la substance de la langue, où ils communiquent avec le rameau du *cordon maxillaire postérieur* de la *cinquieme paire*, que j'ai appellé *petit nerf lingual*.

288. 10°. *Les nerfs sous-occipitaux*, ou de la *dixieme paire*, naissant à la suite des précédens au lieu où la moëlle allongée passe par le grand trou de l'occipital, sortant par le trou postérieur pratiqué à l'apophise transverse de la premiere vertébre cervicale, communiquant avec la *premiere paire cervicale* & se dispersant ensuite dans les muscles de l'encolure & de la tête.

289. 11°. *Le nerf intercostal commun*, ou *les grands*

nerfs sympatiques, ainsi appellés d'une part, attendu leur communication avec tous les nerfs intercostaux, & de l'autre, à raison de leur communication fréquente & réiterée avec tous les autres nerfs; ces mêmes nerfs résultant de l'union de la *huitieme paire*, au devant de la premiere vertèbre cervicale avec les deux cordons de la *cinquieme paire*, ou entrelacés avec la *neuvieme* ils se fournissent mutuellement quelques filets. C'est cet entrelacement qui compose le *premier plexus* d'où partent trois cordons considerables; le *principal* gagnant le long des parties laterales des vertébres cervicales, fournissant un cordon notable qui marche dans la substance du muscle sterno-maxillaire jusqu'à environ la pénultieme vertèbre cervicale, continuant ensuite sa route entre les muscles commun & peaucier, formant des entrelacemens avec les *six premieres paires des nerfs cervicaux*, communiquant avec elles & se ramifiant dans la substance du muscle trapele. *Les deux autres cordons* se perdant dans le voile du palais, dans la glotte & dans les muscles de ces parties, après quoi ces mêmes *nerfs sympatiques* poursuivent leur route le long de l'encolure, en accompagnant l'artere carotide, de même que la *huitieme paire* avec laquelle ils communiquent dans ce trajet; ils reçoivent, lorsqu'ils sont parvenus dans la poitrine, un filet de la *derniere paire cervicale*; ils communiquent avec la *premiere paire dorsale*, & forment un second plexus, que l'on nomme le *plexus thorachique*; les *nerfs de la huitieme paire*, après être entré dans le thorax, donnant au surplus de chaque côté un filet qui passe par-dessous l'origine des arteres axillaires, & forme une anse ou une courbure pour remonter le long de la trachée-artere; c'est ce que l'on appelle les *nerfs récurrens*, qui se distribuent à la trachée-artere & au larynx.

290. C'est principalement dans la poitrine que ces mêmes nerfs sympathiques deviennent très-considérables. Aussi-tôt qu'ils y sont parvenus, ils forment, avec des filets de la *huitieme paire* un plexus, nommé le *plexus pulmonaire*, & un peu plus bas, & toujours avec cette *huitieme paire*, un lacis appellé *le plexus cardiaque*, le premier de ces plexus pénétrant & se plongeant dans la substance du poumon, & laissant échapper plusieurs filets qui vont à la plevre, au médiastin, au péricarde, à l'œsophage, ainsi qu'au diaphragme, le second s'épanouissant sur les oreillettes, sur le cœur, sur l'origine des gros vaisseaux, & dans toute la capacité du thorax.

De cette même *huitieme paire* partent deux cordons, un de chaque côté, marchant le long des parties latérales de l'œsophage, pénétrant dans la capacité du bas-ventre par l'ouverture du diaphragme qui donne passage à ce canal, & formant par leurs entrelacemens fréquens, de concert avec un autre cordon dont nous allons parler, tous les *plexus de l'abdomen*, & notamment le *plexus coronaire stomachique* dû à des filets émanans d'eux, & qui se répandent sur la partie inférieure & supérieure du ventricule.

Ce cordon entrelacé avec eux part du *plexus thorachique*, marche le long des parties latérales du corps des vertèbres, communique avec les *paires dorsales*, & pénetre dans le bas-ventre en enfilant de petites ouvertures qui sont entre les attaches du petit muscle du diaphragme.

Les *plexus de l'abdomen* sont les *plexus semi-lunaires*, un de chaque côté au-dessus des glandes sur-rénales. Des filets qui se détachent du côté gauche composent le *plexus splénique* qui se distribue à la ratte. Celui du côté droit, est le *plexus hépatique*, qui se plonge dans le foie en en enveloppant les vaisseaux, arteres & veines, & de l'union de quelques filets des deux *plexus semi-lunaires* se forme antérieurement le *plexus stomachique*. Quelques branches de celui-ci se portent autour de l'artere cœliaque qu'elles enveloppent, & composent le *plexus cœliaque*. Ensuite des *plexus semi-lunaires*, plusieurs filets se séparent du tronc de chaque intercostal, & se réunissant dans le milieu de l'abdomen, forment le *plexus solaire* ou *le grand plexus méfentérique*, qui se distribue au mésentere, & de-là aux intestins. Quelques filets des *plexus méfentériques* & *semi-lunaires* forment le *plexus renal*. Plus en arriere de ce plexus & autour du tronc de la petite méfentérique, ou de la méfentérique postérieure, est un autre entrelacement nerveux en maniere de gaîne, qui est le *plexus méfentérique postérieur*, & dont les filets accompagnent l'artere méfentérique postérieure, ainsi que ses divisions. Il est produit par les mêmes nerfs, qui se prolongeant encore, se terminent enfin par un autre plexus, que je nomme *plexus abdominal*. Il se distribue, ainsi que le *plexus hypogastrique* dans l'homme, au rectum, à l'anus, à la vessie & aux parties de la génération.

Nerfs de la moëlle épiniere.

Les nerfs de la moëlle épiniere sont aussi nommés *nerfs vertébraux*, vu leur sortie de la moëlle par les trous que forment les échancrures des vertébres en se rencontrant. Il faut en considérer:

1°. *Le nombre*, qui égale celui de ces trous & de ceux de l'os sacrum. On en compte *trente-cinq paires*.

2°. *La division*, par rapport à l'épine, en *sept paires cervicales*, en *dix-huit paires dorsales*, en *six lombaires* & en *quatre sacrées*, à la fin desquelles la moëlle épinière sort par l'extrêmité du canal vértébral qui s'ouvre dans les premiers nœuds de la queue, & se termine par un faisceau de filets nerveux qui se perdent insensiblement dans les parties voisines.

3°. *La position & la sortie* : les uns & les autres de ces nerfs étant postérieurs aux vertébres, *la premiere paire cervicale* sortant du canal par les trous qui sont entre la premiere & la seconde vertébre de l'encolure, & ainsi des autres.

4°. *Le diametre*, qui augmente considérablement lorsqu'ils ont percé & qu'ils se sont fait jour à travers la premiere enveloppe.

5°. *Les ganglions* plus ou moins remarquables qu'ils présentent.

6°. *La communication des sept paires cervicales*, presque toutes les unes avec les autres.

293. 7°. *Les sept paires cervicales*, les *quatre premieres* se portant aux muscles, aux vaisseaux & aux glandes des environs ; la *cinquieme* fournissant un filet, qui avec deux rameaux qui se détachent de la *sixieme*, forment un nerf particulier, nommé le *nerf diaphragmatique*, celui-ci passant sur la surface latérale du péricarde & se distribuant au diaphragme ; les *trois dernieres paires*, *la premiere dorsale* & quelques filets de la *seconde*, après être sortis par les trous vertébraux, se réunissant à leur passage par la bifurcation du muscle scalene, auquel ils fournissent quelques rameaux & forment un ganglion d'où partent neuf cordons de nerfs, dont les trois plus considérables sont, à proprement parler, les *nerfs brachiaux*, c'est-à-dire, le *brachial externe*, le *brachial interne*
&

& le *cubital* ; des six autres cordons le *premier* se distribuant au petit pectoral, le *second* à l'antépineux, au postépineux, au long abducteur du bras & à l'articulation de cette partie, de même qu'à la peau & à la graisse ; le *troisieme* & le *quatrieme* au muscle sous-scapulaire ; *le cinquieme* à l'adducteur du bras, au long & au court abducteur, au court extenseur de l'avant-bras, à l'articulation de cette partie, à la portion du pannicule charnu qui lui répond & à la peau ; le *sixieme* enfin se portant dans le gros, dans le long & dans le moyen extenseur de l'avant bras, & donnant quelques filets au grand dorsal.

8°. *Le brachial externe* marchant le long de la partie postérieure du bras, se contournant, lorsqu'il est parvenu à la partie inférieure, de dedans en-dehors pour gagner la partie externe de l'humérus, fournissant dans ce trajet un nombre infini de filets nerveux qui vont se distribuer aux muscles extenseurs de l'avant-bras, au court fléchisseur, à l'articulation, à la peau & à la graisse de ces parties, poursuivant ensuite sa route le long de la partie antérieure du cubitus, en donnant des rameaux à tous les muscles extenseurs du canon & du pied, dans la substance duquel ils se perdent.

9°. *Le brachial interne* étant le plus considérable, recevant du premier ganglion un gros cordon, qui à quatre travers de doigt-de-là, fait avec ce même nerf un entrelacement que l'on pourroit appeller le *second ganglion brachial* ; trois rameaux qui vont se distribuer aux muscles fléchisseurs de l'avant-bras, à l'omo-brachial, au grand pectoral & au muscle commun du bras, partant de ce *second ganglion* ; ce même *brachial interne* se portant ensuite le long de la partie interne de l'humérus, fournissant, lorsqu'il est parvenu à l'ar-

S

ticulation du cubitus, un ample filet qui se ramifie dans l'articulation, dans les muscles & dans les parties voisines ; marchant le long de la partie postérieure & interne du cubitus, en donnant plusieurs rameaux aux muscles fléchisseurs du canon & du pied ; passant avec le tendon du sublime & du profond dans la sinuosité de l'os crochu, cheminant le long de leur partie latérale interne en fournissant à toutes les parties qui l'avoisinent dans ce trajet, & se perdant dans le boulet, dans le pâturon, dans la couronne, dans le pied, dans les ligamens, dans les articulations.

10.° *Le nerf cubital* fournissant dans son principe trois cordons, dont deux se rendent au grand pectoral, & le troisieme au grand dorsal, descendant ensuite le long de la partie interne du bras, gagnant la partie postérieure de l'avant-bras jusqu'à environ la partie moyenne du canon, dans les parties voisines duquel il se perd, ainsi que dans la peau, après avoir donné dans la route qu'il a tenue quantité de filets aux muscles extenseurs de l'avant bras, & aux muscles fléchisseurs du canon & du pied.

294. 11°. *Les nerfs costaux, intercostaux* ou *dorsaux* étant, ainsi que je l'ai dit, au nombre de dix-huit, se portant tous en sortant du canal vertébral dans l'intervalle des côtes, mais donnant inférieurement à leur origine quelques filets au moyen desquels il y a une communication établie avec le *nerf intercostal commun* ; des rameaux qui se perdent dans les muscles du dos, se détachant aussi supérieurement, & le cours de chaque nerf se déterminant ensuite le long de la face interne des muscles intercostaux dans lesquels ils s'évanouissent; les derniers qui cheminent entre les fausses côtes se dispersant encore dans les muscles de l'abdomen.

95.   12°. Les *six paires de nerfs lombaires*, communiquant inférieurement, de même que les *nerfs dorsaux*, avec les *nerfs sympatiques* ou *le nerf intercostal commun*, les filets qu'ils fournissent supérieurement étant portés aux muscles du dos; leurs troncs se distribuant en grande partie aux muscles de l'abdomen; leurs cordons très-reguliers & très-visibles régnant particulierement sur le muscle transverse ; plusieurs filets de la *premiere* & de la *seconde paire* se distribuant dans les muscles psoas, iliaque, & dans les parties voisines ; quelques rameaux de la *troisieme, quatrieme, cinquieme & sixieme*, formant avec un filet de *l'intercostal commun* le *nerf crural*, qui marche le long de la partie interne du bassin, fournit un nerf considérable, nommé le *nerf obturateur*, envoie aussi des filets aux muscles dont je viens de parler, aux vaisseaux & aux glandes qui en sont prochaines ; il passe ensuite sous l'arcade crurale, donne un cordon qui se ramifie dans le long & dans le court adducteur de la jambe, dans le fascia lata, dans l'articulation du fémur, dans les glandes inguinales, &c. se porte au-dessous du muscle droit antérieur de la jambe, & se perd après s'être divisé en un nombre infini de filets, dans les muscles vaste-interne, vaste-externe, crural, petit-droit de la cuisse, & dans l'articulation de cette partie.

13°. *Le nerf obturateur*, augmenté par un cordon de la *sixieme paire lombaire*, marchant le long de la face interne du bassin, passant par le trou obturateur, & se perdant dans les muscles obturateur interne & externe, grêle-interne de la cuisse, dans les jumeaux, dans la graisse de ces parties.

14°. *Le nerf sciatique*, formé par la *sixieme paire lombaire*, & par la *premiere, seconde & troisieme paire sacrée*, fournissant dès son principe un cordon assez considérable qui se distribue dans les muscles grand & petit-fessiers, & dans les muscles de la queue, en envoyant quelques filets aux parties voisines; ce même *nerf sciatique* marchant ensuite le long de la partie supérieure de l'iléum par-dessus le ligament sacro-sciatique, au-dessous du grand-fessier, gagnant le long de la partie postérieure de la cuisse, & donnant, lorsqu'il est parvenu à l'articulation de cette partie, deux cordons, dont l'un se perd dans le grêle interne, dans le biceps de la cuisse, dans le demi-membraneux, dans le biceps de la jambe, dans la peau, &c. & dont l'autre s'étendant jusqu'à la portion supérieure de cette partie, va & se propage dans le muscle long-vaste & dans les extenseurs du canon & du pied, en prêtant quelques rameaux à l'articulation, à la peau, aux parties voisines, &c.

15°. *Le nerf poplité*, étant une continuation du *nerf sciatique* qui poursuit sa route le long de la partie postérieure de la cuisse, & qui, parvenu à la portion supérieure de la jambe, passe entre les deux jumeaux, donne un filet qui s'y ramifie, de même que dans l'abducteur de la jambe, dans l'articulation & dans les fléchisseurs du pied, après quoi il se propage le long de la partie postérieure du tibia, donne dans ce trajet des rameaux à la peau & à toutes les parties qu'il rencontre, passe dans la sinuosité du calcanéum avec le tendon du muscle profond, fournit quelques filets à l'articulation, suit le long de la partie interne du canon & le bord des tendons des fléchisseurs du pied, & se perd dans le boulet, dans le pâturon, dans la couronne, dans le pied, en laissant échapper dans sa route des rameaux qui vont aux ligamens, à la graisse & dans les articulations de cette partie.

96. 16°. *Les nerfs sacrés* sortant par les ouvertures de l'os sacrum, au nombre de quatre ou cinq, si l'on compte la *paire* qui s'échappe entre cet os & le premier nœud de la queue, ces nerfs envoyant aussi-tôt qu'ils sont hors du canal, quantité de filets au rectum, à l'anus & à ses muscles, à la vessie & aux parties internes de la génération, tandis que plusieurs filets de la *troisième & quatrième paire sacrée*, & le nerf intercostal commun à sa fin, fournissent un nerf assez considérable qui gagne la partie postérieure de l'ischion, passe dans l'échancrure triangulaire entre les deux branches du corps caverneux, se ramifie dans le membre, & envoie quelques filets dans les muscles, dans les membranes, à l'urethre, à la peau, &c. &c.

PRÉCIS ADENOLOGIQUE,
OU
TRAITÉ-ABRÉGÉ
DES GLANDES DU CHEVAL.

DES GLANDES
Et des Vaisseaux lymphatiques en général.

297. Les *glandes* sont des organes particuliers non moins multipliés dans le corps animal que dans le corps humain, & que l'on peut ranger également dans l'un & dans l'autre sous différentes classes.

Il est des *cryptes*, autrement appellés *follicules*, ou *corpuscules glanduleux* ; il est des glandes dites *conglobées*, ou *lymphatiques* ; il est enfin des glandes dites *conglomérées*.

298. Les *cryptes*, ou les *follicules glanduleux*, ne méritent pas proprement le nom de *glandes* ; ils ont été néanmoins regardés comme des corps de cette nature, & on en a fait une classe de glandes infiniment simples.

Ces corpuscules sont presqu'imperceptibles.

Ils sont placés dans tous les endroits du corps exposés aux injures de l'air, à des frottemens, &c.

Ils ne sont le plus souvent composés que d'une membrane simple & cave, au dedans de laquelle une humeur particuliere est filtrée par un emissaire.

Ces follicules, au surplus, ne changent point la nature de cette humeur dont ils ne sont que le réservoir, & elle ne diffère, à sa sortie de ces lieux de dépôt, de ce qu'elle pouvoit être dans le torrent où le mouvement qu'elle éprouvoit entretenoit sa fluidité, qu'eu égard à la consistance qu'elle a acquise par son séjour dans le crypte, ou par son épanchement dans quelque cavité, épanchement qui a lieu quelquefois par le moyen d'un petit vaisseau excrétoire, quelquefois aussi par plusieurs pores ouverts à la superficie de ces corpuscules, & qui est absolument semblable à l'écoulement insensible d'une liqueur qui suinte.

99. Les *glandes conglobées*, ou *lymphatiques*, composent une seconde classe de glandes bien moins simples.

La forme en est tantôt sphéroïde, tantôt ovalaire ou oblongue.

Les unes sont petites, les autres le sont moins; les autres sont assez considérables.

La plupart sont fermes & résistent à la pointe du scalpel.

La superficie en est, pour l'ordinaire, unie & égale.

La substance en est continue; chacune d'elles, formée par des lacis, par des circonvolutions de vaisseaux de toute espece, ne présente qu'un seul & unique corps très-distinct.

Une membrane paroît particuliere à chacune de ces glandes, ou dépendre du tissu cellulaire qui les environne, & qui pénetre dans les interstices de tous ces vaisseaux circonvolus.

Elles adherent aux parties voisines par ce tissu cellulaire & par les tuyaux qui les forment, & qui sont une suite du système vasculeux.

Leur ministere semble borné à l'affermissement

des vaisseaux lymphatiques, à l'égard desquels elles sont ce que les ganglions sont relativement aux tuyaux nerveux. Elles atténuent aussi, elles préparent, elles élaborent, elles perfectionnent la lymphe, peut-être par l'action de leur membrane capsulaire, comme par celles de tous les petits vaisseaux qui s'y rendent.

300. On donne le nom de *vaisseaux lymphatiques* à des canaux déliés, transparens, qui contiennent & qui charrient une liqueur tenue, claire & presqu'aqueuse, qui n'est autre chose que cette même lymphe dont nous venons de parler.

L'origine de ces vaisseaux n'a point encore été véritablement développée.

Plusieurs Auteurs ont fixé le lieu de leur naissance à l'extrémité collatérale des arteres.

D'autres ont supposé, 1°. Que le diametre de ces canaux diminue à mesure qu'ils s'éloignent de cette extrémité. 2°. Qu'ils répondent à d'autres vaisseaux de même nature, dont le diametre augmente & s'amplifie toujours insensiblement en approchant des veines sanguines auxquelles ils s'adaptent ; de-là la distinction qu'ils ont faites de ces canaux en arteres & en veines lymphatiques. Il est certain que cette division ne peut se soutenir sur le prétexte de ces dégénérations & de ces augmentations de calibres, qu'on n'apperçoit point ici comme dans les vaisseaux sanguins ; nous savons seulement que les canaux dont il s'agit communiquent ensemble à la maniere des tuyaux qui charrient le sang, ne different presque point des veines lactées, se rendent la plupart dans des glandes qu'ils semblent traverser, & s'ouvrent immédiatement dans les vaisseaux veineux sanguins, dans le canal thorachique & dans le reservoir du chile.

Ils font visiblement entrecoupés & semés de valvules semi-lunaires, conniventes, placées à peu de distance les unes des autres, & seulement au nombre de deux à chaque nœud ou à chaque dilatation ; ce nombre est suffisant pour fermer le canal & pour s'opposer à la rétrogradation de la liqueur, dont la marche & la progression sont plutôt aidées par l'action systaltique des vaisseaux voisins, que par le ressort & l'élasticité des membranes de ceux qui les contiennent, & qui néanmoins sont très-irritables.

Ces nœuds ou ces dilatations valvulaires sont principalement appercevables aux sens, lorsque par le moyen de quelque ligature on arrête le cours & la décharge de la lymphe : alors elle reflue sur les valvules, & cause un gonflement très-distinct, sur-tout dans l'animal vivant.

On peut suivre aisément plusieurs de ces vaisseaux dans le cheval, dans le bœuf & dans les animaux d'une certaine taille. Malpighi les a conduits jusqu'aux glandes du mésocolon de l'âne, & souvent on les accompagne dans le cheval jusqu'au canal thorachique & jusqu'au réservoir.

Il est de plus incontestable qu'ils sont répandus en grande quantité dans la cavité de la poitrine & dans celle du bas-ventre. Ils rampent principalement sur la surface des gros viscères, tels que le foie, la rate, les reins, l'uterus, &c. Ils suivent encore les grosses veines, par exemple, la veine-cave dans la poitrine ; les émulgentes, la splénique, les principaux rameaux de la veine-porte dans la troisieme cavité.

Hors de ces capacités, il en est qui accompagnent les principales ramifications veineuses, spécialement les jugulaires, la maxillaire interne & externe, les axillaires, la thorachique externe, la scapulaire, l'humérale, l'ars ou la céphalique, la crurale, la saphene, &c.

301. On appelle encore du nom de *vaisseaux lymphatiques*, de petits canaux répondant aux arteres & aux veines sanguines, destinés, vu leur ténuité & l'étroitesse de leur diametre, à ne recevoir & à ne laisser passer que la partie blanche du sang. Ces vaisseaux, plutôt *séreux* que *lymphatiques*, ne doivent point être confondus avec les vaisseaux noueux & valvuleux dont j'ai parlé, & il est plus probable qu'il en est d'artériels & de veineux.

302. Les *glandes composées* ou *conglomerées* forment enfin une troisieme classe de glandes très différente de la seconde.

Elles résultent de la réunion & de l'assemblage de plusieurs corps glanduleux liés entr'eux par des vaisseaux communs, & renfermés dans une seule & même membrane, qui fait de ce nombre de petits corps un seul & même organe. Tous ces corpuscules, ou quoique ce soit chacun de ces grains glanduleux, ne semblent être également qu'un amas de toutes sortes de vaisseaux circonvolus.

Leurs vaisseaux secrétoires ne sont que des vaisseaux collatéraux, partant de l'extrêmité des arteres, qui après plusieurs contours, s'anastomosent avec les tuyaux veineux. Le diametre de ces mêmes vaisseaux est d'une telle ténuité, qu'ils ne peuvent se charger des molécules rouges, qui continuent leur route dans les tuyaux veineux, & ils n'admettent que la liqueur qui doit être séparée.

Le canal excrétoire, ou le tuyau commun, en est tantôt plus & tantôt moins considérable. Il est formé de la jonction & de la réunion des conduits ou vaisseaux secréteurs. Il verse la liqueur qu'il en a reçue dans quelque réservoir particulier, dans quelque cavité commune, ou il la porte & la tranfmet au-dehors. Il eft des glandes qui ont plufieurs canaux excrétoires, comme, par exemple, la glande lacrymale, &c.

Les glandes conglomerées font des organes à la faveur defquels les fluides font féparés de la maffe, & difpofés à y entrer en partie, ou à en être entierement expulfés.

Du refte, nous ne diffimulerons pas que cette matiere, en quelque forte inextricable, a occupé les plus grands hommes, & a donné lieu à des conteftations fans fin ; mais lorfque le génie le plus perçant & le plus fécond entreprend d'expliquer ce que la nature affecte de dérober à nos fens, il arrive fouvent qu'un plus grand nombre d'erreurs prend la place de la vérité.

La définition des glandes, leurs différences, leur ftructure, leurs fonctions, tout a été un objet de difpute.

Ici on défigne par ce nom toute partie qui n'eft ni graiffe, ni mufcle, ni vifcere, & qui du premier coup d'œil, eft aifément diftinguée de toute autre. Là les glandes font des parties fphériques, globuleufes, ovalaires, &c. celui ci les regarde comme une forte de parenchime, & les préfente comme des fubftances charnues, molles, lâches, fongueufes, &c. cet autre comme des organes fecrétoires ; enfin celui là exprime l'idée qu'il en conçoit, en difant qu'elles font un enfemble de vaiffeaux renfermés dans une membrane propre & particuliere, de maniere que nulle définition donnée n'eft jufte & ftricte, puifqu'il n'en eft aucune qui convienne parfaitement à toutes les glandes en général, & qui ne puiffe être appliquée à d'autres parties.

Quelques-uns n'en ont admis que deux efpeces,

les conglobées & les conglomerées ; plusieurs en adoptant celles-ci, en ont reconnu une troisieme, qui comprend ce que nous avons appellé *les glandes infiniment simples*; d'autres enfin en ont imaginé une quatrieme, résultant de la réunion des émonctoires de plusieurs de ces dernieres en un seul canal, &c. &c.

On n'a pas été plus d'accord sur leur structure ; mais il seroit inutile & trop long de rendre compte ici de tous les débats que ce point a occasionné.

Leurs usages encore n'ont pas été un moindre sujet de dissentions. Selon Glisson, une partie de la lymphe est fournie aux glandes par les arteres, & l'autre par les nerfs ; Vieussens a cru démontrer que des petits filets de nerfs s'adaptoient aux conduits excréteurs, qui en recevoient des esprits capables d'augmenter la fluidité des liqueurs filtrées par les glandes : Sylvius a prétendu que les esprits animaux déposoient la lymphe dans les conglobées ; & depuis très-peu de tems on a combattu l'opinion générale, * en soutenant que ces corps particuliers ne font point le filtre des liqueurs ; qu'ils filtrent les esprits mêmes ; que leur existence n'est due qu'à l'épanouissement des nerfs à leurs extrêmités, qu'ils n'ont rien de commun avec les vaisseaux, si ce n'est leur proximité & leur abouchement à leurs termes, au moyen duquel abouchement ils y versent le fluide nerveux, ou reçoivent de la liqueur charriée par ces mêmes vaisseaux, un alliage précieux, qu'on déclare être une substance médiatrice & nécessaire, la lymphe nervale étant trop subtile pour pouvoir produire par elle-même aucune des fonctions matérielles.

Préservons-nous, s'il est possible, dans la mé-

---

* M. le Cat.

decine vétérinaire, de tout ce qu'une trop foible raison peut enfanter, dans l'espoir d'atteindre à ce qu'elle ne peut saisir; ou si ses efforts sont suivis de quelques succès, attendons que ces mêmes succès soient avoués par l'élite de ceux qui sont préposés pour les juger, & ne cédons encore ensuite qu'après des travaux réfléchis sur le corps des animaux qui sont l'objet de notre étude.

Des glandes en particulier.

L'énumération la plus simple des glandes, considérées en particulier, nous paroît être celle dans laquelle on se propose de les suivre, en les recherchant dans les différentes parties de l'animal; nous les envisagerons donc ici sous ce point de vue.

Les glandes de la tête sont dans le crâne & hors du crâne.

Les glandes qui sont dans le crâne, sans parler du cerveau, que plusieurs Anatomistes & Physiologues ont regardé comme une glande conglomérée dont les nerfs forment les tuyaux excréteurs, sont,

1°. Des corpuscules d'une forme irrégulière, unis dans les grands ventricules par un prolongement du plexus choroïde; ces corpuscules acquérant dans de certaines circonstances, & quelquefois dans celle de la *morve*, un volume considérable; peut-être séparent-ils ou laissent-ils échapper l'humeur dont ces parties sont abreuvées.

2°. La glande appellée du nom de *pinéale* dans l'homme, & que, par une sorte de délire, on a déclaré être le siege de l'ame, cette glande étant située au-dessus des couches optiques entre les tubercules quadrijumaux. La forme en est conoïde, la substance mollasse, la couleur extérieurement brune, & intérieurement d'un brun plus clair, le volume égal à celui d'un pois; ses usages sont totalement inconnus.

3°. *La glande pituitaire*, située dans le centre des arteres carotides & des sinus caverneux, d'une forme orbiculaire, & de la grosseur d'une petite châtaigne. On a cru qu'elle recevoit l'humeur pituiteuse du cerveau que l'entonnoir lui porte; il semble qu'il est plus raisonnable de penser qu'elle filtre & qu'elle sépare une liqueur envoyée au cerveau & à la moëlle de l'épine, dans des vues qu'à la vérité nous ignorons.

4°. *Les corpuscules* situés à la partie postérieure de la circonférence des deux lobes latéraux du cervelet au milieu d'un entrelacement considérable de vaisseaux; ces corpuscules ayant sans doute une fonction semblable à celle des premiers corpuscules dont nous avons parlé.

306. Les glandes qui sont hors du crâne, & qui dépendent des parties différentes de la tête, sont,

1°. *La glande lacrymale*, logée intérieurement à la partie supérieure de la fosse orbitaire du côté de l'angle externe, ses canaux excrétoires, nommés *canaux hygrophtalmiques*, qu'on ne découvre sensiblement que par le moyen de la macération, perçant la conjonctive à côté du tarse de la paupiere supérieure, pour verser sur la partie antérieure du globe la sérosité que nous désignons par le nom de *larmes*.

2°. *La caroncule lacrymale*, placée du côté du grand angle, se présentant dans l'espace libre que laissent les paupieres comme une masse grenue, noire & dure, garnie d'une multitude de petits poils; ses canaux excréteurs s'ouvrant à sa surface, & versant une humeur épaisse & blanchâtre. Son usage est encore de diriger les larmes vers les points lacrymaux chargés de les absorber.

3°. Les *glandes sébacées* découvertes dans l'homme par *Meibomius*, versant à la face interne de l'une & l'autre paupiere par des orifices ou d'étroites lacunes qu'on observe vers leurs bords, & qu'on a nommés *points ciliaires*, une humeur huileuse, & quelquefois très-gluante, qui leur sert de liniment.

4°. Le *corps glanduleux*, assez solide, qui envelope de toutes parts la base du cartilage, constituant ce que l'on nomme la membrane clygnotante ; les canaux excréteurs de ce corps s'ouvrant par plusieurs orifices à la partie supérieure de cette membrane, & versant une humeur lympide, propre à lubréfier cette partie.

5°. Les *follicules rampans* sur la surface convexe de la peau & qui tapisse le conduit auditif externe, & déposant une humeur blanchâtre & céracée qui lubréfie ce même conduit, & dont le principal usage est d'absorber les rayons sonores & d'arrêter la vivacité de leur impression.

6°. Les *follicules* dont la membrane pituitaire est parsemée, laissant échapper une humeur muqueuse qui la défend & la garantit de tout desséchement & de toute corrugation que l'air, par son passage continuel dans la cavité des nazaux, auroit occasionnés inévitablement, sans la précaution qui résulte de l'abord & de la présence de cette mucosité.

7°. Les *parotides*, connues dans le langage des maréchaux sous le nom d'*avives*, situées au-dessous de l'oreille entre la tubérosité de la mâchoire postérieure & le col ; le canal excréteur de cette glande descendant derriere la tubérosité de la mâchoire, sur laquelle il monte le long du bord inférieur du muscle masseter, perçant le muscle molaire pour se porter dans la bouche & y dégorger la salive entre les deux premieres dents molaires.

8°. *Les glandes molaires*, situées de chaque côté du bord alvéolaire de l'une & de l'autre mâchoire, & versant dans la bouche l'humeur qu'elles ont séparée.

9°. *Les glandes* formant un paquet au-dessous de la peau à la partie supérieure de l'auge ; les vaisseaux qui en partent déchargent dans les veines voisines la lymphe qu'ils charrient ; d'autres se propagent sur l'encolure, & se rendent à d'autres glandes.

10°. *Les glandes maxillaires* d'environ un pied de longueur, situées dans le canal ou l'auge près de la face interne de l'extrêmité supérieure de la mâchoire postérieure ; ces glandes, au nombre de deux, leurs canaux excréteurs passant au-dessous du muscle milo-hyoidien, gagnant le long de la partie interne des sublinguales, perçant la membrane interne de la bouche, & s'ouvrant à la partie inférieure du canal, à l'endroit où se montrent les barbillons près des crochets, & versant dans cette cavité la salive qu'ils charrient.

11°. *Les glandes sublinguales*, situées à la partie inférieure de l'auge, leurs canaux excréteurs pénétrant dans la bouche le long des parties latérales & inférieures du canal, & y dégorgeant pareillement une certaine quantité d'humeur salivaire.

12°. *La glande velo-palatine*, placée entre les membranes qui forment le voile du palais ; elle en occupe toute l'étendue, ses canaux excréteurs dégorgeant dans la bouche *proprement dite* l'humeur qu'elle a filtrée.

13°.

13°. *Les glandes* que l'on pourroit appeller *ton-files*, situées entre les deux piliers du voile du palais, une de chaque côté; elles ont un pouce & demi de longueur, & versent aussi dans la bouche, par quantité de petits orifices, l'humeur qu'elles ont reçue.

14°. *Les follicules*, que l'on peut observer à la base de la langue.

15°. *Les glandes labiales* ou *bucales*, résultant de celles qui sont placées entre le muscle orbiculaire des lèvres & la membrane qui les revêt.

16°. *Les glandes palatines*, ou les *cryptes*, répandus dans l'épaisseur de la membrane qui tapisse le palais.

07. Les glandes du col, ou de l'encolure, sont,

1°. *Les glandes tyroïdes*, placées une de chaque côté, à la partie antérieure de la trachée-artere, immédiatement au-dessous du larynx; ces glandes communiquant l'une à l'autre par le moyen d'une sorte de canal, quelquefois par plusieurs petits tuyaux. L'usage n'en est pas encore connu.

2°. *Les arythenoïdiennes*, les *laryngiennes*, les *épiglottiques* versant une humeur onctueuse qui enduit le larynx, & qui en prévient le dessechement.

3°. *Les glandes pharyngiennes* versant une humeur semblable dans le pharynx.

4°. *Les follicules*, ou les *cryptes*, se manifestant par des pores à la surface interne de la trachée-artere, & fournissant sans cesse un fluide onctueux qui en rend les parois humides, lisses & glissantes.

5°. *Les œsophagiennes* résultant de quelques corpuscules glanduleux, qui se montrent quelquefois dans l'œsophage.

6°. *Les glandes gutturales* & les *glandes cervi-*

T

cales, que l'on apperçoit le long de l'encolure au-dessous de la peau & entre les muscles ; celles-ci paroissant être destinées à recevoir la lymphe de toutes les parties du col & de la tête, & les vaisseaux qui en partent la transmettant dans toutes les parties voisines.

308. Les glandes du thorax, ou de la poitrine, sont,

1°. *Les glandes bronchiques*, placées dans le lieu de la bifurcation de la trachée-artere, & dans celui des divisions & des subdivisions de ce canal, & filtrant vraisemblablement une partie de l'humeur épaisse que l'on trouve dans les bronches.

2°. La *glande* appellée *thymus*, & par quelques-uns *fagoue*, située à la partie antérieure & interne de la poitrine, dans le second écartement du mediastin ; cette glande étant très-considérable dans le poulain, & presqu'entierement effacée dans les vieux chevaux. Rien de plus incertain que son usage. On conjecture qu'elle en a un dans le fœtus, puisqu'elle disparoît dans les animaux vieux & dans les adultes. M. Morand l'a regardée comme une espece de poumon, qui par sa nature & sans l'action de l'air, donne une préparation au sang encore laiteux.

3°. *Les glandes* formant un paquet considérable à la circonférence de la veine-cave & de l'aorte antérieure, & étant du genre des conglobées, les vaisseaux qui en partent vont déposer la lymphe qu'ils charrient dans le canal thorachique.

309. Les glandes de l'abdomen, plus nombreuses & plus considérables dans cette cavité que dans toute autre, sont,

1°. *Le foie*, qui est une masse vraiment glanduleuse, située à la partie antérieure & latérale droite de cette capacité ; la plus grande partie de la substance de ce viscere étant formée d'une multitude de grains glanduleux, dont les canaux excréteurs réunis composent le canal hépatique ; ce canal déposant la bile qu'il a reçue des autres petits canaux dans la portion des intestins qui avoisinent le plus le ventricule.

2°. *Le pancréas*, situé au-dessous du corps des dernieres vertébres dorsales, entre les reins & l'estomac ; ce corps, d'une forme triangulaire, étant formé par la réunion de nombre de petites glandes dont les canaux excréteurs vont se rendre dans deux canaux excréteurs communs, l'un d'eux, qui est le principal, s'ouvrant dans le canal hépatique, l'autre versant dans le premier intestin le suc pancréatique, dont l'usage est d'aider à la digestion.

3°. *Les cryptes*, vus dans le ventricule des chiens, des porcs, & par l'illustre Morgagny dans l'estomac humain, ces cryptes n'étant pas toujours également sensibles dans le cheval.

4°. *Les glandes lymphatiques*, au nombre de deux, & quelquefois d'une seulement, situées le plus souvent à l'entrée des vaisseaux dans la rate absentes, ou presqu'invisibles dans le plus grand nombre des chevaux, les tuyaux qui en partent déposant la liqueur qu'ils charrient dans le reservoir du chile.

5°. *Les reins*, situés hors du sac propre du péritoine, à quatre ou cinq travers de doigt des vertébres lombaires, dans l'espace qui est entre les dernieres fausses côtes & la crête des os des isles ; ces corps glanduleux séparant du sang la liqueur que nous nommons urine.

6°. *Les reins succenturiaux*, appellés par quelques-uns *glandes sur-rénales*, placés à quatre travers de doigt des premieres vertébres lombaires, un de chaque côté, environ un ou deux doigts au-devant du rein, très-gros & très-apparens dans le fœtus humain, très-petits dans le fœtus du cheval, diminuant de volume dans l'homme, augmentant au contraire de volume dans les vieux chevaux. Leur ufage eft encore inconnu.

7.° *Les glandes lombaires*, fituées dans le baffin aux environs des vertébres des lombes, les vaiffeaux qui en partent conduifant la lymphe qu'ils ont reçue dans les veines voifines & dans le réfervoir du chile.

8°. *Les glandes iliaques* & les *glandes facrées*, ayant les mêmes fonctions que les lombaires.

9°. *Les corpufcules glanduleux*, qui n'ont aucun fiege fixe & certain, mais dont la veffie eft munie, & qui y filtrent l'humeur onctueufe qui défend la quatriéme tunique ou la tunique interne de l'impreffion des fels urineux.

10°. *Les glandes inteftinales*, répandues dans toute l'étendue des inteftins entre leur membrane cellulaire & la membrane veloutée, verfant dans ce canal une humeur qui le lubréfie, qui le rend plus fouple & plus gliffant, qui facilite la marche & la defcente des alimens, &c.

11°. *Les glandes méfentériques*, très-multipliées à la portion qui répond aux inteftins grêles, de même qu'aux gros inteftins, & très-fenfibles à l'endroit où le mefocolon leur fert d'attache & s'écarte pour les envelopper ; ces glandes fe montrant & encore plus diftinctement fous un volume affez ample près des vertébres lombaires, que par-tout ailleurs, où elles ne font en quelque forte apparentes que dans un état contre nature. On peut les ranger sous trois classes, la premiere formée de celles qui sont près des intestins ; la seconde, de celles qui en sont un peu plus éloignées ; la troisieme, de celles qui sont près des vertébres des lombes. Elles soutiennent & affermissent les vaisseaux lactés & lymphatiques qui les traversent, de-là elles ont été regardées comme des glandes lymphatiques, quoique lors de la digestion elles perfectionnent le chile qui en penetre la substance. Dans ce dernier cas, on pourroit les nommer, eu égard à cet usage, glandes lactées.

Quelques-uns n'envisagent point les testicules comme des glandes ; d'autres les ont regardés, attendu leur structure, comme des glandes conglobées ; quelle que soit la diversité des opinions, ils font ici l'office de glandes conglomerées ; ils séparent en effet du sang la semence portée ensuite par de petits canaux semblables à des tuyaux excréteurs, qui donnent naissance aux épididymes ; ces mêmes épididymes sont eux-mêmes le principe des canaux déférens qui charrient & versent cette même humeur dans les vessicules séminales ; mais, abstraction faite de ces parties, nous dirons que les glandes des parties de la génération dans le cheval sont,

1°. *La grande prostate*, située sur le col de la vessie, ses canaux excréteurs, au nombre de dix à douze, s'ouvrant dans le canal de l'urethre, & y versant une liqueur dont l'usage est de lubréfier le canal & de servir de véhicule à la semence.

2°. *Les petites prostates*, appellées dans l'homme les *glandes de Couper*, situées quatre doigts plus bas que la grande prostate aux parties latérales de l'urethre, leurs tuyaux excréteurs s'ouvrant dans ce canal par dix ou douze mamelons, & y déposant une liqueur dont l'usage est le même que celui de la liqueur de la grande prostate.

3°. *Les cryptes*, ou les *follicules glanduleux*, que l'on apperçoit quelquefois dans les vessicules séminales, & qui y filtrent peut-être une humeur qui en empêche l'oblitération dans les chevaux hongres.

4°. *Les cryptes* placés dans le tissu spongieux de l'urethre, déposant dans ce canal par quantité de petits orifices, ou pores répandus dans toute son étendue, une humeur onctueuse, propre à le sauver des effets de l'impression des sels urineux.

5°. *Les corpuscules* formant des glandes odoriférantes placées à la circonférence du prépuce & de la tête du membre de l'animal, & versant une humeur sébacée qui facilite le mouvement de ces parties l'une sur l'autre, & qui prévient toutes les suites fâcheuses & ordinaires des frottemens.

311. Les glandes des parties de la génération sont, dans la jument,

1°. *Les cryptes*, formant ce que l'on a appellé dans la femme les *glandes botriformes*, répandus dans l'intérieur du vagin. Ils versent une humeur qui humecte & lubréfie ce conduit, & qui paroît la même que celle qui annonce la chaleur de la cavale.

2°. *Les corpuscules*, ou les *lacunes*, appercevables sur le tissu spongieux du prépuce, du clytoris, & versant une humeur glaireuse qui se répand entre les plis & les rides que forme en cet endroit le commencement de la membrane du vagin.

3°. *Les follicules glanduleux* étant à toute la

circonférence de la vulve au-dessous de la peau, ces corpuscules différant les uns des autres par leur couleur, leur forme, ainsi que par leur volume, & répandant à la surface de la peau une humeur sébacée, propre à entretenir la souplesse de ces parties, & à prévenir les excoriations qui auroient pu résulter des frottemens.

Les autres glandes, à considérer en différentes parites, sont,

1°. Les *mamelles* situées dans la jument à la partie postérieure & inférieure de l'abdomen.

2°. Les *corpuscules glanduleux* placés dans l'épaisseur de la peau de ces mêmes mammelles, & à la circonférence du mammelon, & versant une humeur grasse & huileuse, qui obvie ici comme ailleurs aux suites des frottemens.

3°. Les *glandes axillaires*, formant un paquet de chaque côté à la partie antérieure & latérale externe de la poitrine, près des veines axillaires, & transmettant, par le moyen des vaisseaux qui en partent, la lymphe qu'elles ont reçue des parties voisines dans les vaisseaux veineux sanguins.

4°. Les *glandes sou-scapulaires* étant des glandes du même genre, placées à la surface interne de l'omoplate.

5°. Les *glandes inguinales* formant un paquet aux environs du plis de la cuisse, les canaux qui en partent versant la lymphe dans les veines voisines.

6°. Les *glandes coccygiennes*, de même nature que les inguinales, & placées en petit nombre entre les muscles de la queue.

7°. Enfin quelques *autres glandes* placées entre des muscles. Leur nombre, leur situation, leur figure, leur volume n'ayant rien de certain & de constant, nous croyons pouvoir nous dispenser d'en faire mention dans ce *Précis adénologique*.

ERRATA.

Page 193, second titre des vaisseaux sanguins du Cheval, ajoutez, *en général*.
Page 202, lig. 8 & 9, *aorte pulmonaire*, lisez, *artere pulmonaire*.
Page 222, lig. 2, *l'ouraque*, lisez, *Pouraque*.
Page 222, lig. 19, *artere honteuse*, ajoutez, *interne*.

PRÉCIS
SPLANCHNOLOGIQUE,
OU
TRAITÉ ABRÉGÉ
DES
VISCERES DU CHEVAL.

Par M. BOURGELAT, Directeur & Inspecteur général des Ecoles Vétérinaires, Commissaire général des Haras du Royaume, Correspondant de l'Académie royale des Sciences de France, Membre de l'Académie royale des Sciences & Belles-Lettres de Prusse, ci-devant Ecuyer du Roi & Chef de son Académie établie à Lyon.

A PARIS,

Chez VALLAT-LA-CHAPELLE, Libraire, au Palais, sur le Perron de la Sainte-Chapelle.

M. DCC. LXIX.
Avec Approbation & Privilege du Roi.

PRÉCIS SPLANCHNOLOGIQUE,

OU

TRAITÉ ABRÉGÉ
DES VISCERES DU CHEVAL.

PREMIERE PARTIE.
De l'Abdomen en général.

L'ABDOMEN est une cavité qui ne formeroit avec le thorax qu'un antre seul & unique, sans la cloison intermédiaire qui limite antérieurement son étendue, & qui borne postérieurement la capacité de ce même thorax.

Cette cloison, les os du bassin, les vertèbres lombaires, ainsi que l'enceinte musculeuse qui tient à ces os & à la charpente de la poitrine, en font les parois. Les lombes en constituent la partie supérieure ; les flancs les parties latérales ; le ventre la face inférieure, & nous assignons à cette face tout l'espace compris entre le cartilage xiphoïde, & le bassin inclusivement.

L'indispensable nécessité de marquer exactement la place qu'occupe intérieurement chaque viscère, demande encore que nous divisions ce même espace en trois portions.

V

Suppofons que fa longueur totale foit de trois pieds, car nous ne pouvons ici déterminer une mefure invariable & commune à tous les chevaux, la premiere, ou l'antérieure répondant à celle qui dans l'homme eft appellée la *région épigaftrique*, s'étendra depuis le cartilage xiphoïde, jufqu'à environ cinq pouces en avant de l'ombilic ; la feconde ou la moyenne nommée par les Anatomiftes du corps humain *région ombilicale*, depuis le terme de celle-ci, jufqu'à environ cinq pouces en arriere du point milieu de leur féparation ; la troifiéme enfin, ou la poftérieure, qu'ils défignent en général par le terme de *région hypogaftrique*, depuis ces cinq pouces en arriere, jufqu'au fond du baffin.

315. Ces diverfes régions ont été fous-divifées par eux en parties moyennes & latérales, & chacune de ces parties fubdivifées ont encore reçu des dénominations différentes.

Nous conviendrons que cette fcrupuleufe précifion obfervée par rapport au corps de l'homme eft d'une grande reffource, & telle eft la puiffance des fecours qu'elle fournit au Praticien, que malgré l'impoffibilité dans laquelle il eft de porter un œil curieux au-delà des enveloppes qui lui célent l'intérieur de la machine, fa vue devient en quelque façon affez perçante pour difcerner d'une maniere pofitive, foit par le fiége de la douleur dont le malade fe plaint, foit par le lieu d'une bleffure quelconque, les organes atteints & endommagés. Nous n'avons garde de vouloir renoncer à ce dernier avantage qui feroit pour nous le feul à nous ménager ; mais attendu l'amplitude des vifceres de l'animal, nous croyons pouvoir nous difpenfer d'admettre les diftinctions dont il s'agit. Il fuffira que la divifion à laquelle nous nous fommes arrêtés foit toujours préfente à l'efprit, lorfque nous confidérerons la fituation, l'arrangement, le rapport, les connexions, la structure & le tissu de chacune des parties renfermées dans la capacité dont il s'agit.

Ces parties sont 1°. le *ventricule*, les *intestins*, le *méfentére*, le *méfocolon*, l'*épiploon*, le *pancréas*, le *foie*, le *canal* ou le *tube biliaire*, la *rate*, les *glandes méfentériques*, les *vaisseaux lactés*, le *réservoir du chile*. 2°. les *reins*, les *glandes sur-rénales*, les *ureteres*, la *vessie*. 3°. Tous les instrumens naturels & internes servant à la génération dans le mâle & dans la femelle. 4°. Enfin une foule considérable de glandes & de vaisseaux tant sanguins que nerveux & lymphatiques qui se portent à tous ces différens organes, dont les premiers pourroient être dits *chilopoïetiques*, les seconds *vropoïetiques*, & les derniers *spermatopoïetiques*, vu les fonctions des uns & des autres.

Mais avant de pénétrer dans la cavité que nous nous proposons d'envisager, nous ne sçaurions nous dispenser d'arrêter nos regards sur ce qu'elle nous présente d'intéressant & de curieux au dehors, & nous fuirons le reproche d'avoir laissé en arriere les objets que nos Eleves rencontreront sur la route que nous leur traçons, & qu'il est important qu'ils considérent.

Des mamelles dans la Jument.

Les *mamelles* sont deux corps peu sensibles dans la jument non pleine & formant dans celle qui porte ou qui allaite deux éminences très-apparentes.

Il faut en considérer :

1°. *La situation* : elles sont placées sur l'extrémité postérieure de chaque muscle droit, c'est-à-dire, à la partie antérieure des os pubis, & à la partie postérieure & inférieure de l'abdomen, à laquelle elles sont très-adhérentes. On ignore les raisons de cette position constante dans la cavale, dans d'autres solipédes, comme l'ânesse, & dans les animaux qui ruminent, tels que la chévre, la vache, la brebis, la biche, &c. Si ces corps eussent été situés sur la poitrine de la jument, comme ils le sont sur celle de l'éléphant, de la chévre de Lybie, de la femelle du singe, &c. ils n'auroient pas été moins à la portée du poulain, mais la femelle de l'éléphant suce elle-même son lait par le moyen de sa trompe pour le conduire ensuite dans la bouche de l'animal qu'elle doit nourrir ; celle du singe porte son petit sur ses épaules à la maniere des Négresses ; elle le prend entre ses pattes lorsqu'elle veut l'allaiter, & lui présente le teton à-peu-près comme la nourrice le présente à l'enfant ; or c'en est assez pour que la position de leurs *mamelles* sur le thorax cesse d'être équivoque ; mais au défaut de particularités aussi frappantes dans la jument, & dans les autres femelles dont nous avons parlé, nous devons nous en tenir au fait dont l'inspection dépose, ne pas tenter d'aller plus loin, & éviter de nous livrer à cette sorte de divination qui n'est que trop souvent l'écueil du Naturaliste, & l'opprobre du Philosophe.

2°. *Le nombre*, moindre que dans les multipares & dans les fissipedes, tels, par exemple, que la lionne, l'ourse, la chatte, la chienne, la souris, l'écureuil, la panthére, &c. en qui deux *mamelles* seulement auroient été insuffisantes, attendu qu'elles allaitent à la fois plusieurs petits, & qu'elles sont obligées de se coucher à cet effet, parce que leurs productions ne sçauroient se tenir debout dès leur naissance ; aussi ces parties ne sont-elles pas uniquement inguinales en elles, comme dans la jument ; la nature les a multipliées, & en a mis un double rang le long de l'abdomen ; sans cette précaution, ces mêmes productions, leurs meres étant couchées, n'auroient pu que très difficilement saisir le *mamelon* pour prendre leur nourriture.

3°. *La forme* applatie dans la jument qui n'allaite point & qui ne porte pas, & qui, dans la jument pleine & qui nourrit, se trouve allongée.

4°. *Le volume* qui dans celle-ci est plus ou moins considérable selon la quantité plus ou moins grande de la liqueur qui se sépare dans leur substance.

5°. *Le rapprochement* de l'une & de l'autre, ces deux corps étant adossés.

6°. Les *papilles* ou les *mamelons* au nombre de deux, un pour chaque *mamelle*, & qui ne sont autre chose que la petite éminence cylindrique que l'on observe à leur extrêmité inférieure, extrêmité dont le volume accroît & augmente par la succion, & qui est formée d'un tissu spongieux renfermant l'extrêmité des vaisseaux mamaires, sanguins, laiteux & nerveux.

7°. la *substance* : les *mamelles* étant composées d'un assemblage de corps glanduleux unis les uns aux autres par un tissu cellulaire, folliculeux, formant diverses cloisons, & accompagnant les tuyaux laiteux jusques à leur fin ; plusieurs glandes plus considérables se trouvant à la circonférence ; les canaux excréteurs de ces mêmes glandes s'ouvrant dans les *mamelles*, & y versant une liqueur blanchâtre mêlée de parties huileuses, tandis que le canal excréteur qui part de chacun des corps glanduleux, se réunissant dans le milieu même de chaque *mamelle*, y forme une espèce de sac cellulaire ou de réservoir commun, dans lequel il dépose en même temps la liqueur destinée à la nourriture du fétus après sa naissance.

8°. Le *même sinus*, ou *réservoir commun* présentant plusieurs ouvertures d'une structure singuliere, fermées par une double valvule, l'une inférieure résultant de l'extrémité du canal excréteur de la glande ; l'autre supérieure, d'où résulte entre deux un cul de sac, & qui recouvre la premiere ; ces ouvertures répondant à plusieurs petits tuyaux repliés sur eux mêmes par des especes de rides, & qui du réservoir se rendent aux *mamelons* où ils s'ouvrent par des orifices imperceptibles à la circonférence des deux trous, dont chacun de ces mêmes *mamelons* est percé ; ces mêmes rides ou replis ajoutant encore à l'obstacle que les valvules opposent à la trop libre sortie du lait ; obstacle qui ne peut être vaincu qu'autant que l'animal pressant la *mamelle* à coup de nez, donne au lait une telle impulsion que les valvules en sont soulevées & ces petits tuyaux distendus, & qu'autant qu'en tirant à lui le *mamelon*, il détermine la liqueur à couler, comme nous la déterminons nous-mêmes par l'action de traire la cavale.

9°. Les *membranes* consistant principalement dans une tunique particuliere, & en quelque sorte aponévrotique, qui enveloppe & maintient cet ensemble de glandes, de canaux excréteurs & de vaisseaux, en servant comme de poche & de sac à chaque *mamelle* qu'elle sépare ; ces sacs après les avoir recouvertes venant s'adosser à leur partie moyenne & formant entr'elles une cloison ; les tégumens communs les revêtissent encore ; ils sont plus fins & plus déliés en cet endroit qu'ailleurs, & garnis dans toute leur épaisseur de quantité de follicules glanduleux s'ouvrant par de très-petits orifices à la surface de la peau, filtrant une humeur grasse & huileuse capable de lubréfier ces parties, & de prévenir les excoriations qui auroient pu résulter de leur frottement. On trouve des follicules semblables à toute la circonférence des *mamelons*.

10°. Les *vaisseaux sanguins*, *artéres & veines*; les premiers émanans de l'artere abdominale, & n'étant autre chose que l'artére honteuse externe dans le cheval, qui dans la jument constitue l'artère mamaire, parce que dès sa sortie de l'arcade crurale, elle se porte entiérement aux *mamelles* dans lesquelles elle s'évanouit.

Les seconds étant d'une part des ramifications de la veine abdominale, & de l'autre des ramifications des veines honteuses externes; nous avons donné à celles de ces dernieres ramifications qui se portent dans la cavale aux parties dont il s'agit, le nom de *veines mamaires*.

11°. Les *vaisseaux nerveux* provenant de quelques filets échappés du nerf crural, & de quelques uns de ceux qui sont envoyés par le nerf considérable qui naît de la troisiéme ou quatriéme paire sacrée, & par l'intercostal commun aux parties extérieures de la génération.

12°. *Les usages.* Heureusement que l'opinion de Galien & de Bauhin qui sûrement n'a pas été fondée sur l'analogie, ne sçauroit nous séduire ici. Le premier prononça décisivement que les *mamelles* des femmes n'ont été exposées aux regards de l'homme, que pour irriter & pour enflammer ses desirs, comme si la concupiscence de celui-ci ne demandoit pas plutôt un frein qu'un aiguillon. Le second ne craignit pas d'avancer que la proximité du cœur importoit à la parfaite élaboration du lait : pour nous qui ne voulons admettre dans les vues de la nature, que celles qu'elle nous manifeste, nous nous contenterons de regarder les parties dont il s'agit, comme l'organe naturel de la sécrétion de ce suc chileux qui est le premier & le plus salutaire aliment des corps qui ne sont point formés, dont l'eſtomac eſt trop foible, & en qui les parties & les liqueurs néceſſaires à la diſſolution des autres ſubſtances nutritives n'ont point encore aſſez de force & d'activité, pour extraire de ces mêmes ſubſtances la portion chileuſe qu'ils contiennent.

Des muſcles de l'abdomen.

(Voyez *le précis myologique* (art. 188, juſques à 194.)

Des viſcéres abdominaux.

Des viſcéres chilopoïetiques

Du Péritoine.

318.

319. Les tégumens, le pannicule charnu & les muſcles abdominaux ouverts & détruits, on apperçoit d'abord une membrane d'un tiſſu mince mais ſerré. Cette membrane eſt le *péritoine*; il garnit tout l'intérieur des parois de l'abdomen, & revêt preſque tous les viſcéres que cette cavité renferme.

On conſidérera,

1°. *Sa forme*; il repréſente un ſac clos & fermé de toutes parts.

2°. *Le tiſſu cellulaire* dont toute ſa face externe, d'ailleurs cotoneuſe & inégale, eſt pourvue; ce tiſſu folliculeux eſt compoſé de pluſieurs fibres dont l'arrangement n'a rien de régulier; elles s'élevent de la ſurface même de cette membrane, & forment une eſpèce de ſubſtance réticulaire : il eſt plus délié & moins abondant en certains endroits que dans d'autres; il unit le *péritoine* à chaque viſcére que cette membrane entoure; il ſe trouve par conſéquent non-ſeulement dans ſa circonférence, mais dans tous les replis que ce sac fait au dedans de lui-même.

3°. Ses *adhérences*, toujours moins intimes aux lieux où le tissu cellulaire est en plus grande quantité : c'est ainsi qu'à la partie supérieure de l'abdomen, on le voit éloigné des aponévroses des muscles transverses. Il en est de même dans le fond du bassin : c'est ainsi qu'il adhére davantage dans le reste de l'étendue de ces mêmes muscles, & à la portion charnue du diaphragme : c'est ainsi enfin que les adhérences en sont beaucoup plus fortes à leur portion aponévrotique, directement à l'endroit des muscles droits, & au centre nerveux du diaphragme qu'il ne revêt pas entiérement, le foie étant immédiatement attaché à la portion droite de ce même centre, & le *péritoine* étant forcé de se replier à la circonférence de cette attache & de cette jonction.

4°. Les *prolongemens du tissu cellulaire* qui n'accompagne pas les vaisseaux spermatiques comme dans l'homme, la tunique vaginale étant ici formée par la vraie lame *du péritoine*, & son tissu cellulaire ne la suivant, ainsi que les vaisseaux spermatiques, que jusques aux testicules. Il est important de suivre les deux prolongemens suivans; l'un qui entoure la vessie & l'autre qui suit l'intestin rectum; la vraie lame du *péritoine* se bornant dans la partie postérieure de l'abdomen à la cloison par laquelle elle termine dans le fond du petit bassin la cavité propre du bas ventre; n'accompagnant pas le rectum jusques à son extrémité, & ne couvrant de la vessie que la partie antérieure, toute la face supérieure & la face inférieure, jusques à trois travers de doigt au devant des os pubis, cette poche étant pleine, car quand elle est vuide, sa rentrée dans le bassin nous dérobe ce fait ; ce qui reste du rectum & de la veſſie au-deſſous de cette cloiſon n'eſt par conſéquent enveloppé que du tiſſu cellulaire, d'où réſultent les deux prolongemens dont il s'agit, l'un d'eux ſe bornant à la face interne des muſcles de l'anus, l'autre ſe terminant également à ces mêmes muſcles, mais accompagnant juſques là le col de la veſſie.

5°. *L'ouverture de ce même ſac* enſuite d'une grande inciſion cruciale ; de groſſes maſſes inteſtinales ſe montrant d'abord, recouvrant, cachant toutes les autres parties & réſultans des inteſtins colon & cœcum, qui ſeuls repoſent ſur les muſcles abdominaux, & le ſac ne renfermant ni les reins, ni les uretéres, ni le tronc de l'aorte, ni celui de la veine cave, mais fourniſſant des enveloppes aux inteſtins, au foie, à l'eſtomac, à la rate, à l'épiploon, &c.

6°. *Ses enfoncemens* qui ont lieu ſur lui-même de dehors en dedans, & au moyen deſquels chaque viſcere ſe trouve logé, entouré & niché, ſans être néanmoins contenu dans la cavité du ſac, puiſqu'ils ne ſont revêtus que par ſa face externe, cette membrane ſe prolongeant à l'effet de les recevoir & de les envelopper : c'eſt ainſi que le *péritoine* après avoir couvert le diaphragme, excepté dans le lieu de l'adhérence du foie, ſe replie comme je l'ai dit, autour de cette adhérence, s'étend ſur ce viſcére & l'enveloppe : c'eſt ainſi qu'à l'endroit de l'œſophage il ſe prolonge pour revêtir l'eſtomac : c'eſt ainſi que près des vertébres lombaires, il s'enfonce conſidérablement pour former le méſentére, & ceindre tout le canal inteſtinal : c'eſt ainſi qu'il revêt la rate & la matrice, &c.

7°. *Les duplicatures ou replis* qui n'admettent aucun intervalle entr'eux que celui qui eſt néceſſaire pour loger le tiſſu cellulaire ; ces duplicatures formant, par exemple, le méſentére juſques au lieu où le *péritoine* s'écarte pour envelopper les intestins, & constituant des ligamens tels que les deux ligamens latéraux du foie, son ligament falciforme, les deux ligamens qui assujettissent le colon, les ligamens larges de la matrice, ceux qui accompagnent les artéres ombilicales & la veine de ce nom qui se trouve dans le ligament falciforme.

8°. *Sa face interne* lisse, polie & sans cesse lubréfiée par une humidité vaporeuse qui transude dans toute son étendue au moyen de nombre de porosités répondant aux extrêmités des artérioles séreuses ou sanguines, & dont le diamètre ne peut admettre que cette vapeur ; sérosité repompée par des pores semblables dépendans des veines sanguines & séreuses, de maniere que le renouvellement continuel en prévient la perversion & tout dépôt, tant que les pores exhalans & absorbans sont dans un état naturel. Cette rosée étoit d'ailleurs aussi nécessaire au *péritoine* que partout ailleurs, attendu les frottemens que cette membrane éprouve.

9°. *Les vaisseaux sanguins & nerveux* : le *péritoine* participant de ceux qui l'avoisinent au moyen de quelques ramifications des diaphragmatiques, des lombaires, des iliaques, des sacrées, des mésentériques, *&c.* & des filets qu'il reçoit des nerfs lombaires, de la premiere paire des sacrées & des différens plexus de l'abdomen.

10°. *Ses usages* : son tissu cellulaire unissant, ainsi que je l'ai dit, la vraie lame avec toutes les parties qu'elle touche, garnissant des espaces, maintenant quelques portions dans leur position, la vraie lame étant l'enveloppe & la membrane commune de tous les viscéres qu'elle recouvre, *&c.*

De l'Epiploon.

320. *L'epiploon* nommé *reticulum*, *omentum* par les Latins, est une membrane moins graisseuse dans le cheval que dans l'homme, & qui dans l'animal ne s'étend & ne se propage pas assez pour former la sorte de hernie que l'on appelle *épiplocelle*.

Il faut considérer,

1°. *Sa situation*; il est en quelque maniere replié, & comme entassé entre l'estomac, les gros intestins & les intestins grêles : ici il ne se montre donc pas d'abord à l'ouverture de l'abdomen, & ne se répand pas comme dans l'abdomen humain sur les replis du canal intestinal.

2°. *Ses connexions*, d'abord au ventricule, tout le long de la grande courbure depuis le grand cul-de-sac jusques au pylore, à une portion du duodenum du coté droit, au pancréas, à toute la scissure de la rate du côté gauche, ensuite, & après un prolongement de la longueur d'environ un pied entre les intestins, à l'arc que fait le colon en passant sous l'estomac & à la portion de la veine cave qui régne tout le long du foie ; là est une courbure ovalaire par laquelle il est très-facile d'introduire de l'air dans cette poche.

3°. *Sa figure* qui est celle de l'espèce de filet que les pêcheurs nomment *épervier*: quelquefois il se prolonge en formant autant de poches & d'entrelacemens en forme d'anse autour des intestins, & en adhérant aux muscles transverses du bas ventre.

4°. *Sa substance* qui est membraneuse ; *l'épiploon* étant composé de deux lames qui toutes deux prennent leur origine de l'estomac, c'est-à-dire, que le péritoine qui est la premiere tunique de ce viscére après l'avoir recouvert, se propage de dessous la grande courbure pour former la membrane dont il s'agit. Le tissu cellulaire qui unit ces deux lames est si fin & si délié, qu'elles sont comme indivisibles, excepté dans les intervalles où il se trouve garni de graisse, & où il présente ce que nous nommons les *bandelettes graisseuses*.

5°. *Le prolongement* d'où résulte *le petit épiploon*; celui-ci étant de la largeur d'environ un demi pied, & s'étendant du côté gauche depuis la partie moyenne de la grande courbure de l'estomac, jusques auprès de son orifice antérieur; il est formé par l'adossement des deux lames dont j'ai parlé, ensorte que quoiqu'il ne paroisse que sous la forme d'une membrane, il est néanmoins composé de quatre lames unies par le tissu cellulaire qu'on peut séparer, soit par le moyen du souffle, soit par le moyen du déchirement des lames. Il est au surplus couché sur la rate; ses connexions sont à cette partie, à la courbure du colon qui lui répond, au pancréas, & au grand *épiploon* dont il est, ainsi que je l'ai observé, une production.

60. *Ses vaisseaux* qui sont principalement les gastro-épiploïques droites & gauches, artéres & veines, & ses nerfs étant des filets émanans des plexus hépatiques & stomachiques.

Du reste les vaisseaux adipeux dont quelques Anatomistes du corps humain ont supposé l'existence, & qu'ils ont cru nécessaires à la circulation de la graisse, sont encore à découvrir. D'ailleurs on peut & l'on doit présumer que dans *l'épiploon*, comme partout ailleurs, la graisse suinte & sort des porosités ou des extrêmités des artéres : déposée ensuite dans les cellules du tissu cellulaire, elle y acquiert une certaine consistance par son séjour, & peut enfuite être abforbée & repompée par de femblables pores veineux, & gagner ainfi le torrent de la circulation.

7°. *Ses ufages* qui, vu fa fituation, ne fçauroient être ici comme dans l'homme, d'adoucir les frottemens que la réfiftance du péritoine fait effuyer au ventricule. Ils femblent fe borner dans l'animal à aider & à favorifer la préparation de la bile par la partie graffe qu'il fournit, & qui eft portée par les ramifications de la veine porte dans le foie, à tempérer l'acrimonie des humeurs, à fournir au fang dépouillé de beaucoup de férofités, enfuite de toutes les fécrétions exécutées dans l'abdomen, des parties huileufes capables de le rendre plus fluide, à prévenir enfin les obftructions & les engorgemens que fon trop d'épaiffiffement pourroit occafionner dans le foie.

De l'Œfophage.

321. Quoiqu'il n'y ait qu'une très-petite portion de *l'œfophage* dans la cavité que nous examinons, nous ne pouvons nous difpenfer de décrire ici ce tube cave, membraneux & charnu répondant au pharinx, c'eft-à-dire, à un fac mufculeux & membraneux qui en eft le commencement & comme le pavillon, & qui répond lui-même à la bouche.

Nous en confidérons donc,

1°. *La longueur* qui eft d'environ trois pieds & demi dans un cheval ordinaire; ce canal depuis fon principe, s'étendant le long de l'encolure & de la poitrine jufques à l'eftomac, auquel il fe termine dès fon entrée dans le bas ventre.

2°. *Le volume* ou le *diamètre* qui eft de deux ou trois pouces, lorfque néanmoins il ne contient aucun aliment, fon élafticité étant telle qu'il eft resserré au point de n'admettre aucun vuide dans son milieu ; mais il n'en est pas moins susceptible de dilatation, puisqu'il peut donner passage à des pelottes de fourage qui sont communément de la grosseur d'un œuf, & qui pourroient être encore plus considérables.

3°. *La couleur*, rougeâtre au dehors & semblable à celle des chairs, & blanchâtre au dedans, au moyen de la membrane aponévrotique qui en revêt l'intérieur.

4°. *Le trajet*, le long de l'encolure directement au devant des vertébres cervicales, en arrière de la trachée artère, entre les carotides & les jugulaires, un peu plus néanmoins à gauche qu'à droite, comme dans l'homme (car il paroît que l'illustre M. Morgagny est le seul qui l'ait vu descendre du côté droit) ce que l'on apperçoit aisément, & même à l'extérieur dans le temps de la déglutition, malgré la peau & les autres parties qui garnissent en cet endroit l'encolure ; on peut suivre de l'œil la descente des alimens solides & même liquides dans ce canal, & elle n'est sensible que quand on la considére du côté gauche : ce même canal entrant ensuite dans le thorax par l'intervalle que laissent les deux premieres côtes & le sternum, ayant alors (sa situation devenant horisontale d'oblique qu'elle étoit) la trachée artère au-dessous de lui, jusqu'à ce qu'elle se termine en bronches & se perde dans les poumons : il poursuit ensuite sa route en suivant toujours la colomne osseuse des vertébres du dos, & d'ailleurs enveloppé du tissu cellulaire du médiastin, dans lequel il chemine jusques à l'ouverture oblongue placée dans le centre du petit muscle du diaphragme, ouverture qui lui livre un passage, & deux travers de doigt après laquelle il se termine au ventricule.

5°. *La substance*, véritablement charnue & membraneuse ; ce viscére étant revêtu d'une membrane extrêmement mince qui n'est qu'un tissu cellulaire qui lui sert d'enveloppe ; sa portion principale étant composée de fibres musculeuses dont la direction est telle qu'elles sont rangées sur deux plans ; les unes & les plus nombreuses n'étant pas absolument circulaires, mais légérement spirales ; les autres s'étendant d'une extrêmité à l'autre, marchant un peu obliquement depuis la partie supérieure du canal, & suivant une direction vraiment longitudinale à l'extrêmité inférieure où elles sont plus fortes & plus apparentes ; elles ne paroissent avoir d'autres usages que de soutenir les premieres, soit dans leur situation, soit dans leur contraction ; une membrane cellulaire semblable à celle que l'on trouve dans l'estomac, s'unissant d'une maniere très-lâche à cette tunique charnue, & adhérant étroitement à la tunique aponévrotique qui est blanche, comme nous l'avons dit, & d'un tissu très-fort & très serré. Cette derniere tunique n'ayant aucune force élastique, & étant privée par conséquent de la faculté de se contracter après avoir été distendue, conservant toujours plus d'ampleur que ne lui en permet la cavité de l'œsophage quand il est resserré, étant par une suite nécessaire plissée dans toute son étendue, & ses plis s'effaçant lorsque dans la déglutition, les alimens forcent & ouvrent le canal. Elle est au surplus intérieurement tapissée d'une membrane très délicée qui est la même que la membrane épidermoïde de l'estomac, & qui n'en différe en rien. Une matiére mucilagineuse qui paroît principalement dûe au pharinx & à l'arriére bouche, où l'on trouve une quantité de cryptes qui peuvent la fournir, l'enduit encore & rend le passage plus glissant. On doit croire que

que cette humeur coule toujours spécialement de cette source dans le canal dont il s'agit, & plus particuliérement quand elle y est entraînée avec les alimens, & nous ne pensons pas qu'ici les sucs œsophagiens soient des sucs digestifs, comme ils le sont dans les oiseaux granivores, dans l'aigle, dans le castor, &c.

6°. *Les vaisseaux sanguins*, les artériels, naissant immédiatement de l'aorte dans le thorax, & quelquefois des bronchiques, quelques rameaux dépendans des carotides se portant aussi le long de l'encolure à ce canal ; quant aux veines, celles qui se trouvent dans le thorax se rendent dans la veine azygos, & celles qui se trouvent le long de l'encolure, dans les veines jugulaires.

7°. *Les vaisseaux nerveux* lui étant fournis par la huitiéme paire, par l'intercostal, par les cervicaux.

8°. *Les usages*. Ce même canal servant à la déglutition au moyen de la contraction de ses fibres charnues, contraction successive & toujours opérée en arriere des alimens à chasser du côté du ventricule, contraction en même temps très-forte, & qui aide souvent la marche des matiéres forcées de monter perpendiculairement, car l'animal herbivore paissant la tête basse, n'est point obligé de la relever pour en faciliter la descente dans l'estomac, où d'ailleurs dans l'homme même elles ne se précipitent point par leur propre poids, ainsi que plusieurs Anatomistes l'ont prétendu, puisque quand il est couché, elles n'en parviennent pas moins dans le ventricule, & que l'on voit tous les jours des farceurs manger, boire & avaler, leur corps posé perpendiculairement sur leur tête.

X

Du Ventricule ou de l'Estomac.

322. L'estomac est un sac membraneux contenu dans l'abdomen.

On en examinera,

1°. *La situation* directement en arriere du diaphragme, assez près des vertébres des lombes & dans la partie moyenne & latérale gauche de cette cavité, de maniere que la portion droite est recouverte par le foie, la portion gauche par la rate, toute la face inférieure étant cachée par les gros intestins sur lesquels il repose.

2°. *Les connexions* ou les *attaches* par le moyen de l'œsophage, d'une autre part par des vaisseaux sanguins communs à ce viscére, ainsi qu'au foie & à la rate; du reste il est maintenu par toutes les parties qui l'environnent, principalement par le diaphragme & par les intestins.

3°. *Le volume* qui varie dans les différens individus; cette poche d'ailleurs vuide ayant environ un pied de circonférence, & trois ou même quatre lorsqu'elle est pleine, sa longueur qui est en travers augmentant en volume dans cette proportion.

4°. *La figure* qui est presque ronde & qui approche de celle d'un rein.

5°. *Les faces* qui sont un peu plus planes que le reste, & qui sont tellement obliques dans leur situation, où elles ne sont ni totalement en dessus & en dessous, ni totalement en avant & en arriere. L'inférieure qui se présente la premiere regardant légérement le diaphragme qui est en devant, & les gros intestins qui sont en dessous; la supérieure ne regardant pas moins la partie postérieure de l'abdomen que les vertébres des lombes, ces diverses positions variant au surplus, selon que le viscére est plein ou vuide.

6°. *Les courbures* formées par l'intervalle des deux faces; la grande comprenant la convexité de *l'estomac*, & s'étendant en longueur d'une extrêmité à l'autre; la petite qui lui est opposée étant concave, & comprenant seulement l'intervalle qui est entre les deux orifices.

7°. *Les extrémités* dont la grosse appellée aussi le *grand cul-de-sac*, est à gauche & la petite à droite.

8°. *Les orifices* au nombre de deux, l'un antérieur & l'autre postérieur; le premier répondant à l'œsophage, terminant ce canal & formant le commencement de *l'estomac*; l'œsophage faisant en cet endroit une courbure qui résulte de sa direction & de celle du *ventricule*, & cet orifice étant garni d'un nombre considérable de fibres extrêmement fortes, qui le resserrent étroitement; elles ne sont que la continuation de celles de l'œsophage qui viennent se confondre avec celles de *l'estomac*.

Le second orifice, ou *l'orifice postérieur* offrant un passage aux alimens qui doivent sortir du viscére, comme l'antérieur leur en offre un pour leur entrée, & n'étant éloigné de celui-ci que de cinq à six pouces; il forme le commencement du canal intestinal; il paroît extérieurement fort & épais au toucher, attendu qu'il est grossi par le rapprochement de toutes les fibres des membranes du viscére en cet endroit, & par les fibres circulaires de la membrane musculeuse qui y forment une espèce de sphincter; ainsi elles se tiennent resserré de façon qu'il s'oppose à la trop grande facilité de la sortie des alimens: c'est eu égard à cet usage que cet orifice a été appellé *pylore*; quoiqu'il soit étroit & resserré, il l'est cependant beaucoup moins que l'antérieur : on le distingue extérieurement du canal intestinal, non-seulement par la dureté que l'on sent en le touchant, mais par une légere dépression qui est directement où commence l'intestin.

9°. *La substance*, ce viscére paroissant d'un tissu extrémement fort, quoiqu'en plus grande partie membraneux.

10°. *Les membranes* au nombre de quatre & même de cinq. *La premiere & l'externe* étant la moins forte, & étant fournie par le péritoine, d'où elle est appellée *tunique commune*, parce qu'elle est la même que celle qui revêt la plupart des autres viscéres de l'abdomen ; sa face externe étant très-unie, sa face interne étant cellulaire, & ce tissu cellulaire s'insinuant dans l'intervalle des fibres musculaires dont je vais parler.

La seconde étant la plus forte, charnue plutôt que membraneuse, & formant principalement le corps du *ventricule* : dans plusieurs chevaux, elle ne présente pas des fibres longitudinales, elles semblent toutes spirales ou circulaires : il est deux plans très-sensibles de celles-ci *dans le grand cul-de sac*; le plan extérieur paroissant être la continuation des fibres spirales de l'œsophage, dont une partie parvenue à *l'estomac*, s'étend sur toute l'étendue de la *petite courbure*, se porte circulairement sur les *deux faces*, & se termine par l'entrelacement des unes & des autres; l'autre partie passant par dessus le plan interne en le croisant, toutes ces fibres étant très-entassées près de *l'orifice antérieur*, s'épanouissant ensuite sur la *grosse extrémité* circulairement en se terminant en tourbillons sur le fond du viscére. L'autre plan ou le plan intérieur, formant une espèce de cravatte qui s'étend de chaque côté sur *la petite courbure* en croisant le plan externe ; ses fibres parvenues à environ la portion moyenne de cette *courbure*, se portant en plus grande partie de chaque côté du *grand cul-de-sac* sur tout lequel elles s'étendent quelquefois, de maniere qu'elles composent un double plan ; elles forment des circulaires, & se terminent au fond *du ventricule* de la même maniere que celles du plan extérieur, c'est-à-dire, en tourbillons : elles se croisent avec celles de ce même plan dans toute leur marche : quant aux autres fibres du plan intérieur, elles se portent circulairement sur les *faces* ; là, elles sont plus déliées & moins fortes. Au surplus il est entre les deux plans quantité de fibres qui partent du plan externe des fibres de la tunique charnue de l'œsophage : ces mêmes fibres se propagent longitudinalement, & se répandent l'espace d'environ cinq à six travers de doigt sur *l'estomac* & à la circonférence de *l'orifice antérieur*, en croisant indifféremment toutes les autres fibres, & se perdant dans sa substance ; les autres fibres longitudinales qu'on peut observer dans un grand nombre de chevaux sur les surfaces de ce viscére, paroissant naître du *grand cul-de-sac*, & s'étendre sur les deux *faces* ; celles qui régnent le long de la *grande courbure*, & qui s'étendent jusques au *pylore*, cheminent vraiment longitudinalement ; la marche des autres sur les deux *faces* est légérement oblique ; elles s'écartent un peu en se croisant dans leur trajet, & vont se perdre dans la *petite courbure* & dans le *pylore*. Toutes ces fibres musculaires qui diminuent d'épaisseur dans leur route & deviennent presqu'insensibles, ne sont pas d'ailleurs exactement réunies ; le tissu cellulaire dont j'ai parlé, pénétre dans leurs interstices, & joint d'une manière très-lâche la membrane qu'elles forment avec la tunique qui suit.

Cette tunique est la *troisiéme membrane* unie très-intimement au moyen du même tissu par sa face interne à la *membrane veloutée*; elle est blanche; elle a été appellée *nerveuse* par quelques uns, à raison sans doute de la quantité de filets nerveux qui se distribuent dans sa substance, & *tendineuse* par quelques autres qui ont faussement pensé que toutes les fibres de la membrane musculeuse se terminoient par des tendons, & composoient ainsi celle dont il s'agit, & dans la substance de laquelle on trouve souvent quelques corps glanduleux parsemés çà & là, dont les orifices excréteurs vont vraisemblablement s'ouvrir dans l'estomac.

La quatriéme tunique dite *veloutée* ou *mamelonnée*, présente deux faces; l'une externe qui est blanche & d'un tissu ferme & serré; l'autre interne qui paroît partagée en deux portions que l'on diroit être entièrement dissemblables. La portion qui garnit *l'orifice antérieur* & toute la *grosse extrémité*, c'est-à-dire, plus d'un tiers du *ventricule*, est une continuation de celle qui tapisse intérieurement l'œsophage : elle est de même nature, en quelque façon aponévrotique, blanche, d'un tissu serré & parsemée de rides & de plis plus légers que ceux de l'autre portion, excepté à l'endroit même de *l'orifice* où ils sont très-considérables : elle paroît beaucoup plus ample que la cavité de ce même *orifice* qui est toujours fermé; or ne se retirant point sur elle-même comme les fibres charnues qui le composent, elle se plisse, & les plis qu'elle forme à cette ouverture sont en long, & garnissent entièrement cette cavité : de plus, à mesure qu'elle s'étend dans le *ventricule*, ces mêmes plis ou rides sont comme entassés & confondus les tins dans les autres, de façon qu'il en résulte un embarras que l'on peut à peine débrouiller lorsque le *ventricule* étant ouvert, on veut pousser le doigt du *ventricule* dans l'œsophage ; cette même membrane devient ensuite *mamelonnée*, & telle en est la seconde portion. Ce changement ne s'exécute pas insensiblement & peu-à-peu, il est marqué par une ligne circulaire & assez égale, & si l'on n'examinoit pas scrupuleusement cette structure, on seroit disposé à croire que la membrane *aponévrotique* dans une de ses portions & *veloutée* dans l'autre, forme deux membranes différentes & seulement unies ; mais des recherches sérieuses démontrent une même continuité, surtout quand on considére cette tunique à l'extérieur, & du côté de la troisiéme membrane, on ne remarque alors nulle différence : on en voit bien moins au dehors du ventricule, surtout lorsqu'il est vuide ; car alors resserré sur lui-même il en est plus épais ; ce n'est qu'en soufflant, ou en amincissant les tuniques que l'on peut appercevoir par leur transparence, ou sentir par le maniment la ligne qui sépare ces deux portions. La *mamelonnée* est garnie d'une sorte de duvet très-difficile à observer, formé sans doute par l'arrangement lâche des fibres qui terminent sa superficie, & par les orifices des canaux excréteurs des cryptes ou follicules glanduleux nichés dans ce duvet, d'où résultent des espèces de *mamelons* très-peu sensibles à la vérité : l'une & l'autre de ces portions sont humectées par une humeur moins mucilagineuse, moins visqueuse & moins épaisse dans la premiere que dans la seconde où elle est considérable, & qu'elle enduit & lubréfie visiblement comme les intestins, où elle est appellée *humeur intestinale*, tandis qu'ici elle est nommée *suc gastrique*.

La cinquiéme tunique enfin eſt une ſorte d'épiderme qui tapiſſe intérieurement la quatriéme, mais ſeulement dans la *portion aponévrotique*, car elle ne paroît point revêtir la portion *mamelonnée*, & cette tunique eſt tellement déliée, que nous croyons pouvoir la nommer *tunique épidermoïde*.

11°. *Les Vaiſſeaux* qui ſont artéres, veines & nerfs; l'artére coronaire ſtomachique, l'une des trois branches qui font la diviſion de l'artére cœliaque, étant aſſez conſidérable, & ſe portant par un trajet fort court *à la petite courbure* du côté de *l'orifice antérieur*, où elle ſe partage en deux branches qui, le long de cette *courbure*, ſe propagent juſques à *l'orifice poſtérieur* où elles s'anaſtomoſent. Les premiers rameaux de ces deux branches embraſſent le premier de ces *orifices*; les autres ſe répandent ſur les ſurfaces du viſcére, & s'anaſtomoſent du côté de la *groſſe extrémité* avec les vaiſſeaux courts, & dans le reſte de l'étendue du *ventricule* avec les gaſtro-épiploïques. La gaſtro-épiploïque droite eſt une branche de l'artére hépatique, & celle-ci une diviſion de la cœliaque: elle gagne la *petite extrémité* du viſcére, & régne le long de la *grande courbure* où elle s'anaſtomoſe avec le gaſtro-épiploïque gauche. Ses ramifications collatérales ſont en grand nombre, elles ſe répandent les unes ſur les deux *faces* du *ventricule* où elles s'uniſſent aux coronaires ſtomachiques, & les autres ſe diſperſent dans l'épiploon. L'artére hépatique fournit encore une petite branche détachée de celle-ci, & qui ſe diſtribue à *l'orifice poſtérieur* à l'endroit du *pylore*: on la nomme *artére pylorique*; elle s'anaſtomoſe auſſi avec les précédentes. La gaſtro-épiploïque gauche eſt une branche de l'artére ſplénique, qui dépend auſſi de la cœliaque ; elle part de cette artére à quelque diftance de fon infertion dans la rate & gagne, du côté de la *groffe extrémité*, la *grande courbure* où elle fe joint à celle du côté oppofé, & fe difperfe également au *ventricule* & à l'épiploon ; delà la dénomination de gaftro-épiploïque accordée à ces artéres : Les vaiffeaux courts enfin, *vafa brevia*, font quant aux artéres deux ou trois rameaux qui s'échappent de la fplénique fort près de la rate, & qui fe propagent & fe diftribuent à la *groffe extrémité* où ils s'anaftomofent avec les autres vaiffeaux.

Les veines gaftriques font en même nombre quant à leurs troncs, & dépendent toutes de la veine porte : la coronaire ftomachique en eft un des premiers rameaux ; elle fuit les diftributions de l'artére de ce nom dans toute la *petite courbure*, & fe jette dans le finus de la veine porte : la gaftro-épiploïque droite dépend auffi du tronc de cette veine, mais elle en fort au côté oppofé, c'eft-à-dire, que la coronaire ftomachique fort de fa partie antérieure, tandis que celle-ci naît de fa partie poftérieure. La gaftro-épiploïque gauche part de la branche de la veine porte, que l'on nomme *fplénique*, ainfi que les veines qui forment avec les artéres les vaiffeaux courts ; ces veines fuivent la même marche & s'anaftomofent ainfi que les artéres dont elles ne différent qu'en ce que, comme partout ailleurs, elles font plus groffes & offrent un plus grand nombre de ramifications : c'eft auffi un petit rameau de ces branches qui répond à l'artére pylorique : au furplus, la diftribution de tous ces vaiffeaux fe fait entre les tuniques mêmes de *l'eftomac* ; ils font foutenus par le tiffu cellulaire qu'on obferve entre ces membranes.

Les nerfs font des filets détachés de la huitiéme paire.

Quant aux vaisseaux lymphatiques, ils se portent au réservoir du chile.

12°. *Les usages* : ce viscère étant le principal organe de la digestion ; il reçoit les alimens liquides & solides, il les retient ; ces alimens s'y dissolvent, ils y sont assimilés aux autres parties de l'animal ; ce qui peut être changé en chile en est extrait ; le *ventricule* les laisse passer ensuite dans les intestins, après en avoir peut-être absorbé la partie la plus ténue & la plus subtile ; enfin c'est dans ce viscère que réside cette sensation que l'on nomme la *faim*, sensation merveilleuse & qui semble avoir été accordée à l'homme ainsi qu'aux animaux, non pour les avertir, suivant l'opinion reçue depuis Galien, que leurs veines sont vuides, mais pour les inviter à prévenir machinalement les suites du frottement des solides & de l'acrimonie des humeurs, en les adoucissant par une nouvelle nourriture, ou par un nouveau chile.

Des Intestins.

323. *Les Intestins* forment un canal membraneux qui depuis l'estomac s'étend jusques à l'anus.

Il faut en considérer :

1°. *La division* en intestins gros & en intestins grêles.

Les intestins grêles sont subdivisés dans l'homme en trois portions comprises sous la dénomination de *duodenum*, de *jejunum* & d'*ileum* ; mais cette subdivision étant en quelque maniere idéale, nous ne l'admettrons point ici.

Quant *aux gros intestins* subdivisés en trois portions, nous leur conserverons les noms de *cœcum*, *de colon* & de *rectum*.

2°. *La longueur* qui, dans un cheval ordinaire,

est d'environ vingt-sept ou vingt-huit aunes, y compris néanmoins l'œsophage & l'estomac, en-sorte que les *gros intestins* en ont environ cinq & les *intestins grêles* environ dix-huit.

3°. *Le diametre*, celui des *intestins grêles*, uniforme dans toute leur étendue, si ce n'est dans la longueur d'un ou deux pieds à leur proximité du ventricule, & par-tout ailleurs égalant à peine la grosseur des *intestins grêles* humains, le volume des *gros intestins* étant énorme & très-considérable.

4°. *La situation* dans l'addomen qu'ils remplissent exactement les uns & les autres, de maniere qu'ils se présentent & s'échappent promptement à la moindre ouverture faite aux parties conté-tenantes ; leur position étant toujours la même, parce que la grande cavité qui les renferme n'admettant aucun vuide, ils sont maintenus par les parois de cette même cavité, & par les autres viscéres qui en occupent un certain espace.

5°. *Les connexions* aux vertèbres lombaires par une membrane qui les captive, & que nous nommerons le mésentére.

6°. *Les circomvolutions* sans lesquelles toute cette masse intestinale n'auroit pu être contenue dans cette capacité ; celles des *intestins grêles* n'ayant aucune régularité qu'il soit possible d'observer & désigner ; ces mêmes *intestins* étant contenus entre l'estomac, les *gros intestins*, le bassin & les lombes, ensorte qu'ils ne se montrent qu'après qu'on a enlevé les *gros intestins* ; & ce canal qui commence au pylore se portant assez constamment & dans son principe à côté & un peu au-dessus de la petite extrémité de l'estomac ; allant gagner le voisinage des vertèbres lombaires, faisant dans ce trajet une courbure, passant sous le paquet de l'artére & de la veine méfentérique, & fe trouvant enfuite confondu avec la fuite des circonvolutions des *inteftins grêles*.

Les circonvolutions des *gros inteftins* qui fe préfentent les premiers à l'ouverture du bas ventre, étant très-marquées.

Le *cœcum* étant pofé en long du côté droit, fa bafe étant du côté des os des iles, d'où il s'étend tout le long de la partie inférieure de l'abdomen, entre la premiere & la feconde courbure du colon, jufques à environ un pied du cartilage xiphoïde où il fe termine en pointe ; cette pointe en formant le cul-de-fac ou le fond, & fa bafe fe terminant par une portion d'environ un pied de longueur, & du *volume d'un inteftin grêle*.

Le *colon* commençant par cette même bafe, fe portant en droite ligne depuis le baffin jufqu'au près du diaphragme, où il fe recourbe & defcend le long de la partie latérale gauche jufques au baffin où il fe recourbe de nouveau en diminuant de volume, & en remontant encore du côté du diaphragme ; là, par une troifiéme courbure, & fon diametre étant confidérablement augmenté, il redefcend parallélement à la premiere portion jufques au rein gauche, d'où il remonte par une portion un peu moins ample, & rentrant en deffous de ces circonvolutions où il perd beaucoup encore de fon volume, il fe confond avec les *inteftins grêles*, & fe porte au moyen de quelques nouveaux détours jufqu'auprès des vertébres lombaires.

Le *rectum* n'étant qu'une continuation du *colon* enfuite de fon approche de ces mêmes vertébres, & marchant en ligne droite depuis ce lieu jufqu'à l'anus ; c'eft de ce dernier trajet qu'il tire le nom par lequel il eft défigné.

7°. *Les tuniques* au nombre de quatre, plus considérables dans les *gros intestins* que dans les *intestins grêles*.

La premiere nommée *tunique commune*, dépendante du péritoine, fournie par l'interméde du méfentére que forme ce même péritoine, & l'écartement cylindrique que l'on trouve à l'extrémité de fon replis, étant proprement cette même tunique.

La feconde *charnue*, compofée de deux plans de fibres dont les premieres longitudinales, & s'étendant felon toute la longueur du canal; les autres circulaires & coupant celles-ci à angles droits; les unes & les autres favorifant dans les inteftins un mouvement vermiculaire ou périftaltique très-fenfible dans l'animal, & encore plus frappant dans les inteftins grêles que dans les gros; ce mouvement d'ondulation commençant toujours du côté de l'eftomac, & quelquefois par l'eftomac même, & continuant fucceffivement du côté de l'anus, à moins que l'ordre n'en foit accidentellement troublé, car alors il peut également partir de la fin du canal comme de fon principe, & ce mouvement inverfe eft ce que nous nommons mouvement antipériftaltique. Telle eft au furplus la contractibilité de ce canal que, forti tout entier du corps de l'animal, le mouvement dont il s'agit fe montre & fubfifte pendant cinq ou fix heures, plus ou moins, pour peu qu'on en irrite les tuniques, comme on voit palpiter les cœurs arrachés de la tortue, de la grenouille, & mouvoir les têtes & les corps féparés des vipéres, des vers, *&c.* cette irritabilité bien différente de l'élafticité, ne pouvant être que dans la ftructure même de la fibre ; auffi le célébre M. de Haller dit-il qu'elle eft une propriété inhérente en elle, dont la cause est aussi peu connue que celle de l'attraction.

La troisiéme tunique semblable à la troisiéme membrane de l'estomac, unie d'une maniere très-lâche *à la tunique musculeuse*, & adhérant plus étroitement à la quatriéme.

Celle-ci nommée *mamelonnée* ou *veloutée*, sa face externe étant unie, serrée & blanchâtre ; sa face interne garnie d'un duvet moins considérable & moins élevé que dans le ventricule ; cette tunique étant au surplus dans l'intérieur du canal, lâche & comme plissée ; ces plis étant néanmoins moindres que ceux que l'on observe dans l'estomac, & n'ayant point assez de volume dans le cheval pour former, comme dans l'homme, les replis réguliers en forme de croissant, appellés dans celui-ci les *valvules conniventes*, on y apperçoit seulement quelques rides qui n'ont rien de constant.

8°. *l'humeur* dite *intestinale*, filtrée dans le duvet même de la tunique veloutée, par nombre de petites glandes qui se trouvent dans toute son étendue ; cette humeur la lubréfiant continuellement, & son usage étant de rendre le tissu interne du canal plus souple & plus glissant, soit pour faciliter la descente ou la marche des alimens digérés, soit pour parer à l'irritation de la membrane même lors de leur passage, soit enfin pour garantir dans l'état ordinaire cette tunique de l'impression de l'acreté naturelle de la bile ; peut-être aussi qu'elle est assez active pour contribuer à la digestion commencée dans le ventricule, mais qui se perfectionne encore dans les intestins grêles, dans lesquels deux autres humeurs, c'est-à-dire, la bile & le suc pancréatique sont versés & déposés à cet effet.

9° *L'insertion du canal hépatique* recevant le canal principal qui du pancréas s'ouvre dans sa cavité; cette insertion ayant lieu dans le principe des *intestins grêles* & cinq à six travers de doigt après le pylore.

10°. *L'insertion du petit canal pancréatique* ayant lieu à environ un pouce au-dessous de l'autre.

11°. *Les particularités offertes par le cœcum* qui différe du *cœcum humain* par sa figure, par son étendue, par le défaut d'un appendice, &c. cet *intestin* formant une poche de la longueur d'environ deux ou trois pieds, aussi ample que la plus grosse portion du *colon*, tournée du coté du cartilage xiphoïde; son fond se terminant en une pointe mousse & privée de tout appendice vermiforme; *l'intestin grêle* qui s'y rend y paroissant en quelque façon comme une piéce ajoutée, & pour l'insertion de laquelle on auroit pratiqué un trou à l'endroit de ce même *cœcum* auquel cet *intestin grêle* finit; l'extrémité de l'orifice de ce même *intestin grêle* étant dissemblable de ce qu'on observe dans le corps humain, la membrane veloutée de cette extrémité étant en effet un peu allongée, & formant plusieurs plis & plusieurs rides qui, sans offrir rien de régulier comme dans l'homme, peuvent néanmoins remplir le même objet, c'est-à-dire, s'opposer à toute rétrogradation du *cœcum* dans les *intestins grêles*, & faire fonction de la valvule de Bauhin; ces plis & ces rides pouvant encore empêcher que les liqueurs injectées par l'anus n'outrepassent les *gros intestins* qui, d'ailleurs extrêmement amples, sont ici plus que suffisans pour les contenir.

12°. *Les lignes ou les bandes ligamenteuses* formées par une réunion plus forte des membranes intestinales; ces bandes, au nombre de trois seulement dans l'homme, & paroiſſant naître en lui de l'appendice vermiforme, ſe trouvant au nombre de quatre à l'extérieur du *cœcum* du cheval, ſituées par intervalles égaux, eu égard à la largeur de cet *inteſtin*, s'étendant ſelon toute ſa longueur, & ſe propageant ſur le *colon*, mais ſeulement ſur ſa portion la plus large, car à la fin de cette portion, deux d'entr'elles s'évanouiſſent ; on n'y voit d'une part, que celle qui eſt à l'endroit du méſentére, & de l'autre, celle qui lui eſt diamétralement oppoſée ; ces deux bandes qui ſont entiérement effacées dans le *rectum*, ſuffiſant ſans doute ici pour ſoutenir le volume du *colon*, & pour en affermir les tuniques dans les lieux où ſon diamétre eſt le moins conſidérable.

13°. *Les valvules conniventes* très-différentes de celles qui, dans les *inteſtins grêles humains*, doivent leur exiſtence aux replis de la tunique veloutée, & réſultant ici, comme dans l'homme, des boſſes & des enfoncemens occaſionnés par les bandes qui, bridant & reſſerrant toutes les membranes, les obligent à ſe froncer. Ces valvules étant au ſurplus régulières, diſpoſées par intervalles égaux, & ces intervalles formant des cellules ou des cavités qui ſont le moule des excrémens maronnés du cheval, car ils ne doivent leur forme qu'à leur ſéjour dans ces cellules.

14°. *Les particularités que préſente le rectum ;* cet *inteſtin* quand il eſt vuide, n'ayant qu'un médiocre diamétre qui peut augmenter très-conſidérablement par le ſéjour & par le paſſage des gros excrémens ; des fibres de la tunique charnue, principalement celles qui ſont longitudinales, plus fortes & plus multipliées dans cet *inteſtin* que partout ailleurs, & même qu'à l'inſertion de *l'inteſtin grêle* dans le *cœcum* où elles ſont nombreuſes,

douant

douant ce même *rectum* de la force contractile dont il a besoin pour expulser au dehors les excrémens, & pour revenir ensuite au même état dans lequel il étoit avant sa dilatation forcée; les rides & les plis considérables que l'on apperçoit, ensuite des efforts de l'animal & des déjections n'étant que les prolongemens repliés de la membrane veloutée qui cessant d'être distendue par les matieres que *l'intestin* contenoit, se fronce naturellement dès que les parois du *rectum* reviennent sur elles-mêmes.

15°. *L'anus* qui est l'orifice & l'extrémité du *rectum*; cette partie faisant dans l'animal saillie au dehors, & étant maintenue par deux ligamens dont l'un est formé par une portion des fibres extérieures de cet *intestin* qui, parvenues à son extrêmité, s'en séparent & se réunissent en un faisceau d'où résulte une sorte de ligament assez volumineux qui se porte & se termine à la face inférieure des premiers os de la queue; l'autre ligament partant des premiers os de la queue, & se bifurquant pour embrasser ce même *intestin*.

16°. *Les muscles au nombre de trois*, un impair & deux pairs; le premier appellé le sphincter de l'anus, composé de plusieurs trousseaux de fibres circulaires qui entourent *l'intestin*, & se réunissant en rentrant les unes entre les autres, à la partie supérieure & à l'inférieure; ce muscle ayant environ deux doigts de largeur & se confondant d'une part avec la peau, & de l'autre avec *l'intestin* même: les autres étant plats & de la largeur de deux ou trois travers de doigt, s'attachant à la partie interne & supérieure de l'ischium, d'où ils se portent de chaque coté le long du *rectum* pour se terminer à l'anus, en se confondant & se perdant dans les fibres du premier; le sphincter fermant l'anus & empêchant la sortie involontaire de la fiente, mais cédant néanmoins à la force supérieure des muscles abdominaux dans le temps des déjections. Les deux autres muscles bien moins considérables dans l'animal que ceux qui forment ce que l'on appelle les deux releveurs dans l'homme, étant les agens & les moyens par lesquels l'anus chaffé & pouffé en dehors au moment où l'animal fiente, est remis dans sa situation naturelle, parce qu'ils opérent dans le cheval selon une ligne horisontale de dehors en dedans, tandis que dans l'homme dont la situation est perpendiculaire, ils ne tirent que de bas en haut.

Du méfentére.

324. Le *méfentére* est une partie membraneuse flottante depuis sa naissance jusques aux intestins : son usage étant non-seulement de contenir ces parties, mais encore de soutenir tous les vaisseaux qui s'y distribuent & qui en partent, ainsi que d'abréger la route de ceux que nous nommons *vaisseaux lactés*, & qui se rendent au réservoir du chile.

Il faut en considérer :

1°. *La racine & l'attache* aux vertébres lombaires entre les gros vaisseaux ; cette membrane n'étant qu'un replis du péritoine qui s'enfonce dans ce même lieu au dedans de lui-même, & qui forme dès-lors une duplicature qui s'étend considérablement, puisqu'elle répond à tout le canal intestinal.

2°. *Les deux lames qui la composent*, étant jointes l'une à l'autre, de maniere qu'il ne paroît aucun intervalle entr'elles ; le méfentere ne présentant en apparence qu'une seule membrane, & le fond de cette duplicature qui répond aux intestins, les assujettissant d'une façon particuliere, car ils se trouvent renfermés dans l'écartement des deux lames formant comme une sorte de gaine qui les embrasse, qui les revêt & qui en est la premiere tunique.

3°. *Le tissu cellulaire* qui dans cette duplicature unit les deux lames : il est garni de plus ou de moins de graisse selon que l'animal est plus ou moins gras ; en général il y en a moins que dans l'homme, & le *méséntére* y est proportionément moins épais.

4°. *Les divisions ou les diverses dénominations* selon les intestins auxquels il sert d'enveloppe & d'attache ; cette partie n'en fournissant aux intestins grêles qu'à environ un demi pied au-dessous de l'estomac, toute la portion qui y répond depuis ce point jusques à l'intestin cœcum, étant proprement ce qu'on appelle le *méséntére*; celle qui attache le cœcum & le colon, étant nommée *mésocolon*, & celle qui tient au rectum étant distinguée par le nom de *mésorectum* ou de *méséræum*.

5°. *La largeur* qui, à son principe & à la racine, est d'environ cinq ou six pouces, ce qui augmente à mesure qu'il se propage de cette racine aux intestins où il est plissé comme par ondulation à l'effet d'occuper moins d'espace ; le *méséntére* étant moins large que le *mésocolon* qui est plus large que le *mésorectum*.

6°. *Les vaisseaux* rampant entre les deux lames qui composent cette partie ; ces vaisseaux de tous genres étant appellés en général vaisseaux mésentériques, non-seulement parce qu'ils appartiennent au *méséntére*, mais parce qu'ils y sont renfermés, car leur vrai rapport est aux intestins.

7°. *Les vaisseaux sanguins* étant artéres & veines : l'artére nommée grande mésentérique ou

Y 2

méfentérique antérieure partant de la face inférieure de l'aorte, trois ou quatre travers de doigt après la cœliaque, extrêmement dilatée dans son principe, inégale dans cette dilatation où elle se montre comme une tumeur anévrifmale, jettant dès cet endroit nombre de ramifications, dont la plus grande quantité aſſez déliée se porte aux inteſtins grêles; les autres d'un beaucoup plus grand diamétre & d'une plus grande étendue, ſe diſtribuant aux gros inteſtins, & l'un de ces rameaux communiquant le long de ces mêmes inteſtins avec un rameau pareil de la petite méſentérique ; toutes les diviſions de cette artére paſſant, ainſi que je l'ai dit, entre les deux feuillets du *méſentére*, ſans former ce nombre de mailles, d'aréoles & de communications que l'on obſerve dans le corps humain; ſe partageant dès qu'elles ſont parvenues au canal inteſtinal; chaque rameau embraſſant ce canal au lieu où il ſe diſtribue; la plupart de ces artérioles s'anaſtomoſant le long de la grande courbure de l'inteſtin colon, de maniere qu'elles forment comme une ance par chacune de ces anoſtomoſes.

L'artére nommée *petite méſentérique* ou *méſentérique poſtérieure*, partant également de l'aorte, mais beaucoup plus loin & quelques pouces ſeulement avant ſa diviſion en iliaques, étant beaucoup moins conſidérable que la précédente, n'étant point dilatée comme elle, & ſe diviſant en pluſieurs branches qui toutes ſe portent aux gros inteſtins; la premiere de ces branches remontant pour s'unir à la grande méſentérique, & pour former la fameuſe anaſtomoſe de ces deux artéres; les derniers rameaux ſuivant l'inteſtin rectum juſques à ſon extrêmité, toutes les ſubdiviſions de cette artére n'étant point d'ailleurs auſſi multipliées & auſſi conſtantes que celles de l'autre.

Les vaiſſeaux veineux qui répondent à ces artéres compoſant la grande veine porte, appellée encore veine porte ventrale, pour la diſtinguer de la ſeconde portion de cette veine que l'on nomme *petite veine porte*, ou *veine porte hépatique*; les ramifications de ces vaiſſeaux étant plus nombreuſes que celles des artéres dont elles ſuivent le trajet, & les anaſtomoſes étant les mêmes; ces vaiſſeaux ſe réuniſſant encore après avoir parcouru le *méſentére*, en des troncs toujours plus amples, & n'en formant enfin qu'un ſeul qui eſt le ſinus ou le tronc de la veine porte; ce ſinus étant ſitué au-deſſous du foie & de l'eſtomac, & ſe portant par de nouvelles ramifications dans le premier de ces viſcéres, auquel le ſang qui revient de toutes ces parties aboutit pour ſe dégorger dans la veine cave, & pour regagner le torrent de la circulation dont il ſembloit s'être éloigné dans la veine porte.

8°. *Les vaiſſeaux nerveux* dépendant du plexus méſentérique antérieur & poſtérieur, ces deux plexus étant formés par des diviſions du grand nerf intercoſtal; le premier, connu ſous le nom de *plexus ſolaire*, entourant l'artére méſentérique antérieure, d'où il laiſſe échapper nombre de filets qui paſſent entre les deux lames du *méſentére* & ſe portent aux inteſtins grêles; quelques-uns de ces mêmes filets environnant l'artére méſentérique poſtérieure, & formant le ſecond plexus dont les ramifications nerveuſes ſont particuliérement deſtinées aux gros inteſtins.

9°. *Les glandes nommées méſentériques*, de la nature des glandes conglobées, diſperſées en très-grand nombre entre les deux lames du *méſentére*, peu ſenſibles dans l'état naturel ſur la portion qui répond aux inteſtins grêles, non moins multipliées

& plus visibles dans le *méfocolon* fur la furface des intèstins qu'il enveloppe, & au lieu où il commence à leur fervir d'attache; ces glandes ne paroiffant point exifter dans le *méforectum*; leur volume comparé à celui des glandes méfentériques humaines, n'étant point proportionné au corps du cheval, car fouvent elles font peu fenfibles; quelquefois elles font de la groffeur d'une lentille, d'un pois, d'une féve, & elles font fréquemment entourées de graiffe: dans certains chevaux morveux, on en a vu d'un volume d'un œuf de pigeon; elles ne font point entaffées comme dans certains animaux, & fpécialement dans le chien, leur affemblage & leur amas dans cet animal étant ce que l'on apelle le *pancréas d'afellius*, dont le cheval est dépourvu; leur fonction est de foutenir les vaiffeaux lymphatiques & lactés qui les traverfent, le chile & la lymphe y recevant fans doute un certain dégré d'élaboration.

10°. *Les vaiffeaux lymphatiques* qui ne différent en aucune maniere des canaux qu'on appelle lactés; ceux-ci ne conftituant point un genre particulier de vaiffeaux, & n'acquérant le nom de *lactés*, qu'autant qu'ils charrient le chile, car à défaut de cette liqueur extraite des alimens, ils charrient de la lymphe, & ne font alors véritablement que des vaiffeaux lymphatiques. Les uns & les autres étant en très-grand nombre entre les deux lames du *méfentére* & du *méfocolon*, mais étant auffi fi minces & fi déliés qu'il n'eft poffible de les appercevoir que dans les chevaux maigres, & dont le *méfentére* eft totalement dépourvu de graiffe; auffi doit-on les examiner peu de temps après que l'animal a mangé, parce qu'étant alors pleins de chile ils en font plus fenfibles à la vue, autrement ils ne contiennent que de la férofité,

& en ce cas ils ne sont point aussi apparens : les tuniques de ces vaisseaux sont au surplus transparentes, & ces vaisseaux sont presque tous d'un égal diamétre, car on n'y voit point ces dégénérations ou ces augmentations que l'on observe à chaque division des vaisseaux sanguins.

110. *Les vaisseaux lactés* divisés en *veines lactées premieres* & en *veines lactées secondaires*; les *veines lactées premieres* partant immédiatement des intestins, se propageant jusques aux glandes mésentériques & étant plus minces que les *veines lactées secondaires* qui sont moins nombreuses, & qui sortant de ces mêmes glandes, vont se rendre au réservoir du chile, leur usage étant d'absorber cette liqueur : cette espèce de sécrétion se fait par la tunique veloutée des intestins, dans le duvet de laquelle s'ouvrent toutes ces petites veines par des orifices assez petits pour ne recevoir que la partie des alimens qui doit former le chile : delà ces veines conduisent cette liqueur dans les glandes, & des glandes au réservoir. Les unes & les autres sont munies de valvules semblables à celles que l'on trouve dans les veines sanguines, à la délicatesse près; ces valvules étant visibles même en les considérant du dehors de ces vaisseaux, & se trouvant posées obliquement & dans une direction qui tend des intestins au réservoir du chile, d'où l'on voit que leur fonction est de s'opposer à la rétrogradation de l'humeur qu'ils charrient, la marche de cette humeur devant toujours être du canal intestinal, au lieu où elle doit être versée. Tous ces vaisseaux épars dans leur trajet & dans leur principe, puisqu'ils viennent de toute l'étendue des intestins tant grêles que gros (car on en a conduit qui partoient des glandes de ceux-ci & qui marchoient réunis dans

la duplicature du *méfocolon*) ayant la même deftination & fe raffemblant à la racine du *méfentére* pour entrer & pour fe terminer au réfervoir : on y en a obfervé quatre principaux de la grof-feur d'une plume d'oye, & s'ouvrant dans cette poche ; l'un d'eux venant par plufieurs petits rameaux des parties voifines, & marchant de devant en arriere fur le pilier du diaphragme, jufques au lobe droit du foie ; les trois autres venant du *méfentére* & du *méfocolon*, ainfi que je l'ai dit, fans parler de plufieurs vaiffeaux lymphatiques qui viennent dépofer la lymphe dans le même réfervoir ; cette même lymphe auffi charriée dans les veines lactées rendant plus facile la circulation du chile avec lequel elle fe mêle, puifqu'elle ne peut que le rendre plus fluide.

Du canal thorachique.

325. *Le canal thorachique* ou *chilifere* découvert par Pecquet en 1651 dans l'homme, mais décrit, affez obfcurément à la vérité, long-temps auparavant par Euftache qui l'avoit obfervé dans le cheval, a été appellé *thorachique*, parce qu'il eft en plus grande partie contenu dans le thorax.

Il faut en confidérer :

1°. *Le principe* qui n'eft autre chofe que le *réfervoir* dont j'ai parlé ; ce *réfervoir* n'étant quelquefois dans l'animal que j'envifage, qu'un *canal* d'un diametre égal à peu près à celui de l'artére crurale, & un peu plus ample que le conduit qui en eft la fuite ; ce *canal* faifant alors une courbure deftinée fans doute à augmenter fon étendue & à faciliter l'abord & l'admiffion des vaiffeaux lymphatiques & des veines lactées ; quelquefois auffi ce même *réfervoir* formant une poche de deux pouces de circonférence au moins & de trois pouces de longueur, résultant de l'ensemble des quatre gros troncs des veines lactées qui s'y dégorgent.

2°. *La situation de ce réservoir* à l'endroit de la racine *du méfentére*, directement entre l'aorte & la veine cave, un peu en arriere des vaisseaux émulgens.

3°. *Le trajet* qui n'a point ici lieu sous l'aorte comme dans le chien ; ce *canal* cheminant en avant toujours entre l'aorte & la veine cave, & étant constamment placé directement sur le corps des premieres vertèbres lombaires & de presque toutes les dorsales ; il pénétre après avoir reçu la lymphe qui lui est apportée par les vaisseaux lymphatiques du foie, du pancréas, de la rate, des reins & de la partie interne du bassin, de l'abdomen dans la poitrine entre les deux piliers du diaphragme, par la même ouverture qui livre un passage à l'aorte. En approchant il cesse d'être accompagné par la veine cave, celle-ci s'en éloignant pour gagner le foie, mais la veine azygos y supplée & chémine à côté tout le long de la poitrine, dans laquelle ce *canal* reçoit la lymphe qui lui est apportée par les vaisseaux lymphatiques qui partent des glandes placées entre la veine cave & l'aorte antérieure, & de celles qui rampent sur la surface du poumon, &c. parvenu dans cette cavité à la hauteur de la troisiéme ou quatriéme vertèbre du dos, il s'écarte de la direction qu'il suivoit pour se porter à gauche sous l'aorte, & continuer son trajet en avant jusques au lieu où il se termine.

4°. *La fin ou la terminaison* dans la veine axillaire gauche, dans laquelle il s'insére par une ouverture proportionnée à son diamétre, & sur laquelle la tunique de cette veine se prolonge un peu de gauche à droite pour former une forte de valvule capable de s'oppoſer à ce que le ſang qui ſe porte de gauche à droite dans cette même veine, n'entre dans ce *canal* & ne nuiſe à l'introduction du chile. Il eſt encore outre ce prolongement à l'embouchure du *canal*, deux valvules ſemi-lunaires qui ſe joignent dans la partie moyenne de ſon ouverture & qui la cloſent entiérement. Quelquefois ce même *canal* s'ouvre & finit dans l'endroit de la réunion des axillaires & des jugulaires.

5°. *Les variations :* ce *canal* en ſouffre quelquefois dans ſon étendue : où il ſe bifurque dans ſon milieu en deux branches qui ſe rejoignent bientôt après, où ces deux branches ſans ſe réunir ſe portent ſéparement dans chacune des axillaires : on l'a vu ſe bifurquer avant que de pénétrer dans le thorax, & les branches ſe porter une de chaque côté de l'aorte, communiquer dans leur partie moyenne par une troiſiéme petite branche en paſſant au-deſſus de cette artére, & ſe réunir avant que de ſe rendre dans la veine qui le reçoit & où il finit.

6°. *Les valvules* deſtinées à aider dans ce *canal*, comme dans les vaiſſeaux lactés, la marche du chile; ces valvules poſées de maniere que leur direction eſt de derriere en devant pour parer à la rétrogradation de cette liqueur dont le progrès eſt ſecondé par les battemens & les oſcillations de l'aorte qui avoiſine ce tube, & dont la circulation eſt principalement favoriſée, ſoit dans les vaiſſeaux lactés, ſoit dans le *réſervoir*, ſoit dans le *canal* même, par l'action de la reſpiration & la preſſion que ſouffrent tous les viſcéres du bas ventre, conſéquemment au jeu des muſcles abdominaux & du diaphragme : aidée de tous ces ſecours & arrivée dans la veine axillaire gauche, elle se mêle avec le sang, elle parvient avec lui dans la veine cave antérieure, dans l'oreillette ou le sac droit, & delà dans le ventricule antérieur du cœur; tel est le principe du mélange du chile avec ce fluide, & c'est ainsi que l'un & l'autre ne forment bientôt après & ensuite de l'élaboration qui s'en fait dans le cœur, dans les poulmons & dans tous les vaisseaux de la machine, qu'une liqueur absolument & parfaitement homogène.

Du foie.

Le foie est une masse glanduleuse contenue dans l'abdomen.

On en remarquera :

1°. *La situation* à la partie antérieure & latérale de cette cavité, ce viscère occupant non-seulement cette portion, mais s'étendant encore dans celle que les anatomistes du corps humain appellent *région hypocondriaque*.

2°. *La couleur* plus foncée & plus noire que celle du *foie* de l'homme.

3°. *Le volume* : le *foie* de l'animal dont il s'agit ayant environ deux pieds & demi de rondeur, & son épaisseur étant de quatre pouces dans sa portion la plus forte.

4°. *La face antérieure* convexe, fort unie & regardant le diaphragme.

5°. *La face postérieure* applatie, concave en de certains endroits & présentant des irrégularités telles que des scissures, des trous & des élévations.

6°. *Le bord* qui en fait la circonférence & qui est fort mince.

7°. *Les scissures* s'étendant jusques à ce bord

qu'elles coupent en plusieurs portions formant autant de lobes.

8°. *Les lobes* au nombre de trois, un grand, un moyen & un petit.

Le premier comprenant toute la grande portion qui est à droite, s'étendant depuis la partie supérieure jusques à la premiere scissure, ayant à son extrémité un petit lobule dont la forme est piramidale, ce petit lobule soutenu par le ligament latéral recouvrant une partie du rein droit, & ce même lobe logeant dans un enfoncement la partie antérieure de ce rein.

Le second ou le moyen comprenant toute la partie qui est à gauche, & qui est également bornée par la premiere scissure qui se trouve de ce côté.

Le troisiéme enfin ou le petit, occupant l'espace compris entre ces deux scissures & étant comme dentelé, c'est-à-dire, divisé par deux ou trois petites scissures, en trois & quelquefois en quatre petits lobules.

9°. *Le lobule* appellé dans l'homme *le lobule de Spigelius*, étant une sorte d'apophise du *foie*, & résultant d'une élévation ici moins sensible que l'on observe à peu près au milieu de la face postérieure du viscère.

10°. *La cavité triangulaire* d'environ deux pouces de profondeur qui est dans la plus grande des scissures, c'est-à-dire dans celle qui sépare le grand lobe du petit; la veine ombilicale pénétrant dans le fond de cette cavité, & n'étant au surplus d'aucun usage dans l'adulte.

11°. *L'enfoncement* que les anciens ont appellé *la porte du foie*, ce qui les a engagés à donner à la veine qui s'y insinue le nom de *veine porte*; cet enfoncement assez grand étant dans le milieu de la face concave du viscére & près de la terminaison de la grande scissure.

12°. *Les trous considérables* étant dans ce même enfoncement, les plus larges destinés au passage des branches de la veine porte, les autres donnant entrée aux ramifications de l'artére hépatique & fournissant une issue au canal qui porte ce nom.

13°. *La gouttiere considérable* qui, du même côté, & près des vertébres, loge la veine cave.

14°. *L'échancrure* qui est à un pouce de cette gouttiere, & par où glisse l'œsophage à sa sortie de la poitrine.

15° *La substance*: la masse de ce viscére, abstraction faite de tous les vaisseaux qui entrent dans sa composition, n'étant point dûe à un sang épaissi anciennement appellé le *parenchime du foie*, mais étant formée par de petits grains glanduleux entassés les uns sur les autres qu'on apperçoit par le moyen de la macération, de l'ébullition, & à l'aide du microscope, ces mêmes grains répondant aux vaisseaux, &c.

16°. *Les membranes* au nombre de deux ; l'une commune & l'autre particuliere ; la premiere résultant du péritoine, qui dans le lieu du diaphragme qu'il ne tapisse point, c'est-à-dire, à l'endroit du centre aponévrotique, s'enfonce au dedans de lui-même, & présente à ce viscére une poche vaste & considérable qui le renferme ; la seconde unie à la premiere par le tissu cellulaire, extrêmement adhérente au *foie*, s'insinuant dans la substance même & pénétrant entre les petits grains glanduleux dont j'ai parlé.

17°. *Les connexions*: 1°. avec la veine cave 2°. celles qui ont lieu avec le diaphragme, soit par adhésion, soit par des ligamens plus solides : celle par adhésion est immédiate à ce muscle l'espace de sept à huit travers de doigt de largeur dans l'endroit où le péritoine ne le recouvre pas, & le *foie* qui y est comme collé s'y trouve d'ailleurs assujetti par de petits filets blanchâtres qui pénétrent dans sa substance. On appellera, si on le veut, cette connexion *l'adhérence coronaire*.

18°. *Les ligamens* au nombre de trois, dont deux *latéraux* & un *moyen* ; les latéraux l'un à droite & l'autre à gauche, étant à peu près égaux soit qu'on en considére la figure, soit qu'on en examine l'étendue, résultant tous les deux de la tunique commune, partant l'un du grand lobe, l'autre du moyen & toujours de la face antérieure, & se terminant sur le champ au diaphragme.

Le troisiéme ou le moyen, est le plus considérable ; il est dit encore *le ligament falciforme*, attendu que dès son principe il présente une pointe & qu'il s'élargit ensuite, moins cependant ici que dans l'homme lorsqu'il se propage du côté du viscére placé au milieu des deux ligamens latéraux & environ à la partie moyenne du *foie* ; il est pareillement formé par un replis du péritoine qui partant du côté de l'ombilic, passe le long de la face convexe, & se termine aussi au diaphragme : tous ces ligamens assujettissent au surplus les bords du *foie* & leur prêtent un secours sans lequel ils auroient été entiérement flottans, & seroient tombés sur les intestins lors de quelqu'action violente de l'animal ; ce viscére n'étant véritablement attaché qu'au moyen de l'adhésion coronaire, & étant d'ailleurs soutenu par l'estomac & par tout le paquet intestinal, qui ne laissant aucun vuide dans l'abdomen, ne permet ni le déplacement d'aucune partie, ni le tiraillement des ligamens & des portions auxquelles ils sont fixés.

19°. *Les vaisseaux artériels* consistant dans une

feule artére très-peu considérable à raison du volume de ce viscére; cette artére naissant de la cœliaque, se portant du lieu de son origine obliquement à droite & en bas, & se plongeant après avoir fourni la gastro-épiploïque droite & l'artére pylorique dans la substance du *foie*, à l'endroit de l'enfoncement que nous avons observé au milieu de la face concave, où elle se perd en se subdivisant d'abord en trois ou quatre rameaux, qui se subdivisent ensuite eux-mêmes en une multitude infinie de ramifications.

20°. *Les vaisseaux veineux* dépendant les uns de la veine porte hépatique, les autres de la veine cave; la veine porte hépatique s'y perdant toute entiere; elle sort de l'extrémité du tronc que l'on nomme en général *le sinus de la veine porte*; ce tronc étant composé de la réunion de toutes les veines du bas ventre, de celles de l'estomac, des intestins, de la rate, se trouve placé entre le foie l'estomac & la premiere portion d'intestins qui avoisine ce dernier viscére; il fait un chemin de cinq à six travers de doigt en se portant obliquement à la partie latérale droite pour gagner le *foie*; c'est de ce côté qu'est la petite veine porte qui se plonge par plusieurs branches dans sa substance & y pénétre à côté du canal hépatique par l'enfoncement dont j'ai parlé : là, chacune de ces branches se subdivisant, toutes ensemble cheminent & s'étendent dans tout le viscére, leurs ramifications différentes & multipliées aboutissant à autant de petits grains pulpeux & glanduleux dont il est très-difficile de les séparer, & s'anastomosant avec les extrémités des veines hépatiques & dépendantes de la veine cave. Ces tuyaux veineux hépatiques d'abord au nombre de trois ou quatre, & qui se dispersent ensuite dans toute l'étendue du *foie*, à contre sens des autres ramifications, étant fournis par cette veine dès qu'elle a traversé le diaphragme.

21°. *Les vaisseaux nerveux* émanans de la paire intercostale ou grande sympatique, & de la huitiéme paire qui forment le plexus hépatique, plusieurs branches de ce même plexus entourant l'artére hépatique, & entrant avec elle dans le *foie* où elles se perdent.

22o. *Les vaisseaux lymphatiques* se montrant à la superficie de ce viscére, circulant au-dessous de la tunique commune, & se rendant après avoir rampé tant sur la surface concave que sur la surface convexe, dans le canal thorachique ou dans le réservoir du chile.

23°. *Les vaisseaux biliferes* étant des vaisseaux particuliers au foie, & devant être regardés comme les canaux excrétoires de cette glande conglomérée : leur principe est à tous les grains glanduleux qui la composent; ils suivent toutes les divisions & toutes les ramifications de la veine porte; plusieurs se propagent & viennent former le canal hépatique qui régne tout le long de la partie moyenne & de la face postérieure du viscére, depuis l'entrée de la veine porte jusques à l'extrémité du lobe gauche. Les petits tuyaux qui viennent du lobe droit partent de toute la circonférence de ce lobe, forment plusieurs canaux principaux qui viennent se joindre & s'unir au premier, dont ils augmentent le diamétre, puisqu'ils ne composent ensemble qu'un seul canal de la grosseur d'un doigt, qui sort du *foie*, & se prolonge environ trois pouces au-délà pour atteindre le principe des intestins grêles cinq ou six travers de doigt après le pylore : il en perce les membranes, sa marche entr'elles n'étant nullement oblique, & il s'y termine par une valvule qui permet la sortie de la

liqueur

liqueur qu'il charrie & qui s'oppofe à la rétrogradation de cette même liqueur. Du côté de l'inteftin eft un petit bourlet circulaire qui en ferme plus exactement l'ouverture. On obferve encore dans l'intérieur de ce même canal l'ouverture ovalaire du canal pancréatique principal qui s'y rend & qui s'y dégorge, & quantité de petits cryptes ou follicules qui régnent depuis fa fortie du *foie* jufques au lieu où il fe termine; du refte fi l'on injecte de l'eau par le canal, on gonfle le *foie*, & l'eau revient en partie par la veine porte & en partie par la veine cave; & fi l'on fait quelque fection au bord du viscére, cette même eau fort comme par tranfudation : ce canal enfin qu'ici l'on pourroit nommer le *canal cholidoque*, eft dans l'animal le feul qui porte la bile hors du *foie*, car le cheval n'ayant point de veficule du fiel, on ne peut reconnoître en lui ni canal cyftique, ni canaux *hépato-cyftiques*.

24°. *La membrane commune* offrant une gaine aux différens vaiffeaux hépatiques qui s'infinuent & qui paffent par la porte du *foie*, & que Gliffon a découverte dans l'homme, cette capfule réfultant du péritoine.

25°. *Les ufages* de ces vaiffeaux étant 1°. de la part de l'artére hépatique, de nourrir le viscére & d'y porter peut-être une légere partie du fluide dont la bile eft féparée. 2°. de la part de la veine porte hépatique, de faire ici fonction d'artére en charriant dans les filtres du *foie* la plus grande partie du fang dont cette humeur doit être extraite, ce qui eft prouvé par fa direction qui tend aux grains glanduleux avant toute anaftomofe avec l'extrêmité des veines hépatiques, & par la qualité du fluide qui aborde par ce vaiffeau, & qui venant de tous ceux de l'eftomac, des inteftins,

Z

du méfentére, de l'épiploon & de la rate, ne peut qu'être moins chargé de phlegmes, puifqu'il l'a dû dépofer en quantité dans les couloirs de tous ces vifcéres; il doit être auffi plus chargé de parties inflammables qu'il a puifées dans le méfentére & dans l'épiploon. 3°. de la part de la veine cave, de reprendre le fang de la veine porte après l'ouvrage de la fécrétion de la bile, les branches hépatiques le recevant & le rapportant dans le torrent de la circulation. 4°. de la part des vaiffeaux lymphatiques, de fe charger de la férofité qui peut s'être féparée de la bile dans les follicules, ou de celle qui s'eft féparée du fang, vu la lenteur du mouvement circulaire dans ce vifcére. 5°. de la part des vaiffeaux nerveux, de fournir comme partout ailleurs le fluide néceffaire à l'entretien du mouvement & de la vie. 6°. enfin de la part des vaiffeaux biliferes, de charrier l'humeur féparée dans les petits grains glanduleux, jufques dans le canal hépatique & dans la premiere portion des inteftins grêles.

26°. *Les ufages du foie* étant conféquemment en général ceux d'une véritable glande conglomérée, d'une organe fécrétoire des parties du fang qui par leur réunion forment la bile, c'eft-à-dire, une humeur d'une confiftance affez liée, d'une couleur jaunâtre & tirant fur le verd, d'une faveur fort amere; cette humeur étant une efpèce de favon capable de diffoudre les parties vifqueufes des alimens, c'eft ce qu'elle opére dans les inteftins grêles où elle fe mêle avec eux; on doit la regarder comme un des agens de la digeftion.

Du Pancréas.

327. *Le pancréas* eft un corps glanduleux fitué

dans l'abdomen entre les reins & l'estomac.

Il faut en considérer :

1°. *La longueur* qui est d'environ dix pouces depuis l'angle droit jusques au gauche, & d'environ six pouces depuis ce même angle droit jusques à l'angle postérieur.

2°. *L'épaisseur* qui est d'environ un pouce.

3°. *La figure* qui est triangulaire.

4°. *Les faces*, une supérieure qui se porte transversalement sur la veine cave, l'autre inférieure collée à la partie antérieure de la grande courbure du colon.

5°. *Les angles* dont le droit adhére à l'intestin duodenum, dont le gauche répond à la partie supérieure de la rate & dont le postérieur répond à la partie antérieure du rein droit.

6°. *L'échancrure* où sont logées les vertébres, & qui se trouve entre l'angle gauche & l'angle postérieur.

7°. *L'ouverture ovalaire* offrant un passage à la veine porte qui va au *foie*, cette ouverture étant à un doigt de l'échancrure dont nous venons de parler.

8°. *Les connexions*, à l'épiploon & au foie par sa partie antérieure ; du coté droit au duodenum ; du coté gauche à la rate, & par sa partie postérieure à la partie antérieure du colon auquel il adhére très-fortement ; il adhére encore à la veine cave par le tissu cellulaire qui le revêt.

9°. *La substance* qui est entiérement glanduleuse, le *pancréas* étant formé par la réunion d'un nombre de petits grains glanduleux, & étant par conséquent une véritable glande conglomérée.

10°. *Le tissu cellulaire* qui est son unique enveloppe, & qui unit tous ces petits corps glanduleux les uns aux autres, de maniere que si l'on tente de suivre avec le scapel ce même tissu, on se voit forcé d'entrer dans la substance de ce viscère & d'en séparer les glandes dont l'union entr'elles est très-lâche, & dont chaque canal excréteur vient se rendre dans les canaux excrétoires communs.

11°. *Les canaux excrétoires* : de l'angle gauche & de l'angle postérieur part un canal : ces canaux se réunissent à la partie moyenne du pancréas, & n'en forment qu'un seul qui est le canal principal dont la couleur est blanchâtre, & dont la grosseur égale celle d'une plume d'oye dans la grosse extrémité du viscère : ce même canal atteint le canal hépatique dans le trajet des membranes des intestins, & s'ouvre dans sa cavité par une ouverture ovalaire de maniere qu'ils ne forment qu'un seul & même canal qui est fermé par une valvule.

Du coté opposé est un autre petit canal qui vient de la portion du *pancréas* qui se trouve couché sur l'intestin, portion qui pourroit dans l'animal être regardée comme un petit pancréas. Ce canal particulier, après un trajet d'environ deux doigts, pénétre dans l'intestin duodenum & s'ouvre dans sa cavité, son insertion ne s'y faisant point par des inflexions, & sa marche entre les membranes intestinales n'étant nullement oblique : son ouverture & celle du canal hépatique sont très-sensibles dans l'intérieur, & à ces deux ouvertures on observe, outre la valvule dont nous avons parlé relativement au canal hépatique, un petit bourlet circulaire en maniere de cul de poule.

12°. *Les vaisseaux tant sanguins que nerveux* ; les artéres étant fournies par quelques ramifications de l'artére hépatique, par l'artére splénique d'où résultent les artéres pancréatiques & les veines par la veine porte, le grand nerf intercostal lui envoyant quelques filets des différens plexus qu'il forme.

13°. *Enfin les usages*: ce viscére étant un organe vraiment sécrétoire & les petits corps glanduleux dont il est composé, séparant de la masse du sang un suc que nous nommons *humeur, suc pancréatique*: ce suc aide à l'ouvrage de la digestion & la facilite; il s'unit avec la bile, & ces deux humeurs se mêlent avec les alimens dont elles achevent la dissolution, l'une celle des matieres grasses & sulphureuses, l'autre celle des matieres mucilagineuses & salines, le tout toujours conformément à leur nature & à celles des corps dont elles peuvent être les menstrues. Du reste l'humeur pancréatique ne différe pas beaucoup de la salive & du suc gastrique qui tous les deux opérent également sur les alimens.

De la rate.

La *rate* est un des viscéres contenu dans l'abdomen.

On en examinera:

1°. *La situation* antérieurement du côté gauche, entre le grand cul de sac de l'estomac, les parois du bas ventre & le diaphragme.

2°. *La longueur* qu'il seroit difficile d'assigner, attendu les variations qu'on observe à cet égard dans les différens sujets.

3°. *L'épaisseur* qui, lorsque l'on considére cette partie selon sa longueur, est d'environ un pouce dans son milieu & qui diminue insensiblement depuis ce même milieu jusqu'à ses bords.

4°. *La couleur* qui communément dans l'animal est d'un brun obscur mélangé de bleu, & qui varie néanmoins dans le fœtus, puisqu'elle est plus obscure dans les jeunes sujets, & d'un gris blanc tacheté de bleu dans les chevaux d'un certain âge.

5°. *La forme* imitant à peu près celle d'une faulx ; elle est telle d'ailleurs qu'elle est applatie à l'extrêmité supérieure, convexe à l'extrêmité inférieure & presque arrondie à la pointe.

6°. *Les faces* ; l'une externe, convexe & fort unie, l'autre interne & un peu moins lisse, dans laquelle on observe une rainure semée par intervalle de plusieurs ouvertures destinées à donner un passage aux vaisseaux qui pénétrent dans la substance de ce viscére & qui en sortent.

7°. *Les extrêmités*, l'une supérieure répondant aux parties latérales du corps des vertébres lombaires & recouverte par le rein gauche, l'autre intérieure qui en forme la pointe, & qui s'étend jusques à environ la partie moyenne de la grande courbure de l'estomac.

8°. *Le corps* qui en est la portion principale & la plus large.

9°. *Les bords*, l'un antérieur, tranchant & coupé en biseau, l'autre postérieur & arrondi.

10°. *Les connexions*, au rein gauche par une production de la membrane qui se confond avec le tissu cellulaire qui enveloppe le rein & se propage jusques au principe de la grande mésentérique ; à l'épiploon le long de la rainure & à l'estomac par ce même épiploon ; ce viscére étant d'ailleurs maintenu dans sa position par les vaisseaux qui s'y portent & à l'aide des parties qui l'avoisinent.

11°. *Les tuniques* au nombre de deux dans le cheval ; la premiere formée par le péritoine, dont deux lames après avoir enveloppé tout le corps du viscére, viennent s'unir à l'endroit de la rainure & s'adosser l'une à l'autre en s'unissant avec l'épiploon ; la seconde particuliere à ce même viscére, inégale à sa face externe, filamenteuse à sa face interne, & ces filamens se plongeant dans la substance de la *rate* & unissant cette même membrane avec les vaisseaux accompagnés d'ailleurs dans toutes leurs divisions par une production du tissu cellulaire du péritoine commune à tous les vaisseaux du bas ventre.

12°. *Les vaisseaux artériels & veineux* connus sous le nom de *vaisseaux spléniques* ; l'artére dépendant de la cœliaque étant la plus considérable des trois branches qui en font la division, & se portant en dessus de l'estomac vers sa grosse extrêmité où elle se plonge dans la *rate* dès le principe de la rainure qu'elle poursuit jusques à sa fin ; elle se perd en donnant plusieurs petites ramifications qui entrent par les ouvertures dont j'ai parlé. La veine suivant le même trajet, & étant une branche considérable de la veine porte ; elle se rend dans le sinus même de cette veine, fort près des plus grosses branches méfentériques, après avoir rampé dans la rainure & avoir quitté le viscére. Du reste tous ces vaisseaux sont renfermés dans les deux lames du péritoine qui, comme je l'ai dit, en envelopent le corps.

13°. *Les vaisseaux lymphatiques* que l'on apperçoit assez facilement à la surface dans les animaux vivans, & qui sont très-sensibles dans le cheval aussitôt après sa mort : ils accompagnent la veine splénique ; ils se rendent dans le canal thorachique ; quelquefois aussi ils se portent dans le réservoir même du chile : ils sont sur-tout très-visibles dans le bœuf, dans le veau, dans la chévre, dans le chien, &c.

14°. *Les vaisseaux nerveux* consistant principalement dans des filets détachés du plexus semi-lunaire gauche qui composent ce que nous appellons le *plexus splénique* ; les filets de celui-ci se portent autour de l'artére splénique qu'ils suivent jusques dans la *rate*, de maniere que l'artére, la veine & les nerfs n'ont qu'une même entrée dans ce viscére.

15°. *La substance* qui ne paroît point aussi épaisse & aussi compacte que la substance de la *rate humaine*, & qui semble véritablement vasculeuse & celluleuse ; ce viscére étant en effet dépouillé de ses membranes, & lavé de maniere à détruire la matiére pulpeuse répandue dans les cellules, on n'observe qu'un nombre prodigieux de vaisseaux anastomosés, & à l'endroit de leur union se montrent de petits mamelons ; ces mamelons ne sont sans doute que l'embouchure des vaisseaux qui fournissent l'humeur pulpeuse qu'on remarque dans son tissu, & il résulte de toutes les différentes aires ou mailles formées par ces mêmes vaisseaux des intervalles qui composent autant de cellules occupées par la matiere que l'on a détruit en lavant.

16°. *Les glandes lymphatiques* au nombre d'une ou de deux, de la grosseur d'une noisette, situées le plus souvent à l'entrée des vaisseaux dans le viscére, & absentes ou inapercevables dans le plus grand nombre des chevaux.

17°. *Les usages* qui ne sont ni parfaitement certains, ni parfaitement connus : on présume seulement que ce viscére est un auxiliaire du foie, & que le sang y est élaboré de façon à faciliter la sécrétion de la bile. Cette conjecture est fondée sur la structure même de cette partie pourvue d'une immensité de vaisseaux capillaires & recevant une quantité considérable de sang qui circulant avec lenteur, attendu son extravasion dans les cellules, y est atténué & divisé par le broyement continuel qu'il éprouve de la part des petits vaisseaux qui environnent ces mêmes cellules, & aux mouvemens desquels il est exposé, ensorte que ce fluide ainsi préparé sortant de la veine splénique, & se mêlant dans la veine porte avec le sang épais qu'il y rencontre, prévient les engorgemens du foie & les obstructions que ce sang épais auroit pu y produire sans ce mélange : dans les animaux auxquels on a extirpé la *rate*, le foie devient schirreux & acquiert un volume énorme, & le plus souvent les maladies du premier de ces viscères sont suivies des maladies de l'autre : du reste on a observé qu'ils étoient d'abord beaucoup plus lascifs, qu'ils urinoient plus souvent, & qu'ils étoient beaucoup plus voraces; le premier cas a-t-il lieu parce que le sang n'ayant plus à cheminer dans l'artére splénique, devient plus abondant dans les vaisseaux spermatiques; dans le second parce qu'il se porte en une quantité considérable dans les émulgentes, & dans le troisiéme parce que celui de la cœliaque ne pouvant entrer dans son rameau splénique, abonde davantage dans les artéres qui se distribuent au ventricule?

Des reins succenturiaux.

Les reins succenturiaux appellés encore dans l'abdomen humain du nom de *glandes sur-renales*, de *capsules atrabilaires*, sont deux corps glanduduleux dont quelquefois, mais très-rarement, les chevaux & les poulains sont dépourvus.

Il faut en considérer.

1°. *La situation :* ces deux corps étant placés, un de chaque côté, à trois ou quatre travers de doigt des premieres vertébres lombaires, à un ou deux doigts au devant du rein, & quelquefois même affez près pour toucher ce viscére; l'un d'eux, c'est-à-dire le droit, s'étendant affez communément depuis le foie le long de la partie latérale de la veine cave, jusques à l'urétere à fa fortie du rein, & au devant du rein.

2°. *Le volume* qui n'est jamais constant, leur longueur variant sur-tout & étant tantôt de sept, de huit, de cinq, de quatre travers de doigt & d'une moindre étendue encore; leur largeur étant le plus ordinairement d'un pouce; la glande furrenale droite étant le plus souvent plus considérable que la gauche; quelquefois ces deux glandes étant égales en grosseur, & l'une & l'autre n'étant dans le fœtus animal que très-petites, & n'ayant toute l'amplitude qu'elles doivent avoir que dans le cheval, ce qui est absolument contraire à ce que l'on a observé dans le fœtus humain & dans l'adulte.

3°. *La figure* qui ne souffre pas moins de variations, étant pour l'ordinaire oblongue, & ces corps étant irrégulièrement arrondis fur leur largeur & leur circonférence légérement applatie dans quelques unes de ses portions.

4°. *La couleur* qui est presque toujours grisâtre au dehors.

5°. *La substance* qui est la même, ou qui paroît la même que celle du rein, si ce n'est qu'elle semble plus lâche & plus molle.

6°. *Les connexions* par les vaisseaux qui leur font propres & par le tissu cellulaire du péritoine dont ils participent, & qui dans cet endroit est très-abondant, ces corps n'étant point d'ailleurs enveloppés du péritoine même.

7°. *Les vaisseaux* qui font pour chacun une artére, une veine & quelques filets de nerfs; l'artére du côté droit naissant le plus souvent de l'artére émulgente, celle du côté gauche naissant de l'aorte même; la veine du côté droit dépendante de la veine cave, celle du côté gauche de la veine émulgente; les nerfs étant peu considérables, dépendant du grand nerf intercostal & n'étant que quelques filets qui s'échapent de chaque côté du plexus rénal.

8°. *Les usages* : ils sont absolument inconnus ; on peut juger de notre ignorance à cet égard par les différens systêmes qui ont été imaginés par ceux qui se sont livrés à la recherche de ces mêmes usages. Sylvius, Valsava, welschius, Duvernai, Bartolin, warthon, Kerkring, wedel, Petrul, Piccolomini, Spigel, Molinetti, ont tous proposé des opinions qu'on ne peut adopter, & que la nature n'avouera jamais : le dernier a prétendu que dans le fœtus, ces capsules ne sont aussi volumineuses que parce que leurs fonctions sont de diminuer au moyen du sang dont elles se chargent, la quantité de celui qui se porte aux reins & de rendre dès-lors la sécrétion de l'urine beaucoup moindre : mais si l'analogie doit être de quelque poids en pareille matiere, ces glandes étant très-peu de chose dans le fœtus du cheval, n'auroient point en lui cet usage prétendu, & quel seroit alors celui que l'on pourroit leur assigner ?

Des *Visceres* vropoiétiques.

Des reins.

Les *reins* sont dans le cheval, comme dans l'homme, deux corps glanduleux dont il faut considérer :

1°. *La situation* dans l'abdomen, précisément dans le voisinage des vertébres des lombes, un de chaque côté, à quatre ou cinq travers de doigt de ces vertébres, dans le milieu de l'espace qui est entre la derniere fausse côte & la crête des os des îles, le *rein* droit étant toujours plus antérieur que le gauche, & se trouvant en partie caché par le foie ; ce qui est assez commun dans les animaux en qui ce viscére est partagé en plusieurs portions.

2°. *La couleur* qui est d'un rouge-brun.

3°. *La figure* applatie qui est celle d'un triangle, plus sensible dans le *rein* droit que dans le *rein* gauche, un des angles se présentant en dehors, les deux autres angles étant tournés en dedans, & regardant les vertébres des lombes.

4°. *Le sinus* résultant d'une échancrure qui est entre ces deux derniers angles, & qui est destinée à donner entrée ou à favoriser la sortie des vaisseaux du *rein* & de l'uretere.

5°. *Les faces* légérement convexes, une inférieure & l'autre supérieure.

6°. *Le volume* qui est tel que le *rein* considéré d'une face à l'autre a environ deux pouces d'épaisseur, & examiné d'un angle à l'autre environ trois ou quatre pouces de largeur & de longueur, ces dimensions & ce volume n'étant au surplus jamais bien constans.

7°. *Les connexions* 1°. par les vaisseaux propres à ces parties : 2°. par le tissu cellulaire qui enveloppe les *reins* de toutes parts, ce tissu provenant du péritoine qui ne les renferme point & qui en revêt seulement la face inférieure, & ce même tissu étant toujours fort abondant dans ces régions où il est même tellement chargé de graisse, qu'il y est nommé *membrane adipeuse* ou *tissu adipeux* des *reins* : c'est cette graisse que l'on nomme dans les animaux *l'axonge*.

8°. *Les membranes* au nombre de deux, dont la premiere n'est autre chose que le tissu cellulaire, & dont la seconde formant la tunique propre des *reins*, est extrêmement déliée, unie & très-adhérente à la substance même de ce viscére qu'elle enveloppe.

9°. *La substance* qui est évidemment glanduleuse, & qu'on divise en *substance corticale* & en *substance médullaire*; la *substance corticale* comprenant tout l'extérieur du *rein*, étant d'une même couleur que la superficie, ayant environ trois doigts d'épaisseur, paroissant composée de l'extrémité des vaisseaux émulgens & de plusieurs grains glanduleux par où filtre l'urine, ces grains glanduleux ne se bornant pas à l'extérieur du *rein*, mais s'étendant encore entre la substance médullaire ou rayonnée : on en trouve quelques uns près du bassinet ; leur volume n'outrepasse pas celui de la pointe d'une petite épingle ; la couleur en est rougeâtre & la consistance molle.

La *Substance médullaire* étant formée par l'union & l'assemblage des canaux excrétoires qui sortent de tous ces grains glanduleux, & étant moins brune que la précédente : on y distingue le trajet de ces canaux qui marchent parallelement les uns aux autres, ce qui a fait encore appeller cette substance, *substance tubuleuse*, *substance rayonnée*. Près du bassinet ces canaux sont infiniment plus rapprochés, ils s'ouvrent les uns dans les autres ; les ouvertures qu'ils forment à la circonférence de ce même bassinet sont très-sensibles ; si l'on comprime la substance du *rein*, on en voit sortir l'urine qui se vuide & se décharge dans le bassinet ; d'ailleurs il n'arrive à ces canaux aucun changement qui puisse faire soupçonner une substance nouvelle & différente.

10°. *La partie que l'on nomme le bassinet*, qui n'est autre chose que le vuide que laisse dans son milieu la substance médullaire plus épaisse que la corticale ; cette cavité triple dans l'homme étant unique dans le cheval, tapissée d'une membrane blanche & serrée, ayant dans sa circonférence comme plusieurs cellules ou portions de canal qui font le commencement du bassinet & qui reçoivent immédiatement les canaux excrétoires ; la membrane de ces cellules se prolongeant & se nichant entr'eux par des intervalles réguliers, ce qui représente des ceintres ou des espèces de croissans ; du reste celle qui forme le bassinet se portant en dehors en diminuant de volume, & la cavité diminuant aussi de maniere qu'elle représente le pavillon d'un entonnoir ; cette même membrane sortant par le sinus du *rein*, diminuant encore de volume entre les vaisseaux émulgens, & ne formant plus enfin qu'un canal que l'on nomme *l'urétere*.

11°. *Les vaisseaux tant sanguins* que nerveux & lymphatiques ; les vaisseaux sanguins étant nommés émulgens, & consistant en une artére & en une veine de chaque côté, rarement en est-il deux, & en ce cas le diamétre en est moindre. L'artére dépend de l'aorte postérieure, la veine de la veine cave postérieure : ces vaisseaux sortent de ces troncs précisément à l'endroit de leur destination ; c'est environ auprès de la seconde vertébre lombaire que l'aorte fournit de ses parties latérales, & un peu au-dessous de la mésentérique antérieure, deux branches considérables qui se portent l'une à droite, l'autre à gauche dans une direction transversale, & l'espace de cinq ou six travers de doigt ; après quoi on les voit dans le sinus du *rein* où elles commencent à se diviser.

en deux ou trois branches qui se perdent dans la substance même du viscére : ces artéres sont nommées *émulgentes* ou *rénales*.

Les veines suivent le même trajet en partant de la veine cave à la même hauteur ; quelquefois & d'un côté, l'artére est dessus ou en devant de la veine, d'autres fois la veine est en devant ; rien d'invariable à cet égard ; mais il est assez ordinaire que l'artére du côté droit soit plus longue que l'artére du côté gauche, & que la veine du côté gauche soit plus longue que la veine du côté droit, ces particularités dépendant de la position de l'aorte & de la veine cave, l'aorte étant plus à gauche, & la veine cave plus à droite.

Des vaisseaux lymphatiques très-visibles à l'extérieur des *reins* rampent au-dessous du tissu cellulaire ; ils accompagnent la veine émulgente & vont se dégorger dans le réservoir du chile.

Les nerfs résultent des plexus mésentériques & semi-lunaires qui par plusieurs ramifications réunies & rassemblées forment de chaque côté le plexus rénal ; les filets de ce plexus aboutissent dans le sinus, & entrent avec l'artére émulgente pour se perdre dans chaque *rein*.

De plus, ces vaisseaux, principalement les artéres & les veines en entrant dans ce viscére, sont accompagnés de sa membrane propre qui se plonge & rentre en dedans de sa substance où elle suit ces vaisseaux.

Quant aux artéres adipeuses, elles partent des émulgentes & se distribuent dans la graisse : elles sont dûes quelquefois aussi aux artéres spermatiques premieres.

12°. *Les usages* qui consistent à séparer du sang la liqueur que nous nommons *urine* ; cette liqueur gagne le bassinet, & elle enfile ensuite les uréteres qui la conduisent jusques dans la vessie qui en est le réservoir.

Des Uréteres.

331. Les uréteres sont deux canaux membraneux de la grosseur d'une des artéres crurales, le diamétre n'en étant pas cependant égal partout ; ils se portent des reins à la vessie urinaire.

Il faut en considérer :

1°. *L'origine.* Voyez l'art 330. N°. 10.

2°. *Le trajet & la longueur* qui excédent la distance & l'intervalle qui séparent les deux viscéres dont ils sont les canaux de communication, ces canaux faisant un contour & décrivant une courbure dans leur milieu en se portant de dedans en dehors & revenant ensuite de dehors en dedans pour entrer dans la cavité du bassin, & pour se porter à côté de la vessie un peu au-dessus en s'approchant légérement l'un de l'autre.

3°. *L'insertion* dans la poche urinaire supérieurement, & à trois ou quatre travers de doigt de son col ; ils laissent un semblable intervalle entr'eux. *Voyez* sur cette insertion l'art. 332 N°. 9.

4°. *La substance* qui est évidemment membraneuse & composée de trois tuniques ; la premiere résultant simplement du tissu cellulaire du péritoine ; la seconde qu'on a regardée comme musculaire dans l'homme, & qui dans l'animal ne présente aucun vestige de fibres charnues ; la troisiéme dite veloutée étant blanchâtre, & se propageant jusques dans le bassinet, enduite intérieurement d'une humeur onctueuse, propre vraisemblablement à la défendre de l'impression facheuse des sels urineux.

5°. *Les vaisseaux tant sanguins* que nerveux : les

les artériels partant de divers petits troncs ; les supérieurs venant des émulgentes mêmes, les moyens de la spermatique seconde ou de l'utérine dans la jument, les inférieurs de l'abdominale ; les veines se rendant dans les troncs pareils veineux ; les nerfs étant des filets du plexus rénal, du plexus abdominal, &c.

6°. *Les usages* qui consistent à charrier, ainsi que nous l'avons dit, l'urine des reins à la vessie, & la valvule qui ferme & qui clot intérieurement les orifices des *urétéres*, s'opposant au reflux de cette liqueur dans ces mêmes canaux.

De la vessie urinaire.

La vessie est une poche membraneuse contenue dans la cavité osseuse que l'on nomme le *bassin*.

Il faut en considérer :

1°. *La situation* hors du péritoine entre les os pubis & le rectum dans le cheval, & entre les os pubis & le vagin dans la jument.

2°. *Les parties*, c'est-à-dire, le corps & les extrémités dont l'une est postérieure & l'autre antérieure ; le corps étant tout ce qui se trouve entre ces deux extrémités, l'extrémité antérieure en composant le fond, l'extrémité postérieure en formant le col, & cette poche se trouvant un peu plus large dans l'endroit de l'insertion des urétéres, mais diminuant toujours jusques à l'uréthre.

3°. *La forme* qui est ovalaire.

4°. *Le volume ou la grandeur* qui dans une *vessie* vuide & retirée sur elle-même par la force naturelle contractile de ses fibres, présente quatre ou cinq pouces de longueur sur trois ou quatre de largeur, & qui acquiert dans un état de distension non forcée & qui n'est pas contre nature; huit à neuf pouces de longueur sur dix de largeur, pouvant contenir alors environ trois livres d'urine; du reste ce volume & cette grandeur variant dans les chevaux comme dans les jumens.

5°. *La différence de l'espace qu'elle occupe quand elle est vuide & quand elle est pleine*: dans le premier cas elle n'excéde presque pas les os pubis sur la face interne desquels elle repose: dans le second elle s'étend au-delà de ces os, de maniere qu'une moitié de cette poche s'avance dans l'abdomen, l'autre moitié demeurant au lieu où elle doit être.

6°. *Les connexions* par sa partie qui répond à l'uréthre, par l'ouraque & par les artéres ombilicales qui deviennent par leur oblitération des ligamens dans l'adulte, par le tissu cellulaire du péritoine & par sa lame propre qui tapissant toute la face supérieure de cette poche l'unit & l'assujettit au rectum ou au vagin, par un ligament à la symphise du pubis intérieurement, les artéres ombilicales paroissant du reste se perdre dans la substance de la *vessie*, & ne former qu'un seul & même corps avec elle.

7°. *La structure ou la substance* formée de plusieurs membranes.

La premiere étant composée non-seulement du tissu cellulaire du péritoine qui enveloppe cette poche de toutes parts, mais d'une partie de la vraie lame de ce même péritoine, laquelle se replie sur toute sa face supérieure, en recouvre tout le fond & se propage par un nouveau replis environ quatre travers de doigt sur la face inferieure, où elle s'implante si intimement dans sa substance qu'on ne peut l'en séparer.

La seconde étant vraiment musculeuse & beaucoup plus forte dans le cheval que dans la jument, car les fibres en sont très-déliées dans celle-ci : ces fibres évidemment charnues forment un tissu lâche, & laissent, lorsque la *vessie* est distendue, sans être trop pleine, un intervalle très-sensible entr'elles : lorsque la *vessie* est vuide, elles sont très-rapprochées & en quelque façon entassées les unes sur les autres : dans sa partie antérieure qui en est le fond & à sa face inférieure, elles sont plus unies & paroissent circulaires. A mesure de leur marche & de leur trajet vers la face supérieure, elles s'écartent, elles se croisent en différens sens, les fibres qui viennent du côté droit se portant du côté gauche, & celles qui viennent du côté gauche se portant du côté droit en suivant une direction oblique, & formant en quelque maniere des spirales. De leur croisement résulte quantité de mailles. Depuis la partie antérieure jusques à l'inférieure, elles diminuent d'épaisseur & viennent se terminer circulairement environ deux doigts au-delà des uréteres jusques au col, ou à la partie postérieure ; là, elles sont plus rapprochées & forment ce que l'on nomme le *sphincter*. Un petit paquet de ces mêmes fibres s'étend longitudinalement depuis l'ouraque jusques à l'insertion des uréteres & elles suivent dans cette partie la même direction que les autres.

La troisième membrane étant purement cellulaire quoique regardée par quelques Auteurs comme nerveuse, & par d'autres comme tendineuse.

La quatriéme tunique étant enfin réellement membraneuse & différente dans ses faces, dont l'externe est filamenteuse & unie avec la troisième membrane, & dont l'interne enduite d'une humeur onctueuse propre à la défendre de l'impression des sels urineux, ne présente rien de cotonneux ni de velouté ; on y voit quelques rides légeres quand la vessie est vuide : si on dilate cette poche en y introduisant de l'air par le souffle, & si on l'ouvre ensuite, on trouve cette tunique très-lisse ; elle paroît se continuer dans le canal de l'uréthre.

8°. *Le sphincter* formé par les fibres circulaires de la seconde tunique qui sont en grand nombre & plus serrées, ainsi que nous l'avons dit, dans le col de cette poche; on n'y en voit point d'ailleurs de longitudinales.

9°. *Les trois ouvertures* dont deux situées entre le corps du sac urinaire & son extrémité postérieure, sont les orifices des deux uréteres, orifices qu'une espèce de prolongement ou plutôt une valvule qui, après avoir permis l'entrée de l'urine & de l'air, leur en interdit la sortie, nous dérobe intérieurement : mais si par le moyen d'un stilet introduit dans l'un des uréteres, on souleve cette même valvule, elle devient sensible & l'air s'échappe aussitôt. Au surplus les uréteres dans l'animal ne font aucune inflexion en perçant la vessie ; ils s'y portent horisontalement pendant un certain espace, & ils en percent les membranes en droite ligne. La troisiéme ouverture bien plus sensible est l'orifice même de la poche, & le seul endroit par où l'urine coule & peut sortir ; quoique cette ouverture puisse s'élargir au point de souffrir l'introduction du doigt, elle est cependant toujours fermée par l'action du *sphincter*.

10°. *Les vaisseaux tant sanguins que nerveux:* les artéres étant fournies par l'artére honteuse interne ; une portion du second rameau qui en émane se portant & se distribuant aux parties latérales de la vessie, & l'artére spermatique seconde y envoyant aussi quelques ramifications ; les artéres ombilicales donnant quelquefois encore dans leur trajet & dans leur principe une ou deux petites artérioles qui demeurent toujours caves, quoiqu'au delà, ces artères qui se confondent dans l'ouraque, s'oblitèrent peu de temps après la naissance.

Les veines, les unes dépendantes de la veine honteuse interne, accompagnant les ramifications de l'artère du même nom, les autres des iliaques externes, & suivant l'artère spermatique seconde sous le même nom de *veines spermatiques secondes*.

Les nerfs étant des filets du plexus abdominal & des nerfs sacrés.

11°. *Les usages* qui sont de servir de réservoir à l'urine, c'est-à-dire, à cette liqueur aqueuse qui filtrée & séparée dans la substance vasculeuse & tubuleuse des reins, y est apportée par les uretères; cette sérosité séjourne quelque temps dans cette poche, jusques à ce que la trop grande distension du sac ou l'irritation des sels qu'elle contient invitent & sollicitent l'animal aux efforts nécessaires pour l'évacuer.

Des viscères spermatopoïétiques.

Des parties de la génération du cheval.

3. Les parties de la génération du cheval envisagées, non selon la division qu'on peut en faire en parties externes & en parties internes, mais d'après l'ordre auquel les fonctions de chacune d'elles semblent naturellement conduire, comprennent les testicules, les vaisseaux spermatiques, les épididymes, les canaux déférens, les vésicules séminales, la vésicule mitoyenne & le membre.

Des testicules.

4. La situation des testicules est assez connue; ils

ne se montrent pas d'abord au dehors dans le poulain; ils demeurent logés dans l'abdomen au-dessus de l'endroit même de l'anneau du muscle grand oblique, jusqu'à ce que l'animal ait atteint l'âge de six ou sept mois; ils descendent ensuite peu à peu, traversent ce même anneau & tombent enfin dans le scrotum, qui s'allonge de même que toutes les portions qui les suspendent ou qui les contiennent.

Il faut en considérer dans le cheval:

1°. *Le nombre*: il en est deux, l'un à droite & l'autre à gauche: je ne sçais s'il varie dans les chevaux comme dans les hommes qui n'en ont quelquefois qu'un, d'autre fois trois.

2°. *Le volume*, celui des testicules dépouillés de leurs enveloppes & de leurs principales membranes, excédant de moitié le volume d'un gros œuf de poule.

3°. *La figure* qui est oblongue & légérement applatie du coté où ils se regardent & se répondent.

4°. *Les extrémités*, l'une antérieure & l'autre postérieure, l'antérieure étant un peu plus élevée que l'autre.

5°. *Les enveloppes communes* consistant dans ce que l'on appelle le *scrotum* & le *dartos*.

6°. *Le scrotum* formant l'enveloppe la plus extérieure & résultant du prolongement de la peau de l'abdomen, qui d'une part, fait en cet endroit une espèce de poche, & de l'autre une espèce de gaine; la poche constituant le scrotum & la gaine ce que nous nommerons dans la suite, le *fourreau*; cette même poche, ou quoi qu'il en soit cette sorte de bourse étant partagée en deux cavités qui retiennent à peu près la forme des testicules qu'elles renferment, & la peau étant dans ce lieu plus déliée que partout ailleurs, noire comme celle du fourreau & totalement dénuée & dégarnie de poil.

7°. *Le raphé*, c'est-à-dire la ligne légèrement saillante qui marque extérieurement la séparation de ces deux cavités, & qui est bien moins sensible dans le cheval que dans l'homme. Cette ligne dans celui-ci commence à l'anus & se termine à l'extrêmité de la verge, à l'endroit du frein du prépuce; dans l'animal son principe est le même; elle passe sur le scrotum entier, mais elle diminue & s'efface totalement en approchant du fourreau.

8°. *Le tissu folliculeux ou cellulaire* qui unit le scrotum à sa membrane ou à l'autre poche qui est au-dessous, tissu qui est dépouillé de graisse & qui se trouve abreuvé de sérosités dans l'hydrocele par infiltration, & rempli d'air dans le pneumatocele.

9°. *Le Dartos*, ou l'enveloppe seconde formant dans le corps animal, comme dans le corps humain, une poche partagée en deux cavités séparées par une sorte de médiastin ou de cloison commune; la substance de cette membrane étant évidemment charnue, & cette même membrane étant revêtue dans chacune des cavités d'une tunique particuliere formée d'une expansion légere des fibres aponévrotiques du fascia lata & de l'aponévrose du grand oblique de l'abdomen, expansion qui dans le cheval enveloppe séparément chaque testicule & contracte adhérence avec la cloison.

10°. *Les tuniques particulieres* à chaque testicule connues sous le nom d'*érytroïde*, de *vaginale*, & d'*albuginée*.

11°. *La tunique érytroïde* devant plutôt être appellée ici *tunique aponévrotique premiere*, parce qu'elle est blanche & non rouge comme dans l'homme, & qu'elle n'est véritablement que l'aponévrofe du mufcle crémafter; ce mufcle étant un faifceau de fibres de la longueur d'un demi-pied & de la groffeur d'un pouce; fon origine étant au long adducteur de la jambe, au bord poftérieur du mufcle oblique interne, & à l'aponévrofe du fafcia lata & du tranfverfe qui en eft près; il paffe derriere le bord du grand oblique pour fe joindre au cordon des vaiffeaux fpermatiques; il chemine & defcend avec eux jufques aux tefticules, près defquels il devient aponévrotique, & cette aponévrofe s'épanouiffant & formant l'efpèce de poche qui les enveloppe, compofe la tunique dont il s'agit. Quant *à la tunique aponévrotique feconde*, elle réfulte des fibres aponévrotiques du tranfverfe & du fafcia lata, qui fortifiant le crémafter & l'accompagnant dans toute fa marche, forment un fecond plan ou une feconde tunique fortement adhérente à la vaginale par fa face interne, & par fa face externe à celle du crémafter.

12°. *La tunique vaginale* nommée encore dans l'homme *tunique élitroïde* ou blanche, cette tunique ayant paru être en lui un prolongement du tiffu cellulaire du péritoine, mais étant certainement dans le cheval un prolongement de fa vraie lame qui offre une gaine au cordon des vaiffeaux fpermatiques, en formant intérieurement deux replis, dont l'un enveloppe le canal déférent & l'autre l'artére, la veine & le nerf, le tiffu cellulaire accompagnant ces vaiffeaux jufques aux tefticules, & la vraie lame les abandonnant en cet endroit pour fe terminer par un cul de fac ou par une poche qui renferme le corps & l'épididyme, auxquels cette tunique adhére plus étroitement que dans le corps humain.

13°. *La tunique albuginée* contenant immédiatement la fubftance du tefticule, dont on ne peut la séparer comme les autres tuniques, & dont elle est comme l'écorce, le tissu en étant aussi beaucoup plus fort & beaucoup plus serré. Je doute qu'on puisse l'envisager comme un prolongement du tissu cellulaire du péritoine ; elle semble naître du testicule même ; elle est percée par quantité de vaisseaux veineux qui rampent entr'elle & la tunique vaginale, & qui se rendent dans les veines spermatiques.

14°. *La substance homogene*, de couleur grisâtre & résultant d'un amas de circonvolutions d'un seul genre de vaisseaux extrêmement fins & déliés, naissant selon les apparences des dernieres séries des artéres spermatiques, & dont la longueur est telle que par le secours de la macération, on est parvenu à en dévuider dans un testicule humain jusques à quarante aunes ; ces contours & ces circonvolutions étant au surplus séparés par plusieurs cloisons aboutissant à un canal commun qui, quoique plus considérable que le diamétre de l'artére spermatique, paroît en être une continuation, sur-tout si l'on ouvre ce canal & si on introduit un stilet dans sa cavité, car le stilet passe dans l'artére & se montre au dehors ; peut-être que l'artére envoie seule des ramifications dans toute la substance du testicule & compose les cloisons.

Des vaisseaux spermatiques.

Les vaisseaux des testicules sont outre le canal excrétoire de chacun de ces corps, & outre les vaisseaux lymphatiques qui en partent & qui se rendent au réservoir du chile, des artéres, des veines & des nerfs : ils sont tous, à l'exception de ce canal & des tuyaux lymphatiques, nommés *vaisseaux spermatiques*. Il faut en considérer.

1°. *Le nombre*, chaque testicule ayant deux artéres, deux veines & plusieurs filets nerveux.

2°. *La branche de nerf* qui se trouve de chaque côté formée par la réunion de quelques filets qui s'échappent des lombaires & qui communiquent avec le plexus abdominal, cette branche suivant le trajet du cordon spermatique dont elle fait partie & se distribuant au testicule.

3°. *Les artéres spermatiques premieres* ; ces artéres partant communément de la face inférieure & un peu latérale de l'aorte, à quelque distance en arriere des artéres émulgentes ; celle du côté gauche étant plus en arriere que celle du côté droit, & quelquefois l'une & l'autre naissant de la mésentérique postérieure ; leur diamétre équivalant à celui d'une plume à écrire ; leur longueur étant telle qu'elles s'étendent depuis le lieu de leur naissance jusques aux testicules en faisant des inflexions, puisqu'elles s'écartent d'abord l'une de l'autre, qu'elles passent obliquement sur le muscle psoas, qu'elles croisent en même temps les uréteres, qu'elles s'éloignent toujours du centre du corps jusques à l'entrée du bassin où elles se contournent de dessus en dessous & de dehors en dedans, pour gagner le bord du muscle transverse & l'anneau du muscle oblique externe, laissant échapper dans tout ce trajet quelques artérioles qui se jettent les unes dans la membrane adipeuse des reins, les autres au péritoine & même au mésentere, ces dernieres paroissant communiquer avec les artéres mésentériques ; ces mêmes artéres spermatiques ne communiquant aucunement avec la veine & se divisant à leur approche du testicule où toujours renfermées avec la veine dans la tunique vaginale, elles donnent deux ou trois raméaux dont une artériole se porte à l'épididyme & les autres au testicule.

Les *artéres spermatiques secondes* naissant de l'iliaque interne, envoyant d'abord plusieurs ramifications aux uréteres, aux vessicules séminales, à la vessie, gagnant ensuite le cordon spermatique, auquel elles se joignent pour sortir par l'anneau de l'oblique externe avec *l'artére spermatique premiere* : elles marchent droit sans aucune inflexion, & se plongent dans le centre du testicule.

40. *Les veines spermatiques premieres* sortant de la veine cave postérieure, à peu près dans le même lieu où les artéres partent de l'aorte, la spermatique gauche naissant presque toujours de la veine émulgente gauche; l'une & l'autre se portant en arriere pour joindre les artéres du même nom, s'unissant avec ces mêmes artéres à cinq ou six pouces de leur origine, suivant la même route & parvenant ensemble jusques à l'anneau : dès la moitié de ce trajet elles commencent à se diviser, quelques unes de leurs ramifications accompagnant les artérioles en se distribuant à la membrane adipeuse, au péritoine & au méfentere, mais leurs principales divisions résultant d'abord de deux, trois & quatre branches qu'elles fournissent; celles-ci se subdivisant encore, & les ramifications devenant toujours plus nombreuses, à mesure qu'elles approchent des testicules près desquels, unies par un tissu cellulaire qui même en remplit les intervalles elles forment un corps plus considérable; c'est ce qu'on a appellé dans l'homme *le corps pyramidal* ou *pampiniforme*.

Les *veines spermatiques secondes* accompagnant l'artére du même nom, très-peu sensibles dans le cheval, & formant dans la jument la *veine utérine*.

5°. *Le cordon* dit *spermatique* formé en général par la réunion des artéres & des veines, sortant, ainsi que je l'ai dit, de l'abdomen par l'anneau du grand oblique, enveloppé jusques au testicule par le tissu cellulaire du péritoine ainsi que par sa vraie lame qui, comme je l'ai observé, forme la tunique vaginale; ce cordon étant au surplus parsemé dans son étendue de plusieurs petits corps glanduleux & de plusieurs canaux lymphatiques qui en partent pour aller se dégorger dans le réservoir du chile.

Des épididymes.

336. Tous les petits vaisseaux dont les circonvolutions forment la substance du testicule, & qui peuvent être appellés *vaisseaux séminaires*, s'étendent au delà en changeant d'arrangement & formant un second corps vasculeux auquel on donne le nom d'*épididyme*. Il faut en considérer:

1°. *La couleur*: ce corps n'est pas moins blanc que le testicule.

2°. *La longueur & le volume* qui peuvent être comparés à la grosseur & à la longueur d'un doigt.

3°. *La position* le long de la face externe du testicule.

4°. *Les adhérences* à ce corps par des membranes communes à l'un & l'autre.

5°. *La tête ou le principe* vers l'extrêmité antérieure du testicule, cette partie d'où sortent les vaisseaux qui forment *l'épididyme* étant plus grosse.

6°. *La queue* qui n'est que l'extrêmité opposée à celui-ci, & qui est beaucoup plus étroite.

7°. *Le trajet des vaisseaux qui le composent*; ces vaisseaux ne faisant aucune circonvolution, mais se portant de la tête à la queue en faisant plusieurs inflexions sur eux-mêmes, après lesquelles ils ne forment plus qu'un seul canal que l'on peut regarder comme le vaisseau excrétoire de tout le testicule, le tout étant au surplus recouvert par un prolongement de la tunique albuginée qui se perd dans la queue de *l'épididyme*.

Des canaux déférens.

Ce canal qui paroît être le seul destiné à porter au dehors la matiere préparée dans ces organes, a été nommé *canal déférent* : il en est un pour chaque testicule. Il faut en considérer :

1°. Le *diamétre* égalant celui d'une plume d'oye ordinaire, mais n'étant pas le même partout dans le cheval entier ; car ils se dilatent considérablement dans une portion de leur étendue, & cette dilatation ne s'observe pas, ou est beaucoup moindre dans le cheval hongre.

2°. *La couleur & la consistance* : ces canaux étant blancs, d'une substance très-solide au dehors, les parois en étant fort épaisses ; le tissu spongieux de ces mêmes parois étant très-considérable dans le cheval entier, sur-tout dans l'endroit où les canaux se dilatent, & étant en bien moins grande quantité dans le cheval hongre en ce même endroit, où ils ne souffrent pas dans celui-ci de dilatation.

3°. *La cavité* qui est au milieu de cette substance spongieuse, faisant l'office de canal & régnant dans toute l'étendue de ces conduits ; cette cavité y étant très-sensible, attendu leur volume, & pouvant persuader les Anatomistes du corps humain qui ne l'ont point apperçue, de la possibilité de son existence dans l'homme.

4°. *Le trajet* : ces canaux en sortant de l'épididyme se trouvant dans la tunique vaginale, complétant dès-lors le cordon spermatique, montant entre les artéres & les veines pour entrer dans l'abdomen par l'anneau de l'oblique externe, se séparant du cordon & l'abandonnant dès qu'ils sont parvenus dans cette cavité, pour passer par-dessus les os pubis & entrer dans le bassin, en croisant d'abord les artéres ombilicales & ensuite les uréteres : ils s'enfoncent delà dans ce même bassin & gagnent la partie supérieure & postérieure de la vessie urinaire, où leur diamétre augmente considérablement, & où ils acquiérent même le volume d'un petit intestin; c'est alors que ce même tissu spongieux dont je viens de parler, se montre évidemment folliculeux & présente une quantité très-considérable de cellules, communiquant les unes dans les autres par de petits orifices très-sensibles, & qui vraisemblablement décharge dans la cavité qui occupe le milieu de cette substance, l'humeur reçue dans ces cellules très-appercevables lorsque ces canaux ont été soufflés & desséchés, sans doute pour y subir un nouveau dégré d'élaboration & de perfection; ils cheminent très-rapprochés l'un de l'autre le long de la partie interne des deux vésicules séminales. Parvenus au col de la vessie, ils diminuent de grosseur & passent dans la gouttiere de la grande prostate pour se terminer, non dans les vésicules séminales comme dans l'homme, mais dans l'uréthre même où chacun d'eux aboutit & s'ouvre par un orifice très-distinct & différent de celui des vésicules, ou de ce qu'on a appellé les *canaux éjaculatoires.*

5°. *L'humeur* contenue dans ceux dont il s'agit; elle est semblable à de la semence, blanchâtre comme elle, mais infiniment plus épaisse dans le cheval entier que dans le cheval hongre, en qui elle est aussi moins abondante.

Des véficules féminales.

Les *véficules féminales* font deux poches ou deux veffies dont il faut confidérer.

1°. *La forme* qui eft oblongue & légérement applatie.

2°. *La longueur* qui eft de cinq à fix travers de doigt.

3°. *La largeur* qui eft d'environ un pouce ou un pouce & demi.

4°. *L'épaiffeur* qui eft d'environ un demi-pouce.

5°. *La pofition* dans le fond du baffin fur la partie fupérieure & poftérieure de la veffie urinaire ; cette pofition étant oblique comme celle des canaux déférens qui repréfentent enfemble un V romain, dont la pointe eft en arriere & formée par leur réunion.

6°. *La fubftance* qui eft la même que celle de la veffie urinaire, dont elles ne different que par leur volume & par la force de leurs membranes ; la tunique veloutée y étant très-délicate & paroiffant parfemée d'un nombre infini de ramifications fanguines, & de quantité de petits corps glanduleux qui ne font appercevables que dans un état contre nature ; ces petits corps & ce nombre infini de vaiffeaux n'exiftant pas dans les *véficules* du cheval hongre qui font beaucoup moins amples & beaucoup moins garnies de canaux fanguins apparens. Ces poches étant au furplus extérieurement couvertes dans leur face fupérieure par le péritoine, & du côté de la veffie urinaire par le tiffu cellulaire qui les y unit, n'étant point boffelées au dehors que les *véficules féminales* humaines, & ne préfentant dans l'intérieur qu'une cavité unie & nullement coupée par de petites cellules comme dans l'homme.

7°. *La terminaison* ou *la fin* : ces *véficules* diminuant de volume à mesure qu'elles approchent de l'uréthre, & y aboutissant en pénétrant la grande prostate & en dégénérant chacune en un canal d'abord de la grosseur du petit doigt dans lequel les tuniques perdent considérablement de leur épaisseur, & ayant ensuite un diamètre infiniment & successivement bien moindre jusques à la fin : ces canaux ont été nommés *vaisseaux éjaculatoires* & s'ouvrent chacun dans l'uréthre par un orifice placé au-dessus de celui des canaux déférens.

8°. *L'humeur* contenue dans ces *véficules* beaucoup moins abondante dans le cheval hongre où il en est très-peu, que dans le cheval entier où elle est en plus ou moins grande quantité, cette humeur étant semblable à de la semence.

De la véficule mitoyenne.

339.

Un canal membraneux qui se trouve dans l'intervalle des deux canaux déférens, enfermé dans les deux lames du péritoine, résultant du replis de cette membrane entre la vessie & le rectum, forme dans le cheval une partie qui n'a point encore été découverte ni observée dans l'homme & à laquelle je crois pouvoir donner le nom de *véficule mitoyenne* : il faut en considérer :

1°. *La longueur* qui est de cinq ou six pouces plus ou moins, & qui n'est pas si considérable dans le cheval hongre.

2°. *La grosseur* qui est égale à celle d'une plume d'oye.

3°. *La partie antérieure* qui répond au fond de la vessie urinaire, cette partie étant un peu plus évasée

évasée & fermée de maniere que le canal se présente ici comme une petite poche ou comme une vésicule.

4°. *La cloison mitoyenne* qui partage intérieurement le fond de cette vésicule en deux cavités ou en deux cellules, à chacune desquelles est un prolongement fermé, & qu'on diroit être la suite d'un canal oblitéré.

5°. *L'extrémité* logée dans la goutiere de la grande prostate.

6°. *La bifurcation* de ce même canal à sa partie postérieure, & ensuite de cette extrémité près du lieu où les canaux déférens percent l'uréthre.

7°. *L'appendice* ou la petite vésicule ovalaire du volume d'un pois qui, vuide dans les chevaux coupés, n'y laisse appercevoir que ses traces ; elle est située dans l'endroit même de la bifurcation & communique avec une des branches qui en résulte, de maniere que la liqueur ou l'air introduit dans le canal passe dans ce petit appendice, & delà dans la branche de la bifurcation à laquelle il répond, tandis que le reste de la matiere ou de cet air introduit sort par l'autre branche que cette même bifurcation présente, l'une & l'autre de ces branches étant aussi le plus souvent oblitérées dans le cheval hongre.

8°. *Les orifices* de ces branches qui après un trajet de quatre lignes s'ouvrent dans l'uréthre par deux ouvertures placées au-dessous des orifices des canaux déférens.

9°. *Le reseau vasculeux* qui garnit toute la circonférence de l'appendice & les branches jusques à leurs extrêmités & jusques à leurs orifices.

10°. *L'humeur* contenue dans cette vésicule se montrant quelquefois comme une matiere jaunâtre, & le plus souvent semblable à la matiere séminale que l'on trouve dans les grandes véficules : il n'en eft point, ou du moins je n'en ai pas vu dans la véficule mitoyenne du cheval hongre.

Du membre.

340. On appelle *membre* dans le cheval la partie que dans l'homme on nomme la *verge* : cette partie affez connue quant à fa fituation, à fa figure & à fon volume, préfente trois portions, le corps du *membre* ou le *membre* confidéré en lui-même, la tête & l'uréthre : avant de les examiner féparément les unes & les autres, il faut s'arrêter aux tégumens qui les recouvrent & envifager :

1°. *Le fourreau* réfultant du prolongement de la peau de l'abdomen qui conftitue ici, ainfi que nous l'avons dit, une forte de gaine, prolongement qui en gliffant fur le gland & fur la *verge humaine*, peut être mu en avant ou en arriere, mais qui fe trouve en partie borné dans l'animal, le *membre* ayant lui-même la liberté de fortir & de rentrer dans le tégument qui le contient & qui, plus fort & plus épais au lieu où il fe trouve limité, préfente une efpèce de bourlet qui environne l'orifice fervant d'iffue à ce même *membre* ; c'eft précifément cette portion que quelques uns ont nommée le *prépuce* ; elle eft toujours dans le même état, foit que le *membre* foit retiré, foit dans le moment de l'érection.

2°. *Les mamellons* ou les efpèces de légeres éminences qui en ont la forme & qui font placées au nombre de deux, l'un à côté de l'autre à environ un demi-pouce de diftance fur ce même bourlet du côté du fcrotum, éminences qui ont été regardées comme les mamelles du cheval, & au milieu defquelles on a apperçu quelquefois un orifice très-petit qui n'est véritablement que celui de quelques glandes sebacées qu'on découvre en ratissant ce lieu : elles sont très-sensibles dans l'âne & dans plusieurs mulets, mais dans le plus grand nombre des chevaux jeunes & vieux, on n'en rencontre pas la moindre trace, & les orifices divers qu'on peut reconnoître dans les autres portions du prépuce, & qui répondent à des glandes sébacées, annoncent ce qu'est celui qu'on a pris pour les ouvertures de ces prétendus mamellons.

3o. *La seconde portion de la peau prolongée*, étendue sur le *membre* entier, beaucoup plus souple que l'autre, le tissu en étant très-fin & très-délicat; elle est étroitement collée à la partie du *membre* qui sort de la premiere, c'est-à-dire, du *fourreau*, ces deux portions de peau étant alors dans une même direction, & paroissant être réellement une suite & une continuation l'une de l'autre : celle dont il s'agit ici souvent marquetée de taches noires ou blanchâtres, faisant quantité de rides qui s'effacent dans le temps de l'érection, & constamment dénuée de poil & de cette sorte de duvet qui rend l'autre bien moins unie, après avoir couvert la tête où il semble qu'elle se termine, se confond avec la membrane de l'uréthre & tapisse supérieurement la fosse naviculaire.

4o. *Les cryptes folliculeux* du genre des glandes sébacées qu'on nomme dans l'homme *glandes odoriférantes de Tyson*, & dont les tégumens sont parsemés; ils filtrent sans cesse une humeur grasse & onctueuse qui, se ramassant autour de la peau où elle paroît desséchée & montrer des pellicules dans toute l'étendue du *membre* sorti du fourreau, seroit très-capable, lorsqu'elle est très-abondante & par son séjour, de susciter une inflammation confidérable dans ces parties dont elle doit entretenir la fouplesse.

Du corps du membre.

541. Le corps du *membre* est formée d'une partie connue sous le nom de *corps caverneux* : il est deux de ces corps dans la composition de la verge humaine ; il n'en est qu'un principal dans le *membre* du cheval, dont il faut considérer :

1º. *La partie moyenne ou principale* comprenant l'espace qui se trouve entre les extrémités.

2º. *L'extrémité antérieure* qui en est la pointe ; elle est logée dans une sorte d'arcade que l'on observe dans le centre de la tête du *membre*, & dont je parlerai (Nº. 6, 342.)

3º. *Les échancrures*, une de chaque côté, avoisinant cette même pointe, & destinées à recevoir deux éminences qui sont à la partie inférieure & postérieure du bourlet.

4º. *L'extrémité postérieure* qui en est la base, cette extrémité se bifurquant dans son milieu, & fournissant par conséquent deux branches de la longueur de trois travers de doigt & de la grosseur de deux pouces dans leur origine, qui sont proprement les racines de ce *corps caverneux*.

5º. *Les attaches* par ces racines qui, diminuant de volume jusques à leur fin, s'écartent l'une de l'autre pour s'attacher de chaque côté tout le long de l'ischion, depuis l'endroit où se termine la jonction de cet os & du pubis, jusques à sa tubérosité, les fibres extérieures de ces mêmes racines étant implantées dans l'os même.

6º. *Les ligamens* au nombre de deux, assez considérables, fortifiés encore par des fibres tendineuses du muscle court adducteur de la jambe, naissant de la base & des parties latérales du corps dont il s'agit, se portant sur la partie moyenne de la symphise de l'ischion & du pubis, près de la jonction de ces deux os où ils se croisent, & se terminant à un tubercule ligamenteux qui se trouve de chaque côté de la symphise dans la partie opposée à leur naissance ; ils peuvent être regardés comme des ligamens suspenseurs du *membre*.

7°. *Les ligamens uréthrococcygiens* partant des premiers os de la queue à leur face interne, embrassant le rectum, quelques unes de leurs fibres se croisant & s'unissant ensemble lorsqu'ils sont parvenus au-delà du bulbe de l'uréthre, marchant ensuite réunis par un tissu cellulaire tout le long de ce canal en dehors des muscles accélérateurs, jusques à environ quatre travers de doigt de la partie moyenne du *membre* où ils se trouvent recouverts par les mêmes muscles ; là ils se croisent de nouveau & s'écartent l'un de l'autre, l'un se propageant au bourlet qui forme le *prépuce*, l'autre à la circonférence de la tête du *membre*, ces ligamens pouvant aussi le soutenir, mais leur usage principal étant de servir d'une part de frein au *prépuce* qu'ils maintiennent dans une situation constante, ensorte que dans l'état d'érection, comme dans l'état de flaccidité, le *prépuce* ne peut être porté ni en avant, ni en arriere ; & de l'autre de fournir à la tête ou à l'extrémité du *membre* une sorte de frein qui ne s'oppose pas à son extension, mais qui ne lui permet pas de se retirer trop en arriere dans le *prépuce*.

8°. *La rainure* pratiquée tout le long de la face inférieure de ce corps, & proportionnée en tout à l'uréthre qui, dès le commencement de la symphise des os pubis, c'est-à-dire, dès la réunion des racines en une seule masse, s'unit à lui, après avoir rempli d'abord une partie de la bifurcation, & le suit dans toute son étendue jusqu'à ce que ce canal outrepasse pour se porter quatre ou cinq lignes au-delà de la tête, la moitié de la circonférence de ce même canal étant logée & cachée dans cette rainure, l'autre moitié en étant absolument dehors, & l'union de ces deux parties, je veux dire, de ce corps & de l'uréthre, étant telle qu'elle ne peut être détruite que par le moyen du scalpel.

9°. *La substance*, ce corps étant membraneux & spongieux ; la membrane qu'il présente extérieurement étant blanchâtre, d'un tissu fort & très-serré, renfermant un tissu spongieux qui en remplit tout le vuide, tissu formé par des fibres assez considérables qui se détachent de chaque côté de la face interne de cette même membrane, depuis la partie supérieure jusques à l'inférieure & dans toute sa longueur, en s'entrelaçant les unes dans les autres ; l'intervalle de ces fibres étant occupé par d'autres fibres longitudinales de la nature des fibres musculeuses ; celles-ci croisant les premieres & laissant entr'elles des espaces ou des cellules régulieres qui communiquent toutes les unes avec les autres, & à raison desquelles on a donné à cette partie le nom de *corps caverneux*.

De la tête du membre.

342. L'extrémité antérieure du *membre* du cheval plus volumineuse que le corps est ce que l'on en appelle la tête : il faut considérer dans cette partie particuliere, & qui ne dépend point ici de l'uréthre comme dans l'homme :

1°. *La largeur* qui est de trois ou quatre travers de doigt, cette partie étant gonflée.

2°. *L'épaisseur* qui dans cet état est d'environ un pouce.

3°. *La forme* qui dès-lors est arrondie irrégulierement, & qui présente une espèce de bourlet plus large dans sa portion supérieure & antérieure, où l'on voit comme deux éminences distinctes séparées par une ligne qui y est assez profondément creusée & marquée par une autre ligne moins cave qui en embrasse la base ; ce bourlet dégénérant insensiblement en approchant de la partie inférieure qui est échancrée & s'y terminant de chaque côté antérieurement en une petite pointe mousse & postérieurement aussi de chaque côté en une éminence reçue dans les échancrures pratiquées, ainsi que nous l'avons dit (N°. 3. 341) près de la pointe du corps caverneux.

4°. *La fosse naviculaire*, c'est-à-dire, la cavité résultant intérieurement de ce bourlet.

5°. *L'éminence* qui est au milieu de cette cavité ; elle est légèrement détachée des environs & formée par l'expansion saillante de l'uréthre qui passe dans l'échancrure du bourlet, & qui se propage en dehors l'espace de cinq ou six lignes.

6°. *L'espèce de pont* formé par cette éminence, & d'où résulte postérieurement entr'elle & la fosse une cavité en figure d'arcade préposée à la réception de la pointe du corps caverneux.

7°. *L'autre cavité* placée dans la partie supérieure de cette même fosse, d'environ un pouce de circonférence, profondément gravée dans la substance même de la tête du *membre*, & dont l'entrée est ovalaire & le fond beaucoup plus étroit ; cette cavité étant presque toujours remplie d'une matiere grasse & épaisse qui durcit quelquefois au point de comprimer l'extrêmité saillante de l'uréthre & de s'opposer à la sortie de l'urine ; nulles glandes au surplus dans cette cavité, nul orifice d'aucuns tuyaux qui puisse persuader que cette humeur y soit filtrée; elle provient vraisemblablement des follicules sebacés qui sont en très-grand nombre sur la surface de la tête, & comme elle ne peut avoir d'issue lorsque le *membre* est retiré dans le fourreau, elle s'accumule sans doute dans le lieu dont il s'agit.

8°. *La substance* qui est évidemment spongieuse, cette partie étant formée par un corps de cette nature qui présente à l'extrêmité du *membre*, lors de l'érection, la largeur & l'épaisseur que j'ai ci-dessus assignées; ce même corps s'étendant & se prolongeant l'espace de cinq à six travers de doigt, finissant en diminuant insensiblement d'épaisseur & de largeur, & étant collé sur la partie supérieure de l'extrêmité *du corps caverneux* sans y faire aucune éminence sensible, & sans communiquer ni avec ce corps, ni avec le tissu spongieux de l'uréthre, si ce n'est à leur extrêmité; cet appendice étant au surplus maintenu dans cette situation au moyen d'une adhérence avec le *corps caverneux* principal par un tissu cellulaire, & étant renfermée d'ailleurs dans une espèce de gaine ou de conduit résultant de l'épanouissement de la membrane même de ce corps caverneux, dont l'extrêmité se trouve logée dans une échancrure pratiquée à la partie interne de l'appendice de la tête.

De l'uréthre.

343. *L'uréthre* est un canal qui est la suite du troisiéme orifice de la vessie urinaire, & qui, se portant de cette poche hors de l'abdomen, fait partie du membre. Il faut en considérer:

1°. *La longueur* qui est d'environ près de deux pieds dans un cheval d'une taille ordinaire.

2°. *Le diamétre extérieur* qui n'est pas le même

DE L'ART VÉTÉRINAIRE. 369

partout ; ce canal étant affez mince l'efpace de trois ou quatre travers de doigt, depuis le col de la veffie jufques à fon paffage derriere les os pubis, s'amplifiant enfuite tout d'un coup après fon trajet fous l'arcade de ces os, & diminuant peu à peu jufques à fon extrêmité, où il perce la tête du *membre* & fe prolonge ainfi que nous l'avons dit.

3°. *Le foutien* ou *les appuis* qui lui font offerts dans le baffin, & avant qu'il ait franchi les os pubis, la grande & les petites proftates : tel eft celui qui lui eft préfenté lors de fon paffage dans l'échancrure même de ces os par le ligament membraneux troüé à l'effet de lui permettre une iffue ; tel eft encore celui qu'il reçoit dans tout le refte de fon étendue, de fon adhéfion très-forte au *corps caverneux* principal ou au corps du *membre*.

4°. *La direction* qui eft oblique de haut en bas, depuis la veffie jufques au ligament membraneux, après lequel il fait une courbure pour venir de derriere en devant gagner le *corps caverneux* ; il reprend enfuite cette même direction oblique, foit que le *membre* foit en érection, foit qu'il fe trouve dans l'inertie.

5°. *La fubftance*, qui n'eft autre chofe qu'un tiffu folliculeux très-fin, dont les cellules s'ouvrent indifféremment les unes dans les autres ; les fibres qui le compofent n'ayant aucun arrangement régulier : ce tiffu renfermé entre deux membranes, dont l'externe a plus de confiftance que l'interne qui forme immédiatement les parois du canal, & qui eft extrêmement douce & polie ; il n'eft pas en une égale quantité partout ; il manque dans le court efpace de la veffie au ligament, pendant lequel ce canal n'eft que membraneux, mais les membranes y font plus fortes, & on y apperçoit dès fon principe, comme une portion des fibres charnues du col de la veſſie qui s'y prolongent, ainſi que des fibres charnues du muſcle triangulaire qui s'étend juſques à la baſe de la grande proſtate. Son volume devient aſſez conſidérable au-delà du ligament, & c'eſt en cet endroit qu'il forme ce qu'on appelle *le bulbe de l'uréthre* ; il diminue enſuite inſenſiblement & par dégré tout le long du *membre*, juſques à l'extrêmité.

6°. *Le diamétre intérieur* qui eſt d'environ quatre ou cinq lignes & qui eſt uniforme partout; cette cavité étant toujours humectée d'une humeur onctueuſe propre à la défendre de l'impreſſion fâcheuſe & importune des ſels urineux, humeur qui y eſt dépoſée par quantité de petits pores répandus dans toute ſon étendue, & très-appercevables ſur-tout dans ſon commencement ; ces pores ſont les orifices des canaux excréteurs de nombre de petites glandes placées dans le tiſſu ſpongieux.

7°. *Les ouvertures plus conſidérables que ces pores*, rangées parallelement ſur deux lignes à l'endroit du bulbe, & étant au nombre de dix ou douze de chaque côté; on les voit comme autant de petits mamellons très-diſtincts, ſemblables à l'extrêmité des cornes des limaçons ; on en fait même ſuinter aiſément l'humeur glaireuſe qui vient des petites proſtates par les canaux qui rampent ſenſiblement au-deſſous de la membrane interne, & dont ces mamelons ſont les orifices : plus près de la veſſie & des ouvertures des véſicules ſéminales, on découvre encore d'autres canaux ſemblables, au nombre auſſi de dix ou douze, mais plus gros, placés çà & là ; on y introduit facilement un ſtilet qui conduit juſques à la grande proſtate dont ces canaux ſont les tuyaux excréteurs.

8o. *Le vérumontanum* qui eſt un monticule oblong que l'on peut comparer à l'éminence qu'on a appellée ainſi dans l'homme ; ce monticule étant placé à la partie ſupérieure & intérieure de *l'uréthre* dans l'intervalle de la grande & des petites proſtates, & étant le rendez-vous de tous les tuyaux excrétoires ayant rapport à la ſemence.

9°. *Les ſix orifices* qu'on découvre dans ce monticule, trois de chaque côté & d'inégale grandeur ; les deux plus extérieurs étant les plus petits & répondant aux deux branches de la véſicule mitoyenne ; les ſeconds plus conſidérables placés au-deſſus répondant aux canaux déférens ; les troiſiémes placés au-deſſus de ceux-ci répondant aux véſicules ſéminales, ces derniers orifices étant les plus amples, & la membrane de *l'uréthre* formant en cet endroit comme un voile qui ſemble couvrir & embraſſer en partie l'orifice du canal déférent, enſorte que l'humeur coulant dans celui-ci, a la liberté d'entrer dans la véſicule, ou dans les canaux éjaculatoires d'une part, & dans le canal de *l'uréthre* de l'autre ; c'eſt ce dont on peut ſe convaincre en appuyant légérement le doigt ſur cette eſpèce de valvule flottante, & en injectant quelque liqueur par le canal déférent, car on la voit paſſer dans la véſicule ſéminale.

De la grande & des petites proſtates.

La *grande proſtate* eſt un corps glanduleux dont il faut conſidérer,

1°. *La ſituation* près de l'ouverture antérieure de la veſſie où elle embraſſe l'uréthre dès ſon principe.

2°. *La forme* qui eſt celle d'un croiſſant dont les pointes ſont tournées du côté de la veſſie urinaire.

3°. *La ſinuoſité* qui la partage en deux portions,

& qui loge le canal de l'uréthre, ainsi que tous les canaux qui ont rapport à la semence.

4°. *Le volume*, chacune de ces portions étant de la grosseur d'un petit œuf.

5°. *Les tuyaux excréteurs* qu'on apperçoit, ainsi que je l'ai dit, au nombre de dix ou douze près des ouvertures des véhicules séminales, & qui s'ouvrent dans l'uréthre. (N°. 7. 343.)

345. Les *petites prostates* sont ce qu'on appelle dans l'homme les *glandes de cowper*. Il faut en considérer,

1°. *Le nombre* ; elles sont deux bien & distinctement séparées.

2°. *La situation* ; ces glandes étant placées aux parties latérales de l'uréthre, quatre doigts plus bas que la *grande prostate*.

3°. *Le volume* qui est celui d'une châtaigne ordinaire.

4°. *La forme* qui est ovalaire.

5°. *La substance* plutôt spongieuse & vésiculaire que glanduleuse.

6°. *Les tuyaux excréteurs* qui se montrent, ainsi que je l'ai observé (N°. 7. 343) sous la membrane interne de l'uréthre, & qui s'ouvrent dans ce canal par dix ou douze mamellons rangés parallelement sur deux lignes, la *grande* & les *petites prostates* filtrant une humeur particuliere & mucilagineuse destinée à le lubréfier, & à servir de véhicule à la sémence.

Des vaisseaux de ces parties.

346. Les vaisseaux de toutes ces différentes parties sont artéres, veines & nerfs, & sont :

1°. *L'iliaque interne*. L'artére honteuse interne naissant de sa premiere division, s'étendant au-desfus de la tubérofité de l'ifchion & pénétrant dans le *bulbe de l'uréthre* où elle s'évanouit.

Le fecond des rameaux de cette même artére honteufe interne fe diftribuant dans les *véficules féminales*, dans les *proftates*, ainfi qu'à la *véficule mitoyenne*, & contribuant au plexus que nous avons obfervé aux extrêmités de cette véficule.

L'artére obturatrice émanant de la troifiéme divifion de cette même iliaque interne, & donnant un rameau que nous nommons *artére caverneufe*, attendu qu'il fe porte dans le *corps caverneux*.

L'artére honteufe externe fournie par l'artére abdominale qui eft une des divifions de l'artére iliaque externe, fortant par l'arcade crurale, fe propageant jufques à l'extrêmité du *membre*, & fe perdant dans le tiffu fpongieux de fa tête.

L'artére fpermatique feconde fe portant aux parties externes, envoyant auffi plufieurs ramifications aux *véficules féminales*, &c. &c.

20. *La veine honteufe interne* étant une des premieres divifions des veines iliaques internes, fe diftribuant aux *véficules féminales*, à la *grande* & aux *petites proftates*, au *bulbe de l'uréthre*, & accompagnant partout l'artére du même nom.

La veine fpermatique feconde fuivant la même divifion que l'artére.

Les veines caverneufes fe portant au *membre*, paffant fous le ligament, communiquant avec la veine honteufe interne, fe répandant fur ce même *membre* en fourniffant des rameaux au *corps caverneux*, quelques uns de ces rameaux communiquant avec les honteufes externes, l'une & l'autre de ces veines caverneufes formant un lacis admirable fur toute l'étendue du *membre*, en donnant des ramifications au tiffu fpongieux de *l'uréthre*, & fe perdant dans la tête de ce même *membre* auquel la veine abdominale envoie quelques rameaux, &c. &c.

3°. *Les vaisseaux nerveux* provenant des lombaires & des sacrés.

Des muscles du membre.

347. Les muscles du *membre* au nombre de six, trois de chaque côté, sont :

1°. *Les érecteurs* qui s'attachent à la partie postérieure, supérieure & interne de la tubérosité de l'ischion, descendent obliquement de derrière en devant, embrassent les deux branches ou les racines du corps caverneux, & se terminent aux parties latérales de ce même corps ; on pourroit les nommer comme dans l'homme par leurs attaches, *muscles ischio-caverneux*.

Ces muscles en se contractant, tirent & appliquent le corps caverneux contre l'os pubis.

2°. *Les accélérateurs* qui se présentent comme deux petites bandes charnues, très-minces, plus fortes à l'endroit du *bulbe de l'uréthre* qu'ils recouvrent de même que ce canal sur lequel ils se couchent, après s'être joints au-dessous des os pubis aux muscles triangulaires : dans le milieu de ce même canal, ils s'unissent l'un & l'autre, & cette union est marquée par une ligne blanchâtre & tendineuse qui règne dans toute leur étendue ; ils recouvrent encore en partie les ligamens uréthro-coccygiens ; enfin ils s'attachent tout le long de *l'uréthre* au *corps caverneux* même, depuis le ligament interosseux des os pubis jusques à environ cinq ou six travers de doigt de distance de la tête du membre.

Ces muscles agissent sur *l'uréthre* en commençant depuis le *bulbe* jusques auprès de l'extrémité du *membre* ; ils déterminent la progreſſion de la ſémence dans ce canal plus étroit dans le temps de l'érection, attendu le gonflement du tiſſu ſpongieux. Leur action a lieu par ſecouſſes, & ſelon que ces ſecouſſes ſont plus ou moins fortes, vives & répétées, la ſemence eſt dardée avec plus ou moins de violence.

3°. *Les triangulaires* : ces muſcles étant beaucoup plus petits que les autres, ils répondent à ceux que dans l'homme on appelle *muſcles tranſverſes*; placés entre les tubéroſités des os iſchion, ils s'y attachent un de chaque côté & ſe portent en dedans l'un contre l'autre en augmentant de volume ; ils recouvrent les *petites proſtates*, & s'étendent juſques à la grande, en enveloppant le canal de *l'uréthre*.

Ces muſcles agiſſent ſur les *canaux éjaculatoires*, ſur les *proſtates*, ſur les *véſicules ſéminales*, ſur la *véſicule mitoyenne* ; ils font avancer la ſémence dans *l'uréthre*, & dégorger l'humeur qui ſe filtre dans les *proſtates*, & qui ſe mêle avec la ſémence ; ils peuvent auſſi comprimer ces parties & élargir le *bulbe de l'uréthre* auquel ils s'attachent.

De l'uſage général de ces parties.

Les uſages de ces parties ſont :

1°. *En ce qui concerne les teſticules*, de ſéparer du ſang que leur apportent les vaiſſeaux ſpermatiques, l'humeur prolifique que nous appellons *la ſemence* ; les petits tuyaux qui compoſent la ſubſtance de ces corps, pouvant être regardés comme des vaiſſeaux ſécrétoires dans leſquels cette humeur eſt élaborée & perfectionnée par la circulation qu'elle y ſouffre.

2°. *En ce qui concerne les épidydimes*, de recevoir

des testicules cette matiere blanchâtre & mucilagineuse, de la transmettre encore plus digérée dans les canaux déférens.

3°. *En ce qui concerne les canaux déférens*, de l'élaborer encore, sur-tout si l'on observe les cellules abondantes dont j'ai parlé (N°. 4. 337) de la charrier dans les vésicules séminales, lorsque le voile qui couvre leur orifice & celui de ces vésicules, se ferme ou s'affaisse, car ce voile gênant le passage de la liqueur qui se porte sur-tout dans le temps du coït par ces canaux dans l'uréthre, cette liqueur peut être refoulée & enfiler aisément la route des canaux éjaculatoires, & delà être déposée dans les vésicules.

4°. *En ce qui concerne les vésicules séminales*, de la tenir comme en réserve pour le besoin; le séjour qu'elle y fait pouvant lui donner un nouveau dégré de perfection, & ces vésicules la transmettant ensuite dans l'uréthre.

5°. *En ce qui concerne la vésicule mitoyenne*, sa véritable fonction ne m'est pas encore bien certainement connue; l'humeur qu'elle contient ne paroissant venir d'aucun endroit particulier, puisqu'on ne voit nul canal qui puisse l'y conduire : peut-être pourroit-on présumer, vu le nombre des vaisseaux qu'on observe à cette poche, qu'elle se filtre dans les tuniques mêmes de ce petit réservoir, à peu près comme le suc gastrique se filtre dans les tuniques du ventricule; elle est semblable à la matiere contenue dans les vésicules séminales; elle a la même couleur, la même consistance; comme elle elle est versée dans l'uréthre, mais ses effets sont-ils les mêmes?

6°. *En ce qui concerne le membre*, de porter après être parvenu à un état de tension & d'érection nécessaire, cette même semence chassée dans l'uréthre l'uréthre, jusques auprès de l'organe dans lequel elle doit être lancée, & de concourir ainsi que ce même canal & par son moyen à l'évacuation de l'urine.

Des parties de la génération de la jument.

Dans l'examen des *parties de la génération de la jument*, il faut faire une distinction de celles qui sont externes & de celles qui sont internes.

On doit considérer dans les premieres :

1º. *La vulve*, c'est-à-dire, la fente de la longueur de trois ou quatre travers de doigt qui est perpendiculairement au-dessous de l'anus, & qui proprement forme l'orifice externe du vagin.

2º. *Les lèvres de la vulve*, qu'on ne peut distinguer ici comme dans la femme en grandes & en petites ; elles sont proportionnément moins épaisses & moins grosses dans la jument ; elles ne font point saillie en dehors & elles se touchent exactement.

3º. *La forme des lèvres* ; elles sont en quelque maniere dentelées & replissées le long de leurs bords.

4º. *Leurs commissures* qui sont les points de leur réunion ; la commissure supérieure répondant à une ligne peu saillante qui règne le long du périné, c'est-à-dire, le long du court espace qui est entre la vulve & l'anus, la commissure inférieure étant fort unie.

5º. *Leur substance* ; les lèvres étant formées par un replis de la peau qui est noirâtre en cet endroit, assez polie & dénuée de poil au dehors ; elle est encore plus lisse au dedans & d'une couleur vermeille ; elle se change enfin dans la propre substance du vagin.

6º. *Les corpuscules glanduleux* qui sont en nombre considérable au-dessous de la peau, & a toute la circonférence de la vulve ; les uns étant jaunâtres & du même volume que des grains de millet ; les autres étant d'une couleur brune, ayant une forme oblongue, & se rencontrant dans le corps graisseux ; ces différens corpuscules s'ouvrant à la surface de la peau, & fournissant une humeur propre à lubréfier ces parties.

7°. *Le sphincter* de ce même orifice, ou les bandes charnues situées sous la peau & qui l'embrassent dans toute sa circonférence ; quelques unes de leurs fibres venant se perdre dans le sphincter de l'anus.

8°. *La fossette naviculaire* très-différente de ce qu'on nomme ainsi dans la femme, résultant de l'enfoncement qu'on apperçoit au dedans & au-delà de la commissure inférieure, en écartant les lèvres de la vulve.

9°. *Le clitoris* qui est un tubercule très-dur, logé dans cet enfoncement.

10°. *Le prépuce du clitoris* formé par le commencement de la membrane du vagin ; cette membrane étant en cet endroit plissée & garnie de plusieurs rides irrégulieres qui recouvrent ce tubercule ; le tissu en est uni au dehors ; il est spongieux en dessous & laisse appercevoir quelques lacunes dans lesquelles on voit une humeur glaireuse qui se répand au dehors par quatre orifices assez distincts entre les plis & les rides dont j'ai parlé.

11°. *La longueur du clitoris* variant dans la jument comme dans la femme, & étant quelquefois d'un pouce, d'autrefois de deux, quelquefois de trois.

12°. *Ses attaches* au bord interne des branches des os ischion, près de leur symphise par les branches ou les racines de ce corps.

13°. *Son tissu ou sa substance* qui est spongieuse

& qui est plus serrée dans sa partie moyenne, qu'à l'endroit de ses attaches aux ischion, son extrémité étant garnie de cellules très-sensibles.

14°. *Les deux corps celluleux & caverneux* de la largeur d'un pouce qui, depuis le clitoris, s'étendent environ quatre travers de doigt sur les parties latérales du vagin où ils se terminent.

15°. *Le reseau ou le plexus vasculeux* formé par des vaisseaux sanguins, & qui se trouve entre la peau & le clitoris; l'air introduit dans ces vaisseaux dilate les corps caverneux, s'insinue dans le tissu du clitoris, & en gonfle sensiblement l'extrémité.

16°. *Les muscles du clitoris*, au nombre de deux, un de chaque côté, prenant naissance des parties latérales du sphincter de l'anus, montant de haut en bas sur le corps caverneux qu'ils recouvrent dans toute leur étendue, & se terminant chacun aux parties latérales du clitoris : ces muscles lors de leur contraction, fixent & arrêtent le sang dans les cellules, & ce fluide dont le retour est empêché, en augmente nécessairement le volume.

Les *parties internes de la génération* de la jument sont, & il y faut considérer :

1°. *Le vagin* qui est le canal qui depuis la vulve s'étend jusques à l'utérus ou à la matrice.

2°. *La direction de ce canal* qui est horisontale : en le considérant depuis son principe que nous supposons être à la vulve, il se porte de derriere en devant.

3°. *Sa position* dans le bassin entre la vessie urinaire qui est au-dessous, & l'intestin rectum qui est au-dessus.

4°. *Ses connexions ou ses adhérences* avec ces parties par le tissu cellulaire du péritoine, antérieurement avec la matrice, dont le col s'insérant dans cette gaine, la clôt entiérement.

5°. *Sa longueur* qui est d'environ neuf ou dix pouces.

6°. *Sa largeur* qui est d'environ quatre ou cinq pouces, mais qui est susceptible d'une très-grande augmentation.

7°. *Sa substance* qui est membraneuse ; le péritoine le recouvrant extérieurement depuis la matrice jusques à l'endroit de l'union de ce canal d'une part à la vessie & de l'autre au rectum, & le tissu cellulaire seulement se prolongeant ensuite, & le revêtissant jusques au lieu où ce canal se joint à la peau : une membrane assez épaisse, d'un tissu lâche & spongieux, & garnie de quantité de vaisseaux, en constitue le corps ; dans le moment de l'accouplement, elle se gonfle comme dans le temps où la jument a le plus violent désir du coït ; elle éprouve une espèce d'inflammation qui rend cette partie très-sensible ; c'est alors que la jument est en chaleur, & que la vulve s'ouvrant à diverses reprises comme par des espèces d'épreintes, laisse échapper & fluer une matiere visqueuse & blanchâtre, filtrée en très-grande quantité dans cette circonstance, & fait entrevoir la membrane interne qui se montre pleine de rides & de plis, & beaucoup plus rouge qu'à l'ordinaire ; cette membrane interne est continue à celle de la matrice ; elle est un peu plus ample que le vagin, ce qui en favorise les plis qui d'ailleurs ne sont point semblables aux rugosités apperçues dans le vagin des filles ; ils sont plus volumineux, mais moins nombreux & moins réguliers.

8°. *Les follicules glanduleux* dont le tissu spongieux est garni, & qui y sont répandus : ils fournissent naturellement & en tout temps une humeur qui humecte ce conduit; elle est vraisemblablement la même que celle qui annonce la chaleur de la cavale, & qui coule alors en abondance, car on ne trouve ici nulle trace du corps glanduleux que dans la femme on appelle *prostate*, ni aucune autre partie qui puisse en tenir lieu.

9°. *Le méat urinaire*, ou l'orifice de l'uréthre assez vaste pour souffrir l'introduction d'un corps du volume d'un petit doigt.

10°. *La position* de ce méat à la partie moyenne du vagin dans sa face inférieure, ensorte que l'urine qui enfile ce méat, fait nécessairement un certain trajet dans le vagin même, & est expulsée ensuite en coulant de la vulve au dehors.

11°. *La valvule* formée par un replis de la membrane interne du vagin, étant à ce même orifice qu'elle dérobe entièrement, & s'opposant à ce que l'urine d'ailleurs déterminée en arrière du côté de la vulve par la direction de l'uréthre qui se porte de devant en arrière, ne coule en avant du côté de la matrice: ce replis a dans quelques jumens jusques à trois travers de doigt de largeur: il s'agiroit pour introduire une sonde dans la vessie, de relever ce replis avec cet instrument en comprimant légérement sur la face inférieure du vagin, & en glissant l'instrument au-dessous de ce replis, ou bien on pourroit le relever par le moyen d'une spatule assez longue, & ensuite pénétrer par ce moyen avec la sonde dans la poche urinaire.

12°. *L'uréthre* qui diffère dans la jument de ce canal dans le cheval, en ce que le diamètre en est en elle beaucoup plus considérable, & en ce qu'il est aussi beaucoup plus court, puisqu'il n'a environ que quatre travers de doigt de longueur.

13°. *Sa direction* qui n'admet ni inflexion ni courbure; elle est oblique de devant en arrière,

& légérement de bas en haut, parce que la veſſie eſt, ainſi qu'on peut l'obſerver, au-deſſous du vagin, & que ce n'eſt qu'en traverſant la ſubſtance de ce canal que l'uréthre peut y aboutir.

14°. *Sa ſubſtance* très-différente dans la jument dans laquelle elle n'eſt que membraneuſe & nullement ſpongieuſe.

351. La *matrice* examinée dans ſon état naturel, il faut en conſidérer:

1°. *La longueur* qui eſt d'environ huit pouces.

2°. *Le corps* qui en eſt la partie principale, & qui par ſa forme & par ſon volume, eſt à peu près ſemblable à l'inteſtin rectum, il eſt néanmoins beaucoup plus uni.

3°. *Les deux extrémités*, l'une antérieure & formant ce qu'on appelle le fond de *l'uterus*, & l'autre poſtérieure & formant ce qu'on en appelle le col.

4°. *Le col* ou cette même extrémité poſtérieure qui ſe trouve comme enchâſſée dans le vagin, & qui s'y prolonge de la longueur de deux ou trois travers de doigt; elle eſt plus étroite que le corps & en quelque ſorte reſſerrée; à peine pourroit-on y introduire le doigt.

5°. *L'orifice* qui ſe trouve préciſément à l'extrémité de ce même col & dans ſon milieu: on y remarque un épanouiſſement de la membrane interne du corps & du col, qui ſort par ce même orifice, & ſe montre dans le vagin comme une fleur épanouie & garnie d'inégalités ou de dentelures.

6o. *Le fond* ou l'extrémité antérieure qui ſe bifurque, & préſente deux portions qui ſont, à peu de choſe près, chacune la moitié du volume du corps de *l'utérus*; c'eſt ce qu'on a appellé les *cornes*, & ce que j'en appellerai les *branches*.

7º. *Les branches* ayant chacune cinq ou six pouces de longueur, & qui semblables à des portions d'intestins grêles s'étendent transversalement l'une à droite l'autre à gauche & de dedans en dehors, de façon qu'elles passent au-dessous de la partie antérieure des iléon : on les prendroit au premier aspect pour des culs de sac & elles paroissent fermées à leur extrêmité flottante, mais en les examinant de près & après les avoir ouvertes, on apperçoit dans le fond un mamelon ou un tubercule de la grosseur d'un petit pois, & on distingue dans le milieu de cette protubérance une ouverture si petite qu'elle ne peut admettre qu'un stilet très-fin; cette ouverture est l'orifice interne de la *trompe de Fallope*.

8º. *La situation* qui est telle qu'elle est en partie hors du bassin, la matrice s'avançant dans l'abdomen directement en arriere des intestins grêles, les gros intestins étant au-dessous, l'intestin rectum étant au-dessus ainsi que les vertébres des lombes, & le fond, les branches & le corps flottant dans cette cavité, sans néanmoins pouvoir être déplacés & perdre essentiellement la position que la nature leur a assignée.

9º. *Les connexions* par sa continuité avec le vagin; par tous les vaisseaux qui s'y portent & qui en reviennent; par des productions du péritoine appellées les *ligamens larges*; les *ligamens ronds* qui, dans la femme, partent de la partie supérieure de *l'utérus* & passent par les anneaux du grand oblique, n'existant point dans la jument ; *l'utérus* étant aussi maintenu dans sa situation par les parties qui l'entourent.

10º. *Les ligamens larges* qui, de l'extrémité de chaque branche qu'ils fixent particuliérement, se portent & se terminent aux muscles transverses près des apophises transverses des vertébres lombaires; ces mêmes ligamens se prêtant & s'allongeant autant qu'il en est besoin, dans la circonstance où la cavale est pleine, & de maniere que la *matrice* qui dès-lors se propage extrêmement en avant, ne soit point gênée, d'où il suit que leur principal usage consiste moins à lui servir d'attache qu'à s'opposer à ce qu'elle ne se porte pas plus d'un côté que de l'autre.

11°. *L'épaisseur* qui est d'environ quatre ou cinq lignes à son orifice, & de deux ou trois lignes à environ quatre travers de doigt de ce même orifice, soit dans le corps, soit dans les branches.

12°. *La substance ou le tissu* qui paroît être membraneux & vasculeux : quantité de vaisseaux d'où résulte une sorte de substance spongieuse semblable à celle du vagin, sont soutenus par un tissu de fibres qui, sans être absolument de la nature de celles qui composent les muscles, en approchent beaucoup : elles n'ont pas moins de corps, elles sont moëlleuses & douées d'une élasticité surprenante, & ce n'est qu'à raison de ce ressort qu'après avoir été considérablement distendues pendant que la *matrice* contenoit le fœtus, elles ont la faculté de revenir sur elles-mêmes au point que ce viscère n'a pas plus de volume, & n'occupe pas plus d'espace ensuite, qu'il en occupoit avant la plénitude.

13°. *Les tuniques*, l'une externe, l'autre interne; une duplicature du péritoine renfermant ce même viscère & les deux branches, formant la membrane externe; cette duplicature se bornant au commencement du vagin en se repliant d'une part sur le rectum, & de l'autre sur la vessie, tandis qu'elle s'étend & s'épanouit à l'extrémité de chaque branche, & fournit les ligamens dont nous avons parlé.

La membrane interne pouvant être comparée à la portion de la membrane interne de l'eſtomac que j'ai appellée *mamellonnée*, étant comme celle-ci aſſez molle, en quelque façon veloutée, plus ample que ce qui conſtitue le corps de la *matrice*, & faiſant également des plis vagues & irréguliers dans le viſcère & dans ſes branches, mais dont la direction eſt longitudinale dans le col, juſques au dehors de l'orifice, où ces mêmes plis, & le prolongement de cette tunique interne, forment l'épanouiſſement que j'ai dit être ſemblable à une fleur. Du reſte cette ſubſtance veloutée eſt légérement rougeâtre; il en ſuinte ſans ceſſe une humeur viſqueuſe dont on la trouve toujours pénétrée, & qui l'entretient conſtamment dans un état de ſoupleſſe convenable. Le nombre infini des ramifications ſanguines qu'on obſerve dans toute ſon étendue, ſemblent partir des vaiſſeaux de la tunique ſpongieuſe, & ce ſont ſans doute ces ramifications par le moyen deſquelles le placenta adhere dans la jument pleine à toute cette membrane.

14°. Les glandes apperçues par *Harder* dans les chévres, par *Apiarius* dans les vaches, & par *Collins* dans la jument où jamais je n'en ai vues.

Les *trompes* ſont deux canaux dépendans de la *matrice*, un de chaque côté, répondant à l'extrêmité de chaque branche, flottant l'un & l'autre dans la cavité de l'abdomen, & néanmoins contenus & renfermés dans les deux lames du péritoine qui après avoir couvert la matrice & ſes branches, ſe prolongent pour fournir les ligamens larges. il faut en conſidérer :

1°. *La longueur* : en les ſuivant ou en les conduiſant depuis chaque branche, juſques ſur les ovaires, elle eſt d'environ ſept ou huit travers de doigt.

2º. *La direction* : dans ce trajet elles ne vont point en droite ligne ; elles font d'abord une grande courbure ; elles font de plus repliées sur elles-mêmes par plusieurs inflexions en zigue zague, plus petites & plus pressées du côté des branches ; ces inflexions s'écartant & devenant moins angulaires à mesure que ces canaux s'approchent de l'autre extrémité, où elles s'effacent entiérement.

3º. *La grosseur ou le diamétre* qui n'est pas le même dans toute leur étendue ; il est d'environ celui d'une paille ordinaire à l'extrémité du côté de la matrice ; il augmente ensuite, de maniere qu'à l'autre extrémité il est de la grosseur du petit doigt.

4º. *Le pavillon* : cette extrémité s'ouvrant & s'épanouissant par plusieurs portions découpées de membranes, dont quelques filets s'attachent à l'ovaire même, & cet épanouissement constituant proprement le pavillon. Quelques anatomistes du corps humain lui ont donné les noms de *morceaux frangés*, de *morceaux du diable*.

5º. *L'orifice extérieur* étant dans le milieu du pavillon, & assez large pour admettre l'extrémité du petit doigt, cet orifice conduisant au canal ou à la cavité qui régne tout le long de la trompe.

6º. *L'orifice intérieur* qui paroît dans la cavité des branches au milieu d'un petit tubercule, & qui ne peut admettre qu'un stilet ordinaire.

7º. *La substance* qu'on ne peut mieux comparer qu'à celle des canaux déférens dans l'homme ; elles sont à l'extérieur composées d'un tissu blanchâtre assez fort, & intérieurement d'une même substance spongieuse au milieu de laquelle leur canal est pratiqué ; tout l'intérieur de ce canal étant au surplus garni d'une matiére fongueuse & molasse toujours imbue d'une humeur mucilagineuse qui, en supposant qu'un œuf doive y passer pour parvenir de l'ovaire dans l'utérus, peut rendre cette route plus facile & plus glissante.

Les *ovaires* sont dans la jument comme dans la femme, deux corps placés un de chaque côté dans l'abdomen, & à l'extrémité des trompes; ces corps étant enfermés avec elles dans la même duplicature du péritoine, & flottant entre les intestins. Il faut en considérer:

1°. *Le volume* qui varie, mais qui est assez considérable.

2°. *La longueur* qui varie pareillement, & qui communément est d'environ trois ou quatre travers de doigt.

3°. *La forme* qui est oblongue & qui d'ailleurs est à peu près semblable aux reins du mouton, attendu que dans le milieu de la longueur de ces corps, & précisément à l'endroit qui répond aux vaisseaux spermatiques, il est un enfoncement; les reins auxquels nous les comparons n'ont cependant pas autant de volume.

4°. *La membrane particuliere* dont ils sont pourvus, cette membrane étant assez semblable à celle des testicules du cheval que nous nommons *tunique albuginée*.

5°. *La composition*: nous n'avons jamais apperçu les fibres charnues que Valisnieri dit avoir trouvé dans la substance des ovaires de la jument & de la vache; ces corps nous ont paru formés de plusieurs petites vésicules peu sensibles, & qui ne le deviennent que par l'ébullition; la matiere albumineuse dont elles sont remplies se durcissant à la chaleur, ce qui les divise de maniere qu'elles ne paroissent plus comme auparavant ne former qu'une seule & même masse, & ces mêmes vésicules n'étant autre chose que ce que les Anatomistes ont envisagé comme autant de petits œufs propres à la génération ; chacun de ces œufs contenant le germe & les linéamens d'un fœtus, germe qui selon eux ne demande pour être vivifié que l'impression de la semence du mâle : ces vésicules étant encore unies & contenues par un tissu cellulaire & spongieux composant de petites loges dans lesquelles se rendent plusieurs vaisseaux sanguins très-déliés ; une partie de ces vaisseaux se distribuant aux vésicules mêmes, tant pour y porter la matiere qui les remplit, que pour leur fournir celle qui est nécessaire à leur entretien & à leur nourriture, & ce même tissu servant, dans le système de la génération par les œufs, à remplir la place que laisse l'œuf ou la vésicule qui sort de l'ovaire, place qui néanmoins est marquée par une dépression ou une sorte de cicatrice qui dépend du vuide prétendu résultant du détachement & de l'absence de l'œuf, ainsi que de l'écartement de la membrane de l'ovaire lors de sa sortie ; car selon quelques partisans de cette opinion, les pores des membranes se dilatent alors & facilitent d'une part l'introduction des parties les plus subtiles de la semence, & de l'autre le passage de l'œuf qui a été fécondé.

6°. *Enfin l'absence dans la jument du ligament blanchâtre* qui, dans la femme, se porte de l'ovaire aux angles de la matrice, & que les anciens qui le supposoient creux, avoient appellé *canal déférent* : il est vrai que les ovaires sont plus près ici non du corps, mais de l'extrémité flottante des branches de la matrice ; on peut remarquer aussi que du côté gauche, l'ovaire n'en est pas si voisin, parce que la branche de ce même côté est plus courte.

554. Les vaisseaux de toutes les parties que nous venons de décrire sont en très grand nombre, princi-

palement les vaisseaux sanguins. Nous observerons :

10. *Les vaisseaux spermatiques* tenant le premier rang, & distingués par leur fonction, par leur marche & leur régularité plus marquée & plus constante ; ces vaisseaux ne faisant point dans la jument un aussi long trajet, puisqu'ils ne sortent point de l'abdomen, & qu'ils se bornent aux ovaires ; leur diamétre étant ici plus considérable, les artéres naissant de l'aorte postérieure, très-près de la petite méfentérique ; les veines naissant de la veine cave postérieure à une hauteur pareille, & étant un peu plus grosses que les artéres ; ces vaisseaux en s'écartant de l'axe du corps, décrivant une courbure en dehors dans leur trajet jusques à l'ovaire, & trois ou quatre pouces après leur origine, l'artére s'unissant de chaque côté à la veine ; c'est ainsi qu'est formé le cordon spermatique qui passe sur le muscle psoas & sur l'urétere, sans les croiser absolument, pour parvenir enfin à l'ovaire. La veine dès le milieu de sa marche se divise en nombre de ramifications entre lesquelles passe l'artére qui là ne se divise point, le tout étant garni du tissu cellulaire du péritoine formant dans la jument comme dans le cheval ce que l'on nomme le *corps pyramidal* : ce n'est que près de l'ovaire que l'artére se partage en plusieurs petits rameaux, dont une partie se distribue à l'ovaire, l'autre aux branches de la matrice, quelques uns se portant encore au ligament large & à la trompe : les veines souffrent la même distribution, elle a seulement lieu par un plus grand nombre de rameaux, & ces rameaux sont plus considérables : du reste ces vaisseaux communiquent, ceux d'un côté avec ceux du côté opposé, & avec les autres vaisseaux de la matrice.

2°. *Les vaisseaux de la matrice* & du *vagin* désignés en général par le nom de *vaisseaux utérins*, ces vaisseaux émanans des iliaques internes & externes.

L'artére honteuse interne fournissant les artéres vaginales & donnant deux ramifications, l'une cheminant au clitoris & aux parties externes de la génération, l'autre se distribuant sur le tissu spongieux d'où résultent les corps caverneux ainsi que dans le vagin.

L'artére obturatrice fournissant dans les branches & dans les cellules du clitoris, une ramification que nous avons nommée dans le cheval *artére caverneuse*.

L'artére utérine émanant de l'iliaque externe, se distribuant dans le corps de la matrice, fournissant quelques rameaux aux ovaires, aux ligamens larges, au vagin, &c.

Les veines : la veine honteuse interne envoyant des ramifications au vagin & aux parties externes.

Les veines utérines partant des iliaques externes, se distribuant à l'utérus, aux ovaires, aux ligamens larges, & accompagnant toujours les artéres.

L'obturatrice suivant aussi la marche de l'artére du même nom, fournissant aux branches & aux cellules du clitoris, &c.

Dans ces parties les veines sont destituées de valvules ; en soufflant dans quelques unes d'elles, on introduit de l'air dans toutes les autres, ce qui en prouve l'entiere anastomose : le souffle produit le même effet dans les artéres qui toutes communiquent, les spermatiques avec les utérines, & même quelques vaisseaux de la mésentérique postérieure qui se trouvent dans le mésorectum assez près de la matrice : sans une telle structure, dans les gonflemens de l'utérus les vaisseaux eussent été facilement obstrués & comprimés : tous ces vaisseaux tant artériels que veineux faisant au surplus quantité de circonvolutions & d'inflexions, au moyen desquelles ils peuvent être contenus dans un petit espace & cependant être d'une étendue à prêter & s'allonger autant qu'il est nécessaire pour suivre l'accroissement de l'utérus lorsque la jument porte : alors on voit une dilatation & un prolongement considérable de ces tuyaux : tel qui dans l'état ordinaire recevoit à peine quelques globules sanguins, ou qui ne pouvoit même admettre que des particules séreuses, reçoit alors beaucoup de sang, & le diamètre des veines augmente toujours beaucoup plus que celui des artères.

3o. *Les vaisseaux nerveux* de toutes ces parties tirant leur origine de plusieurs endroits ; ceux du corps & des branches de la matrice dépendant de la grande paire intercostale au moyen du plexus abdominal ; ceux du vagin dépendant des nerfs sacrés qui sortent de l'extrêmité de la moelle épinière par les trous de l'os sacrum & de quelques filets du plexus abdominal, & quelques filets détachés du nerf crural de chaque coté, se perdant dans la peau & dans toutes les parties extérieures : c'est aussi principalement à l'entrée de la vulve, & dans l'étendue du vagin que la sensation agréable, ou la titillation qui accompagne le coït, doit se manifester davantage, ces nerfs se terminant par des houpes nerveuses très fines & qui ne sont revêtues que d'une membrane extrêmement délicate.

4°. *Les vaisseaux lymphatiques* très-faciles à distinguer dans l'utérus des vaches où ils sont quelquefois de la grosseur d'une plume suivant Rudbeck, Graaf, Warthon, &c. qui les ont vu aussi dans l'utérus des brebis, Deusingius les ayant pareillement observé jusques dans les branches. Nous les avons vus dans la femelle dont il s'agit très distinctement.

365. Les usages de ces parties sont :

1°. *En ce qui concerne le sphincter de la vulve*, de la tenir comme fermée, & de comprimer le membre du mâle lors de son intromission, de maniere à rendre les attouchemens plus sensibles.

2°. *En ce qui concerne le clitoris*, d'augmenter la sensation du plaisir de la femelle & d'y contribuer ; du moins l'analogie peut le faire présumer.

3°. *En ce qui concerne le vagin*, d'admettre le membre du cheval ; les plis de la membrane interne de ce canal pouvant donner lieu à une sensation plus vive, tant à l'égard de la femelle qu'à l'égard du mâle, & devant d'ailleurs faciliter sa dilatation lors du part ; ce canal enfin, servant encore de passage au fœtus, & à l'arriere faix dans ce même temps.

4°. *En ce qui concerne l'utérus*, de contenir le fœtus, de lui servir de nid & d'hospice jusques au terme fixé par la nature pour la délivrance de la mere, les branches ondoyantes résultant de la bifurcation de ce viscére, contenant quelquefois une des extrémités antérieures ou postérieures de ce même fœtus.

5°. *En ce qui concerne les trompes*, de transmettre la semence du mâle de l'utérus jusques à l'ovaire, de se gonfler & de se roidir dans le moment du coït au moyen de l'abord & du séjour du sang dans leur tissu cellulaire & spongieux, de s'adapter & de se joindre par ce mouvement naturel aux ovaires, jusques à la chute de l'œuf prétendu qu'elles doivent recevoir pour le transporter à l'utérus.

De l'état de l'utérus dans la jument pleine.

356. *L'utérus* dans la jument pleine éprouve des changemens.

changemens, après un certain temps de la plénitude de cette femelle, on en considérera :

1°. *Le volume* ; ce viscére s'étendant jusques auprès de l'eſtomac ; les inteſtins grêles étant au-deſſus ; les gros inteſtins à ſes côtés ; ſon poids les obligeant à s'écarter & à le laiſſer repoſer ſur les muſcles abdominaux mêmes.

2°. *La figure* oblongue & par conſéquent conforme à celle du fœtus & à la poſition ſelon la longueur de la mere.

3°. *La couleur* qui ſuccéde à la couleur preſque blanchâtre qu'il avoit dans l'état naturel ; cette couleur étant d'un rouge brun provenant de la quantité de ſang qui paſſe, & qui eſt contenu dans les vaiſſeaux *utérins* qui ont acquis un diamétre extraordinaire.

4°. *Les branches* dilatées plus ou moins, mais jamais proportionnément autant que le corps de la *matrice*, & n'étant communément plus au niveau du fond de ce viſcére, ce fond étant la portion qui devient principalement plus ample & qui ſe porte en avant, enſorte que ſans changer, pour ainſi dire, de ſituation, ces mêmes branches ſe trouvent environ dans le milieu de l'étendue de la matrice, & dans la région des reins : ce point de fait n'eſt pas néanmoins toujours conſtant & ſouffre des variations. Dans un des derniers ſujets ouverts à l'Ecole royale vétérinaire, la branche du côté droit étoit au niveau du fond ; ſon volume répondoit à celui des extrêmités poſtérieures du fœtus, extrêmités qu'elle logeoit, tandis que celle du côté gauche répondoit à la région lombaire ou rénale, & receloit un hippomanes de la groſſeur d'une noix médiocre, attaché par de petits vaiſſeaux au placenta.

D d

Des parties produites ensuite de la conception.

557. Après la conception, il est des parties qui naissent, se forment & n'existent dans l'utérus, qu'autant que dure la plénitude. La principale est *l'embryon* ou le *fœtus* ; les autres sont le *placenta*, les *membranes* qui enveloppent le petit sujet, les *eaux* contenues dans ces membranes, *le cordon ombilical*, les *vaisseaux ombilicaux*, &c.

558. Le *placenta* est ce corps appellé anciennement le *foie utérin*, & dont il faut considérer :

1°. *La figure* qui est conforme à celle de la matrice ; ce corps n'étant point comme dans la femme, rond, plat, circonscript & assez épais, mais au contraire une véritable poche plus mince & plus ample qui garnit toute la surface interne de *l'utérus* & de ses branches.

2°. *Les adhérences* plus intimes dans les branches où il forme comme deux appendices & où il se trouve engagé dans des plis & dans des anfractuosités de leur membrane interne ; ces adhérences étant moins fortes dans tout le reste de *l'utérus*, où elles sont plus foibles que dans le *placenta* de la femme.

3°. *La couleur* plus rouge, & *l'épaisseur* plus considérable dans ces appendices que dans le corps.

4°. *La substance*, cette partie dans la jument paroissant être une membrane véritable, revêtue extérieurement ou dans sa face convexe d'un tissu cotonneux qui adhère directement à la *matrice* par une infinité de petits mamelons implantés & reçus dans les porosités de la tunique veloutée de ce viscére ; ces mamelons se montrant comme de petits grains pulpeux semblables à ceux que l'on observe dans la substance de la rate ; l'intérieur du corps du *placenta* étant garni d'un tissu formé d'une quantité innombrable de vaisseaux soutenus par un tissu particulier très-lâche; ces vaisseaux partant du tissu coronneux extérieur, sous la figure de petits pinceaux, traversant la substance de ce même *placenta* pour se rendre au tissu vasculeux qu'ils forment eux-mêmes, & se réunissant enfin de maniere qu'ils composent les vaisseaux considérables d'où résulte principalement le cordon ombilical.

5°. *Les usages* : les matieres destinées à l'accroissement & à la nourriture du fœtus, passant par ce corps intermédiaire de la mere à l'enfant ; ce corps absorbant immédiatement par conséquent les sucs laiteux, utérins & nourriciers transmis au fœtus par la veine ombilicale.

En considérant les membranes au nombre de deux seulement, on verra :

1°. *Le chorion*, ou la *premiere & l'extérieure*; celle-ci étant mince, diaphane, très peu unie dans sa face externe; elle est une continuation de l'ouraque qui, après avoir traversé l'amnios & s'être répandu sur toute la face externe, se prolonge le long du cordon ombilical, & va tapisser la face interne ou concave du placenta.

2°. *Son union* avec *l'amnios* dans toute l'étendue de cette enveloppe, au moyen d'un tissu folliculeux & réticulaire très-fort dès le principe de cette union, & qui s'évanouit ou devient tel à quelque distance du cordon qu'il permet que l'on sépare aisément ces membranes ; nombre de vaisseaux rampant dans le tissu de la premiere, surtout dans l'étendue de la portion qui tapisse le *placenta*; quelques uns d'entr'eux s'étendant jusques à celle par laquelle ce même *chorion* accompagne & revêt la seconde.

3°. *L'amnios* ou la *seconde* & *l'intérieure*, un

peu plus forte que la précédente, susceptible de divisions en plusieurs feuillets dont il ne seroit pas possible de fixer le nombre, unie du côté interne, moins polie par sa face externe attendu le tissu qui l'unit au *chorion*; son étendue se bornant à la poche qui en résulte, & étant limitée par ce même *chorion* depuis le lieu de sa séparation du cordon ombilical; cette seconde membrane paroissant au surplus venir du sujet même, & être un véritable prolongement du péritoine.

4°. *Les sacs* ou *les cavités* dont ces membranes sont les parois : le premier & le plus vaste comprenant l'espace ou l'intervalle qui régne depuis le placenta jusques au second dans lequel le fœtus est renfermé; celui-ci étant formé par le *chorion* & *l'amnios*, & étant, pour ainsi dire, contenu dans l'autre qui est le plus grand & qui résulte du placenta & du *chorion*, puisque cette derniere membrane tapisse toute la face concave de ce corps: du reste la membrane *allantoïde* observée par plusieurs Anatomistes dans les ruminans. (Cette membrane, selon quelques Auteurs, étant dans l'animal dont il s'agit un prolongement de l'ouraque, qui parvenu au bout du cordon ombilical, s'étend sur le *chorion*, le tapisse intérieurement, y adhère, & forme avec lui une partie du grand sac dont elle ne revêt qu'environ la moitié, tandis que quelques autres la placent sous *l'amnios* même dans l'étendue du petit sac;) ne paroissant non plus exister ici que dans l'homme en qui elle a été gratuitement supposée plusieurs fois, à moins qu'on ne prenne dans la jument le *chorion* pour *l'allantoïde*, & alors la membrane premiere & extérieure ne seroit que *l'allantoïde*, nom que quelques uns lui ont anciennement donné même dans l'homme, & il n'y auroit point de *chorion*.

5°. *Les eaux* contenues dans l'un & l'autre de

ces sacs; celles que renferme le premier & le plus ample, étant un peu troubles, & constituant la premiere liqueur qui flue à l'ouverture de l'utérus; cette liqueur ne paroissant être autre chose que l'urine charriée par l'ouraque dans ce même sac où elle est comme en réserve.

Elle a été trouvée cependant transparente, blanchâtre dans nombre de brutes, douce dans la biche, insipide & pas plus salée dans le veau que la sérosité de l'amnios que Courvée & quelques autres ont prétendu qu'elle remplaçoit; elle pourroit servir à défendre le petit ou le second sac, ainsi que le fœtus qui y est logé, de la compression des parties qui l'avoisinent.

Les eaux contenues dans ce même petit sac, & dans lesquelles baigne le fœtus, étant d'une nature différente, plus claires & parfaitement semblables à la sérosité qui abandonne la partie rouge du sang, quand il est hors de ses vaisseaux; la sécrétion de celle-ci n'étant pas vraisemblablement l'ouvrage des petits corpuscules que l'on découvre sur les membranes, & pouvant s'opérer comme dans le péricarde, par quelques ramifications artérielles très-exigues, & destinées à la laisser passer sans aucun mélange de sang ni d'autres humeurs; en ce cas elle s'épancheroit par les orifices de ces mêmes vaisseaux qui forment autant de pores à la surface interne des membranes; ces mêmes eaux au surplus maintenant toutes les parties du fœtus dans un dégré de souplesse nécessaire, le fixant dans un milieu convenable où il jouit d'une sorte de liberté; le défendant de l'impression des mouvemens des parties voisines, mouvemens qui auroient pu lui être communiqués, si leurs effets ne se perdoient & ne s'amortissoient, pour ainsi dire, dans ces mêmes eaux; celles de la premiere & de la petite cavité facilitant enfin sa sortie de la prison qui le renferme en humectant, en relâchant & en lubréfiant les passages après que les membranes déterminées, engagées dans le col de l'utérus & dans le vagin par les efforts de ce même fœtus, ainsi que par la contraction de la matrice, & ne pouvant résister à l'impulsion des eaux & de l'être qui se présente, ont été rompues & dilacérées.

360. Les *hyppomanes* sont des corps que les anciens croyoient être adhérens au front du fœtus, & qui ont donné lieu à une infinité de fables sur leurs effets en qualité de philtres amoureux.

Il faut en considérer :

1°. Le *nombre* qui varie & qui est quelquefois assez considérable, puisqu'il n'est pas rare qu'on en trouve dix ou douze & souvent davantage dans de certains sujets.

2°. La *situation* : ils sont plus communément placés dans les branches que dans le corps du placenta.

3°. La *forme* sujette à variations, & qui quoiqu'assez irréguliere en général, est le plus souvent applatie & plus ou moins large ou moins longue, selon le nombre & le lieu de l'insertion des vaisseaux par lesquels ces corps sont suspendus.

4°. Le *volume* qui varie de même : il est toujours assez ample dans ceux qui ayant été naturellement détachés, errent & flottent dans la liqueur du grand sac ordinairement au nombre d'un, de deux ou de trois, & s'échappent au dehors avec cette même liqueur, ensuite de la rupture des membranes.

5°. L'*adhésion* que quelques uns ont dit être quelquefois à l'amnios, d'autres à la membrane allantoïde par une espèce de pédicule, mais ayant constamment lieu avec le placenta par de véritables petits vaisseaux qui sont en plus ou moins grande quantité, & auxquels ces corps tiennent comme par autant de fils ; quelquefois ces vaisseaux étant en moindre nombre, & dès-lors plus volu-

DE L'ART VETERINAIRE. 401

mineux : du reste ils sont toujours noués, confondus & entortillés les uns dans les autres, surtout à mesure qu'ils approchent de leur extrêmité ou de leur terme.

6°. *La consistance* en quelque sorte céracée & moins lisse extérieurement dans ceux qui sont encore suspendus, que dans ceux qui ont été errans ; elle est aussi plus dense dans ceux-ci ; ils n'ont ni les uns ni les autres aucune membrane, aucune envelope ; l'espèce de cérumen d'une couleur olivâtre & foncée qui forment ces masses, recouvre en partie les vaisseaux dans leur entortillement, & semblent se glisser entr'eux, tandis qu'une autre portion tient à l'extrêmité du cordon qui résulte de ces petits tuyaux réunis & tortueux. Quant à ces mêmes corps détachés & séparés de leurs liens, sans doute à raison de l'accroissement de leur volume & de leur poids, la consistance en est plus solide ; ils présentent intérieurement des cavités irrégulieres, & dans lesquelles on rencontre une matiere graveleuse, qui vraisemblablement les a fait regarder comme un des résultats du sédiment de la liqueur dans laquelle ils nagent ; cependant pourquoi & comment la nature auroit-elle accordé des vaisseaux à un sédiment ? Ces vaisseaux charrient visiblement cette même humeur qui, vu sa consistance, s'arrête & forme un corps à leur extrêmité : ne seroit-elle point un dépôt, une sorte de fêce ou d'excrémens des sucs nourriciers & utérins ? La matiere graveleuse qu'on remarque dans l'intérieur des *hippomanes* flottans, ne seroit-elle pas un débris d'une portion des vaisseaux desséchés, & leurs cavités ne résulteroient-elles pas de la place que ces mêmes vaisseaux occupoient lorsque cette humeur les environnoit, ainsi que de leur dessèchement dans le milieu de ces corps où ils se trouvent

D d 4

à l'abri de la liqueur qui les baigne ? Cette matiere graveleuse ne seroit-elle point dûe à quelque partie du sédiment de cette même liqueur, sans cependant que les *hippomanes* en fussent le produit ? C'est ici le cas de se rejetter sur la devise de Montagne, & de s'écrier, *que sais-je ?*

361. Entre les corps que nous venons de décrire, il en est encore d'autres qu'il est important d'examiner, & qui se présentent d'abord comme des glandes.

On considérera :

1°. *Leur forme* : elle est ovalaire.

2°. *Leur nombre* beaucoup plus multiplié que celui des hippomanes.

3°. *Leur situation* assez constante dans le corps du placenta auquel ils adhérent, puisqu'ils sont suspendus chacun par un seul pédicule qui en résulte, qui est accompagné de vaisseaux & recouvert par le chorion.

4°. *La longueur* de ce pédicule qui varie, mais qui quelquefois est de trois ou quatre pouces.

5°. *La dilatation* de ce même pédicule à son extrémité où il forme une espèce de sac, de poche ou de vésicule assez semblable aux vésicules pulmonaires ; il est cave dans sa longueur.

6°. *Ses orifices* : le supérieur répondant à la matrice, & présentant un mamelon lorsqu'en comprimant le pédicule, on fait refluer de bas en haut l'humeur qui y est contenue ; l'inférieur s'ouvrant dans la vésicule même qui, comme une sorte de réservoir, reçoit l'humeur qu'il y dépose.

7°. *L'humeur* qui ne diffère en aucune maniere de celle dont les hippomanes sont formés, si ce n'est par sa consistance qui est un peu plus molle : si l'on ouvre ces vésicules & qu'on les comprime, elle en sort comme une masse cérumineuse.

Le cordon ombilical est la seule partie qui établisse une communication du fœtus avec la mere. Il faut en considérer :

1°. *Le principe* qui est au placenta, ce cordon s'élevant de la surface interne de ce corps, le plus souvent à l'endroit qui répond au fond de la matrice.

2°. *Le terme* qui est à l'ombilic du fœtus.

3°. *La longueur* qui est d'environ deux pieds & demi.

4°. *La grosseur* qui est d'environ trois pouces.

5°. *La composition*, trois vaisseaux sanguins & un canal membraneux connu sous le nom *d'ouraque* formant ce faisceau ; ces vaisseaux ne faisant point autant d'inflexions les uns autour des autres que dans l'homme, où ils sont unis par une substance membraneuse qui est entr'eux ; le chorion leur offrant ici une gaine jusques au lieu de son union avec l'amnios.

6°. *Les usages* qui consistent dans la communication ou dans la correspondance dont j'ai parlé ; la marche & l'entortillement des vaisseaux les garantissant d'ailleurs de ce qu'ils auroient pu souffrir de la part du fœtus lors de ses mouvemens, s'ils n'avoient pas été ainsi circonvolus ; ce cordon enfin assez long pour ne pas gêner ces mêmes mouvemens & s'y opposer, assurant & facilitant l'expulsion du placenta, ensuite de celle de l'enfant.

Les vaisseaux ombilicaux sont les deux artéres & la veine qui entrent dans la composition du cordon. Il faut en considérer :

1°. *Les artéres* partant des iliaques internes du petit sujet ; cheminant d'abord le long de la vessie, une de chaque côté ; marchant de même le long de l'ouraque ; sortant de l'abdomen par l'anneau ombilical ; les deux troncs laissant ensuite échapper plusieurs branches qui se dispersent dans les membranes ; & se portant par diverses inflexions ou spirales jusques au placenta, où ils se perdent & se divisent en une multitude infinie de petites branches & de ramifications qui s'anastomosent avec les veinules qui donnent naissance à la veine ombilicale : dans ce trajet, c'est-à-dire, depuis le fœtus jusqu'au corps dans lesquels ces artéres se ramifient, leurs tuniques sont très-fortes, très épaisses & très élastiques.

2°. *La veine ombilicale*, deux fois plus ample que les artéres ; ayant ses racines au placenta par plusieurs petites veinules qui, en se réunissant & formant des veines d'un diamétre plus considérable, ne composent plus qu'un seul tronc qui sort du placenta & chemine par des spirales jusques à l'ombilic ; laissant aussi dans ce trajet échapper des branches qui vont aux membranes, & étant contenu indépendamment de ses propres tuniques, dans une gaine assez épaisse qui s'évanouit lorsque cette veine a franchi *l'anneau ombilical* ; cette même veine se portant alors de derriere en devant le long de l'aponévrose du muscle transverse, au côté droit de la ligne blanche ; marchant jusques sur le diaphragme, le long duquel elle chemine en se portant obliquement à droite pour entrer dans une des scissures du foie ; jettant, lorsqu'elle est parvenue à l'extrémité de cette scissure, & à quelque distance de la porte de ce viscére, quelques ramifications collatérales qui s'y dispersent, & qui à leur fin s'anastomosent avec des ramifications de la veine cave ; fournissant au même endroit plusieurs autres branches qui vont dans la substance du foie ; la plus antérieure s'anastomosant sensiblement avec des ramifications de la veine cave, & répondant au canal unique que dans l'homme on appelle le *canal veineux*, & qui s'oblitére apres la naissance ; le tronc de cette même veine, après une longueur pareille à celle de ce canal, aboutissant dans le sinus de la veine porte directement au lieu où il pénétre dans le foie, de maniere que le sang & les sucs nutritifs apportés du placenta par cette veine au petit sujet, passent dans la veine cave & dans le torrent de la circulation par trois endroits; sçavoir, par les petites ramifications collatérales qui s'abouchent avec de pareilles ramifications de la veine cave ; par la ramification qui tenant lieu ici de canal veineux, se jette & se dégorge aussi-tôt dans une des grosses branches de cette derniere veine ; enfin par le sinus de la veine porte dont les extrêmités s'anastomosent également avec les branches hépatiques de la veine cave ; d'où il paroît évident que le dessein de la nature, en offrant trois issues à la colomne considérable du fluide qui arrive par la *veine ombilicale*, a été d'obvier à ce que son intrusion dans la veine cave ne pût troubler la circulation dans le fœtus, d'autant plus que cette intrusion a lieu dans trois temps divers ; le fluide qui enfile le canal veineux, tenant la route la plus courte ; celui qui est fourni par des ramifications collatérales n'y parvenant qu'ensuite, & celui du sinus qui doit parcourir tout le foie, étant le dernier à aboutir dans le torrent.

L'ouraque dans les hommes ne fait pas, comme dans l'animal dont il s'agit ici, portion du cordon ombilical ; dans le fœtus humain il se borne à l'ombilic, & ne se présente le plus souvent que comme une espèce de ligament : on peut l'envisager dans le cheval comme un canal membraneux, dont on doit considérer :

1°. *Le principe* qui est à la vessie dont il paroît être une extension en forme de conduit.

2°. *Le diamétre* bien moins considérable que celui de la poche urinaire dont il est une continuation, & qui augmente de plus en plus, après qu'il a franchi l'anneau ombilical, ce canal se terminant en s'épanouissant & en formant le chorion.

3°. *La consistance* qui est telle, qu'au-delà de l'anneau il n'est formé que par une membrane très-mince.

4°. *Le trajet* le long du cordon entre les vaisseaux sanguins, jusques au moment où il forme le chorion.

De la situation du fœtus dans l'utérus.

365. Pour s'assurer de la *position du fœtus* dans l'antre utérin, position qui varie selon les temps divers de la plénitude, il faut faire une incision à ce viscère selon sa longueur, & ouvrir le placenta même ; alors on le voit environ au neuvième mois :

1°. Dans *le second sac qui l'envelope*, & au milieu des eaux que ce même sac renferme.

2°. *La croupe* dans le fond de l'utérus près de l'estomac.

3°. *Les extrémités postérieures* repliées ou quelquefois étendues sous le ventre, souvent aussi logées dans la branche droite ou gauche.

4°. *La tête* se présentant dans le bassin, l'occipital en haut, le bout du nez en bas, mais latéralement.

5°. *L'encolure* courbée à droite ou à gauche dans la région iliaque.

6°. *Les jambes antérieures* repliées sous le ventre, souvent se prolongeant le long de la ganache & appuyant sur l'orifice de la matrice.

7°. *Le dos* à gauche ou à droite, le ventre à droite ou à gauche, toute autre position, sur-tout au neuviéme ou dixiéme mois lunaire, étant contre nature.

Des différences les plus notables dans le fœtus & dans l'adulte.

Les différences les plus remarquables dans le fœtus, avant ou peu de temps après le part, comparaison faite de ce petit sujet avec le poulain de quelques mois, se tirent :

1°. De *l'existence de la ramification de la veine ombilicale* dont j'ai parlé, & qui dans l'animal tient lieu de canal veineux, & de son oblitération dans le poulain; cette même ramification ne présentant en lui qu'une sorte de ligament auquel on n'attribue aucun usage.

2°. De *l'existence des artéres ombilicales* dont la cavité s'efface dans l'adulte, & ne subsiste en lui que dans la longueur de quatre ou cinq travers de doigt, attendu quelques ramifications qui se distribuent de ce lieu à la vessie, & au moyen desquelles le sang trouvant jusques là un débouché, entretient ce qui reste de ces canaux dans cette même longueur, sans parer néanmoins à la diminution de leur diamétre.

3°. *Du changement singulier que l'on observe dans ces mêmes artéres* qui dans le fœtus, & tant qu'elles sont utiles à la circulation, marchent, ainsi que je l'ai dit, à coté de l'ouraque auquel elles se joignent dès la partie supérieure de la vessie, y tenant même par une espèce de tissu cellulaire, & qui après la naissance & ensuite de leur parfaite oblitération, se bornent à cette même partie supérieure, & se terminent au principe de cet ouraque, sans qu'on en découvre le moindre vestige au-delà; événement qui n'a point lieu dans l'homme adulte, puisqu'on suit toujours ces mêmes vaisseaux oblitérés en lui comme dans le poulain, depuis leur origine jusques à l'ombilic très-distincts & entierement séparés d'une espèce de ligament qui tient la place de l'ouraque.

4°. De *l'oblitération de l'ouraque* évidemment ouvert dans le fœtus.

5°. *Du volume plus ample du foie* dans celui-ci.

6°. *De l'espèce de gluten* blanchâtre qu'on trouve dans son *estomac*, ce gluten étant quelquefois grumelé.

7°. *Du méconium* dont ses intestins sont farcis, formant des crotins jaunâtres assez solides dans les gros intestins.

8°. *De l'ampleur* du *thymus* & de la médiocrité du volume des *reins succenturiaux* dans plusieurs sujets.

9°. *De la couleur plus noire de ses poumons* qui n'ayant point encore servi à la respiration, tombent au fond de l'eau dans laquelle on les jette.

10°. *De l'existence du tronc ovale* appellé dans le fœtus humain le *trou botal*; ce trou étant placé dans la cloison des deux sacs du cœur en arriere, du côté inférieur; se trouvant dans le sac gauche & à l'origine de la veine cave postérieure & de la veine pulmonaire, où cette même cloison forme une digue qui répond à l'ouverture de la premiere de ces veines; ce trou vraiment rond ne pouvant être dit ovalaire, qu'attendu la valvule qui en clôt une partie; l'intervalle qu'elle ne recouvre point ayant cette forme; cette même valvule presque ronde, plus grande que l'ouverture à laquelle elle s'applique, adhérant inférieurement à sa circonférence dans la moitié de son étendue, le reste étant soutenu sur cette ouverture par un réseau en quelque sorte tendineux qui s'attache supérieurement au bord du trou qui y répond; l'usage de ce trou totalement inutile dans l'adulte, mais dont les vestiges subsistent toujours parce que la membrane qui le ferme étant moins épaisse que le reste de la cloison, il est constamment en cet endroit une sorte de dépression que l'on nomme la cicatrice du trou ovale, son usage, dis-je, étant de laisser passer le sang du sac droit dans le sac gauche ; la disposition de la valvule étant telle qu'il ne sçauroit passer du gauche dans le droit, parce que plus ce fluide se présente en abondance, plus il doit appliquer la valvule à l'ouverture.

11°. *De l'existence du canal artériel* ; ce vaisseau de communication entre l'artére pulmonaire & l'aorte ayant environ quinze lignes de longueur & deux ou trois lignes de diamétre ; sortant du tronc même de l'artére pulmonaire près de sa division en deux branches ; se portant delà obliquement en arriere, en faisant une légere courbure pour s'insérer à la partie latérale de l'aorte postérieure dès son commencement, & à deux doigts de l'aorte antérieure ; la substance de ce vaisseau étant d'ailleurs la même que celle des autres artéres, avec cette différence qu'intérieurement on y observe un tissu filamenteux dont les filets se portent d'un paroi à l'autre, ce qui contribue sans doute à l'obstruction de ce canal qui s'oblitére dans le poulain, & qui toujours dans la même situation subsiste comme un ligament ; l'usage de ce même canal étant de fournir au sang qui arrive par la veine cave, une route qui le dispense de parcourir l'artére pulmonaire pour se porter dans l'aorte ; ce canal l'y conduisant immédiatement, & de maniere qu'il n'en passe que très-peu dans les artéres pulmonaires ; aussi les deux branches qui font la division du tronc pulmonaire sont-elles au delà du canal plus petites dans le fœtus qu'après la naissance, comme l'aorte postérieure dès l'endroit où elle le reçoit est plus grosse qu'elle ne l'est avant que le canal s'y insére ; le volume de ces vaisseaux changeant au surplus dès qu'au moyen de la respiration du fœtus, le poumon se dilate & permet aux artéres pulmonaires de recevoir en se dilatant aussi, le sang qui aborde dans le tronc dont elles sont les branches. Cette route est beaucoup plus facile; le fluide marche alors sur une ligne droite & n'enfile plus le canal qui ne lui offre point un passage aussi direct. Il faut encore observer que si les artéres pulmonaires grossissent ensuite de maniere à répondre parfaitement au volume du tronc, l'aorte diminue dans la portion de l'insertion du canal, son diamétre étant réduit à celui qu'elle a dans sa courbure. J'ajouterai que si dans quelques sujets humains adultes, le trou ovale ou le canal artériel, & quelquefois l'un & l'autre, ainsi que la veine ombilicale ont été trouvés ouverts, il est très possible que la même chose arrive dans les animaux; en ce cas ils pourroient subsister & vivre sans le secours de la respiration, la circulation s'exécutant alors en eux comme elle s'exécute dans le fœtus.

12°. *De la mollesse ou du moins de solidité des os.*

13°. *Du volume très-considérable de la téte*, à raison de toutes les autres parties du corps.

14°. *De la multiplicité des pièces osseuses*, formant dans l'adulte un seul & même os en plusieurs endroits, attendu leur union par symphise dans ce dernier.

15°. *De la molesse de l'ongle* présentant en lui une fausse ellipse; ce même ongle laissant à peine appercevoir les traces de la sole & de la fourchette, & ayant un prolongement blanchâtre qui se détache peu à peu & en différens temps par écailles; ces écailles étant insensiblement chassées par ce même ongle à mesure qu'il se développe & qu'il s'accroît: on en trouve presque toujours une certaine quantité qui errent & qui flottent dans les eaux du sac qui renferme le fœtus, &c.

DES VISCÉRES
DU THORAX
ou
DE LA POITRINE.

SECONDE PARTIE.

7. LE *thorax* est la seconde cavité du corps de l'animal.

Cette cavité renferme les poumons, le cœur & toutes les dépendances de l'un & de l'autre de ces viscéres.

Il faut en considérer:

1°. *L'étendue*: ses bornes antérieures étant marquées par les premieres vraies côtes & par une portion du sternum; les gros vaisseaux à leur sortie, & la trachée artére ainsi que l'œsophage à leur entrée, remplissant l'intervalle qui est entre ces côtes & cette portion; ses bornes postérieures résultant du diaphragme qui la ferme & qui la sépare de l'abdomen; ses limites étant partout ailleurs, c'est-à-dire, dans toute sa circonférence, formées par les côtes dont les muscles intercostaux garnissent tous les interstices, & qui sont unies supérieurement par les vertébres & les vraies côtes, inférieurement par le sternum.

2°. *La forme* qui peut être envisagée comme une sorte de cone dont la pointe est en devant;

& dont la base assez réguliérement arrondie est en arriere, mais dont les portions latérales sont applaties dans le cheval comme dans tous les quadrupedes.

De la plevre & du médiastin.

368. La *plévre* est une membrane qui tapisse intérieurement toute l'étendue de la poitrine; il faut en considérer:

1°. *La consistance*: son tissu étant extrêmement serré, & à peu près le même que celui du péritoine.

2°. *La substance*: cette membrane étant composée de deux lames garnies d'une quantité innombrable de petits vaisseaux; l'externe étant inégale & l'intérieure étant très-déliée; l'une & l'autre revêtues d'un tissu cellulaire très-abondant à l'endroit des adhérences que contracte la membrane, & plus rare & en moindre quantité aux lieux où son union avec les parties voisines est plus intime.

3°. *Les connexions*: les moins fortes étant aux muscles intercostaux, à la portion charnue du diaphragme & à elle-même, lors de son redoublement & du replis qu'elle fait, & les plus étroites ayant lieu avec les côtes, le centre nerveux ou tendineux du diaphragme, le sternum & le cartilage xiphoïde.

4°. *Le replis* au moyen duquel elle forme deux sacs ou deux vessies coniques posées l'une auprès de l'autre; chacune de ces vessies décrivant du coté des côtes le même chemin que ces os; l'une venant du côté droit, l'autre du côté gauche s'adosser par leur autre face latérale, & toutes les deux descendant ainsi dans le milieu du thorax qu'elles coupent & qu'elles divisent en deux portions, en formant ensemble une cloison limitant les deux cavités qui résultent de leur trajet & de leur marche : c'est précisément cette cloison que l'on appelle le *médiastin*, qui ne s'étend ici, de même que le péricarde, que jusques au cartilage xiphoïde, & ne se continue point sur le diaphragme comme dans l'homme, d'où il suit que la poitrine partagée également de cette maniere depuis sa partie supérieure jusques à sa partie inférieure, au moyen de l'application de ces deux sacs, chaque cavité a sa plevre, puisqu'elle est revêtue d'une tunique qui semble lui être propre.

5°. *Les écartemens* composant autant de loges qu'il est de parties auxquelles ces vessies doivent prêter des enveloppes ; l'adossement n'en étant pas partout exact, & les parois n'en étant pas partout reunies & collées l'une à l'autre depuis leur départ des vertébres, jusques à leur arrivée au sternum.

Supérieurement & près de la surface inférieure des vertébres, elles laissent entr'elles, vu le tissu cellulaire qui les remplit, un intervalle dans lequel l'aorte, l'azygos, &c. sont commodément placées.

Au-dessous de cet interstice, il en est bientôt un autre destiné à recevoir la trachée artére, & une portion de l'œsophage.

Antérieurement, & sous la trachée artére, sont logés le tymus & les gros vaisseaux qui partent du cœur : là les deux vessies se réunissent de nouveau jusques au sternum, tandis qu'en arriere & inférieurement, leur éloignement est encore plus considérable qu'il ne l'a été, car l'espace qu'elles présentent, loge le cœur & le péricarde : parvenues au bord postérieur de ce sac, elles s'écartent de nouveau & forment deux prolongemens, un à droite & l'autre à gauche ; celui du côté gauche s'étendant depuis le péricarde, le long de la partie moyenne interne du même côté, descendant le long de la partie latérale gauche du centre tendineux du diaphragme auquel il adhére fortement, & se terminant aux cartilages des dernieres vraies côtes près de leur articulation : le prolongement du côté droit étant moins considérable, naissant pareillement du bord postérieur du péricarde, attaché le long de la veine cave jusques au diaphragme sur lequel il descend en ligne droite le long du centre tendineux de ce muscle, & se terminant au cartilage xiphoïde, ensorte que ces deux prolongemens laissent entr'eux un espace triangulaire répondant à celui que laissent dans leurs parties postérieures les deux lobes du poumon, & qu'ils rendent impossible toute communication des deux cavités, puisqu'ici ils sont l'office de *médiastin*, mais n'étant point unis dans leur partie postérieure & l'un ayant moins de longueur que l'autre; l'espace triangulaire dont j'ai parlé, augmente l'amplitude de la cavité droite. Du reste ces deux prolongemens membraneux sont garnis de petites bandelettes graisseuses semblables à celles que l'on observe dans l'épiploon, qui ne paroissent être que la continuation de la membrane adipeuse qui se trouve à la base du péricarde.

6°. *La surface* interne laquelle est lisse, polie, mouillée & humectée par une humeur qui s'échappe & qui transude sans cesse des artérioles exhalantes, & qui repompée & reprise par les orifices des dernieres séries des tuyaux veineux, est rapportée ainsi dans la masse. Cette rosée lubréfie ces vessies, & conserve leur flexibilité & leur souplesse.

7°. *Les vaisseaux tant artériels que veineux*, provenant des thorachiques internes, des intercostales, de la dorsale, des diaphragmatiques, &c.

les veines accompagnant les artéres du même nom; les nerfs étant des filets du plexus pulmonaire.

8°. *Les ufages*: la *plévre* revêtiflant toute la fuperficie intérieure du thorax encore plus exactement que dans l'homme dans lequel le péricarde contractant une adhérence immédiate avec le diaphragme à la tête du trefle tendineux, interrompt le trajet de cette membrane en cet endroit, tandis que dans le cheval fon expanfion fur ce mufcle eft entiere. De plus elle affermit & foutient les parties interceptées dans la duplicature du médiaftin; elle les garantit du poids & de l'effort des poumons; elle prévient en féparant ces deux mafles, tous les accidens qui pourroient arriver de leur proximité, & qui exifteroient infailliblement fi elles flottoient dans une feule & même cavité; elle empêche dans le cas de l'affection d'un des lobes, & de quelqu'épanchement dans un des cotés du thorax, que le fang, le pus, ou les férofités épanchées paflent dans l'autre, & portent atteinte à la portion qui eft dans fa parfaite intégrité & qui feule peut fuffire encore à la vie. Enfin dans la circonftance d'une plaie pénétrante dans la poitrine, l'air extérieur jette le poumon dans l'affaiflement; or s'il n'y eût eu qu'une feule cavité, l'une & l'autre mafle auroient été dans l'impoflibilité de fe dilater, & l'animal auroit été bientôt fuffoqué.

Du tymus.

9. Le *tymus* appellé par quelques uns *fagoüe*, eft une mafle molafle, dont il faut confidérer:

10. *La fituation*: antérieurement, ainfi que les gros vaifleaux dans la duplicature du médiaftin, & dans fon fecond écartement; fupérieurement au péricarde, & en deflus du fternum, cette mafle hors

des lames entre lesquelles elle est placée, n'étant soutenue, & n'étant maintenue que par quelques vaisseaux.

2°. *La couleur* qui est d'un rouge pale dans le fœtus, qui tire sur le brun dans le poulain, & qui est noirâtre dans le cheval.

3°. *Le volume* moins considérable dans le cheval que dans le poulain, & dans le poulain que dans le fœtus; car insensiblement & avec l'âge, son émaciation est entiere. Il est même des chevaux dans lesquels ce corps n'est plus apperçu.

4°. *La figure* imitant quelquefois assez celle des poumons; cette masse étant alors composée de deux appendices, ou de deux lobes unis seulement l'un & l'autre par un tissu cellulaire, mais le plus souvent ne pouvant jamais être exactement décrite, attendu son irrégularité, & parce qu'elle change toujours à mesure que ce corps augmente & diminue.

5°. *Les vaisseaux* que lui envoient le tronc unique de l'aorte avant sa division, & que nous nommons artéres tymiques; les veines qui portent le même nom accompagnant ces artéres. Le plexus pulmonaire lui fournissant quelques filets nerveux.

6°. *La substance* qu'on regarde comme glanduleuse.

7°. *Quant aux usages*, nous n'avons à cet égard aucune certitude réelle, car on ne doit pas s'en rapporter à toutes les conjectures des Anatomistes sur les fonctions du *tymus* humain. L'illustre Morgagny a vu un suc laiteux dans la substance de ce corps. Bellingerus a cru y découvrir un canal qui se portoit à la machoire. Vercelloni prétend en avoir conduit un jusques à la trachée artére. Pozzius a imaginé que cette masse molasse suppléoit aux fonctions des poumons, Baslus qu'elle servoit à atténuer la lymphe visqueuse du fœtus, &c. C'est à nous à nous taire, à douter, l'analogie ne pouvant ici nous servir de guide.

Du diaphragme.

Le *diaphragme* est un corps véritablement musculeux, formant une cloison qui sépare le thorax & l'abdomen, il faut en considérer :

1°. *La position* qui est telle qu'elle est verticale dans l'animal, sans cependant l'être parfaitement, car il est légèrement incliné, sa portion inférieure se portant en avant.

2°. *Les faces*; l'antérieure convexe, la postérieure concave, l'une & l'autre recouvertes par les membranes qui tapissent les cavités auxquelles elles répondent; ainsi la plèvre couvre la face antérieure sans aucune interruption, parce que dans le cheval, le péricarde n'adhère nullement au *diaphragme*, & le péritoine revêt la face postérieure, à l'exception du lieu de l'adhérence du foie à ce muscle, ce qui est commun à l'homme & à l'animal.

3°. *La figure* applatie, irrégulièrement ronde dans sa circonférence, & telle qu'elle se prolonge supérieurement par une double queue tendineuse, l'une à droite, & l'autre à gauche qui forme ce que nous nommons les *piliers du diaphragme*.

4°. *La substance* : cette cloison que nous n'avons présentée que comme un seul muscle, (187.) étant néanmoins formée par le concours de deux muscles tellement unis qu'ils paroissent n'en faire qu'un, & qu'on peut, plutôt dans le cheval que dans l'homme, distinguer à la direction & à l'arrangement des fibres qui les composent; il en est donc un grand & un petit.

5°. *Le grand muscle* formant plus des deux

tiers de la cloifon, & fes fibres offrant à l'œil un plan applati, & étant difpofées en maniere de rayons qui fe portent de la circonférence au centre, où elles fe terminent en une aponévrofe qu'on a appellée *centre tendineux*, *centre nerveux*, *plan aponévrotique*, *aponévrofe mitoyenne* ou *centre aponévrotique*.

6°. *Le centre aponévrotique*; fa figure n'étant point ronde & repréfentant un trefle bien moins formé dans l'animal que dans l'homme, fon pédoncule étant tronqué de maniere qu'il en réfulte une efpèce de chevron dont les angles font arrondis.

7°. *L'ouverture* placée à la partie latérale droite de cette aponévrofe & dont la ftructure eft finguliere, en ce que fes bords ne font point coupés & en ce que les fibres aponévrotiques y font repliées & entaflées à peu près comme les ofiers qui compofent le bord des paniers, au moyen de quoi cette ouverture n'eft fufceptible d'aucun changement dans fon diametre, lors des mouvemens divers de ce mufcle; ainfi la circulation du fang ne fçauroit être troublée dans la veine cave poftérieure, à laquelle cette même ouverture livre à deux doigts de la fortie du cœur, un paflage pour pénétrer dans l'abdomen & fe plonger dans le foie placé poftérieurement à cette aponévrofe, directement à l'endroit de cette ouverture.

8°. *Les connexions du grand mufcle*: par fa circonférence intérieurement au cartilage xiphoïde, à l'extrémité poftérieure du fternum, à la face interne des cartilages des vraies cotes, latéralement aux cartilages des fauffes cotes, jufques auprès de l'épine où toutes fes attaches fe terminent à la portion offeufe des dernieres fauffes cotes, & où ce mufcle fe termine lui-même pour faire place au petit.

9°. *Le petit muscle* plus différent encore de celui que nous venons de décrire par sa structure, que par son étendue, & placé à la partie supérieure du grand muscle dans une espèce d'échancrure ou d'intervalle que celui-ci lui laisse depuis le *centre aponévrotique* jusques aux vertèbres des lombes ; la largeur de cet intervalle étant de cinq à six travers de doigt ; la figure de ce petit muscle présentant un ovale allongé, & sa consistance étant telle qu'il est beaucoup plus fort & plus épais que le grand muscle ; ses fibres sont presque longitudinales & se partagent en deux faisceaux musculeux. Elles se réunissent près du *centre aponévrotique* auquel elles adhérent au moyen d'un tendon commun.

10°. *L'ouverture oblongue* résultant de l'intervalle que laissent entr'eux ces deux faisceaux au-delà du tendon commun, ouverture qui livre un passage à l'œsophage, ainsi qu'aux cordons de la huitième paire, ou aux grands nerfs sympathiques qui accompagnent ce canal dans l'abdomen.

11°. *Les piliers* résultans de ces mêmes faisceaux qui, après s'être rapprochés ensuite de cette ouverture, & avoir gagné ainsi les vertèbres des lombes, se divisent de nouveau, & forment deux portions séparées appellées de ce nom. Le *pilier droit* étant plus considérable que le gauche, & une partie des fibres de celui-ci dans leur réunion au-dessus de l'œsophage, paroissant s'incorporer dans l'autre, de maniere que le *pilier gauche* a sensiblement moins de volume.

12°. *L'ouverture* naissant de l'intervalle que ces mêmes piliers laissent entr'eux, & après laquelle ils ne se réunissent plus ; elle offre à l'aorte un passage dans son trajet de la poitrine dans l'abdomen, comme au canal thorachique & à la veine azygos qui se prolongent de l'abdomen dans le thorax.

13°. *Les attaches des piliers* qui, après un trajet de quatre ou cinq travers de doigt, se terminent par un tendon applati, fixé au corps des vertèbres lombaires ; le droit à la seconde, troisième & quatrième de ces vertèbres, le gauche ne s'étendant gueres au-delà de la seconde & de la troisième.

14°. *Les vaisseaux* du diaphragme nommés *phréniques* ou *diaphragmatiques* : ils sont artéres, veines & nerfs. Les vaisseaux artériels au nombre de deux partant quelquefois d'un même tronc de la partie inférieure de l'aorte à son passage par le petit muscle, & quelquefois sortant un peu avant ce passage : ils se répandent d'abord sur les faces du grand muscle en serpentant & en faisant plusieurs inflexions, & pénétrent dans toute son étendue par nombre de petites ramifications : il en reçoit encore des intercostales & des thorachiques internes.

Les veines n'étant point, comme les artéres & comme dans toutes les autres parties du corps, des canaux distincts & qu'on peut séparer, mais des espèces de sinus creusés & formés dans le tissu même du *centre aponévrotique* & du corps charnu du grand muscle : l'injection n'en change point la la figure qui est toujours applatie & non cylindrique. Ces sinus sont au surplus au nombre de deux ou trois. Après avoir reçu le sang des artéres, ils se rendent dans le tronc de la veine cave postérieure à son passage par le *centre aponévrotique*.

Les nerfs sont des rameaux des dernieres vertèbres dorsales, quelques filets qui se détachent du grand nerf intercostal à son passage du thorax dans l'abdomen, & quelques-uns aussi émanans du plexus pulmonaire. Il est encore deux nerfs propres à ce muscle ; on les appelle *nerfs diaphragmatiques* formés par la réunion de plusieurs filets dépendans de la cinquiéme & sixiéme paire cervicale, & qui pénétrent dans le thorax en passant pardevant les gros vaisseaux; ils se prolongent, un de chaque côté du péricarde où on les apperçoit facilement à l'ouverture de la poitrine, & se perdent enfin dans le grand muscle.

15°. *Les usages*: quelques Auteurs ont nié que le *diaphragme* fût un muscle dans l'homme, & ne l'ont regardé que comme une haye de séparation de l'abdomen & de la poitrine; une telle erreur n'a pu prévaloir: cette cloison a été généralement déclarée charnue & tendineuse. Dans l'inspiration elle se porte en arriere, elle augmente dèslors la capacité de la poitrine, & facilite la dilatation des poumons, tandis que dans l'expiration elle diminue la capacité que son premier mouvement avoit accrue, & ce premier mouvement est un mouvement actif dans lequel consiste sa véritable fonction, car le second n'est qu'un mouvement passif occasionné par la contraction des muscles abdominaux à laquelle il céde; aussi a-t-on regardé avec raison le *diaphragme* comme le principal organe de l'inspiration naturelle. Il est très-mobile & très-susceptible d'agitation; pour peu qu'on comprime les nerfs diaphragmatiques, on le voit languir & la respiration languir avec lui; il reprend visiblement son action entiere, & cesse d'être comme paralysé, quand on relâche ces mêmes nerfs.

Des poumons.

Les poumons sont deux masses considérables qui remplissent la plus grande partie de la capacité du thorax, & qui sont exactement séparées par le médiastin, il faut en considérer:

1°. *La situation*: chacune de ces masses étant

contenue fous le nom, l'une de lobe droit, & l'autre de lobe gauche, dans les cavités réfultant de la marche & de l'adoffement des deux plévres.

2°. *Le volume,* celui de chaque lobe étant à peu près égal.

3°. *La forme* qui répond à celle de la cavité qui les renferme, ainfi qu'au contour qu'elle décrit; ainfi ils font plus étroits antérieurement que poftérieurement; latéralement, & du côté du médiaftin, ils font concaves, & dans celle de leur furface qui regarde les côtes, ils font convexes.

4°. *Les appendices* qui n'étant ici marqués par aucune fiffure, ou par aucune fection diftincte & apparente, ne fauroient être pris pour des lobules; l'un de ces appendices étant de la longueur d'environ un demi pied, partant du lobe droit près de l'entrée des gros vaiffeaux, & fe portant dans l'intervalle qui eft fous le tronc de la veine cave poftérieure, & les deux autres fe montrant à la partie antérieure de l'un & l'autre lobe, de la même longueur que le précédent, ayant environ quatre travers de doigt de largeur, leur forme étant à peu près femblable à celle de la rate; ils s'étendent fur la trachée artere: ces deux derniers prolongemens font très fouvent affectés dans la circonftance de la morve.

5°. *La couleur* qui varie felon les âges, & qui dans le fœtus eft d'un rouge foncé, dans le poulain & dans le cheval d'une couleur beaucoup plus claire & plus vive, dans les vieux chevaux d'une couleur tirant tantôt fur le bleu, tantôt fur le gris. fouvent ces maffes font comme marbrées ou femées de taches bleuâtres & grifâtres en même temps, fans qu'on puiffe en inférer aucune atteinte qui ait pu porter coup à la vie du fujet.

6°. *La tunique propre* qui est une continuation de la plévre.

7°. *La substance* qui est spongieuse selon les uns, vasculeuse selon les autres, & qu'on doit réellement envisager comme un tissu de vaisseaux de toute espèce, dont les ramifications & les subdivisions innombrables sont soutenues par un tissu celluaire; les fibres extrêmement déliées de ce même tissu, étant lâchement arrangées & disposées dans les intervalles que laissent entr'eux tous ces vaisseaux.

8°. *Les connexions* par l'espèce d'isthme que forment & la trachée artére & les racines des vaisseaux sanguins qui s'y portent; ainsi ces masses adhérent d'une part au cœur par les vaisseaux pulmonaires, & de l'autre à la trachée, les deux lobes étant d'ailleurs communément flottans dans chaque plévre.

De la trachée artére en général.

On appelle en général de ce nom tout le canal qui, placé directement au devant de l'œsophage, régne le long de la partie antérieure de l'encolure & s'étend depuis le fond de la bouche, jusques aux poulmons dans lesquels il se propage.

La tête ou le sommet de ce canal membraneux & cartilagineux est nommée le *larynx*.

Le canal lui-même est ce qu'on nomme proprement la *trachée*.

Les rameaux infinis qui dérivent de ses bifurcations ensuite de son entrée & de son expantion dans le tissu des deux lobes, portent le nom de *bronches*.

Du larynx.

Il faut considérer dans le *larynx*;

1°. *La situation* derriere la base de la langue, entre cette partie & le pharinx.

2°. *Le volume* qui est plus considérable que le canal qu'il termine supérieurement.

3°. *Les cartilages* au nombre de cinq, sçavoir, le *tyroïde*, le *cricoïde*, les deux *arythenoïdes* & *l'épiglotte*.

4°. *Le cartilage tyroïde* le plus grand de tous, qui se présente comme une lame cartilagineuse roulée à demi, convexe antérieurement & en dehors, concave par conséquent en dedans, & dont la forme est extérieurement & en quelque sorte, surtout si on le tourne de haut en bas, semblable à celle de l'ongle du cheval.

Du milieu de sa convexité qui ne fournit point ici la tubérosité marquée au haut de la partie antérieure du col humain, résulte un angle obtus qui semble diviser ce cartilage en deux portions latérales, lisses & unies qui ont chacune la figure d'une lozange.

Les angles postérieurs & inférieurs en sont plus longs & plus aigus, & se terminent dans l'animal par une petite facette arrondie destinée à établir une articulation avec les petites facettes légèrement convexes qu'on observe postérieurement aux parties latérales & moyennes du *cartilage cricoïde*.

Ces mêmes angles sont moins allongés que dans le *tyroïde humain* ; l'os hyoïde embrassant plutôt dans le cheval ce cartilage qu'il ne le surmonte, & les branches du corps même de l'os s'attachant très-légérement en passant à côté de ces angles, par une bande ligamenteuse, grêle & très-petite.

L'endroit le plus saillant de la convexité qui supérieurement présente une face mince & applatie sur laquelle *l'épiglotte* est attachée & repose, est inférieurement partagé par une échancrure qui s'étend jufques environ au milieu de cette convexité, cette échancrure fe trouvant remplie par un ligament affez fort qui affure la jonction du cartilage dont il s'agit avec le *cricoïde*.

5°. *Le cartilage cricoïde* tirant fon nom de fa forme annulaire, étant en quelque façon enchâffé dans le *tyroïde* au-deffous & au-dedans duquel il eft placé ; fa portion antérieure & la moins large étant creufée dans fon bord fupérieur par une échancrure qui eft occupée par une partie du même ligament qui l'unit au *tyroïde* ; fa portion poftérieure beaucoup plus vafte s'étendant en haut & en bas, eft extérieurement partagée dans fon milieu par une ligne âpre, faillante & verticale : delà deux faces, une de chaque côté.

En arriere de ces faces, & à côté de chacune d'elles, eft une petite facette qui reçoit l'angle poftérieur & inférieur du *tyroïde*, qui y eft maintenu par un ligament capfulaire, enforte que ce même *tyroïde* eft libre de faire quelques mouvemens fur le *cricoïde*.

Supérieurement à ces deux faces & dans leurs bords font deux autres facettes un peu relevées, & qui établiffent l'articulation de ce cartilage avec les *arythénoïdes*.

6°. *Les cartilages arythénoïdes* qui font égaux, fitués & fixés directement au-deffus du *cricoïde*, à côté l'un de l'autre & à la partie poftérieure du larynx, & dont la forme, quoique très-irréguliere, préfente néanmoins trois angles & trois faces ; l'angle inférieur étant le plus notable & marqué par une facette concave qui reçoit la facette convexe relevée, ou plutôt le bord même du *cricoïde*, d'où réfulte une articulation maintenue par un ligament capfulaire : des deux autres angles, l'un étant pareillement inférieur & fe trouvant prefqu'entièrement recelé dans le *tyroïde* : l'autre supérieur étant recourbé & formant une sorte de crochet dont la pointe atteint & joint l'angle semblable de *l'arythénoïde* voisin : il en résulte en dessous un intervalle considérable garni d'abord par un ligament, ensuite par les muscles arythénoïdiens qui, pour se porter d'une *arythénoïde* à l'autre, passent sur cette échancrure ; ce cartilage au surplus à l'extrémité de ce même angle paroissant dégénérer en ligament, car la consistance en est beaucoup plus molle en cet endroit que dans tout le reste de son étendue.

7°. *L'épiglotte* ; ce cinquième cartilage étant appellé ainsi, parce que lorsque la langue se porte en arriere, il est abaissé sur la *glotte* de maniere qu'il couvre exactement cette embouchure, & qu'il empêche les alimens d'y pénétrer. Il se termine en une pointe dans les chevaux comme dans les chiens, & cette extrémité se trouve même roulée & recourbée en devant. A mesure qu'il approche de la partie supérieure de l'angle du *tyroïde*, il diminue de consistance, il dégénere enfin en s'y attachant en un ligament gras & pulpeux qui est le seul & l'unique lien qui le fixe. La face externe en est convexe, la face interne légérement concave. Il est toujours élevé soit à raison de son attache, soit à raison de sa position, de son élasticité & de sa figure, de maniere que l'air qui entre par la bouche de l'animal & en plus grande abondance par ses nasaux, enfile continuellement & sans peine les bronches ; il s'y insinue & en sort avec la même aisance & avec la même liberté qu'il y est parvenu.

8°. *La glotte* qui est l'ouverture du *larynx*, ou la fente à peu près ovalaire par laquelle ce tuyau mobile formé principalement de l'assemblage des

quatre

quatre premiers cartilages qui font unis par des muscles, des ligamens & des membranes, est ouvert supérieurement : cette fente étant, proportion gardée, plus considérable dans le bœuf même & dans le jumar dont le cri est néanmoins très-aigu, que dans le cheval, & ses parties latérales offrant deux ouvertures ovalaires, une de chaque côté, repondant à une poche membraneuse d'environ un demi-pouce de profondeur qui se termine par un cul de sac; l'usage de cette poche étant peut-être de retenir une partie de l'air qui, attiré en trop grande abondance, pourroit nuire au viscére dans lequel il doit pénétrer.

9°. *Les muscles* qui opérent l'élévation & l'abbaissement du larynx, ainsi que le ressèrrement & la dilatation de la *glotte* : les sterno-tyroïdiens le tirant en bas & le forçant à descendre; les hyo-tyroïdiens l'élevant & le forçant à monter; les crico-tyroïdiens rapprochant le *cricoïde* & le *tyroïde* puisqu'ils élevent le premier de ces cartilages; les crico-arythénoïdiens postérieurs dilatant la *glotte*, les *arythénoïdiens*, les *crico-arythenoïdiens* latéraux, les *tyro-arythénoïdiens*, effectuant le rapprochement des cartilages auxquels ils tiennent, la rétrécissant & la fermant entiérement: enfin *l'hio-épiglottique* la dilatant aussi puisqu'il releve *l'épiglotte*.

10°. *La tunique* qui revêt & qui tapisse le larynx, & qui est une continuation de celle de la bouche : elle est percée d'une multitude de pores, & laisse passer au travers de ces ouvertures sans nombre & plus multipliées aux environs des cartilages arythénoïdes & de l'épiglotte, l'humeur onctueuse qui enduit le larynx, qui en empêche le desséchement & qui en facilite les mouvemens divers.

F f

11°. *Les glandes tyroïdes*, une de chaque côté & sur les parties latérales du *cricoïde*; ces deux glandes distantes l'une de l'autre de deux travers de doigt, d'une forme ovalaire, d'un volume comparable à celui d'une châtaigne, mais moins considérable dans les vieux chevaux que dans le fœtus & dans le poulain, d'une couleur à peu près la même que celle du tymus; la substance en étant un peu plus compacte, mais n'étant pas moins granulée : l'usage n'en est pas encore plus connu que celui de la glande unique qui dans l'homme couvre antérieurement la convexité du larynx.

12°. *Les vaisseaux tant sanguins que nerveux* : les carotides & les jugulaires y en envoyant plusieurs, parmi lesquels il en est de considérables qui se distribuent sous le nom *d'artéres* & de *veines tyroïdiennes* aux glandes tyroïdes dans lesquelles il y a une communication de circulation établie par de petits tuyaux qui se portent de l'une à l'autre & qui sont de véritables canaux sanguins. La huitième paire unie à ses nerfs accessoires ainsi qu'à la cinquième paire avec laquelle elle forme les grands nerfs sympathiques, leurs fournissant des filets nerveux; cette même paire après avoir pénétré dans le thorax, remontant le long de l'encolure par deux rameaux qui se glissent sous l'origine des artéres axillaires, & qui pour suivre ce trajet forment chacun une anse ou une courbure. Ces deux rameaux sont les nerfs récurrens dont la section ou la ligature entraîne la supression totale de la voix dans l'animal; ils se répandent dans la trachée artére & dans le larynx.

De la trachée artére proprement dite.

374. Le tube dont le larynx est le sommet forme un

feul canal qui, du bas du cartilage *cricoïde*, fe propage en defcendant jufques à environ la cinquiéme vertébre dorfale où il fe divife en deux branches : ce canal dans cette étendue compofe ce que l'on appelle proprement la *trachée artére*, il faut en confidérer :

1°. *La longueur & le diamétre* qui ne peuvent être comparés à la longueur & au diamétre de la *trachée* humaine, car ils font bien plus confidérables.

2°. *La pofition* à la partie antérieure de l'encolure au devant de l'œfophage, pofition moins diftante que dans l'homme de l'enveloppe extérieure, ce qui d'accord avec la longueur du tube, facilite dans l'animal l'opération de la *bronchotomie*.

3°. *Les cerceaux* dont ce tube eft formé en partie, cerceaux qui font imparfaits, & qui ne font par conféquent que des fegmens cartilagineux pofés verticalement les uns au-deffus des autres, & efpacés & féparés par des interftices; ces mêmes cerceaux étant interrompus & coupés poftérieurement, ainfi que dans l'homme, & perdant toujours de leur épaiffeur à mefure qu'ils approchent de leurs extrémités, ce qui difpofe ces extrémités à gliffer l'une fur l'autre, dans le cas où preffés & comprimés felon leur largeur, ces mêmes anneaux interceptés font refferrés, & le diamétre du canal étréci.

4°. *Les ligamens élaftiques* & très-forts qui affermiffent, qui maintiennent ces cerceaux pofés de champ les uns fur les autres, qui rempliffent les intervalles qu'ils laiffent entr'eux, qui fe bornent aux bord des cartilages, & qui peuvent enfin dans le befoin folliciter le rapprochement de ces mêmes cartilages, lorsqu'ils ont été éloignés par une cause quelconque.

5°. *La membrane ligamenteuse*, considérable & élastique qui occupe le vuide résultant de l'interruption des cerceaux à la partie postérieure de la *trachée*, & qui en fait le complément, car elle acheve de former le canal qui dans cet endroit est légérement applati.

6°. *Le plan de fibres musculaires* qu'on découvre entre cette même membrane ligamenteuse & la membrane interne du canal; les fibres de ce plan s'étendant transversalement d'un cartilage à l'autre dans toute l'étendue de la *trachée*, & s'attachant intérieurement de chaque côté à l'endroit de la diminution de l'épaisseur des cerceaux; elles tapissent toute la partie postérieure de la membrane interne à laquelle elles adhérent très-fortement, tandis que de l'autre part ce même plan est uni d'une maniere très-lâche par un tissu cellulaire à la membrane ligamenteuse.

7°. *La membrane interne* dont nous venons de parler qui est une continuation de celle qui tapisse intérieurement la bouche & le larynx, cette membrane ayant été regardée par quelques Anatomistes du corps humain comme tendineuse, & vûe par d'autres comme une membrane nerveuse; jamais partie ne fut plus susceptible d'irritation; elle ne souffre que le contact de l'air, encore en est-elle blessée pour peu qu'il soit empreint d'exhalaisons acrimonieuses. Il faut observer qu'elle est d'une force considérable dans la partie antérieure, que les fibres qui la composent sont longitudinales, qu'elle adhére très-fortement aux cerceaux cartilagineux & aux ligamens intermédiaires qui unissent ces cerceaux, & que si d'un côté les fibres musculeuses & transverses qu'elle recouvre, peuvent opérer le rétréciffement de la *trachée*, les fibres longitudinales de la membrane dont il s'agit peuvent de l'autre feconder l'élafticité des ligamens intermédiaires, & folliciter l'abréviation de la longueur du canal.

8°. *La membrane* qui le revêt extérieurement & qui eft une membrane vraiment cellulaire.

9°. *Les cryptes ou les follicules* qui fe manifeftent par des pores à fa furface interne, & qui fourniffent un fluide onctueux & néceffaire pour en rendre les parois mobiles, liffes, humides & gliffantes : fans le fecours de cette humeur, le paffage continuel de l'air auroit inévitablement defféché ce tube dans les dernieres divifions duquel elle produit le même effet.

10°. *Les vaiffeaux tant fanguins que nerveux* étant des ramifications des carotides, des artéres cervicales inférieure & fupérieure ; les veines accompagnant ces artéres ; les nerfs étant des filets de la huitiéme paire ou des nerfs récurrens.

Des bronches.

C'eft aux rameaux du tube qui dès fa bifurcation perd le nom de *trachée*, que nous donnons celui de *bronches*, il faut confidérer :

1°. *Les deux branches* qui marquent dans le thorax le terme de ce canal, & le principe des tuyaux bronchiques ou aériens ; ces deux branches entrant & pénétrant, l'une à droite & l'autre à gauche dans le lobe qui leur répond.

2°. *La longueur de ces deux branches* qui eft à peu près égale, la direction du médiaftin n'étant point oblique dans l'animal, & ces deux branches fourniffant chacune une multitude infinie de ramifications.

3°. *La branche droite*; le premier rameau qu'elle jette se portant dans l'appendice du poumon qui occupe l'intervalle qui se rencontre sous le tronc de la veine cave postérieure.

4°. *La substance des bronches* qui dès leur origine est à peu près la même que celle de la *trachée*, la structure des rameaux & de leur tronc offrant néanmoins une différence en ce que les anneaux des premiers rameaux sont le plus souvent encore imparfaits comme les anneaux de la *trachée* même; le complément en étant cependant bientôt rempli : quelquefois aussi & rarement ces cerceaux sont entiers dès l'instant de la premiere division; mais dans l'un & dans l'autre cas on ne voit pas que les cartilages des ramifications qui sont des séries de ces mêmes branches, forment des cercles incomplets; ces cartilages présentant des cerceaux brisés, composés de plusieurs fragmens de cercles très irréguliers, d'où résultent des anneaux entiers, jusqu'à ce qu'enfin ils s'évanouissent, & que le tissu des *bronches* devenues capillaires soit purement membraneux.

5°. *Le tissu cellulaire*, ou la tunique cotoneuse qui paroît être une continuation du tissu cellulaire du médiastin, & qui couvre extérieurement & dans toute leur étendue ces canaux aériens.

6°. *La membrane* qui en tapisse la surface interne, & qui est un prolongement & une suite de celle qui revêt la concavité de la *trachée*.

7°. *Les fibres ligamenteuses*, élastiques, charnues & transverses décrites en parlant du tube qui est le tronc principal & premier de ces canaux.

8°. *Les pores* ici plus tenus que ceux que nous avons observé supérieurement.

9°. *La terminaison des bronches*, ensuite de la suppression ou de l'effacement des cerceaux cartilagineux qui abandonnent infenfiblement ces tuyaux, à mefure de leur progreffion dans le vifcére, ces mêmes tuyaux ne formant alors que des racines vafculeufes qui en laiffent encore échapper d'autres dont elles font comme la tige, & n'ayant de parois que celles que leur prêtent la membrane interne & la tunique cellulaire qui la recouvrent.

10°. *Les veficules* ou les petits facs nés de l'expanfion de ces tuniques qui ferment & clofent chaque tuyau parvenu au dernier période de fon décroiffement & à fa fin; toutes ces racines bronchiques & toutes les productions de ces mêmes racines étant par conféquent terminées par un cul de fac membraneux, & contenant à leurs pointes ou à leurs extrémités, un petit fac flexible qui adhére à chacune d'elles, comme les grains adhérent à la grappe. Chaque rameau en produit un plus ou moins grand nombre proportionnément à fon étendue, à la quantité de fes ramifications, à l'abondance des brins & des jets qui en partent, & c'eft l'amas de ces follicules veficulaires émanant de ces divers faifceaux qui compofe des lobules plus ou moins confidérables, comme c'eft l'enfemble de ces lobules qui compofe les lobes. Du refte chaque véficule a fon rameau ou fa bronche; elles font toutes exactement fermées; s'il eft entr'elles quelques correfpondance, ce n'eft que par l'entremife & le moyen des canaux aériens, car ce n'eft qu'autant que l'air entre & pénétre dans un rameau, que toutes les ramifications qui en font une fuite, groffiffent: celles qui ne lui répondent pas reftent dans l'affaiffement & dans l'inertie. Si l'on fouffle dans la trachée, tout le poumon fe gonflera; fi l'on fouffle dans la bronche droite, le lobe droit fera gonflé, mais le lobe gauche demeurera affaiffé ; enfin fi l'on fouffle fur le champ dans la bronche gauche, le lobe gauche fe gonflera & le lobe droit s'affaiffera; d'où l'on doit conclure que le trajet de l'air fe borne dans des véficules féparées qui n'ont aucun commerce entr'elles, & ce qui prouve que le tiffu du poumon n'eft point un tiffu tel que celui de la rate.

11°. *Le tiffu interlobulaire* formé par le tiffu cellulaire qui recouvre extérieurement les *bronches*, & qui fe répand en lamines tranfparentes & flexibles d'où réfultent des cellules irrégulieres. Après avoir environné les lobules, il environne enfin les lobes, puifqu'il s'épanouit fur la furface externe de tout le vifcére, en s'uniffant & en s'appliquant à fon enveloppe générale. De plus ce même tiffu eft celui qui fournit une forte de gaine qui renferme en même temps les canaux aériens & les vaiffeaux pneumoniques artériels & veineux.

12°. *Les glandes bronchiques* placées le plus fouvent en dehors à la bifurcation de la *trachée* & aux premieres divifions des *bronches*, ces glandes augmentant fouvent confidérablement de volume dans des poumons viciés & engorgés, & étant quelquefois fchirreufes ou fuppurées, noirâtres ou cendrées : le tiffu en eft ferme, & elles font d'une couleur brun jaunâtre dans l'état naturel : leur ufage eft vraifemblablement de filtrer en grande partie l'humeur la plus épaiffe que l'on apperçoit dans les *bronches*.

Des vaiffeaux des poumons.

376. *Les vaiffeaux pneumoniques, artériels & veineux* ne font autre chofe que *l'artére* & les *veines pulmonaires* dont les racines concourent, ainfi que nous l'avons dit, avec la *trachée* à la formation de l'ifthme

qui unit les poumons au vaste continent du corps. Il est encore d'autres vaisseaux sanguins nommés *bronchiques*, des vaisseaux *lymphatiques* & des vaisseaux nerveux. Il s'agit d'observer :

1°. *L'entrée des premiers* dans la substance pulmonaire ; ils sont aussi-tôt accompagnés par les *bronches* qui se glissent & se placent entre ces vaisseaux, en sorte que les uns & les autres de ces canaux qu'on peut comprendre sous la seule dénomination de *canaux aéreo-sanguiféres*, contenus dans une seule & même enveloppe, cheminent ensemble & parallelement.

2°. *Leur trajet* ensuite de cette marche parallele, ce trajet se bornant au lieu de la terminaison des *bronches* & là, ces mêmes vaisseaux sanguins se repliant, se réflechissant & rampant autour des extrémités des tuyaux préposés à l'admission de l'air ; ils en recouvrent la superficie, ils s'étendent dans les interstices & dans les intervalles que laissent entr'elles ces mêmes extrémités ; ils se répandent dans toutes les cellules qui occupent ces espaces, cellules qui résultent des lames transparentes & flexibles dont nous avons parlé.

3°. *La dégénération* des canaux artériels en veinules qui en augmentant insensiblement de diamétre, forment des veines & ensuite les quatre troncs qui s'implantent dans le sac pulmonaire ; ces veinules représentant sur les extrémités bronchiques, une sorte de rets ou de filet nommé dans l'homme le *réseau vasculaire de Malpighi*.

4°. *Les vaisseaux bronchiques* qui suivent exactement les vaisseaux pulmonaires & les ramifications des bronches ; l'artére bronchiale émanant de l'aorte postérieure par deux branches qui se jettent & qui se ramifient ensuite dans chaque lobe ; leur départ étant fixé un peu en arriere de la courbure ou de la crosse, & quelques unes de ces ramifications s'anastomosant avec les vaisseaux pulmonaires ; enfin les veines bronchiales réunies le plus souvent en un seul rameau, & se dégorgeant dans l'azygos ; ces veines commençant assez souvent aussi dans le bélier avec la veine coronaire du cœur.

5°. *Les jets trés-déliés* qui vont aux glandes bronchiques, & qui partent encore de ces vaisseaux artériels & veineux.

6°. *Les filamens nerveux* provenant du plexus pulmonaire, & qui dans leur trajet communiquant avec le plexus cardiaque, se répandent dans les poumons ; ces mêmes filamens suivant la trace des tuyaux artériels & veineux, & concourant visiblement avec eux à la composition du *réseau* de *Malpighi*.

7°. *Enfin les vaisseaux lymphatiques* qui se montrent très-distinctement dans les poumons du cheval, entre la tunique & la substance de cet organe ; leur marche n'étant point uniforme, mais quelques-uns d'entr'eux pouvant être quelquefois suivis jusques au canal thorachique.

Des usages de ces parties.

377. Nous déduirons de ces connoissances & de ces lumieres, d'une part, la nécessité de la structure & de l'arrangement de toutes ces piéces, & de l'autre, l'importance & les effets principaux de la respiration. Cette fonction dont la libre exécution concourt essentiellement à la conservation de la machine, dont la moindre altération en trouble l'économie, & dont la cessation en provoque la destruction & la ruine, consiste dans un flux & reflux perpétuel & alternatif de l'air, flux & reflux ex-

primés par les mots d'infpiration & d'expiration.

L'infpiration en opére l'admiffion dans la trachée, & dans toutes fes dépendances ; l'expiration en effectue la fortie & le rejet au-dehors.

Dans le premier cas, la preffion de l'atmofphére le détermine & le pouffe par la glotte dans le poumon, & fi l'embouchure de la trachée fe trouve alors comprimée par une colomne d'un poids énorme auquel l'élafticité des cartilages & les mufcles font obligés de céder, quelle réfiftance auroit pu oppofer à cette vive impulfion un canal qui auroit été fimplement membraneux ? Le tube & fes rameaux ont donc été d'abord entrecoupés de cerceaux plus forts dans la partie fupérieure, plus foibles & brifés dans la partie moyenne, & ces cerceaux qui comme une forte de liens les affermiffent, non-feulement maintiennent le canal toujours ouvert, mais le rendent capable de foutenir l'impétuofité du choc auquel il eft fans ceffe expofé. Ces cartilages néceffaires devoient encore être efpacés. En fuppofant que la fubftance des parois de ce tube & de ces mêmes rameaux n'eût été que cartilagineufe, 1°. cette confiftance auroit gêné l'action de la tête, & n'auroit pu fe concilier avec la flection de l'encolure. 2°. Le poids & l'effort de l'air auquel ces canaux auroient toujours livré paffage, n'en auroient jamais pu changer ni le diamétre ni l'étendue : or de l'immobilité de ces canaux en tous fens, c'eft-à-dire, de l'impoffibilité de l'augmentation & de la diminution de leur longueur & de leur cavité, auroit réfulté l'impoffibilité totale de l'expanfion & du retour de cet organe fur lui-même, & conféquemment fon inertie. Il falloit donc indifpenfablement que le tiffu du tronc & des racines aëriennes fût cartilagino-membraneux au moins pendant un certain trajet, les portions cartilagineuses servant à la direction de l'air vers l'extrémité du cône, & devant suppléer à la foiblesse des portions membraneuses, ou les renforcer, & les portions membraneuses qui remplissent les interstices des cartilages devant se prêter à l'abord de ce même air, & être susceptibles des mouvemens que l'entrée de ce fluide leur imprime. Si dans les parois des dernieres divisions, on n'apperçoit que de simples membranes, c'est toujours par une suite des précautions indispensables que la nature a prises pour remplir son objet dans la construction de ce viscére, dont elle avoit à assurer les fonctions & le jeu, puisque en facilitant ainsi, sans inconvénient & sans danger, la plus grande distension & l'élévation des rameaux bronchiques à leur terminaison & à leur fin, elle ne pouvoit procurer en même temps & plus aisément l'amplitude & la dilatation des poumons qui, sans l'action de l'air & du sang, ne formeroient qu'une masse constamment inutile.

Les cerceaux de la trachée sont composés d'une seule & unique piéce ; ils sont interrompus & coupés postérieurement, & leur diamétre est toujours à peu près égal ; les anneaux bronchiques au contraire sont formés de plusieurs fragmens, nul hiatus n'en intercepte l'intégrité, & leur diamétre diminue toujours à mesure de la progression des ramifications dans lesquelles ils sont interposés : voici ce que ces différences nous font présumer.

La trachée devant nécessairement obéir aux diverses actions de la tête & du col de l'homme & de l'animal, & étant, principalement dans celui-ci, en but au contact, à la compression & au heurt des corps extérieurs, il n'est pas douteux que chacun des anneaux que l'on y observe a dû avoir assez de solidité, pour qu'à l'approche de ces corps, ou lors des différens mouvemens dont elle ne peut que se ressentir, le canal fût toujours dans un état de dilatation ; or des anneaux brisés & faits de plusieurs segmens, n'auroient certainement pu dans ces momens s'opposer au rétrécissement ou à l'interception de la cavité du tube, dont les foibles parois se seroient alors incontestablemnet affaissés, les fragmens cartilagineux se repliant sur eux mêmes. Il importoit donc ici de n'admettre dans chaque cercle qu'une piéce cartilagineuse assez flexible pour pouvoir subir quelque resserrement, mais en même temps douée d'assez de force pour conserver, lors d'une compression quelconque, la figure & la cavité du canal. Ces cercles sont postérieurement ouverts & coupés précisément à l'endroit où le tube rampe sur le canal alimentaire, d'où il paroît d'abord que la descente des alimens introduits & charriés par ce même canal, ne peut recevoir & souffrir aucune opposition de la part des segmens cartilagineux. Les cerceaux dont il s'agit sont enfin d'une grandeur & d'un volume à peu près égal, aussi le décroissement n'en étoit-il ni requis, ni essentiel. Lorsque les fibres longitudinales tendent en effet à raccourcir le tube en rapprochant les anneaux, leur puissance n'est jamais telle qu'elles puissent faire arriver ces mêmes anneaux au contact ; ils ne peuvent à plus forte raison rentrer & s'enclaver les uns dans les autres, ainsi il auroit été assez inutile de les disposer de la même maniere que les segmens cartilagineux des bronches.

La multitude des fragmens qui entrent dans la composition de ceux-ci, concourt dans l'expiration, 1°. à la possibilité de l'affaissement ou du retour des lobes & des lobules sur eux-mêmes : affaissement, ou retour produit par les fibres musculaires

& par la force contractile des membranes, mais qui eût été empêché en partie, & qui n'auroit point été assez considérable, si les anneaux eussent été faits & fabriqués d'une seule piéce, & qui l'eût été trop, si les ramifications dépourvues de ses cartilages n'eussent été que membraneuses. 2°. Cet affaissement ne pouvant avoir lieu qu'autant que les vaisseaux pneumoniques, dans le tronc desquels nous remarquons avec M. Winslow des rides transversales, sont plissés, pressés & raccourcis, & qu'autant que les ramifications aériennes sont dans le même état, les anneaux peuvent y contribuer & s'y prêter d'autant plus aisément, que leur brisure & leur décroissance successive, selon leur trajet vers les extrémités conoïdes, donnent aux plus petits d'entr'eux la faculté de s'inférer dans les plus grands.

Dans l'inspiration, les fragmens étant multipliés, 1°. L'air agit avec plus d'efficacité sur les anneaux pour opérer la dilatation des bronches, que s'il avoit à heurter contre un cercle non divisé, & conséquemment contre un corps plus solide qui pourroit dans tous ses points opposer une véritable résistance. 2°. L'espace qui est entre chacun des fragmens & qui les sépare, suppléant à l'interception qui est à la partie postérieure de la trachée, le diamétre des ramifications aériennes peut être facilement varié. 3°. Enfin chaque piéce de chaque cerceau étant agitée séparement, & étant susceptible chacune en particulier de divers trémoussemens ou frémissemens, le fluide contenu dans les vaisseaux sanguins qui rampent sur les bronches & qui les accompagnent, n'en reçoit que des chocs plus réitérés, plus fréquens, & que des secousses plus vives qui se font sentir à toutes les faces de ses molécules, & elles n'en sont par conséquent que plus atténuées & plus brisées. Mais des détails plus suivis des effets que la respiration produit sur le tissu du poumon, répandront sans doute ici de nouvelles lumieres & un plus grand jour.

Supposons ce viscére dans l'affaissement qui lui est naturel, puisqu'il ne peut se dilater par lui-même : dans cet état, les vaisseaux des bronches non pleins sont couchés à angles aigus les uns sur les autres ; les vésicules sont applaties, n'ont qu'une extension plane, & se touchent dans toute leur longueur, vu leur complication ; tous les canaux aériens sont raccourcis & rentrés dans eux-mêmes, ainsi que les vaisseaux sanguins qui les suivent, & qui n'ayant pas moins de tendance à se replier, sont ridés, plissés & pressés ; enfin les espaces qui sont entre les segmens écailleux, les rameaux & les vésicules, sont très-peu considérables. Examinons ensuite les changemens que suscitera dans ces parties l'air introduit par la glotte dans la trachée artére & dans les bronches. Les ramifications aériennes seront gonflées, leurs anneaux s'écarteront, elles seront distendues ainsi que les ramifications sanguines, dont les plis s'effaceront, & comme elles se sépareront, les angles qu'elles forment à leurs divisions & dans leur cours, seront plus grands & moins aigus : les parois s'éloigneront du centre de chaque vésicule & tous les centres s'éloigneront les uns des autres ; les points de contact entr'elles ne seront plus les mêmes ; devenues sphériques par l'égale distension de leur membrane souple & cave & ensuite des derniers efforts de l'air contr'elles selon la théorie lumineuse de Jean Bernouilli, & suivant les sçavantes propositions contenues dans la premiere Lettre de Malpighi à Alphonse Borelli, elles ne se toucheront plus que dans un seul point, & les intervalles celluleux & non aériens seront par conséquent délivrés du voisinage des vaisseaux qui charrient ce fluide, les véficules & les branches de chaque divifion s'éloignant latéralement, & fe dilatant vers les parties qui ne réfiftent point, c'eft-à-dire vers les côtes & vers le diaphragme, qui cédent à l'amplitude du poumon. Or voyons en peu de mots le réfultat de toutes ces opérations.

Tant que ce viscére eft affaiflé & abandonné à lui-même, il ne peut être traversé par le sang : c'eft vainement qu'on voudroit en remplir les canaux par l'artére pulmonaire avec une liqueur préparée & injectée ; fi l'on ne fouffle dans les rameaux bronchiques, les vaifleaux fanguins n'en recevront que peu, & fouvent pas la moindre partie : ce n'eft donc principalement que dans l'infpiration que les vaifleaux artériels & veineux ayant acquis un plus grand diamétre, oppofent moins d'obftacle au fluide lancé par le ventricule, & lui ouvrent un paflage au moyen duquel il peut parcourir le chemin qu'il doit fuivre. Mais comment l'expanfion des rameaux bronchiques favorife-t-elle fon admiffion ? Les canaux fanguins rampent, ainfi que je l'ai dit, fur ces rameaux & fur les véficules par lefquelles ils fe terminent ; ils s'y ramifient en une fi prodigieufe abondance, & la multitude de ces véficules eft telle, qu'elle femble nous annoncer le deflein qu'a eu la nature de multiplier à l'infini ces mêmes ramifications. A mefure que les bronches groffiffent, s'éloignent & augmentent, l'angle intercepté, les efpaces celluleux s'élargiffent proportionnellement : les parois des canaux fanguins ceffent donc d'être comprimées & retirées fur elles-mêmes, & ces tuyaux pouvant dès-lors fe dilater & s'allonger fans peine, fe prêtent à l'abord du fluide qui leur eft envoyé, lui préfentent un nouveau jour pour fa marche, & en rendent la progreffion aifée.

Des uns & des autres de ces effets, résulte la preuve de ceux de la respiration en général sur la masse sanguine. Le suc exprimé des alimens entre dans les vaisseaux sanguins muni de toutes les propriétés des matieres dont il émane, & de celles qu'il emprunte encore des matieres avec lesquelles il s'est allié dans l'estomac & dans les intestins : d'abord il est porté dans le cœur où il n'est point élaboré de maniere à recevoir des changemens, mais delà il est envoyé dans les poumons : il est disposé par ces agens à s'assimiler aux fluides & aux solides de la machine, & à pénétrer dans toutes les parties qu'il doit abreuver. L'action seule des arteres ne suffiroit pas à cet effet ; ces vaisseaux ont besoin des secours qu'ils trouvent dans l'air qui les agite, qui les alonge, qui les presse, qui les lasse & qui les relasse : or comme dans la respiration les ramifications aériennes, les vésicules & les espaces celluleux augmentent & diminuent toujours alternativement, selon que l'animal inspire & expire, & que la chaleur donne encore continuellement plus de ressort à l'air qui est en repos après l'inspiration ou l'expiration, il s'ensuit que les canaux sanguins dans lesquels les plis tiennent lieu des contours que sont les canaux qui se distribuent dans les autres parties sujettes à quelque expansion, ne sont jamais pendant deux instans successifs pressés également & en même sens, & par conséquent toutes les liqueurs qui coulent dans ce viscére avec une singuliere promptitude (car elles y passent en un certain espace de temps en une aussi grande quantité que dans tout le corps) y sont réciproquement comprimées, fouettées, abandonnées à elles-mêmes, dissoutes, broyées & atténuées de façon qu'ainsi que Schwenke l'a très-bien observé, le sang n'est, pour ainsi dire, plus

G g

le même, lorsqu'il parvient au ventricule dans lequel les veines le déposent.

Les poumons sont donc le principal organe de la sanguification; ils rendent méables les parties des alimens; ils broyent, ils changent les molécules chileuses, ils les condensent; par eux elles deviennent sphériques; ils les affinent tellement dans leur passage au travers des filieres tenues des petites artéres, qu'ils leur apprennent à enfiler les tuyaux les plus fins; ils préviennent ainsi les obstructions qui sans cette préparation arriveroient inévitablement dans les capillaires, & le fluide élaboré de cette maniere acquiert enfin la faculté de réparer les pertes que fait à chaque moment l'animal.

Du péricarde & du cœur.

378. Le péricarde est une poche, une capsule membraneuse qui enveloppe & qui renferme le cœur. il faut en considérer.

1°. *La position* dans la duplicature du médiastin, ses faces étant unies à cette même cloison par le tissu cellulaire qui en revêt la surface extérieure.

2°. *La figure* qui répond en partie & en quelque façon à celle du cœur.

3°. *La capacité* qui est une fois plus ample que le volume de ce viscére, dont l'action constante & le mouvement perpétuel & local eussent été gênés, s'il avoit été lui-même contraint dans sa capsule.

4°. *Les connexions* : par ses faces avec le médiastin, par son angle inférieur avec le sternum auquel il adhère très-fortement à l'endroit des cartilages de la cinquiéme, sixiéme & septiéme vraie côte; par sa partie supérieure, puisqu'il embrasse les vaisseaux, la membrane propre se réfléchissant sur eux, sur les ventricules, sur les oreillettes ou les sacs, & la membrane qui lui vient du médiastin se confondant avec leurs tuniques ; par cette même partie encore au moyen de fibres aponévrotiques qui partent du muscle fléchisseur de l'encolure, & s'implantent dans sa substance ; enfin par sa partie antérieure à la face interne de la premiere vraie côte, au moyen d'un ligament de chaque côté.

5°. *La substance* consistant en une membrane très-distincte de celle qui paroît être une production du médiastin, qui embrasse les artéres & les veines qu'elle reçoit & qui se confond même, ainsi que nous venons de le dire, avec leurs tuniques ; cette membrane étant forte & serrée, adhérente & collée à la premiere, & présentant deux lames ou deux feuillets, dont le plus extérieur se réfléchit & se replie pour environner les vaisseaux, les sacs & les ventricules, tandis que l'intérieur devient particuliérement la membrane propre de l'organe contenu dans cette enveloppe.

6°. *Les vaisseaux qui lui sont propres* connus sous le nom *d'artéres & de veines péricardines*, lui étant fournis par la cervicale supérieure & par les bronchiques, les veines accompagnant les artéres du même nom.

7°. *Les vaisseaux communs* qui se répandent sur cette même poche, & qui sont des ramifications des médiastines, des tymiques & de légers rameaux des artéres & des veines coronaires qui rampent entre les deux membranes.

8°. *Les vaisseaux nerveux* qui lui viennent des plexus cardiaques & pulmonaires.

9°. *Les vaisseaux lymphatiques* qui se rendent au canal thorachique.

10°. *La liqueur* ou *l'eau* que l'on trouve très-communément dans cette capsule, liqueur plus ou moins abondante, selon le plus ou le moins d'espace de temps qui s'est écoulé depuis la mort de l'animal, claire d'ailleurs dans de certains chevaux, jaunâtre dans les uns, rougeâtre dans les autres, & variant enfin suivant les divers dégrés d'atténuation, suivant son séjour dans le *péricarde*, & selon les maladies qui ont occasionné la mort.

11°. *Les usages* : le *péricarde* ne devant point être regardé comme un réservoir spécialement destiné à humecter le cœur, puisque la surface des autres viscères est suffisamment humectée sans le secours d'une pareille enveloppe, mais comme le seul lien qui pouvoit assujettir celui-ci & les vaisseaux; car toute autre attache qui venant des parties voisines, auroit pénétré dans la propre substance de cet organe, auroit inévitablement diminué & gêné la liberté de son action.

Du cœur.

379. Le *cœur* est un corps musculeux situé entre les parois de l'écartement du médiastin. Il faut en considérer :

1°. *La forme* qui est celle d'un cône, arrondi dans sa pointe, ovalaire dans sa base & applati dans les cotés.

2°. *Les parties* qui se présentent extérieurement, la plus large en étant la base, la plus étroite en étant la pointe; les cotés applatis en formant les faces, & le lieu de réunion de ces mêmes faces en marquant les bords.

3°. *La position* sur une ligne légérement inclinée, tirée depuis les vertébres dorsales jusques au sternum auquel sa pointe ne touche néanmoins pas, car elle en est distante d'environ deux travers de doigt, enforte que l'on peut dire que la bafe en eft fupérieure puifqu'elle répond aux vertébres dorfales, que la pointe en eft inférieure puifqu'elle répond au fternum, les deux faces en étant latérales, l'une à droite & l'autre à gauche, & des deux bords, l'un étant antérieur & l'autre poftérieur.

4°. *Le volume, la péfanteur, la circonférence, la longueur*, qui n'ont rien de conftant & d'affuré, attendu les variations à ces différens égards dans les fœtus, dans les poulains & dans les chevaux.

5°. *La tunique externe* formée par le prolongement & par le replis de la membrane propre du *péricarde*.

6°. *Le tiffu cellulaire* caché par cette même tunique, tiffu qui non-feulement revêt le *cœur*, mais qui fe gliffe entre fes fibres, & qui fuit les ramifications des vaiffeaux coronaires; fes cellules étant fans doute plus amples & plus nombreufes à la bafe du vifcére que partout ailleurs, puifque la graiffe s'y raffemble en plus grande quantité.

7°. *La graiffe* plus abondante aux environs du *cœur* de certains chevaux que dans d'autres : elle décrit le trajet des vaiffeaux qu'elle recouvre ; elle les dérobe par fon épaiffeur; elle entretient en un mot, par fon onctuofité, la foupleffe des fibres; elle en empêche le deffechement & la rigidité.

8°. *Les ventricules* ou les deux *grandes cavités* renfermées dans l'épaiffeur de cette maffe conoïde qui forme fpécialement le vifcére dont il s'agit : vifcére qui n'eft véritablement compofé que de deux facs adoffés l'un à l'autre.

9°. *Le feptum medium* ou la cloifon qui en coupe obliquemment de droite à gauche, & de haut en bas l'intérieur, & qui le partage en deux portions creufes, dont l'une eft le ventricule antérieur &

l'autre le ventricule postérieur ; cette cloison naissant de leur adossement, & les fibres de ces ventricules concourant par conséquent à sa formation. Au surplus celle de ses faces qui regarde le ventricule antérieur, est convexe ; & celle qui répond au ventricule postérieur est concave.

10°. *Le ventricule antérieur* beaucoup plus foible que l'autre & d'ailleurs moins long d'environ un pouce, ainsi qu'on peut en juger en mesurant la double pointe extérieure du cœur, & néanmoins incontestablement plus ample que le ventricule postérieur.

11°. *Le ventricule postérieur*, son épaisseur à sa base répondant à celle du septum medium qui est d'environ deux pouces, tandis que celle du ventricule antérieur n'est que d'environ un doigt.

12°. *La surface interne des ventricules* revêtue d'une tunique fort déliée sous laquelle est un tissu cellulaire très-fin ; cette tunique s'étendant & se prolongeant dans des lacunes, des fossettes, des ... diverses qui résultant du croisement & de l'entrelacement des fibres, sont infiniment moins ..., moins fortes & moins multipliées dans le ... du cheval que dans le *cœur humain*, & ce viscère dans l'animal ne présentant point les colomnes charnues, les éminences, les cavités observées dans les parois de celui de l'homme ; car ici les sillons, les inégalités, les enfoncemens n'ont ni la même forme, ni la même étendue, ni la même masse, ni la même profondeur ; les anfractuosités étant au surplus beaucoup plus nombreuses dans le ventricule postérieur, que dans le ventricule antérieur ; on ne doit pas encore oublier d'envisager les faisceaux transverses qui dans ces ventricules se portent d'un côté à l'autre, le ventricule antérieur en offrant un plus grand nombre : souvent soit dans le *cœur* du cheval, soit dans celui du bœuf, il en est un principal & qui est exactement charnu; d'autres en ont trouvé deux principaux qui étoient véritablement tendineux. Quoi qu'il en soit, ces faisceaux sont autant d'agens ou de puissances qui, comme des espèces de tirans ou d'entraits, dans le cas d'une surcharge & d'une plénitude considérable, résistent à la force étrangere qui pousseroit les parois du centre vers la circonférence; ils préviennent donc par ce moyen la dilatation & l'agrandissement excessif des ventricules; dilatation que de violens efforts, des courses longues & véhémentes, des exercices outrés & continus peuvent occasionner dans l'animal.

13°. La *substance* qui est évidemment musculeuse, mais l'origine des fibres de ce muscle n'ayant rien de sensible; leur insertion n'offrant rien de positif; leurs lits n'étant marqués par aucune intersection; leurs circonvolutions & leurs détours se dérobant à nous, & nos conjectures ne pouvant porter que sur leur direction & sur l'obliquité de leur marche. Le viscère étant dans sa position naturelle, les fibres les plus extérieures paroissent se porter en ligne droite de la base à la pointe; elles sont en très-petite quantité dans le cheval & ne cachent pas entiérement les fibres superficielles qui cheminent obliquement de haut en bas sur le ventricule antérieur sur lequel elles semblent s'étendre & qui y rampent en maniere de spirale, mais dans un sens opposé, c'est-à-dire, de bas en haut. L'obliquité des pas de ces filamens charnus augmente à mesure que l'on pénètre dans la substance de ce viscère; ils sont toujours moins inclinés, & se montrent en quelque façon transverses dans la surface interne des parois; peut-être aussi que ceux du ventricule antérieur se perdent dans le septum medium, & que ceux du ventricule postérieur s'y bornent ; aussi cette cloison paroît être composée des fibres de l'un & l'autre, d'autant plus que celles qui marchent de la pointe à la base, semblent se mêler & se confondre avec celles qui viennent de la base à la pointe.

14°. *Leurs orifices*: les ventricules étant percés chacun de deux ouvertures, de maniere qu'il en est quatre à la base du cœur, deux d'entr'elles communiquant dans les sacs ou oreillettes & deux autres dans les artéres, c'est-à-dire, dans l'aorte & dans l'artére pulmonaire ; celles-ci formant ce que nous nommons les *orifices artériels*, les autres étant connues sous la dénomination *d'orifices auriculaires*, & chaque ventricule ayant par conséquent un orifice auriculaire & un orifice artériel.

15°. *Les cercles* qui bordent ces ouvertures; les tendons qui entourent celles des sacs ou oreillettes étant plus forts & plus composés que les cercles qui bordent les orifices artériels; ces mêmes cercles ne paroissant formés que de la réunion de la membrane interne des artéres & de la tunique des sacs, & ce que l'on pourroit y envisager comme tendineux n'étant réellement que le commencement & le principe de l'artére : quelquefois, & surtout dans les vieux chevaux, ces cercles qui bordent les orifices artériels acquiérent une consistance égale à celle des os ; delà l'erreur de quelques Auteurs qui ont prétendu que la substance de la base du cœur est osseuse dans le cheval.

16°. *Les valvules* ou les espèces de voiles, de digues, ou de soupapes qui sont à la circonférence des orifices auriculaires & artériels; les premieres appellées *valvules veineuses*, les secondes *valvules artérielles*.

17°. *Les valvules veineuses*; il en est d'abord

quatre à l'orifice du sac ou de l'oreillette droite, dont deux grandes séparées par deux petites que l'on pourroit envisager comme des sémi-valvules; celles-ci étant irrégulierement triangulaires, mais les soupapes entieres ne présentant en aucune façon une mitre comme dans le *cœur* humain, & formant lorsqu'elles sont étendues un quarré long, ou un parallelogramme à quatre angles droits & à quatre côtés, dont il en est deux plus longs que les autres; les côtés qui ont plus de longueur en constituant les parties latérales; les côtés qui en ont le moins en constituant le bord flottant & la base; ce bord inférieur & flottant se trouvant dans l'intérieur du ventricule, & la base étant à l'orifice du sac même.

La substance de ces digues est telle qu'elles sont membraneuses, tendineuses & charnues.

La portion membraneuse naît de la membrane qui tapisse l'intérieur de la cavité du ventricule, cette membrane se prolongeant & se repliant tout autour du sac à son embouchure postérieure, ensorte que les valvules & les sémi-valvules à leur base ne semblent être qu'un seul corps divisé ensuite en quatre parties distinctes par leurs bords latéraux & flottans. Des filets tendineux & d'abord assez minces sont fixés à ces bords latéraux seulement, du moins dans les grandes valvules, car dans les petites ils sont attachés comme dans les valvules auriculaires humaines, & à ces mêmes bords & à leurs pointes. Ces filets qui se croisent & s'entrecroisent diversement, se réunissent ensuite, & de leur jonction il résulte des cordages tendineux un peu plus forts, arrêtés après s'être croisés de nouveau dans l'étendue des parois des ventricules, non à une place déterminée, mais les uns plus hauts & les autres plus bas, & la plupart à des mamelons ou à des tubercules charnus dépendans des fibres mêmes du ventricule, & qui en excédent beaucoup moins le niveau que les piliers musculeux auxquels répondent dans l'homme les attaches des valvules auriculaires. Dans le ventricule postérieur dont il s'agit ici, il est deux de ces mamelons, l'un à la paroi de ce même ventricule, l'autre à celle du septum medium; quelquefois on les trouve tous les deux au paroi du ventricule même. Du reste ce sont les petits filets dont j'ai parlé qui composent la portion tendineuse des valvules. Quant à la portion charnue, elle naît selon les apparences, de quelques fibres musculeuses qui proviennent des faisceaux charnus du sac, & qui rampent ainsi que les fibres des tendons dans la duplicature des lames de ces valvules.

Celles qui bordent l'entrée du sac gauche sont au nombre de trois; la forme étant la même que celle des grandes valvules; leur substance & leur position n'ayant rien, pour ainsi dire, de dissemblable, puisque leur bord flotant est tourné inférieurement, & qu'une membrane continue à la circonférence de l'orifice en est la base. Cette membrane intérieurement découpée en trois portions, forme autant de valvules qui chacune présentent la figure d'un rectangle: des filets pareillement tendineux tiennent à leurs parties latérales d'une part, & de l'autre à la paroi de la cloison, & ici il n'est qu'un mamelon distinct & apparent pour une de ces valvules. Des entrelacemens de ces filets, résulte une espèce de lacis à chacun des points de leurs attaches, & ces digues ou ces avances membraneuses & pourvues encore de fibres tendineuses & charnues, sont absolument destinées à remplir dans le ventricule antérieur les fonctions dont les autres valvules font chargées relativement au ventricule postérieur.

18°. *Les valvules artérielles* nommées *valvules sémi-lunaires* ou *sigmoïdes*, & qui occupent les embouchures des grosses artéres. Ces valvules s'ouvrant de dedans en dehors en s'appliquant aux parois de ces canaux, & se fermant, en se dilatant & en s'épanouissant du côté des ventricules que leur convexité regarde. Elles sont au nombre de trois pour chaque orifice artériel, semblables à trois culs de lampe, ou à trois nids de pigeon adossés les uns aux autres, lorsqu'elles sont dilatées. La substance en est membraneuse & moins charnue que celle des orifices veineux. Leur membrane est une suite de celle qui a tapissé les ventricules. A la base du cœur & à l'endroit du tendon circulaire, cette même membrane se prolonge & s'attache à trois points différens de la circonférence de l'aorte dans le ventricule postérieur, & de l'artere pulmonaire dans le ventricule antérieur; elle forme à chaque embouchure trois portions de membranes distinguées d'où résultent les trois valvules. Au milieu du bord flotant de chacune d'elles est placé un petit bouton, une espèce de tubercule dont le volume est tantôt plus gros, tantôt plus petit, quelquefois plat & quelquefois rond. Ce corpuscule situé à la pointe des valvules n'est pas seulement préposé à la clôture exacte des orifices, il paroît destiné à affermir les fibres circulaires, & à rendre le point de réunion des fibres membraneuses plus solide.

19°. *Les usages des valvules* : si les valvules veineuses laissent entrer le sang dans le cœur, & s'opposent ensuite à sa sortie par la voie qu'elles lui avoient ouverte en s'abaissant, les valvules artérielles produisent un effet directement contraire ; elles permettent à ce fluide de sortir de ce viscére, mais elles s'opposent à son retour dans les ventricules.

20°. *Les sacs ou les oreillettes* : le sac gauche ou pulmonaire répondant par son ouverture interne au ventricule postérieur; le sac droit ou de la veine cave répondant au ventricule antérieur; ce même sac étant placé à droite un peu postérieurement, ensorte que dans le cheval, la position de l'un & de l'autre est telle qu'ils semblent être d'un seul coté, & qu'on ne les voit qu'à peine du coté gauche. Le sac droit au surplus formant une poche en quelque façon arrondie, & beaucoup plus vaste que la cavité qui résulte du sac gauche, laquelle est presque quadrangulaire; chacun de ces sacs ayant un appendice ou un prolongement qui en fait, pour ainsi dire, le fond; car ces appendices sont intérieurement caves & creusés d'ailleurs assez irrégulièrement; celui du sac droit ayant plus de capacité; la surface interne de ce sac étant sur-tout sillonnée, tapissée de petits cordages charnus & visibles & garnie de faisceaux plus nombreux, d'éminences & de cavités plus sensibles que dans les ventricules, & quelques-unes de ces cavités, ou certains intervalles des faisceaux offrant des fibres musculeuses; ces sacs vus extérieurement pouvant être pris pour un seul & même corps, mais étant évidemment distincts & partagés en deux portions par deux tuniques qui sont une continuation de celles qui ont revêtu le septum medium, soit du coté du ventricule antérieur, soit du coté du ventricule postérieur. Ces deux tuniques après s'être réunies au-dessus de la cloison qu'elles recouvroient, se prolongeant en recelant dans leur adossement des fibres charnues qui de concert avec elles composent le septum ou la cloison des sacs. Du reste ces sacs s'ouvrant supérieurement dans le cœur, & répondant extérieurement aux gros vaisseaux veineux qui aboutissent dans ce viscére ; le droit recevant les deux veines caves qui le percent & qui s'y implantent, l'une antérieurement & horisontalement, l'autre postérieurement & sur un plan incliné légérement de bas en haut ; une éminence très-considérable se montrant au lieu de leurs concours dans leur confluent, éminence formée par les fibres charnues du sac & qui, sous la figure d'un croissant, s'avance pour séparer leurs troncs, & comme pour faire l'office d'un éperon ou d'une digue qui détermineroit dans le ventricule antérieur le cours du sang qui aborde par ces veines, & qui empêcheroit que dans les jets opposés du fluide qui se rend dans le sac par deux chemins contraires, il ne se fît un refoulement ou plutôt un reflux ; enfin le sac gauche recevant les quatre veines pulmonaires qui s'y abouchent, & s'y plongent deux de chaque côté, de maniere que les quatre troncs de ces vaisseaux en marquent les quatre coins, & semblent former quatre angles.

21°. *La substance des sacs* qui est membraneuse & musculeuse ; les tuniques qui en revêtent & qui en tapissent la surface externe ou interne, étant les mêmes que celles qui tapissent extérieurement & intérieurement les parois du cœur ; ces membranes venant se réunir & s'appliquer l'une à l'autre au bord des orifices veineux, & leur jonction formant la bande qui borne la racine des sacs, & supérieurement à cette bande, ces mêmes tuniques entre lesquelles est un tissu cellulaire se désunissant, & leur expansion formant la substance membraneuse des poches dont il s'agit.

Quant aux fibres musculeuses, elles sont contenues entre les deux membranes : on ne peut raisonnablement penser qu'elles soient une continuation des fibres des ventricules, sur-tout si l'on considére l'adhérence intime des tuniques à l'endroit de leur réunion ; & quand on réfléchit sur la contraction des sacs qui est toujours opposée, ou plutôt qui suit toujours celle des ventricules; elles ne paroissent point encore avoir de principe tendineux ; seroient-elles donc un prolongement des fibres charnues des gros vaisseaux, lesquelles se terminent postérieurement, & ne commencent point leur trajet, mais l'achevent & le finissent à la jonction de ces mêmes membranes ? Cette idée pourroit être adoptée, si dans des *cœurs* bouillis, ces fibres ne se séparoient pas du *cœur* comme des espèces d'épiphises. En ce qui concerne la marche & les entrelacemens de ces fibres, il n'y a pas moins d'obscurité; on ne les apperçoit que très-irrégulièrement disposées en tout sens & rangées par paquets & par bandes plus ou moins confusément.

22°. *Les vaisseaux* dont le *cœur* est l'origine & le terme; ceux dont il est l'origine étant des vaisseaux artériels, & ceux qui s'y terminent étant des vaisseaux veineux.

23°. *Les vaisseaux artériels*, c'est-à-dire, l'artére pulmonaire & l'aorte : l'artére pulmonaire sortant du ventricule droit ou antérieur, & dès l'instant de sa sortie marchant obliquement en haut & en arriere en joignant l'aorte : ce tronc se divisant après un trajet d'environ cinq à six pouces, en deux branches dont la longueur est égale dans l'animal, & le diamètre du rameau qui se porte au lobe gauche du poumon étant plus considérable que celui qui se porte au lobe droit de ce viscére ; l'aorte étant produite par le ventricule gauche ou postérieur, & se montrant au coté gauche de l'artere pulmonaire : le tronc de ce vaisseau n'ayant que deux pouces & fournissant d'abord deux branches remarquables ; l'une d'elles s'élevant, se contournant & se courbant en arriere & par-dessus la division des artéres pulmonaires ; elle forme dans l'animal l'aorte postérieure, & c'est à son origine & dans le milieu de sa courbure que s'insére & se rend le canal artériel qui chemine l'espace d'un pouce ensuite de son départ de la partie latérale & supérieure du tronc pulmonaire ; il attache ces deux vaisseaux l'un à l'autre. La seconde branche marchant en avant & par un seul tronc, l'espace d'environ quatre travers de doigt & n'étant point ici, comme dans l'homme, formée par la carotide gauche & par les sous-clavieres, car elle ne se partage en deux rameaux d'où résultent les artéres axillaires, que lorsqu'elle a atteint l'extrémité antérieur du sternum ; de l'artére axillaire droite qui a beaucoup plus de capacité que l'artére axillaire gauche, résulte une branche considérable qui constitue le tronc des carotides. Au surplus une gaine membraneuse naissant de la tunique qui revêt le péricarde & le *cœur*, & un tissu cellulaire rampant sous cette gaine, renferment & entourent ces deux troncs, c'est-à-dire, celui de l'aorte & le tronc pulmonaire jusques à leur sortie du péricarde.

24°. *Les vaisseaux veineux* qui aboutissent aux sacs, les deux veines caves se rendant dans le sac droit, & les veines pulmonaires s'implantant dans le sac gauche ainsi que nous l'avons dit, & tous ces canaux tant artériels que veineux portant au moyen de la multitude infinie de leurs divisions, le sang dans toutes les parties du corps, & le rapportant au *cœur* qui est le centre d'où il est parti.

25°. *Les vaisseaux coronaires*, artériels & veineux qui sont regardés comme les vaisseaux proprès du *cœur*; les artéres naissant du commencement de l'aorte & sortant immédiatement du tronc de ce canal; leurs embouchures dans plusieurs chevaux étant placées à coté l'une de l'autre & répondant chacune au milieu d'une des valvules sémi-lunaires derriere lesquelles elles se trouvent situées, ensorte que deux de ces valvules les couvrent & les ferment entiérement, & qu'il est une valvule d'un côté & entre les deux orifices, derriere laquelle il n'est point d'ouverture; ces artéres s'étendant d'ailleurs sur les faces du *cœur*, l'une à droite & l'autre à gauche; l'artére droite après sa sortie du tronc faisant quelque trajet sur la base de ce viscére en cheminant du coté droit entre la base du sac, & du ventricule du même côté qu'elle couronne jusques à la cloison des sacs, & là se divisant en deux branches, la premiere & la principale se porte le long du septum des ventricules & du côté droit en laissant échapper plusieurs ramifications collatérales qui se dispersent & pénétrent sensiblement dans la substance du *cœur*, jusques à la pointe duquel sa marche est évidente. La seconde dont le volume & le calibre sont moindres, se répandant postérieurement en entourant & en embrassant la base du sac gauche, ensorte qu'elle est entre cette base & celle du ventricule : elle fournit également nombre de petits rameaux qui se distribuent & qui se perdent dans l'une & l'autre de ces cavités.

En ce qui concerne l'artére coronaire gauche, elle part aussi de l'aorte & suit du côté gauche à peu près les mêmes divisions; elle chemine sur la cloison des sacs; elle se bifurque à deux pouces de son origine, & se partage en deux branches dont la plus considérable fixe la route qu'elle décrit le long de la face gauche du *cœur* dans la rainure

nure qui répond au septum medium. Elle parvient ainsi à la pointe de ce viscére où elle s'anastomose avec celle de l'autre face : elle produit dans ce trajet une infinité de rameaux qui se plongent dans les ventricules ; l'autre branche remonte entre la base du sac gauche & celle du *cœur* qu'elle couronne de ce même côté ; ses rameaux collatéraux qui sont très-nombreux vont pareillement les uns au sac & les autres au ventricule.

Quant aux veines coronaires, elles accompagnent les artéres dans toute leur étendue, celle du côté droit étant fournie par la veine cave, celle du côté gauche partant du sac du même côté ; ces veines communiquent l'une avec l'autre ; en les soufflant l'air les parcourt entiérement quoiqu'elles soient pourvues de valvules ; ces valvules laissent même souvent passer l'injection.

26°. *Les usages du cœur* qu'Hippocrate a regardé ainsi que les vaisseaux, comme les sources de la vie humaine & comme des ruisseaux qui servent à l'irrigation de tout le corps. Quand il se contracte, il chasse le sang dans les canaux artériels ; quand il se dilate, il reçoit celui qui lui est apporté par les veines, ainsi sa contraction & sa dilatation réciproques & successives sont une des principales causes de la circulation. Du reste quelque grande que soit sa force motrice, elle ne suffiroit pas pour imprimer le mouvement nécessaire à un poids aussi considérable que celui du sang & des liqueurs. Les artéres douées de ressort les poussent dans les plus petits canaux ; elles en aident le retour par les veines, & compettent par conséquent l'action circulaire, d'où résulte un véritable mouvement perpétuel tant que l'animal vit & respire. Nous ajouterons ici qu'il est, ainsi que nous l'avons déjà observé en passant, une alternative de mouvemens

H h

successifs & opposés entre les ventricules & les sacs, que leur action est totalement distincte & n'est point confondue, puisque la contraction des petites cavités précède & devance sans cesse réguliérement la contraction des grandes qui sont dilatées au moment où les sacs se resserrent, comme les sacs sont resserrés au moment où les ventricules se dilatent.

Cet ordre étoit absolument indispensable. En effet, & premiérement si les sacs & les ventricules ne se dilatoient pas successivement, & si leur relâchement arrivoit dans le même instant, les sacs dont le *cœur* de tous les animaux est pourvu, seroient d'une inutilité totale; ils ne serviroient qu'au passage du sang dans les ventricules : or l'aboutchement immédiat des veines avec ces grandes cavités auroit suffi sûrement & auroit dispensé la nature toujours aussi simple que merveilleuse dans la construction des machines qu'elle employe pour l'exécution de ses desseins, du soin de placer à la base de cet organe, des cavités particulieres : mais ces cavités sont comme une sorte de bassin où le fluide qui doit revenir au *cœur*, se ramasse en une quantité relative à la capacité des ventricules qu'il remplit ensuite & qu'il dilate. Or il ne peut se ramasser dans ces bassins qu'autant que par leur relâchement ils sont disposés à l'admettre, & qu'autant que les orifices veineux fermés & le *cœur* conséquemment resserré, le sang ne peut s'échapper de ce lieu de réserve dans le moment où il y arrive ; donc la contraction du *cœur* ne peut que succéder à la dilatation des sacs; donc la dilatation des sacs ne peut que devancer la contraction des ventricules. 2°. Si le resserrement des ventricules s'opéroit dans le même temps que le resserrement des sacs, les effets de leur action étant en raison contraire, ces parties s'entrenuiroient inévitablement. D'un côté les sacs tissus de fibres musculeuſes, après avoir cédé à un certain point à l'abord du ſang qui leur eſt apporté par les veines caves & pulmonaires, réagiſſent bientôt ſur ce fluide ; ils ſe contractent dans toute leur étendue, & leurs parois rapprochées le compriment & le dirigent vers le *cœur*. D'une autre part, à meſure que les ventricules ſe reſſerrent, le ſang étend & ſouleve les digues ou les ſoupapes qui ſont aux orifices veineux, enſorte que les ſeuls orifices artériels livrent un paſſage au liquide comprimé, & en favoriſent la ſortie. Les orifices veineux ſont néanmoins les uniques ouvertures par où les grandes & les petites cavités peuvent communiquer, & par où le ſang contenu dans les ſacs peut être pouſſé dans les ventricules; or s'il eſt certain que lors de la contraction du *cœur*, ces mêmes orifices ſont évidemment fermés & que ce n'eſt que lors de la contraction des ſacs que le ſang eſt déterminé dans les ventricules, il s'enſuit néceſſairement que cette alternative de reſſerrement dans les uns, & de relâchement dans les autres, eſt ſuivant l'ordre abſolu, conſtant & indubitable, établi pour les mouvemens de cet organe, puiſque dès que leurs forces conſpireroient toujours enſemble, elles ne pourroient que tendre à une réſiſtance mutuelle qui ſuſpendroit le cours du ſang en lui interdiſant pendant la contraction ſimultanée la voie qu'il doit ſuivre, tandis qu'au contraire, ſelon l'arrangement méchanique de toutes les parties de ce viſcére, il eſt clair que les ſacs & les ventricules ſont des inſtrumens ſucceſſivement actifs & paſſifs, qui tour à tour cédent & font effort contre le fluide dont ils entretiennent & hâtent conſtamment la progreſſion & la marche : il n'eſt donc pas douteux qu'à meſure que les ſacs ſe rempliſſent, les ventricules ſe vuident, & qu'à mesure que les ventricules se remplissent, les sacs se dégorgent ; ainsi en même temps que le sang aborde par les vaisseaux veineux dans les petites cavités, il est lancé dans les tuyaux artériels par les ventricules : mais ce sang qui aborde par les canaux veineux, & dont la marche dans ces mêmes canaux semble devoir être uniforme, puisqu'il y entre & qu'il y est poussé en tout temps avec une force égale, a-t-il assez d'activité pour déterminer la dilatation des sacs qui, vu leur substance charnue, sont toujours plutôt disposés à la contraction qu'au relâchement ? Je ne parlerai point ici des observations de Lancisi & de Walæus, mais des miennes mêmes. J'ai apperçu comme eux des contractions alternatives dans la veine cave du cheval ; ce mouvement est très-manifeste dans les troncs de ce vaisseau. Je l'ai suivi plusieurs fois postérieurement jusques au diaphragme, & antérieurement jusques à sa sortie du thorax par dessus le sternum. Je peux avancer de plus que ce même mouvement m'a paru exister, mais d'une maniere bien moins sensible dans les troncs pulmonaires ; or dès que nous ne pouvons refuser aux troncs veineux une vertu oscillatoire & semblable à celle qui réside dans tout le système artériel, nous ne devons plus être étonnés que le sang rapporté par les troncs ait la puissance d'écarter les parois des sacs, puisque celles de ces mêmes vaisseaux en se rapprochant, compriment subitement ce fluide & lui impriment conséquemment au moment de leur action sur lui, une force telle que l'exige la résistance à surmonter & à vaincre.

Fin de la seconde partie.

DES VISCÉRES DE LA TÉTE.

TROISIEME PARTIE.

De la cavité du crane & des parties contenues dans cette cavité.

Des Méninges.

Les os qui font à la face antérieure du crane du cheval ayant été enlevés, on découvre une maſſe moëlleuſe qui, connue fous la dénomination générale de cerveau, occupe & remplit abſolument cette cavité.

Cette maſſe eſt recouverte & enveloppée de deux membranes appellées *méninges* par les anciens, qui les regardoient comme l'origine de toutes les autres membranes du corps. La plus extérieure de ces enveloppes eſt connue fous le nom de *dure-mere* & celle qui eſt directement au-deſſous de celle-ci, fous le nom de *pie-mere*.

De la dure-mere.

La *dure-mere* eſt la membrane qui ſe préſente à l'ouverture du crane : elle doit ſa dénomination à ſa force & à ſon épaiſſeur. Il faut en conſidérer :
1°. *La ſubſtance* qui n'eſt autre choſe qu'un

tissu de fibres fortement croisées qui la rend capable de soutenir l'abord du sang artériel porté avec impétuosité dans la moëlle qu'elle revêt.

2°. *Les deux lames* dont elle est formée, plus sensibles que dans l'homme & qui, froissées l'une sur l'autre, se distinguent parfaitement au tact.

3°. *La lame externe* recouvrant toute la face intérieure des parois de la cavité dont elle est comme le périoste ; ses adhérences à ces parois n'étant cependant intimes qu'à l'endroit des sutures, principalement à celui de la sagittale & de la lambdoïde, ainsi qu'à l'apophise falciforme, & au prolongement du temporal dont on ne la sépare qu'avec peine ; cette même lame étant partout ailleurs moins unie aux os que dans l'homme, car si leur enlevement nous montre quelques points rouges à sa surface externe, ces points rouges ne résultent que de la dilacération des vaisseaux sanguins qui établissoient une communication entre ces os & cette lame.

4°. *La lame interne* qui n'en contracte aucune. Elle est toujours humectée d'une rosée fine, fournie comme celle du péritoine par les artères exhalantes, suintant une vapeur aqueuse qui s'oppose à la coalition de cette lame avec la pie-mere. Elle est aussi plus lisse & plus polie que la surface externe de l'autre.

5°. *Les replis* formant dans le cheval deux cloisons principales, tandis que dans l'homme on en remarque trois ; ces deux cloisons étant la faulx ou la cloison falciforme, & la cloison transversale, & celle dont l'animal est dépourvu étant la petite cloison occipitale ou la cloison du cervelet.

6°. *La faulx ou la cloison falciforme* perpendiculaire dans le cheval de la base à la pointe, attendu la situation inclinée de l'animal, & la position de sa tête ; s'insinuant directement au-dessus & en arriere de la suture sagitale dans le profond hiatus qui divise le cerveau en deux portions, & ses attaches étant d'une part, antérieurement à cette même suture par plusieurs petites brides qui l'y unissent par sa grande courbure, inférieurement à l'épine frontale, à l'épine de l'os ethmoïde & à la partie inférieure & antérieure du sphenoïde; d'un autre côté, & supérieurement au milieu de la partie supérieure de la face interne de l'occipital, c'est-à-dire, à l'apophise falciforme. La portion antérieure de cette cloison plus épaisse que la portion postérieure en forme au surplus le dos ; la portion postérieure, ou la petite courbure ayant la figure d'un croissant, & qui d'ailleurs libre & sans connexions, permet la communication d'un côté du cerveau à l'autre, en forme le tranchant ; l'extrêmité inférieure dont le principe est étroit en est la pointe, & cette même cloison s'élargit en remontant & à mesure qu'elle parvient à son extrêmité supérieure, de maniere que ses lames en s'écartant, se continuent à celle de la cloison transversale où elle se termine. Quant à ses faces qui regardent l'un & l'autre lobe, elles sont moins considérables dans l'animal, aussi le replis falciforme a-t-il moins de longueur : il marque la division du cerveau en deux lobes. La séparation de ce viscére opérée par cette cloison, le garantit plutôt de l'impression qu'il auroit infailliblement ressentie des mouvemens qui l'auroient frappés, s'il eût été contenu absolument dans une seule cavité, qu'elle n'empêche comme dans l'homme que le poids d'un des deux lobes n'affaisse l'autre, l'animal reposant rarement sur le côté.

7°. *La cloison transversale ou le second replis* divisant le cerveau & le cervelet, & naissant de l'expanſion de la faulx qui, ſupérieurement & dès l'apophiſe falciforme, s'écarte pour former cette ſéparation dont les attaches ſont à une éminence tranſverſale qui eſt à chaque côté de cette apophiſe faiſant elle-même partie de cette ſéparation, & à un prolongement oblique & tranchant de la face interne du temporal, prolongement qui eſt au-deſſus de la foſſe temporale. Pour ſe convaincre que ce ſecond replis ne doit ſa naiſſance qu'à l'expanſion du premier, on peut couper dans une tête la faulx & l'on verra ſur le champ l'affaiſſement de la cloiſon tranſverſale ; comme ſi dans une autre tête on coupe cette cloiſon, l'affaiſſement de la faulx ſera abſolument inévitable. Du reſte ce ſecond replis bien moins étendu que dans l'homme, ſoit parce qu'il n'a point à ſoutenir dans l'animal le poids de la maſſe moëlleuſe du cerveau, ſoit parce que quand même il en ſeroit chargé, il ſeroit aidé par l'éminence tranſverſale oſſeuſe dont j'ai parlé, laiſſe paſſer dans ſon milieu par un intervalle elliptique l'origine de la moëlle de l'épine, ou la moëlle allongée qui va enfiler le grand trou de l'occipital ; il ne fait donc point ici l'office de tente du cervelet, car le cervelet dans l'animal incliné, eſt ſitué au-deſſus de cette cloiſon dont toutes les fonctions conſiſtent à mettre un intervalle entre ces parties, à aſſujettir le cervelet, à completter avec la faulx la cavité propre à loger la glande pituitaire, à favoriſer de même la communication des ſinus caverneux entr'eux, & à ſoutenir enfin les deux ſinus latéraux qui réſultent de la bifurcation du ſinus longitudinal antérieur.

80. *Les productions ou les allongemens* qui formés par les deux lames de cette membrane, ſe portent hors du crâne : ainſi elle paſſe par le grand trou de l'occipital, & revêt ſous la forme d'un vaſte

canal membraneux la moëlle épiniere située dans l'intérieur du tuyau offeux que compofent les vertébres : elle ne contracte aucune adhérence, & elle n'y eft point attachée, fi ce n'eft à fa fortie du crâne au bord du grand trou occipital, de même qu'au bord interne de tous les troux vertébraux : fon tube diminue enfuite à mefure qu'elle s'éloigne de l'origine de la moëlle qu'elle entoure ; elle accompagne ainfi tous les nerfs fpinaux & tous ceux qui partent du cerveau ; elle les fuit en maniere de gaine, en fe fubdivifant comme eux jufques aux parties dans lefquelles ils fe diftribuent. Aprés fa fortie par les trous du crâne avec les vaiffeaux fanguins, elle s'unit exactement avec le *péricrâne*. La portion qui accompagne le nerf optique, s'épanouit dans l'orbite & forme ce que dans l'homme on a appellé le *péri-orbite* ; elle enveloppe toutes les parties qui conftituent le globe jufques à la partie antérieure de la cavité qui le contient, où elle s'unit avec le périofte des parties voifines. Il eft encore d'autres prolongemens tels que celui qui fort par la fente déchirée de la bafe du crâne, & qui s'étend fur le principe de la trompe d'Euftache, &c. &c.

9°. *Les vaiffeaux nerveux* étant des filets exigus & très-obfcurs, détachés du tronc de la cinquiéme & de la huitiéme paire, &c. &c.

10°. *Les vaiffeaux artériels* étant des divifions & des féries des carotides, des vertébrales, des occipitales, &c. la carotide externe donnant principalement une branche particuliere & très-fenfible, qui après avoir pénétré dans le crâne par la fente déchirée, marche le long de la face interne des pariétaux & fe diftribue dans toute l'étendue de la furface extérieure de la *dure-mere*, en fe ramifiant fur le replis falciforme où cette branche s'unit & répond à celle du côté opposé : telle est l'artére que l'on nomme *méningere*.

11°. *Les sinus* ou canaux particuliers formés par l'écartement des lames de la *dure-mere*, placés en des lieux différens, éloignés des artéres, à l'abri de toute compression, & étant comme autant de réservoirs préposés pour la décharge du sang veineux qui vient de toutes les parties du cerveau & des meninges. Ils rallentissent nécessairement le cours de ce fluide dont la marche eût été trop rapide, s'ils n'eussent pas été aussi multipliés qu'ils le sont : les plus considérables dans le cheval sont le sinus longitudinal, les sinus latéraux, les sinus caverneux ou sphénoïdaux, le sinus occipital supérieur & les sinus occipitaux latéraux. Les veines ne les percent pas tout à coup, elles s'y insérent comme les ureteres dans la vessie ; par ce moyen il est impossible au sang de refluer de ces réservoirs dans les tuyaux veineux qui l'y versent.

12°. *Le sinus longitudinal* régnant antérieurement le long de la convexité de la grande courbure ou du dos de la faulx. On pourroit par cette raison l'appeller le sinus *falciforme* ; sa figure est presque triangulaire : il résulte du prolongement de la lame interne de la *dure-mere*, laquelle se sépare de l'externe qui demeure collée le long de la suture sagittale : ce sinus étroit dans son principe près de l'épine frontale, devient plus ample à mesure que se portant en haut, il parvient à sa division en sinus latéraux & proportionnément aux vaisseaux qui s'y abouchent : les brides ligamenteuses qui le traversent font office de poutre ; elles en joignent les parois opposées, & empêchent l'augmentation de l'étendue de cette cavité ; ces brides sont dans l'homme ce que l'on a appellé les *cordes de Willis*.

13º. *Les deux sinus latéraux*, un de chaque côté ; ces sinus n'étant le plus souvent qu'une bifurcation du sinus précédent, & n'étant formés en effet que par l'écartement de la lame interne qui se prolonge pour composer la cloison transversale ; le sinus latéral gauche naissant quelquefois du sinus latéral droit, & non du sinus falciforme, mais ces sinus étant toujours moins triangulaires que celui-ci : on y voit aussi des brides ou des cordes.

14º. *Les sinus caverneux ou sphénoïdaux* paroissant n'en faire qu'un seul, se joignant & communiquant en effet l'un avec l'autre, placés à côté de la fosse pituitaire, & entourant la glande qui porte ce nom. J'ai observé dans leur intérieur une substance réticulaire, semblable à celle des corps caverneux du membre, quoique beaucoup plus large. Ces sinus sont au surplus, ainsi que nous le verrons, traversés par les artères carotides à leur entrée dans le crâne ; leurs extrémités est le commencement des veines jugulaires.

15º. *Le sinus occipital supérieur* placé dans la fosse occipitale, s'étendant depuis la cloison transversale jusques au bord du grand trou occipital & se partageant en deux branches qui suivent de chaque côté le bord de ce grand trou, & ces deux branches étant ce que je nomme les *sinus occipitaux latéraux*. Elles vont aboutir dans les veines vertébrales.

16º. *La communication des sinus* : ces canaux ainsi que plusieurs autres petites cavités qu'on pourroit appeller *sinus*, mais dont je crois pouvoir me dispenser de faire mention, communiquant entr'eux, le falciforme avec les latéraux, les latéraux & les caverneux avec les veines jugulaires, l'occipital supérieur avec les occipitaux latéraux & ceux-ci avec les veines vertébrales, ensorte que le sang pour revenir du cerveau suit les routes que lui présentent ces tuyaux veineux.

170. *Les usages.* la *dure-mere* servant de périoste interne à la boëte osseuse du crâne dont elle tapisse exactement la cavité qu'elle rend aussi lisse & unie ; elle prévient les inconvéniens qui auroient résulté pour le cerveau des aspérités qui se trouvent à la base de cette boëte ; elle fournit les sinus qui maintiennent la masse moëlleuse dans un certain dégré de chaleur & toutes les enveloppes, les replis & les prolongemens dont nous venons de parler, &c, &c.

De la pie-mere.

382. La *pie-mere* enveloppe le cerveau plus particuliérement que la *dure-mere*, puisqu'elle est au-dessous de cette membrane : elle doit son nom à la finesse & à la délicatesse de son tissu ; elle est d'ailleurs infiniment plus adhérente à ce viscére dans le cheval que dans l'homme. Il faut en considérer :

1°. *Les deux lames.* La lame externe couvrant toute l'étendue de la masse moëlleuse, & ne tenant à la *dure-mere* que par des veines qu'elle envoie dans les sinus ; la lame interne pénétrant, s'insinuant & s'enfonçant par des replis multipliés & ondoyans dans toutes les circonvolutions du cerveau & du cervelet qu'elle touche immédiatement, & dont elle revêt les plus petites parties internes ; sa substance au surplus étant presque toute artérielle ; jointe & collée par un tissu cellulaire très-délié à la lame externe, elle ne l'abandonne que pour parcourir toutes les anfractuosités où elle affermit le nombre prodigieux des vaisseaux que l'on y observe ; après quoi les deux lames réunies accompagnent & revétissent la moëlle allongée, la moëlle épiniere, & suivent l'une

& l'autre généralement tous les nerfs ainsi que leurs divisions.

2°. *Les vaisseaux* qui sont les mêmes que ceux qui se distribuent au cerveau.

Du cerveau en général.

La masse moëlleuse renfermée dans la dure & dans la pie-mere, présente quatre parties :
Le *cerveau* proprement dit,
Le *cervelet*, ou le petit cerveau.
La *moëlle allongée*.
La *moëlle épiniere*.

Le *cerveau* proprement dit occupe toute l'étendue du crâne jusques à la cloison transversale.

Le *cervelet* est la portion qui dans l'animal est au-dessus de cette cloison.

La *moëlle allongée* est cette substance que l'on peut regarder comme une production commune du *cervelet* & du *cerveau*, & qui s'étendant depuis le *cervelet* jusques au grand trou de l'occipital, donne naissance aux nerfs du *cerveau*.

La *moëlle épiniere* en est une continuation ; elle est la source des nerfs spinaux contenus dans le canal osseux des vertébres ; elle se porte depuis la tête jusques à l'échancrure qui se montre aux dernieres vertébres de la queue.

Du cerveau proprement dit.

Il faut en considérer :
1°. *La position* qui est, ainsi que celle du cervelet & même du crâne, perpendiculaire à l'horison, attendu la situation inclinée de l'animal ; ainsi le cervelet toujours un peu en arriere occupe en lui le dessus, tandis que le *cerveau* occupe le dessous.

2o. *Le volume* qui est trois fois moins ample que celui du *cerveau* humain.

3°. *La figure* qui est antérieurement convexe & ovalaire & postérieurement applatie.

4°. Les *anfractuosités* dont sa surface est garnie & que l'on appelle encore les *circonvolutions du cerveau*, circonvolutions qui reçoivent les replis de la lame interne de la pie-mere, & qui assez irrégulieres dans leur direction, imitent à peu près les contours intestinaux & pénétrent jusqu'au niveau du corps calleux.

5°. Les *deux lobes*; l'un à droite & l'autre à gauche, séparés & distingués par le processus & par la cloison falciforme ; ces deux lobes n'étant point divisés en lobules dans l'animal, aussi n'y observe-t-on point ce sillon, cette scissure profonde que l'on a nommée dans l'homme la *fosse de Sylvius*.

6°. *La substance* qui est double : l'une externe, partout semblable à elle-même, nommée *écorce du cerveau*, *substance corticale*, *cortex*, *substance cendrée*, *substance grise*. L'autre interne, appellée *substance médullaire*, *substance blanche* ; celle-ci étant plus ferme & dominant au dedans de la masse moëlleuse, & l'une & l'autre ayant beaucoup plus de solidité dans le cheval que dans l'homme.

7°. *La composition* qui a donné lieu à une multitude de recherches & à des travaux dont tout le fruit a été de nous apprendre à douter. Cependant il paroit que le sistême qui a prévalu est celui qui nous a invité à croire que le *cerveau* n'est qu'une continuation des artéres diversement repliées, dont les extrémités forment les nerfs, sans qu'il y ait entre les extrémités de ces artérioles & les commencemens des vaisseaux nerveux, aucunes glandes intermédiaires.

8°. *Le corps calleux* qui est une portion longitudinale & médullaire plus petite, plus étroite & moins profonde que dans le *cerveau* humain, mais néanmoins proportionnée au volume du *cerveau* de l'animal: on l'apperçoit en détachant de l'épine frontale le replis falciforme, en tirant cette membrane en haut, & en écartant légérement les deux lobes: elle est d'une consistance plus ferme & plus solide que le reste de la masse moëlleuse. Si l'on emporte au moyen de plusieurs sections verticales pratiquées antérieurement, le mélange des deux substances jusques à l'enlevement total du *cortex*, on voit 1°. la direction des fibres médullaires qui composent ce même corps calleux ; elles sont transversalement canelées de stries qui se croisent dans leur milieu en venant les unes du côté gauche à droite, les autres du côté droit à gauche. On peut s'assurer, 2o. de la forme de la face antérieure de ce corps qui répond à sa face supérieure dans l'homme, mais qui paroît ici plus voûté. 3°. On trouve deux légeres anfractuosités destinées à loger des vaisseaux qui passent sur cette partie. 4°. On découvre enfin la couture ou le raphé qui est au milieu de cette portion médullaire dans toute sa longueur, & qui résulte de la rencontre & du croisement des fibres.

9°. *Le centre ovale*, c'est-à-dire, deux éminences ovalaires & convexes, extrémement blanches, une de chaque côté ou dans chaque lobe, unies par le corps calleux ; elles servent de parois ; elles cachent ainsi que le corps qui les unit, deux cavités considérables.

10°. *Les ventricules antérieurs, ou les grands ventricules*, qui ne sont autre chose que ces mêmes cavités. Pour y parvenir il suffit de donner un coup de scalpel à chaque bord du corps calleux. La forme en est assez irréguliere ; ils sont beaucoup plus longs que larges & situés de chaque côté dans le milieu des lobes. L'inspection d'un de ces ventricules fournissant des notions suffisantes sur la structure de tous les deux, nous dirons que le ventricule droit s'étend dans toute la longueur du côté droit du *cerveau*. De ses deux extrêmités, l'inférieure est la plus arrondie & la plus large; la supérieure se termine en une pointe qui s'enfonce dans la substance du corps moëlleux. La premiere est aussi éloignée du front, & la seconde de l'occipital, que sa face latérale externe l'est des tempes ou des larmiers. Cette même face se contourne plus du côté droit à son commencement & à sa fin que dans son milieu, tandis que la face latérale interne est exactement voisine de la face interne de l'autre, de maniere qu'elles sont comme adossées. Près de son extrêmité supérieure, cette cavité fait un prolongement qui se porte & se replie en arriere en faisant un contour dans lequel s'insinuent les *cornes d'ammon*. On trouve au surplus quelquefois de l'eau dans les ventricules, mais en très-petite quantité ; si elle y est en abondance comme dans de certaines hydrocephales, le cas est mortel. On ignore si cette sérosité existe dans l'animal vivant. A l'ouverture du crâne d'un cheval morveux, cette ouverture ayant été faite l'animal n'étant pas mort, nous n'en avons point apperçu. On voit encore deux petits corps glanduleux dont la figure est assez irréguliere, unis par leurs pointes au moyen d'un prolongement du plexus choroïde qui pénétre d'un ventricule à l'autre sous le septum lucidum. Ces corpuscules glanduleux avoient acquis un volume considérable dans le même cheval morveux.

11º. Le *septum lucidum* qui n'est autre chose
qu'une

qu'une cloison qui sépare les ventricules; elle n'est pas moins diaphane que dans l'homme, & elle naît de la partie postérieure du milieu du corps calleux directement au-dessous du raphé; elle se porte toujours en arriere jusques à une portion moëlleuse que l'on nomme dans l'homme la *voûte à trois piliers*, & à la surface antérieure de laquelle elle s'attache, elle est formée de deux plans très-minces de fibres médullaires; la double lame qui en résulte n'est point exactement unie, car les deux plans sont légérement écartés, & il est entr'eux & inférieurement un intervalle sensible.

12°. *La voûte à trois piliers* qui représente dans l'homme une espèce de plancher vu sa position horisontale, & qui dans l'animal étant perpendiculaire, doit perdre ce nom & peut être appellée *triangle médullaire*, attendu sa figure & son principe. Ce triangle est situé à l'extrémité postérieure du septum lucidum & au milieu des deux ventricules, ensorte qu'on l'apperçoit dès qu'on a enlevé & la cloison & une partie du corps calleux dont il est une production, & dont il forme pour ainsi dire, la face postérieure. Ses côtés sont égaux; de ses faces celle de dehors est plus arrondie que dans l'homme; à l'égard de ses extrémités, l'une est inférieure & les autres supérieures; l'inférieure a été nommée dans l'homme le *pilier antérieur*; les supérieures ont été appellées les *piliers postérieurs*; celles-ci présentent deux corps longs & cylindriques servant postérieurement d'attaches au triangle & formés de la substance cendrée qui est recouverte d'une lame médullaire émanant du corps calleux. Ils imitent par leur développement de légeres bandelettes qui sont les *corpora fimbriata* de Winslow. Ils s'enfoncent, ils entrent dans les circonvolutions ou dans les contours du ventricule;

c'est ce que l'on a appellé *les cornes d'ammon*. Quant à l'extrémité inférieure qui répond, comme je l'ai dit, au pilier antérieur de la voûte dans l'homme, cette extrémité est postérieure à l'angle inférieur ; elle naît de l'approche & de la réunion des bords latéraux de cette moëlle triangulaire & calleuse ; c'est à cette seule extrémité inférieure qu'adhère le septum ; aussi n'empêche-t-il pas, quoiqu'il sépare les ventricules, la communication de l'un à l'autre.

13°. *La lyre ou le psaltérium* que l'on voit dès qu'on a coupé l'extrémité dont je viens de parler, & qu'on a enlevé le triangle médullaire de dessous en dessus. On appelle ainsi les lignes saillantes qui sont à sa surface postérieure, les unes moyennes longitudinales, les autres obliques, les autres transversales.

14°. *Le plexus choroïde* que le triangle médullaire cachoit en plus grande partie & que l'on découvre en entier lorsqu'on a détaché totalement ce même triangle. Ce plexus ou ce réseau particulier de vaisseaux sanguins, artères & veines qui communiquent ensemble, & dont l'entrelacement est soutenu par une membrane extrêmement fine, semblable à la pie-mere & qui de tous les canaux qu'elle unit ne fait qu'un tissu très-délicat, s'étend non-seulement dans toute la profondeur des ventricules & s'épanouit légérement aux environs, mais il rampe sur les couches des nerfs optiques qu'il récouvre ainsi que les autres éminences dont nous parlerons.

15°. *Les corps cannelés* qui sont des avancemens oblongs & grisâtres situés à la partie inférieure des ventricules antérieurs, & qu'on entrevoit seulement lorsqu'on n'a pas détruit le plexus. Ils ont été appellés de ce nom, attendu les espèces de cannelures que forme intérieurement le mélange de la substance corticale & de la substance médullaire dont ils sont composés.

16°. *Les couches des nerfs optiques* qui sont encore deux grandes éminences placées supérieurement & cependant au niveau des corps cannelés. Leur substance extérieure est médullaire, l'intérieure est cendrée : elles sont adossées l'une à l'autre : leur forme est mi-sphéroïde ; unies antérieurement, elles ne pourroient par conséquent l'être postérieurement ; elles diminuent toujours de volume dans leur marche ; elles se portent ensuite sous la forme d'un gros cordon médullaire sur la partie postérieure du cerveau, & se croisent très-sensiblement au-dessous de l'ouverture postérieure de l'entonnoir.

17°. *Le troisième ventricule* formé par l'écartement des couches optiques à mesure qu'elles se propagent en arriere, & qui n'est autre chose qu'un espace qu'elles interceptent dans leur milieu par cet hiatus forcé.

18°. *Le double centre semi-circulaire de Vieussens* qui est une trainée blanche, placée entre ces couches & les corps cannelés.

19°. *L'ouverture commune inférieure, & l'ouverture commune postérieure* : la premiere étant placée à la partie inférieure de ce troisième ventricule, & la seconde à sa partie supérieure, & toutes les deux répondant dans ce canal.

20°. *La glande pinéale* qui est une éminence beaucoup plus petite que les autres & qui est située au-dessus de l'ouverture supérieure & des couches optiques : sa forme est conoïde ; la pointe en est antérieure, la base en est postérieure ; elle n'est unie au *cerveau* que par de petits vaisseaux du plexus choroïde qui l'entrelaçant fortement, l'affermissent dans sa position. Elle est de la grosseur d'un pois ;

sa substance paroît différente de celle du *cerveau* ; elle est molasse, mais néanmoins grisâtre & cendrée dans l'homme. Dans l'animal sa consistance est la même ; elle diffère seulement par sa couleur qui extérieurement est brune, & intérieurement d'un brun plus clair.

21°. *Les tubercules quadrijumeaux de Winslow* qui sont quatre protubérances, ou deux paires de petites éminences ; la premiere paire étant directement placée au-dessus de la glande pinéale ; la seconde qui est supérieure & postérieure tellement attenante & continue à la premiere, que l'une & l'autre composent un même corps. La grosseur de ces tubercules, principalement celle des supérieurs, est beaucoup plus considérable dans le cheval que dans l'homme ; la consistance des uns & des autres est aussi plus ferme & plus solide ; elle égale celle du corps calleux ; ils sont blancs au-dehors & cendrés au-dedans ; la forme des inférieurs est arrondie, celle des supérieurs qui ont un plus grand volume, est légérement allongée.

22°. *L'aquéduc de Sylvius, ou le canal mitoyen de Winslow* : c'est un petit conduit que l'on trouve postérieurement & immédiatement derriere l'union des tubercules d'un côté avec les tubercules de l'autre. Il communique d'une part avec le troisiéme ventricule, & de l'autre avec le quatriéme ventricule dépendant du cervelet. La communication avec le troisiéme a lieu par le moyen de l'ouverture commune supérieure, tandis que l'ouverture commune inférieure répond à une sossette assez profonde.

23°. *L'entonnoir* qui n'est autre chose que cette sossette dont le méat évasé se rétrécit imperceptiblement, & se termine en se resserrant en une cavité qui après avoir percé la dure-mere aboutit à un corps confidérable & glanduleux logé dans la foſſe du ſphénoïde. Au bord inférieur de ce méat, je trouve un cordon médullaire qui ſe plonge dans les couches des nerfs olfactifs, & qui établit la communication de ces nerfs; on diroit que c'eſt même de là qu'ils prennent leur origine.

24°. *La glande pituitaire* qui eſt le corps confidérable & glanduleux dont je viens de parler. Elle eſt orbiculaire dans l'animal & de la groſſeur d'une petite châtaigne: eu égard à celle de cette glande dans l'homme & à la petiteſſe comparée du *cerveau* du cheval, ce volume eſt étonnant. Sa ſubſtance n'a rien de différent de celle des autres glandes; elle eſt dans les replis ſphénoïdaux de la dure-mere, & recouverte encore de la pie-mere; elle eſt dans le centre des artéres carotides & des ſinus caverneux, ainſi quantité de vaiſſeaux l'entourent. On a prétendu qu'elle reçoit l'humeur pituiteuſe du *cerveau* que l'entonnoir lui apporte après qu'elle a été recueillie dans ce conduit; que cette humeur abſorbée par la glande eſt ſans doute repompée par les petits vaiſſeaux qui y abordent, & qu'elle rentre ainſi dans le torrent de la circulation; mais cette idée ſemble peu juſte, parce que la fonction des glandes eſt plutôt de ſéparer que d'abſorber, parce que vraiſemblablement la nature qui agit toujours par les voies les plus ſimples, ſe ſeroit contentée de prépoſer & d'employer un ſimple canal à cet uſage, parce qu'enfin la conſiſtance de cette glande eſt trop ferme & trop ſolide pour qu'elle puiſſe y être propre. Peut-être qu'elle filtre donc & qu'elle ſepare une liqueur qui eſt envoyée dans des vues que nous ignorons par l'entonnoir au *cerveau* & à la moelle de l'épine; ce qu'il y a de certain c'eſt que ſi l'on coupe tranſverſalement la moëlle épiniere près de son origine, on apperçoit une quantité considérable d'une eau limpide.

250. Le *rets admirable* considéré par Willis dans le chien, dans le mouton, dans le veau, &c. qui est formé par un nombre infini de ramifications que laissent échapper les arteres carotides internes à leur sortie des sinus caverneux, & par quantité de filamens nerveux qui proviennent du tronc de la cinquiéme paire. Ce plexus retiforme se porte de chaque coté aux parties latérales de la fosse du sphénoide; il garnit principalement la base du crâne & la partie supérieure de l'entonnoir.

Du cervelet.

385. Le *cervelet* est ainsi que la moëlle allongée situé sous l'occiput. Il faut en considérer :

1°. *La forme* qui est irréguliérement arrondie.

2°. *La surface* qui est marquée par des inégalités transversales, & dans la profondeur desquelles s'insinue la lame de la pie-mere qui les recouvre & qui y soutient les ramifications des vaisseaux vertébraux. Il est dans le cheval de ces inégalités légeres comme des lignes qui garnissent l'intérieur des autres.

3°. *Le volume* qui est exactement proportionné à celui du cerveau.

4°. *La consistance* qui est un peu plus ferme que la portion moëlleuse dont il est séparé par la cloison transversale.

5°. *La substance* qui est la même, à cette différence près, que la substance cendrée s'insére, s'entremêle & forme intérieurement des espèces de ramifications auxquelles répondent de semblables ramifications de la substance blanche ou médullaire qui aboutissent à deux troncs dont nous parlerons.

6°. *Les quatre lobes principaux* dont le plus considérable est l'inférieur : il forme une sorte d'appendice vermiculaire qui pénétre & se replie en haut dans le quatriéme ventricule. Des trois autres, l'un est supérieur, les deux autres latéraux : leur forme est très-irréguliere ; on pourroit les diviser ainsi que l'inférieur en une multitude de petits lobes qui présentent eux-mêmes une infinité de sillons. Au surplus à la partie postérieure de la circonférence des deux lobes latéraux, on voit un entrelacement considérable de vaisseaux, au milieu desquels on apperçoit quelques corpuscules qui paroissent être des follicules glanduleux.

7°. *Le quatriéme ventricule* dont les bras de la moëlle allongée forment les côtés ou les faces latérales, & dont la face postérieure appartient à cette moëlle, tandis que sa face antérieure appartient au *cervelet*. Il est beaucoup plus vaste dans le cheval que dans l'homme ; il se termine de même en arriere en forme de pointe ; dès-lors il a la figure d'un bec de plume à écrire ; aussi la pointe ou la fin de cette cavité a-t-elle été nommée *calamus scriptorius*.

8°. *La valvule de Vieussens* qui est une membrane transparente & moëlleuse formant le quatriéme ventricule ; elle est molle & lâche ; on la souleve & elle flotte, lorsqu'après avoir introduit un petit tuyau dans l'aqueduc de Sylvius, on soufle dans le ventricule.

De la moëlle allongée.

386. La *moëlle allongée* est la réunion de toutes les fibres qui composent la substance du cerveau & du cervelet. Il faut en considérer :

K k 4

1°. *Les quatre troncs* qu'on a appellé *les péduncules*, & par où ces fibres y aboutissent.

2°. *Les cuisses* formées par deux de ces troncs qui dépendent du cerveau.

3°. *Les bras* formés par les deux autres troncs & qui dépendent du cervelet. On les voit encore à sa face antérieure se réunir en maniere d'Y : on découvre au moyen d'une section verticale dans leur intérieur, les branches & les rameaux que dans l'homme on a appellé *l'arbre de vie*.

4°. *Les protubérances mamillaires* qui sont deux petits mamelons blancs que l'on voit à cette même face.

5°. *Le pont de Varole* qui est une protubérance ou un anneau médullaire formant une espèce d'arche sous laquelle passent les bras ; toutes ces parties au surplus étant infiniment moins distinctes dans le cheval.

6°. *La queue* ou ce rétrécissement qui, comme dans l'homme, se portant en arriere & diminuant jusques au bord du grand trou de l'occipital, s'y termine par la moëlle épiniere. On y remarque deux sillons, l'un à sa face supérieure, l'autre à l'inférieure qui sont formés par le cours d'une artére & d'une veine qui composent les vaisseaux spinaux ; mais on n'observe point les corps pyramidaux ou les corps olivaires qui dans l'homme se trouvent sur cette même queue.

De la moëlle épiniere.

887. La *moëlle épiniere* est la production médullaire qui est reçue dans le canal des vertébres. Elle n'est proprement que la moëlle allongée qui parvenue dans le propre canal que termine la dure-mere, & fortement collée au commencement de l'encolure

à l'entonnoir ligamenteux des vertébres, change simplement de nom. Il faut en considérer :

1º. *La substance* qui est la même que celle du cerveau & du cervelet ; elle est extérieurement médullaire, & intérieurement cendrée.

2º. *Les enveloppes* qui, comme je l'ai dit, sont formées par la dure & la pie-mere ; la dure-mere étant séparée du canal vertébral par une matiere onctueuse, & la lame externe de la pie-mere étant ici évidemment sensible.

3º. *La consistance* qui est plus ferme & plus solide que celle de toutes les autres portions pulpeuses.

4º. *Le volume* qui ne suit pas toujours une proportion exacte dans sa décroissance, qui augmente dans les vertébres inférieures du col, après avoir diminué dans les dorsales, & qui accroît dans celles des lombes & même dans l'os sacrum où cette moëlle se divise en une multitude de fibrilles qui se propagent jusques dans les os de la queue.

Des vaisseaux du cerveau.

8. Il nous reste à dire un mot des distributions principales & sensibles des tuyaux qui portent & qui charrient le sang dans la masse cérébrale.

Les carotides & les artéres vertébrales sont les vaisseaux qui en sont chargés.

La carotide interne se portant dans la boëte osseuse ; y pénétrant par les fentes déchirées en faisant quelques inflexions ; se plongeant dans le sinus caverneux où elle baigne assez long-temps dans le sang ; communiquant avec celle du côté opposé ; fournissant un rameau qui s'anastomose avec la vertébrale, ce qui est proprement la premiere anastomose des carotides ; se dégageant du sinus dans lequel elle s'eſt plongée; laiſſant échapper auſſitôt après deux branches, dont l'une s'anaſtomoſe avec celle du côté oppoſé & avec l'oculaire qui émane de la carotide externe, tandis que l'autre répondant aux vertébrales, forme la ſeconde anaſtomoſe des vaiſſeaux dont il s'agit; ces deux branches ſe diviſent & ſe ſubdiviſent enſuite en une multitude de ramifications irrégulieres dont les unes parcourent toute la ſubſtance de la maſſe moëlleuſe, tandis que les autres cheminent & rampent dans les anfractuoſités & s'y trouvent ſoutenues par la piemere, &c. &c.

La carotide externe fourniſſant l'occipitale dont un rameau s'inſinue aſſez ſouvent dans le canal ſpinal, & ſe porte dans le crâne où il s'anaſtomoſe quelquefois avec celui du côté oppoſé, d'autrefois avec les vertébrales qu'il ſupplée dans la circonſtance où elles ne s'introduiſent pas dans cette cavité; cette même carotide donnant auſſi maintes ramifications légeres qui accompagnent les nerfs dans la boëte.

Les vertébrales pénétrant dans le crâne par le trou vertébral, s'anaſtomoſant, formant par leur réunion le tronc vertébral qui communique avec les occipitales, ſe ſéparant enſuite pour ſe réunir de nouveau, & ſe ſubdiviſant bientôt après en une infinité de ramifications qui ſe diſperſent dans la ſubſtance du cervelet, & dont quelques unes communiquent avec des rameaux de la carotide interne; quelquefois une ſeule de ces artéres pénétrant dans le crâne, & s'aſſociant avec l'occipitale; quelquefois ni l'une ni l'autre ne s'y introduiſant, & les occipitales en faiſant les fonctions.

Du reſte, l'extrémité de toutes les petites artéres aboutiſſant à des veines qui après avoir ſuivi le trajet des tuyaux artériels dont elles ſont une continuation, vont se dégorger dans les sinus ; celles qui se trouvent à la partie antérieure dans le sinus longitudinal, celles qui viennent de la partie moyenne se rendent par un seul tronc régnant dans le canal de communication des quatre ventricules à l'endroit de l'union des sinus latéraux, & ainsi des autres veines.

L'artére spinale au surplus qui est le plus communément une production des vertébrales & quelquefois aussi des occipitales, dans le cas de l'absence des premieres, & celles-ci sont chargées de leurs fonctions, venant du tronc vertébral se plonger dans le canal de l'épine en faveur de la moëlle épiniere, le long de la partie antérieure de laquelle elle chemine en lui fournissant dans son trajet, ainsi qu'à ses enveloppes, quantité de petites artérioles.

En ce qui concerne les veines principales ; les vertébrales communiquent avec les occipitales dans le cerveau, & avec les spinales par tous les trous vertébraux. La seconde branche de la jugulaire pouvant être comparée à la jugulaire interne humaine, accompagne la carotide interne, &c. &c.

Des usages de la masse moëlleuse.

La voie de la dissection nous fait découvrir dans le corps pulpeux que nous venons d'éxaminer des parties diversement configurées, des cavités, des éminences, deux substances distinctes, de petites inégalités, des lignes presqu'imperceptibles, des fibrilles médullaires que l'on a regardées jusques ici comme autant de portions différentes auxquelles on a cru devoir donner des noms particuliers & bisarres ; mais où est le nœud du prodige ? En connoit-on mieux tous les ressorts, & toutes les opérations de cet organe ?

Malgré l'impossibilité de saisir les fonctions particulieres des parties sur la forme desquelles à peine a-t-on quelques notions, il est néanmoins des hommes qui ont cru pouvoir les developper; mais il ne seroit pas moins dangéreux d'en croire à cet égard les Anatomistes que des philosophes dont l'esprit accoutumé à s'élever au-dessus des êtres sensibles, & non à juger conséquemment à des objets & à des faits palpables & réels, se perdent avec complaisance dans des idées purement métaphysiques auxquelles on ne doit ni se livrer, ni ajouter foi, quand on veut établir la pratique de l'art de guérir sur les fondemens solides d'une saine théorie.

Rien n'est moins douteux que l'empire absolu qu'exerce la masse dont il s'agit sur toutes les parties du corps de l'animal; les expériences & les maladies mêmes lui assurant le premier rang parmi les forces mouvantes, & prouvant par des faits constans & répétés que la liqueur infiniment active, pure & déliée que nous nommons *esprit animal*, *lymphe nervale*, en émane; qu'elle est filtrée, séparée & préparée dans les filieres merveilleuses du cortex; qu'elle coule au travers des replis tortueux de la substance médullaire dans la moëlle allongée, dans la moëlle de l'épine, d'où elle est transmise & portée dans les canaux nerveux: ainsi le cerveau destiné à la sécrétion & à la confection d'un suc aussi nécessaire est l'organe principal, la vraie cause du mouvement & du sentiment.

L'existence de ce suc est au surplus confirmée par les ligatures & les compressions, mais la nature en est inconnue. On pourroit dire néanmoins qu'il émane du sang, qu'il en est la portion la plus spiritueuse, qu'enfin séparé, filtré & circulant dans des tuyaux dont la finesse est encore au-delà de ce à quoi l'imagination peut se prêter, ses parties sont de tous les sucs & de toutes les humeurs du corps de l'animal les plus mobiles & les plus déliées.

Des yeux.

Les détails anatomiques auxquels nous nous sommes livrés en examinant l'organe dont il s'agit (*art. 16 jusques à 21*) dans notre ouvrage sur la *connoissance extérieure du cheval*, suppléeront à tout ce que nous aurions à dire ici sur la structure des yeux & sur les usages propres de chacune de leurs parties.

En ce qui concerne leurs muscles, on peut voir ci-devant (*les articles 123 jusques à 126.*)

Nous nous contenterons donc de jetter un coup d'œil rapide :

1°. Sur *leurs vaisseaux sanguins*. L'artére temporale émanant de la carotide externe, fournissant un rameau qui après avoir franchi le pont jugal, se distribue aux parties qui environnent le globe; cette même artére carotide externe donnant avant sa sortie du trou ptérigoïdien un rameau connu sous le nom *d'artére oculaire* qui se divise en deux branches, dont une partie de la premiere laisse échapper quantité de ramifications qui se dispersent dans les muscles & dans toutes les portions internes de l'organe ; la seconde branche y départissant encore quelques ramifications avant son introduction dans le crâne par le trou orbitaire interne : l'artére maxillaire antérieure qui est encore une division de cette même carotide, laissant échapper un rameau qui chemine le long de la partie intérieure de l'orbite, se distribue dans les muscles, à la conjonctive & s'anastomose avec l'angulaire : enfin la carotide interne après avoir traversé le sinus caverneux, s'anastomosant avec l'oculaire par une de ses branches, en fournissant une qui, sortant du crâne, se porte dans le globe, accompagne le nerf optique & pénétre dans la cornée.

Les veines suivant les artéres du même nom, & venant se rendre dans la maxillaire interne, quelques unes dans la temporale, &c. &c.

2°. Sur *les vaisseaux nerveux*, *les nerfs optiques ou de la seconde paire* consistant en deux cordons considérables qui partent des éminences du cerveau dites *les couches des nerfs optiques*; ces cordons évidemment pulpeux ou médullaires se fléchissant dès leur origine, chacun en dehors, se recourbant ensuite en dedans en se portant jusques sur la fosse pituitaire; s'unissant très-étroitement l'un & l'autre au bas de la glande logée dans cette fosse; s'écartant & se séparant aussitôt latéralement, conformément à leur premiere progression; passant dans les trous optiques de l'os sphénoïde, & se plongeant enfin l'un dans la cavité orbitaire droite, l'autre dans la cavité orbitaire gauche, & leur implantation répondant à l'obliquité de leur marche, ayant lieu plus près de l'angle interne que du petit angle, & par conséquent à côté de l'axe de l'espèce de bulbe dont ils sont en quelque maniere la queue ou le pédicule.

Les nerfs moteurs ou de la troisiéme paire naissant de la partie postérieure de la moëlle allongée à l'endroit qui répond à la selle turchique; accompagnant le cordon antérieur de la cinquiéme paire; sortant par le trou maxillaire antérieur; pénétrant dans l'orbite; s'y divisant en trois branches; deux d'entr'elles se perdant dans la substance des muscles droits, abaisseurs & adducteurs de l'œil, & la troisiéme s'évanouissant dans le muscle petit oblique.

Les nerfs obliques ou de la quatriéme paire se

portant obliquement vers l'apophise pierreuse pour joindre le cordon antérieur de la cinquième paire; passant par le trou maxillaire antérieur; marchant obliquement, lorsqu'ils sont parvenus dans l'orbite, au muscle grand oblique, dans la substance duquel ils se ramifient & se dispersent.

Les nerfs ophtalmiques naissant du cordon antérieur de la cinquième paire avant sa sortie du crâne par le trou maxillaire antérieur, & se divisant dès son entrée dans l'orbite en quatre rameaux; l'un d'eux sort par le trou sourcilier, s'épanouit sur le front & se distribue au muscle releveur de la paupiere, au muscle orbiculaire, &c. le second appellé *le nerf lachrimal* se porte en grande partie à la glande lachrymale & à la paupiere supérieure, le troisième au grand angle de l'œil, au sac lachrymal, à la caroncule lachrymale, à la membrane clignotante, &c. le quatrième enfin se ramifie dans la paupiere inférieure.

La sixiéme paire passant avec la cinquième par le trou maxillaire antérieur; pénétrant dans l'orbite; se ramifiant dans la substance du muscle adducteur de cet organe, & dans l'orbiculaire particulier aux quadrupedes.

30. Sur *la maniere dont la vision est opérée*. Tout point lumineux est un centre d'où partent des lignes droites dirigées vers tous les points placés au dehors, ces lignes traversant les corps transparens & heurtant les corps opaques qu'elles rencontrent. Les rayons d'où résulte un cone dont la base sera la cornée, & le point lumineux la pointe, tomberont nécessairement sur tous les points de la surface de cette tunique, s'il n'est entr'elle & le point rayonnant quelqu'empêchement & quelqu'obstacle. Ces rayons frappent-ils des corps denses, ils se plient plus ou moins; en conséquence ils se sé-

parent, delà leur réflection : Paſſent-ils d'un milieu dans un autre, ils ſe plient en tombant ſur le dernier & ſe propagent toujours ainſi pliés dans ce milieu, delà leur réfraction : Ceux qui du point rayonnant ou réfléchiſſant ſont pouſſés à la cornée lucide, en éprouvent une qui les approche de la perpendiculaire ; ils continuent & pourſuivent ainſi leur trajet au travers de l'humeur aqueuſe & ſont déterminés à aller par la voie que leur offre le trou de la pupille, frapper la ſurface du criſtallin. Il en eſt qui entrant obliquement tombent ſur l'iris ; mais ils ſe réfléchiſſent, ils s'échappent & ſont renvoyés hors de l'œil. Il en eſt d'autres qui tombent obliquement entre la partie intérieure de l'uvée & le corps vitré ou ſur la ſurface de ce corps ; ceux-là ſont ſur le champ éteints & abſorbés dans la peinture noire qui s'y trouve & que nous y avons vue. Ceux qui ayant enfilé l'ouverture de la pupille parviennent au criſtallin, ſubiſſent une nouvelle réfraction qui les rend convergens ; ils ſe propagent au travers de l'humeur vitrée juſques à la rétine ſur laquelle ils peignent autant de points qu'il en eſt de ſenſibles dans l'objet dont ils impriment ſur cette tunique une petite image. Si le criſtallin eſt trop convexe, l'union des rayons a lieu trop près de cette lentille ; ſi la figure en eſt trop plane, ſi le tiſſu en eſt trop lâche, le foyer de l'enſemble des rayons en eſt trop éloigné. Du reſte on a vu que la pupille ſe contracte ſelon que l'objet eſt plus ou moins lumineux ou radieux & plus ou moins voiſin ou proche ; elle reçoit donc alors moins de rayons ; elle ſe dilate ſelon le plus ou moins d'éclat & de diſtance des objets ; les rayons qu'elle admet alors ſont par conſéquent en plus grand nombre ; or tel eſt le moyen que la nature a mis en uſage pour aſſurer la conſervation de l'organe immédiat de

la

la vue qui, attendu sa délicatesse extrême & sa grande sensibilité, auroit été inévitablement blessé, s'il eût été indifféremment exposé aux traits d'une lumiere trop vive. Nous voyons de plus que dans le cheval la pupille peut considérablement s'élargir, & c'est vraisemblablement la raison pour laquelle il y voit beaucoup mieux que l'homme dans la nuit, mais il pouvoit résulter de la dilatation qui lui a été permise des inconvéniens très-grands, consistant dans une véritable difficulté de sauver en lui la rétine de la funeste impression d'un jour importun : or la nature y a encore paré par les fungus ou les prolongemens de l'uvée qui se montre alors dans la chambre antérieure à la partie supérieure & inférieure de la fente transversalement elliptique de la pupille ; ils closent cette fente en partie, & d'un autre côté ils absorbent les rayons vu leur couleur.

Des oreilles.

1. On divise communément *l'oreille* en *oreille externe* & en *oreille interne*.

On peut l'envisager d'une maniere encore plus précise en admettant trois parties dans cet organe, l'une *externe*, l'autre *moyenne* & l'autre *interne*.

La partie *externe* comprend d'abord tout ce que nous connoissons à l'extérieur sous la dénomination générale *d'oreille*, & nous en bornons l'étendue au tympan. Il faut y considérer :

1°. *Le cartilage principal* qui en forme la plus grande portion ; ce cartilage présentant un cône large & ouvert, plus ou moins ample & plus ou moins long dans certains chevaux que dans d'autres.

2°. *La face externe ou convexe* de ce même cartilage qui est recouverte des poils & de la peau.

3°. *La face interne ou concave* qui est revêtue de même, mais la peau n'y étant point accompagnée d'autant de tissu cellulaire, & les poils n'y étant ni aussi longs, ni aussi fournis que sur les bords.

4°. *Les sillons transversaux* formés par la peau dans cette même face depuis la pointe ou l'extrémité supérieure du cône, jusques auprès de sa partie inférieure.

5°. *Les éminences longitudinales* d'où résultent dans cette même face concave des cavités qui descendent depuis environ un pouce de cette même extrémité supérieure jusques à la base, ces éminences n'étant que des rugosités du tégument.

6°. *La grande fosse partagée* en petites fossettes que ce même cartilage donne par sa largeur à sa base.

7°. *La demi-volute* qu'il forme par son prolongement dans sa partie postérieure & au-delà de cette fosse; demi-volute par laquelle il rentre en dedans de la concavité & s'approche de l'autre bord.

8°. *Les deux légers appendices* qui fixent ce cartilage à l'apophise pierreuse du temporal, & par lesquels cette demi volute se termine inférieurement.

9°. *Le petit cartilage mobile* étant à l'extrémité de l'autre & formant un demi-canal égal à sa demi-volute dans laquelle il est en partie logé; ce second cartilage fixé d'une part à la partie éminente du conduit auditif osseux qui infère dans sa cavité, & de l'autre par de légères fibres ligamenteuses en bas & au dedans de la demi-volute du cartilage principal, cette derniere attache étant assez lâche & permettant un mouvement entre ces deux cartilages, le principal pouvant s'avancer sur celui-ci, ou s'en éloigner selon qu'il est mû en avant ou en arriere.

10°. *Un troisiéme cartilage* ayant environ trois doigts de longueur sur un pouce de largeur; sa forme étant irréguliérement triangulaire, tenant par sa portion la plus élargie au bas du grand cartilage par des fibres ligamenteuses & musculeuses & s'épanouissant delà sur le pariétal où il est également fixé par quelques fibres ligamenteuses, de maniere qu'il peut glisser sur cet os dans les divers mouvemens de *l'oreille.*

11°. *Les muscles* par lesquels s'opérent ces mouvemens, & qui servent d'attache à cette partie qui ne peut se prêter à toutes les impressions des rayons sonores & les recevoir de quelque part qu'ils abordent, qu'autant qu'elle est libre de se porter en avant, en arriere, en dehors, & de se maintenir dans une situation droite & fixe (*voyez 108 jusques à 114.*)

12°. *Le méat ou le conduit auditif* en partie cartilagineux & en partie osseux: la partie cartilagineuse étant la plus courte: la portion osseuse étant la plus longue, & la nature ayant d'ailleurs suppléé à son peu de profondeur & à son peu d'étendue par l'obliquité, les tortuosités & les sinuosités qui dans ce même conduit augmentant les surfaces, multiplient les lieux de réflexions.

13°. *La membrane* qui tapisse ce méat & qui est une continuation de la peau dont le principal cartilage est revêtu, à l'exception qu'ici elle est infiniment plus tenue.

14°. *Les cryptes* oblongs rampant sur la surface convexe de cette même membrane, & fournissant une matiere cérumineuse qui différe dans le cheval par sa couleur de celle que l'on observe dans *l'oreille* humaine; cette espèce de cire étant ici plutôt blanchâtre que jaune, & son usage étant plutôt de préserver de desséchement la membrane qui revêt ce conduit sonorifere, d'éteindre, d'absorber les rayons sonores & d'arrêter la vivacité de leur impression, à peu près comme la matiere noirâtre qui dans l'œil enduit la choroïde, éteint & absorbe les rayons lumineux, que de se charger des ordures qui pourroient être introduites dans ce même conduit & d'en défendre l'entrée aux insectes.

15º. *Enfin les usages de l'oreille externe*, dont la situation est telle qu'il est peu de rayons sonores qui puissent lui échapper; cette partie étant destinée conséquemment à la dureté qui résulte de la substance du cône cartilagineux, aux sillons transversaux, aux éminences longitudinales, à la fosse & aux fossettes dont nous avons parlé, par empêcher la dissipation de ces mêmes rayons, par les recueillir & à leur imprimer une circulation douce & un tournoyement mesuré par le moyen duquel ils pénétrent & parviennent dans l'intérieur de cet organe.

392. La *partie moyenne* comprend le tympan, la caisse & tout ce qui est renfermé dans cette cavité jusques à celle que l'on nomme le labyrinthe. Il faut considérer :

1º. *Le tympan*, c'est-à-dire, la membrane qui clot le méat auditif & qui en fait le fond; cette membrane mince, seche & diaphane étant tendue sur un cercle osseux qui tient à une rainure circulaire dans le lieu où elle fait de ce même méat auditif une espèce de sac borgne.

2º. *Sa position oblique*: cette membrane inclinant vers le haut de ce conduit, & présentant dèslors plus de surface que si elle eût été placée perpendiculairement; elle éprouve par conséquent l'abord d'une plus grande quantité de rayons sonores.

3º. *Son centre* sur lequel ces rayons font spécialement leur impreſſion. Il eſt cave du côté du conduit & conique du côté de la caiſſe, ce qui peut donner lieu dans la pointe du cône à de nouvelles réflexions.

4º. *La ſubſtance*: elle eſt compoſée de trois feuillets: le plus externe étant une production ou une ſuite de l'épiderme qui revêt le canal cartilagineux; le moyen étant vaſculeux & le troiſiéme une continuation du périoſte de la caiſſe.

5º. *Ses uſages*; cette membrane empêchant l'air d'entrer du conduit auditif dans *l'oreille interne* & de parvenir ſans milieu juſques aux oſſelets. C'eſt par elle & au moyen des trémouſſemens & de l'agitation qu'elle éprouve, que la communication des vibrations de l'air externe avec l'air interne a lieu. Elle eſt auſſi ſuſceptible de divers dégrés de tenſion; or les ſons ſe communiquant plus facilement à travers un corps tendu, & ſe perdant en partie dans une matiere lâche, ſes différens états doivent diminuer ceux qui ſont aigus & augmenter ceux qui ſont petit. C'eſt ainſi qu'expoſée à différentes percuſſions, elle ſe met vraiſemblablement à l'uniſſon des vibrations qu'elle doit tranſmettre, & devient harmoniquement conforme aux diverſes idées des corps réſonnans.

6º. *Le tambour* autrement dit *la caiſſe*, attendu la ſorte de reſſemblance de cette cavité dans ſa partie ſupérieure avec une caiſſe militaire; cette cavité étant d'ailleurs irréguliere, difforme, en quelque façon elliptique & comprenant tout l'eſpace qui eſt entre le tympan & les parties qui conſtituent le labyrinthe.

7. *Les oſſelets* renfermés dans cette caiſſe & ſemblables par leur nombre, par leur figure & à peu près par leur volume, à ceux dont la caiſſe humaine eſt garnie. Ces *oſſelets* dont le non accroiſ-

fement lorfqu'ils font parvenus à une certaine confiftance eft réel, puifque le volume en eft égal dans le plus jeune poulain comme dans le cheval le plus vieux, étant le marteau, l'étrier, l'enclume & l'orbiculaire.

8°. *Le marteau* dans lequel on diftingue une tête, un col, un manche & deux apophifes ; la tête en étant la portion la plus confidérable, mifphérique d'un coté, inégale de l'autre, & répondant par fes éminences & par fes cavités imperceptibles à celles du corps de l'enclume avec la bafe de laquelle elle s'articule par charniere ; le col en étant la partie la plus étroite & en foutenant la tête ; le manche en étant la portion la plus longue, formant une efpèce de queue & fe terminant en pointe ; l'apophife du col étant la plus notable ; la feconde étant fituée à la partie fupérieure du manche qui s'étend jufques au milieu du timpan auquel il eft étroitement appliqué.

9°. *L'enclume* dont la figure eft à peu près celle d'une dent molaire, & dans laquelle on obferve un corps & deux jambes ; le corps étant cette maffe dans la face de laquelle font des inégalités qui favorifent fon articulation avec le marteau ; celle de fes jambes ou de ces racines qui porte fur les cellules maftoïdes, & qui la tient fufpendue, étant infiniment plus forte & plus courte que la racine qui eft liée au petit os orbiculaire articulé avec la tête ou la pointe creufe de l'étrier, celle-ci étant grêle, légérement courbe & longuette.

10°. *L'étrier* reffemblant par fa forme à un véritable étrier ; fa bafe plate dont le contour eft ovalaire & qui eft unie avec fes branches, n'étant point percée & bouchant exactement la fenêtre ovale dans laquelle elle eft comme enchâffée ; fa tête ou fa pointe légérement cave fe joignant à l'orbiculaire; ses branches dont l'une est courbe & plus longue que l'autre qui est droite, étant intérieurement marquées par un sillon qui assujettit & affermit une membrane vasculeuse garnissant & remplissant toute sa cavité.

11°. *L'orbiculaire* étant un lobule osseux placé entre l'extrêmité de la jambe longue de l'enclume & la tête de l'étrier. On ne le discerne qu'autant qu'il demeure attaché à l'une ou l'autre de ces pièces. Quelques Anatomistes ne l'ont envisagé dans l'homme que comme une épiphise appartenant à l'une d'elles.

12° *Le ligament court & assez fort* qui tient l'enclume attachée près de l'ouverture des cellules mastoïdes.

13°. *Les trois muscles* qui s'insèrent au marteau (*voyez art.* 115, 116, 117, 118.)

14°. *Le muscle de l'étrier* étant assez considérable (*voyez art.* 118.)

15°. *Les usages de ces différentes parties*; toute cette mécanique prouvant que les trémoussemens sonores, harmoniques & proportionnés que reçoit le tympan, doivent être propagés au delà; ainsi cette première membrane agitant le marteau, le marteau communique le mouvement qui lui est imprimé à l'enclume, l'enclume à l'étrier auquel elle est articulée par l'orbiculaire; l'étrier sollicite les mêmes vibrations dans la membrane qui clôt le trou ovale : ces vibrations se propagent à la cavité du labyrinthe fermé par cette dernière membrane; enfin toutes les ondulations de l'air externe excitent jusques dans l'organe immédiat un ébranlement d'où résulte la sensation.

16°. *La corde du tambour* étant un filet de nerf & s'étendant au surplus derrière le tympan dans une direction légerement oblique : ce filet émane

& se détache de la portion dure de la septiéme paire avant que cette portion sorte par le trou stiloïdien ; il est admis dans un petit conduit osseux qui chemine en remontant vers la caisse, & s'ouvre dans cette cavité prés de la rainure circulaire & derriere le lieu de son interruption ; il y pénétre en suivant ce trajet & à sa sortie de la cavité, il s'unit avec quelques filets du nerf maxillaire postérieur, ce qui établit la correspondance entre la septiéme & la cinquiéme paire.

17°. *L'ouverture située à la partie antérieure de cette cavité*, & qui est l'orifice d'un conduit long & appellé dans l'homme *la trompe d'Eustache* : ce conduit étant en partie osseux, en partie cartilagineux & en partie membraneux : la portion osseuse qui en est le principe étant creusée dans l'os pétreux : la portion cartilagineuse se portant obliquement dans la partie supérieure de l'arriere bouche près des arriere-narines, & s'y terminant après s'être sensiblement élargie par une ouverture ovalaire & évasée très-visible dans l'animal & que l'on nomme *le pavillon de la trompe* : la portion membraneuse enfin différant totalement ici de celle que présente la trompe humaine, & formant de chaque côté une poche située entre les deux branches de l'os hyoïde, l'angle de la machoire postérieure, la premiere vertébre cervicale & le pharinx ; ces poches ovalaires, closes de toutes parts, adhérantes au corps de la premiere vertébre, à toutes les parties voisines, & dont le volume peut être comparé à celui de la vessie urinaire du mouton, étant adossées l'une à l'autre, laissant ensuite de leur adossement un intervalle qui loge les muscles fléchisseurs de la tête ; occupant d'ailleurs chacune celui qui est entre les trompes, & répondant aussi chacune en particulier au pavillon, de maniere qu'elles se gonflent & se remplissent. Si après avoir percé le tympan, on introduit de l'air dans la caisse à l'aide du chalumeau, comme si l'on en insinue dans la trompe même par son extrêmité évasée ; ce même air s'échappant ensuite & la poche revenant à son état naturel : l'injection qui y est lancée la distend pareillement dans toute son étendue & n'enfile aucune autre partie. Du reste ces poches se trouvent assez souvent dans les chevaux morveux pleines de la même humeur que celle qui flue par leurs naseaux. Il paroît au surplus que par le moyen de la trompe, l'air principalement attiré par les naseaux, parvient dans la caisse après avoir reçu surtout dans les fosses nasales, les modifications ou le dégré de chaleur que demandent les parties internes qu'il doit frapper : il y contre-balance les efforts de l'air externe qui agite & pousse dans la cavité du tambour la membrane qui sépare cette cavité du méat auditif; il y remplit le vuide qu'y laisse cette membrane, lorsqu'au contraire elle est poussée au dehors & vers ce même méat, & à mesure que les ondulations de l'air extérieur impriment au tympan un mouvement de vibration celui-ci participe de ce mouvement continuel & redoublé. S'il eût été enfermé de maniere à ne pouvoir sortir, ce mouvement auroit opéré sur lui une compression trop forte, & il ne céderoit point aux trémoussemens externes : il a donc fallu qu'il pût y entrer, y demeurer, s'en échapper & se renouveller, & ce conduit favorise conséquemment un flux & un reflux d'air alternatif & non interrompu qui est une sorte d'expiration & d'inspiration tel que celui qui dans les poumons constitue la respiration. Quant aux poches ou à la portion membraneuse, elle est vraisemblablement une sorte de réservoir dans lequel au moment de l'effort violent & supérieur de l'air externe fur la membrane du tambour, celui qui est contenu dans la caisse, ne pouvant d'une part trouver dans son propre ressort dequoi balancer ou vaincre la tension du timpan, & de l'autre sortir & s'échapper en entier & sur le champ par le tube qui l'avoit reçu, est en partie chassé & poussé; il ne paroît pas douteux aussi que l'air qui des fosses nasales enfile la trompe, ne puisse s'y loger encore quand il arrive dans ce conduit en une trop grande quantité, les différens mouvemens de la tête du cheval pouvant d'ailleurs l'expulser de ces mêmes poches par le lieu où elles répondent au tube.

18°. *La fenêtre ovale* qui est une autre ouverture supérieurement située vis-à-vis & à l'opposite du timpan: la membrane qui la clôt, & dont j'ai parlé, recevant divers dégrés de tension, suivant que la partie antérieure de la base de l'étrier est élevée. On y voit de plus un bord fin & délié, une espèce de feuillure sur laquelle porte la base de ce même osselet.

19°. *La fenêtre ronde* qui est une ouverture inférieure à celle-ci & qui est fermée par une membrane aussi solide que celle du tambour; l'une & l'autre de ces ouvertures closes étant par leur position le point de réunion des rayons sonores dans la caisse; elles sont les seules qui répondent à l'antre qui suit cette cavité; aussi font-elles sentir incontestablement dans cet antre les vibrations qu'éprouve leur portion membraneuse; les ondulations communiquées par la derniere dont la tension est toujours uniforme, ne pouvant être selon les apparences aussi distinctes que celles qui sont propagées par la membrane de la fenêtre ovale, d'ailleurs mue par le timpan & par le jeu combiné des osselets.

20°. *La portion de canal* terminé irrégulierement, qui conduit dans la cavité oſſeuſe, qui marche ſur la trompe, & dans laquelle eſt logée une partie du troiſiéme muſcle du marteau ; cette portion de canal étant au-deſſus de la tubéroſité percée ſupérieurement par la fenêtre ovale.

21°. *L'orifice d'une autre cavité* qui contient le muſcle de l'étrier ; cet orifice étant près de cette même tubéroſité, & des deux fenêtres, & placé ſur une petite élévation en forme de pyramide. Il donne paſſage au tendon de ce muſcle.

22°. *Les embouchures des cavernes* creuſées dans le corps de l'apophiſe maſtoïde, s'ouvrant encore dans cette cavité : ces cavernes ou ces cellules auxquelles quelques-uns ont attribués les uſages que nous avons aſſigné aux poches membraneuſes qui répondent aux trompes, étant partagées par des lames dures & remarquables, & tapiſſées par une membrane qui évidemment vaſculeuſe, filtre & fournit l'humeur qui humecte ſans ceſſe le tambour.

93. La partie interne de l'*oreille*, comprend tout ce qui eſt au-delà de la caiſſe, c'eſt-à-dire, toute la portion que l'on nomme en général le labyrinthe, vu les contours divers des parties qu'elle renferme. Il faut y conſidérer :

1°. *Le veſtibule*, ainſi nommé, attendu qu'il eſt le commencement de cette cavité creuſée dans l'os pétreux au-delà de la caiſſe, la forme de ce veſtibule étant ſphérique.

2°. *Les cinq ouvertures*, qui outre celles de la fenêtre ovale & de la fenêtre ronde, ſont dans ce même veſtibule, & donnent entrée dans trois canaux oſſeux & ſemi-circulaires. L'arrangement & la diſpoſition de ces cinq ouvertures ou portes étant tels qu'il en eſt deux au haut du veſtibule, deux au bas, & une au milieu. Elles ne ſont point cloſes par des membranes comme les deux fenêtres.

3°. *Les canaux osseux & semi-circulaires*, ainsi appellés à raison de leur forme, étant au nombre de trois, les uns & les autres larges à leur embouchure, & leur section étant quelquefois elliptique, & quelquefois circulaire. Le premier embrassant la partie supérieure de la voûte, & s'unissant à celui qui en entoure la partie inférieure; le mitoyen ayant ses deux orifices séparés, d'où il est clair que les six extrémités de ces trois canaux ne doivent former que cinq portes, attendu la communication du canal supérieur & du canal inférieur, qui n'ont ensemble à leur fin réunie qu'une seule ouverture.

4°. *Le limaçon* ou la coquille spirale, à double conduit, qui est dans ce vestibule, du côté opposé aux trois canaux, & dans la partie antérieure de la roche ; ce canal dans toute son étendue, faisant deux tours & demi depuis sa base jusqu'à sa pointe, & étant divisé en deux portions égales par une lame ou une cloison attachée d'une part au noyau, & de l'autre à une tunique tenue qui se joint à la surface de ce canal; ces deux portions égales formant ce qu'on appelle les deux rampes, dont la supérieure s'ouvre dans le vestibule par un large orifice ovale, & c'est la huitième ouverture qu'on y rencontre, tandis que l'inférieure aboutit par un petit orifice orbiculaire à la fenêtre ronde.

5°. *Les nerfs acoustiques, ou de la septième paire*, naissant immédiatement des parties supérieures & latérales de la moëlle allongée, & étant composés de deux substances ; le rameau supérieur formant la portion molle qui est pulpeuse & moëlleuse, à peu près comme les nerfs olfactifs. La branche inférieure formant la portion dure qui, avant sa sortie par le trou styloïdien par lequel elle se fait jour, donne un rameau qui constitue, ainsi que je l'ai dit, la corde du tambour ; elle reçoit une branche de la huitième paire qui s'unit à son tronc; elle fournit quelques cordons aux muscles du marteau & de l'étrier; elle s'anastomose avec quelques filets de la cinquième paire, & se répand dans les parties externes de l'*oreille* & de la tête.

La portion molle arrivée au fond du trou auditif interne, enfile les porosités osseuses qui sont au fond du canal auditif, & pénétre par ces porosités dans l'*oreille* interne où elle se distribue d'abord dans le limaçon, dans les canaux semi-circulaires, & dans le vestibule, non par des filets distincts & séparés, mais sous la forme d'une substance moëlleuse qui tapisse les parois de ces petites cavités, d'ailleurs revêtues par-tout d'un périoste très-fin, qui ferme les deux fenêtres communes de la caisse & du labyrinthe.

6°. *Les vaisseaux sanguins*, un rameau émanant du tronc vertébral, accompagnant le nerf acoustique ou auditif, & se divisant en une infinité de ramifications qui se répandent dans toutes les parties internes de l'*oreille*; le sang qu'elles charrient, revenant ensuite se dégorger dans les sinus occipitaux latéraux qui répondent aux veines vertébrales. La carotide externe fournissant l'artére auriculaire, qui ainsi que quelques ramifications de la temporale, transmet aux portions antérieures le fluide qui y circule, & qui est rapporté par la veine du même nom, & par des rameaux de la veine temporale. L'occipitale fournissant encore un rameau qui se porte dans la poche membraneuse de la trompe, & un autre rameau qui se perd dans la roche après s'être anastomosé avec l'artére méningere.

7°. *Les usages*, les *oreilles* étant dans les animaux comme dans l'homme, l'instrument de l'ouie, & le nerf qui se répand dans le labyrinthe en étant l'organe immédiat.

Des naseaux.

394. Les *fosses*, ou les *cavités nasales*, forment & constituent l'organe de l'odorat.

Il faut en envisager d'abord les parties dures, & ensuite les parties molles, & en considérer:

1º. *Les bornes & l'étendue en général*: ces fosses étant contenues dans l'espace, qui supérieurement est limité par l'os frontal, l'os éthmoïde & l'os sphénoïde, antérieurement par les os du nez & les angulaires, postérieurement par les os du palais & la portion palatine des maxillaires, latéralement par ces mêmes maxillaires & par les os zigomatiques.

2º. *La division en grandes & en petites fosses*: Les *grandes fosses* constituant le double canal qui s'étend en remontant depuis les orifices extérieurs nommés proprement les *naseaux* jusqu'aux os éthmoïde, sphénoïde & frontal & jusqu'aux deux ouvertures internes & supérieures qui, placées immédiatement au-dessus de la voûte du palais, répondent dans l'arriere-bouche, & sont nommées *arriere-narines*.

3º. *La cloison* partageant les *grandes fosses* en deux cavités égales, cette cloison étant supérieurement osseuse & inférieurement cartilagineuse.

4º. *La cloison osseuse* formée par l'os plat, & obliquement quarré, que nous appellons le vomer, dont la base s'unit avec l'épine du sphénoïde & qui se joint avec la lame moyenne de l'éthmoïde; cette pièce osseuse, depuis ces connexions, descendant enchâssée dans deux rainures, résultant, l'une de la conjonction des os du nez, l'autre de celle des os maxillaires & du palais, jusques sur le cartilage qui acheve la séparation.

5º. *La cloison cartilagineuse* composée d'un

cartilage très-considérable, attaché supérieurement au vomer, antérieurement aux os du nez, postérieurement aux os maxillaires, & se propageant perpendiculairement jusqu'à l'orifice externe des cavités où il s'épanouit transversalement par deux prolongemens qui s'écartant l'un de l'autre, & présentant un demi-croissant de chaque côté, achevent de former l'ouverture extérieure de ces *fosses*.

6°. *Les petites fosses* creusées dans les parois même des grandes, & connues sous les noms de sinus frontaux, de sinus sphénoïdaux, de cellules éthmoïdales, de sinus zigomatiques, & de sinus maxillaires.

7°. *Les sinus frontaux* ne présentant quelquefois qu'une seule fosse, d'autrefois quatre, & le plus communément deux, résultant de l'écartement des deux tables du frontal & des cellules du diploë, qui laissent un vuide entre ces deux tables, dont l'antérieure a plus d'épaisseur que la postérieure; le sinus gauche le plus souvent inégalement distingué du droit par une cloison osseuse; mais l'un & l'autre à peu près semblable, eu égard à leurs anfractuosités; ces sinus au surplus n'existant point dans le fœtus, & ne devenant sensibles & étendus dans le poulain qu'à mesure de l'accroissement de l'animal.

8°. *Les sinus sphénoïdaux* dont la cavité n'est pas toujours double, & qui se trouvent dans l'épaisseur de la partie moyenne du corps de l'os sphénoïde ou multiforme; il est impossible d'en déterminer d'une maniere positive la figure & l'étendue.

9°. *Les cellules éthmoïdales* résultant des intervalles que laissent entr'elles plusieurs petites lames qui se montrent comme des volutes ou de petits cornets, lames qui dérivent de celles qui naissent de la premiere lame horisontale de l'os éthmoïde ou cribleux.

10°. *Les sinus zigomatiques & maxillaires* dont on ne voit qu'un léger & petit rudiment dans le fœtus, qui se manifestent dans le poulain nouveau né, & qui deviennent très-amples dans le cheval formé; ces sinus répondant aux antres considérables, qui dans l'homme conservent encore le nom d'*antres d'Higmor*; les zigomatiques étant situés au-dessous de l'orbite, & au-dessus des sinus maxillaires antérieurement aux dernieres dents molaires qui se terminent par leurs racines; les maxillaires étant pareillement antérieurs à quelques autres des dents machelieres dont la racine répond aussi dans leur cavité; les limites de ces sinus n'étant jamais constantes; quelquefois les maxillaires anticipant sur les zigomatiques, d'autrefois les zigomatiques anticipant sur les maxillaires; les uns & les autres étant communément séparés par une lame osseuse, souvent par deux, rarement par trois; quelquefois aussi ces deux sinus n'en formant qu'un; les lames anfractueuses qui rampent dans leur capacité, étant du reste très-irrégulieres; les zigomatiques enfin étant fermées par les cornets antérieurs, & les maxillaires par les cornets postérieurs.

11°. *Les cornets* qui, lorsqu'on a enlevé les os du palais, & détruit le vomer ainsi que la cloison cartilagineuse, se montrent le long des parties latérales de chacune des *grandes fosses*, sous la forme de deux éminences qui s'étendent en longueur de la partie supérieure à l'inférieure, l'espace de six à sept travers de doigts; ces éminences évasées & légérement épaisses dès leur principe, diminuant & s'angustiant insensiblement en descendant vers l'orifice des naseaux, & étant composées d'un plan
de

de fibres osseuses, si minces que la substance en est simplement papiracée ou cartacée. Un intervalle d'environ un doigt les sépare l'une de l'autre dans toute leur longueur, & c'est à leurs volutes & à leurs enroulemens qu'elles doivent le nom qu'on leur a donné.

12°. *Le cornet* antérieur tenant aux os du nez, & aux environs de la partie interne du zigoma, offrant deux parties, dont la supérieure est la plus large, & fait la paroi du sinus zigomatique qu'elle ferme inférieurement ; l'inférieure présentant une espèce de vessie osseuse, close par-tout, & divisée par quelques petites cloisons, qui quoique très-molles & très-déliées sont cependant friables ; cette vessie pouvant être nommée le sinus du cornet antérieur.

13°. *Le cornet postérieur* avoisinant davantage les dents molaires, & tenant à l'os maxillaire, de manière qu'il bouche une partie de l'ouverture du sinus de ce nom. Il est également divisé en deux parties, la première excédant la seconde par sa longueur & par sa largeur, & se trouvant appliquée à l'embouchure même du sinus ; c'est le bord postérieur de cette portion qui se replie du côté de ce sinus en manière de cornet. La seconde plus arrondie, & faisant une volute d'environ un tour & demi ; elle est comme distincte & séparée de la première par des cloisons osseuses ; elle forme aussi une cavité considérable, fermée de toutes parts, cavité qui, partagée elle-même par quelques cloisons osseuses & membraneuses d'où résultent de petites cellules, pourroit être appellée le *sinus du cornet postérieur*.

14°. *Le réseau* résultant d'un nombre innombrable de troux dont les cornets, dépouillés des membranes qui les tapissent, paroissent criblés &

percés; ces troux faisant une espéce de dentelle plus belle à l'extrémité inférieure où les mailles irrégulieres sont infiniment plus multipliées qu'à la supérieure où elles sont plus larges; ce réseau ayant été sans doute pratiqué par la nature dans la vue de diminuer le poids & la masse des cornets.

395. En ce qui concerne les parties molles qui ont un usage relatif à l'organe dont il s'agit, il faut considérer :

1°. *La peau* qui s'étend extérieurement, non-seulement sur la surface des os où elle est dépourvue de graisse, mais sur le cartilage qui acheve de former l'orifice externe des grandes fosses. Elle sert donc latéralement de paroi à la cavité échancrée que les os maxillaires laissent entr'eux & l'épine des os du nez, & elle compose de plus une portion de l'entrée des naseaux. Elle décrit en effet aux côtés externes de leur orifice une espéce de croissant, par un bourlet formé de l'un de ses replis. Supérieurement à ce bourlet, & à la plaque cartilagineuse qui saillit sur le côté opposé au croissant cutané, cette même peau toujours réfléchie poursuivant intérieurement son trajet s'enfonce & se plonge en montant jusqu'au principe de l'épine des os du nez, où d'une part, elle est une sorte de cloison qui divise les uns & les autres de ces os, tandis que, de l'autre elle forme une poche ou une cavité d'environ cinq ou six pouces de longueur, en maniere de cul de sac. Cette cavité totalement distincte & indépendante des grandes fosses, est ce que l'on doit appeller *fausses narines*.

2°. *Les muscles relevant la peau des naseaux*, & en dilatant les orifices, ces muscles étant au nombre de sept. (Voyez l'art. 135).

3°. *La membrane pituitaire ou muqueuse* qui,

outre le périoste qui revêt les portions osseuses & le périchondre qui revêt les portions cartilagineuses, tapisse exactement les *grandes fosses*, les parois de la cloison, les anfractuosités cellulaires & les volutes de l'éthmoïde, les cornets, les sinus frontaux, sphénoïdaux, zigomatiques & maxillaires, ainsi que les conduits lacrymaux qui se déchargent dans les narines : la consistance de cette membrane n'étant pas égale par tout ; cette même membrane n'étant à l'orifice des *grandes fosses* qu'un tissu dégénéré de la peau, s'épaississant & devenant plus pulpeuse, plus molle & plus spongieuse, en remontant jusqu'à leurs ouvertures internes le long de la cloison, & sur les cornets, descendant après avoir recouvert le postérieur en forme de cordon, & se joignant sous cette même forme à l'endroit où se terminent les *fausses narines*, tandis que la portion qui a tapissé la conque antérieure, parvenue au bas de la vessie osseuse, se prolonge de même, & sous la figure d'un cordon d'un diamètre non moins considérable se termine aux parties latérales de la plaque cartilagineuse qui est à l'entrée des naseaux. Dans les sinus elle est si mince & si déliée qu'elle mériteroit le nom d'*arachnoïde*. Du reste, sa structure n'a pas été encore bien développée, le tissu en paroît extrêmement lâche, & elle est infiniment plus spongieuse dans l'animal que dans l'homme.

4°. *Les glandes muqueuses*, assez sensibles à la face interne de cette même membrane du côté qui regarde les os. Dans presque toutes les brutes on a distinctement observé près des arrière-narines, outre les petits vaisseaux artériels & les petits vaisseaux séreux dont elle est parsemée, des canaux qui semblent être les émissaires excréteurs de ces glandes. L'exilité de cette tunique dans les sinus ne permet d'appercevoir aucun corps de cette espece, son tissu y étant principalement formé par des vaisseaux du dernier genre; ceux-ci ne livrent un passage qu'à des parties infiniment subtiles, telles que celles de l'humeur limpide qui suintant & distillant par leurs embouchures, humecte & abreuve sans cesse la tunique à laquelle ils aboutissent.

5°. *Les vaisseaux* qui portent dans cet organe le fluide nécessaire à la nourriture & à l'entretien de ses parties.

L'artere maxillaire interne émanant de la carotide externe, fournissant les nasales externes. L'artere oculaire laissant échapper quelques ramifications qui suivent les nerfs olfactifs dans le nez. L'artère palatine donnant un rameau qui s'introduit dans les fosses par le trou nasal, qui se répand dans la membrane pituitaire, & qui forme la nasale interne; quelques-unes des ramifications que cette même artere palatine envoie aux gencives, pénétrant par les fentes incisives, & se perdant dans les mêmes fosses.

Toutes les veines accompagnant les arteres & se dégorgeant dans la veine maxillaire interne tenant lieu de jugulaire externe, & vuidant ensuite le fluide dans le tronc de la jugulaire; ces tuyaux étant extrêmement nombreux dans les grandes cavités, & principalement sur les cornets où on les voit parallélement rangés selon leur longueur. Ils laissent des traces ou des sillons empreints & gravés sur la surface de ces os.

6°. *Les vaisseaux nerveux*, la tunique muqueuse étant parsémée de tous les filets de la premiere paire des nerfs de la moëlle allongée & de quelques-uns de ceux de la cinquieme paire. Une multitude de petits filets qui partent de la substance grisâtre qui fort de la partie inférieure du processus au-dessus de l'os éthmoïde, se distribuant dans toute l'étendue des naseaux, ensorte que leur expansion y est très-vaste. La septieme paire fournissant par sa communication avec la cinquiéme, quelques filets aux narines externes.

7°. *Les usages:* les *nerfs mols*, presqu'entiérement nuds & à découvert, répandus dans cette partie d'ailleurs encore plus essentielle à la respiration dans le cheval que dans l'homme, y fixant le siége de l'odorat.

Le cartilage transversal qui est à l'orifice externe des naseaux, les garantissant de l'abord trop impétueux de l'air & de la trop vive impulsion des corps odoriféres, qui pénétrant immédiatement & en trop grande quantité dans les *grandes fosses*, en auroient incontestablement trop ébranlé les nerfs.

Les fausses narines retenant une portion de ce même air & des corpuscules exhalés, & s'opposant à l'irritation trop forte qu'ils auroient produite sur les parties sensibles, s'ils y étoient parvenus en trop grande abondance.

Les *sinus*, les *cornets*, les *cellules* augmentant l'étendue de la membrane pituitaire, ensorte que les particules odoriférantes se portant, se rassemblant dans un plus grand espace, s'y multipliant & exerçant leur action en plusieurs endroits, l'odorat en est plus subtil & plus délicat.

Tous les détours résultant de ces sinus, de ces cornets & de ces cellules, arrêtant ces mêmes particules dans l'organe même, & les empêchant de pénétrer immédiatement avec l'air inspiré dans la poitrine.

Enfin la lymphe mucilagineuse dont toute la membrane muqueuse est enduite, contribuant aussi au même effet, & s'opposant au desséchement de la membrane & des nerfs qui s'y rencontrent.

De la Bouche.

396. On appelle en général du nom de *Bouche* l'espace entier que laissent entr'elles les deux mâchoires; cet espace se trouvant terminé & limité antérieurement par la voute palatine; postérieurement par la mâchoire postérieure & les muscles de la langue qui remplissent le canal extérieurement nommé l'auge; supérieurement par la base du crane; latéralement par les portions des deux mâchoires dans lesquelles sont creusées les alvéoles, par les dents mâchelieres, & par les muscles molaires; inférieurement enfin par les lévres & par les dents de pince, les mytoyennes & les coins. Ce même espace étant de plus divisé par le voile du palais en deux cavités qui néanmoins communiquent entr'elles; celle qui depuis les lévres s'étend jusqu'à cette cloison étant nommée proprement la *bouche*, & l'autre ou la plus interne étant appellée l'*arriere-bouche*.

Les *lévres*, les *gencives*, les *barres*, le *palais*, le *voile palatin*, la *langue*, les différentes embouchures placées dans l'arriere-bouche, & qui répondent aux naseaux, aux oreilles, au ventricule & aux poumons, tous les corps glanduleux qui filtrent & qui séparent la salive, sont autant de points que nous nous proposons d'envisager.

Des lévres.

397. Des deux *lévres*, l'une est antérieure & l'autre postérieure. Il faut en considérer :

1°. La *structure* : elles sont formées par un muscle que nous nommons orbiculaire, à raison de ses fibres qui s'étendent circulairement au tour de la bouche pour compofer ces parties ; ce mufcle prenant dès leurs angles ou leurs commiffures la forme d'un bourlet confidérable qui fe replie intérieurement.

2°. *L'enveloppe extérieure & intérieure* : la peau qui couvre la circonférence extérieure du bourlet différant effentiellement du tiffu de la peau voifine, en ce qu'elle eft plus déliée & fi adhérente au mufcle qu'elle n'en eft féparée par aucun tiffu cellulaire ni adipeux, dégénérant toujours à mefure qu'elle fe prolonge & qu'elle s'avance vers l'entrée de la bouche, & devenant très-mince, liffe, polie, & totalement dénuée de poils, lorfqu'elle eft parvenue à la furface interne des lèvres qu'elle revêt.

3°. *La couleur de cette membrane* étant d'un rouge pâle, quelquefois blanchâtre dans les chevaux dont la robe eft claire, marbrée ou tachetée de noir dans ceux dont le poil eft obfcur, quelquefois noire entièrement dans les gencives, près des barres, & dans certaines parties de la lèvre antérieure & poftérieure enfemble, ou de l'une & de l'autre feulement.

4°. *Les glandes dites labiales*, réfultant de quantité de petits tubercules qui font autant de grains glanduleux difperfés entre le mufcle orbiculaire intérieurement, & la membrane qui le recouvre, ces grains fourniffant fans ceffe une humeur à laquelle fe mêle fouvent celle qui eft filtrée dans les autres portions de la cavité dont il s'agit.

5°. *Les mufcles*, au nombre de dix-fept, dont huit pairs & un impair, ces mufcles opérant tous les mouvemens poffibles à ces parties. (Voyez depuis 126 jufqu'à 135).

6°. *Les vaiffeaux fanguins* nommés *artéres* & *veines labiales* : les arteres étant des divifions de la feconde branche de la maxillaire interne qui fe répand fur toute la partie extérieure & inférieure de la tête, les veines suivant la même route, & naissant de la veine maxillaire interne qui est une distribution de la jugulaire.

7°. Les *rameaux nerveux* émanant du cordon antérieur & postérieur de la cinquiéme paire, & de la portion dure de la septiéme ; tous ces nerfs au surplus, leurs divisions & leurs subdivisions se terminant par des mamélons en forme de houpes extrêmement ténues, auxquelles la grande sensibilité de ces parties dans leur surface interne est infailliblement due.

Des gencives, des barres & du palais.

398. On nomme *gencives* le tissu compact & serré qui couvre les deux faces du bord alvéolaire des deux mâchoires. Il faut en considérer :

1°. *Le trajet* : ce tissu s'insinuant dans l'entre-deux des dents, environnant le collet de chacune d'elles, y adhérant étroitement, les affermissant dans leur situation, & garnissant exactement encore l'espace que dans la mâchoire postérieure nous nommons proprement les *barres*, c'est-à-dire, cette portion unie & dépourvue de dents & d'alvéoles qui sépare les mâchelieres & les crochets, ainsi que celui qui divise les crochets & les coins.

2°. *L'union* avec les os maxillaires qui est moindre qu'avec leur périoste.

3°. *La couleur* qui est d'un rouge blanchâtre aux endroits où la membrane dont il est couvert ne conserve pas la couleur de la robe de l'animal ; ce rouge-blanchâtre ne provenant que de celui qui lui est communiqué par les prolongemens des ramifications distribuées dans les lévres, & par quelques divisions de la maxillaire externe.

4°. *La consistance* à l'extrémité postérieure du

bord alvéolaire interne de la mâchoire postérieure où il diminue notablement de volume & se confond avec la membrane intérieure de la bouche, en se terminant de chaque côté par un replis ou une couture que l'on remarque dans le canal & sous la langue; c'est de ce replis que partent les excroissances contre nature que l'on nomme *barbes* ou *barbillons*; l'épaisseur de ce même tissu augmentant considérablement à mesure qu'il parvient à la voûte palatine qu'il tapisse intérieurement, y étant muni d'éminences remplies de sillons évidemment transverses qui s'étendent d'un bord de la mâchoire à l'autre, & qui sont communément au nombre de dix-huit ou vingt.

5°. *Les faces & la consistance en tant que membrane du palais:* la face qui regarde la bouche & les gencives étant lisse & polie, même dans les rugosités, & dans celle qui répond à la voûte osseuse, ce tissu étant moins serré, & presque spongieux, ce qui facilite son union avec les os. Il est plus menu dans ses bords que dans son milieu; il s'étend supérieurement & toujours dans la même consistance jusqu'à la terminaison de la voûte osseuse, & s'attache fortement au bord supérieur & cintré des os du palais. Au-delà de cette connexion, il ne paroît être qu'une tunique simple, fortifiée par la membrane aponévrotique des muscles de cette partie, & par une glande qui en tapisse toute la face supérieure.

6°. *Le voile ou la cloison du palais* divisant la cavité de la bouche en deux portions, formée par une toile musculeuse & aponévrotique couverte inférieurement par la membrane palatine, & supérieurement par la tunique muqueuse.

7°. Les *connexions de ce voile* aux os du palais & à la mâchoire, particulièrement par deux prolongemens de chaque côté, réfultant de la faillie de quelques fibres mufculeufes contenues dans la duplicature des deux tuniques, ce voile étant mobile & flottant.

8°. *Les piliers du voile* au nombre de deux, ces piliers dont l'un eft antérieur & l'autre poftérieur, réfultant des fibres mufculeufes dont je viens de parler, & fe portant latéralement depuis le bord de la cloifon, le premier à la bafe de la langue, le fecond dans le pharinx dans lequel il fe perd & fe confond.

9°. *Les différences* que ce voile comparé à la cloifon du palais dans l'homme peut préfenter ici : ces différences confiftant. 1°. dans l'abfence de la production cylindrique connue fous le nom de luette dans la bouche humaine ; 2°. dans le raprochement de ce ceintre flottant fur la bafe de la langue de l'animal, précifément au-devant de l'épiglotte, raprochement qui eft tel, qu'à peine apperçoit-on dans l'état naturel l'intervalle qui eft entre ces parties ; l'épiglotte étant levée couvrant prefqu'entiérement l'ouverture que la cloifon laiffe, d'où l'on doit inférer que les matieres apportées par l'œfophage ou par la trachée artere, ne pourroient point entrer dans la bouche, & trouveroient une iffue beaucoup plus libre par les nafeaux, en paffant au-deffus de ce voile qui intercepte tout paffage de dedans en dehors, & qui s'ouvre feulement comme une efpéce de valvule de dehors en dedans.

10°. *Les mufcles de la cloifon*, au nombre de cinq, dont les deux pairs ont auffi des ufages relatifs à la trompe d'Euftache. (Voyez art. 154, jufqu'à 156).

11°. *Les glandes*, une de chaque côté, de la longueur d'un pouce & demi, fituées entre les deux piliers du voile, & pouvant être comparées aux

DE L'ART VETERINAIRE. 517

glandes amygdales de l'homme. Elles en diffèrent néanmoins par la figure, & en ce qu'elles versent & dégorgent par quantité de petits orifices dans la bouche proprement dite l'humeur qu'elles ont reçue.

12°. *La glande confidérable* qui fe trouve entre les membranes du voile, qui en occupe toute l'étendue, & dont les canaux excréteurs s'ouvrent pareillement dans la bouche, en perçant la membrane palatine.

13°. *Les vaiffeaux fanguins* émanant des artères & veines voifines.

De la langue.

399. La *langue* eft un corps charnu que l'on peut divifer en fix parties. L'inférieure en conftitue la pointe ; la fupérieure la bafe ; l'antérieure & la poftérieure les faces ; les latérales les bords ; fa face antérieure ne préfentant d'ailleurs dans fon milieu aucune trace linéaire. Il faut en confidérer :

1°. *La membrane externe* qui eft épidermoïde & garnie d'un nombre infini de petites éminences. Elle eft une continuation de celle qui revêt les lèvres, les gencives & toutes les parties de la bouche.

2°. *La membrane moyenne*, appellée *membrane réticulaire*, parce qu'elle eft percée d'une quantité confidérable de petits trous. La fubftance en eft molle & glutineufe.

3°. *La membrane mamelonée ou papillaire*, fituée au-deffous de celle-ci, formée par l'affemblage des extrémités des nerfs, & femée d'une multitude prodigieufe de mamelons paffant par les trous de la membrane réticulaire deftinée à leur fervir de bafe & fe terminant à la face antérieure de la *langue* dans la racine des petites éminences qu'on voit à la surface de la membrane épidermoïde.

4°. *Les mamelons du premier genre* étant à la portion supérieure de la *langue*, y tenant par leur péduncule, & laissant suinter une humeur mucilagineuse. On pourroit penser que ces houpes dont il est deux paquets très-apparents & très-près les uns des autres, sont autant de petites glandes; du reste on ne trouve point ici & au milieu de ces corpuscules apparens le trou borgne que l'on voit postérieurement, & au milieu de la *langue* humaine.

5°. *Les mamelons du second genre* occupant les portions antérieure, inférieure & latérale de la *langue*, n'ayant point autant de convéxité, & étant percés comme les premiers. Plusieurs les ont envisagés dans l'homme comme des espéces de gaînes trouées, dans lesquelles sont nichées les papilles nerveuses qui sont l'organe immédiat du goût, & qui servent comme de rempart à ces mêmes papilles.

6°. *Les mamelons du troisiéme genre* étant indistinctement situés dans les intervalles des autres, veloutés dans la *langue* humaine, & se montrant dans le cheval où ils sont moins sensibles que dans le bœuf, comme de petits cônes. On ne sait si ce sont des poils exhalans, des poils excréteurs, ou s'ils sont préposés pour avertir ces animaux de la qualité des alimens, ou enfin s'ils ne servent qu'à rendre leur *langue* rude, inégale, raboteuse, & à la mettre, en la hérissant, plus à portée de retenir le fourage & de nettoyer facilement par un seul mouvement le palais de tout ce qui pourroit s'y être attaché.

7°. *La substance:* cette partie étant comme un véritable muscle, tissue de fibres charnues, nées de l'expansion des fibres musculaires qui s'y distribuent & qui la forment au moyen de leurs entrelacemens variés & divers.

8°. *Les fibres intrinsèques* dont le trajet est borné dans l'étendue seule de la *langue*, & qui en constituent essentiellement le corps; ces fibres disposées en tous sens; quelques-unes se portant perpendiculairement & en ligne directe de la base à la pointe, elles rapprochent lors de leur contraction la pointe de la base; d'autres n'en garnissant la surface que latéralement, elles tirent en se racourcissant cette même pointe vers le côté gauche; ces fibres longitudinales étant encore coupées à angles droits par des fibres transversales qui s'entrelacent avec elles, & qui allongent & arrondissent cette partie; les fibres obliques coupant les longitudinales & transversales, & leur action opérant le raccourcissement du muscle vers sa base, tandis que celles qui marchent horisontalement & selon son épaisseur qu'elles diminuent, l'allongent & l'élargissent.

9°. *Les fibres extrinsèques* s'écartant du corps de la *langue*, & s'en séparant pour s'attacher sous la forme de plusieurs petits muscles aux parties voisines.

10°. *Les muscles*, au nombre de six, & agissant conjointement avec les fibres dont ils sont l'origine & le principe. (*Voyez art. 149*).

11°. *Les connexions*, 1°. par une espéce de ligament membraneux résultant de la continuation & de la duplicature lâche de la membrane qui revêt la mâchoire postérieure, & qui se replie sous la *langue* près de l'insertion des muscles génioglosses; 2°. par les muscles qui la fixent, soit à cette même mâchoire postérieure, soit à l'os hyoïde qui en affermit la base & qui fixe les attaches de divers muscles, soit encore par d'assez fortes adhérences qu'elle contracte en approchant de ce même os.

120. *Les vaisseaux sanguins:* les plus notables étant les artéres ranines & palatines; les premieres, une de chaque côté, étant la seconde ramification de la maxillaire interne, & se plongeant entiérement dans la substance de la *langue*, dans laquelle elles pénétrent par sa face postérieure à l'endroit de sa base d'où elles se répandent & se distribuent jusqu'à la pointe, & les palatines émanant du second rameau de la troisiéme branche de cette même maxillaire.

Les veines accompagnant & suivant les artéres, elles se rendent dans la maxillaire interne, & delà dans les jugulaires.

13°. *Les vaisseaux nerveux* naissant du cordon antérieur & postérieur de la cinquiéme paire qui fournit un rameau qui passe dans le canal palatin & qui se répand dans le palais, tandis qu'un de ceux du cordon ou du maxilaire postérieur, qui sort le plus près de la fente déchirée, se porte à la *langue* & dans ses muscles, sous le nom *de petit nerf lingual*; celui-ci communiquant avec le grand nerf lingual, ou de la neuviéme paire, dont l'origine est à l'extrémité de la moëlle allongée & qui sort du crane par les troux condiloïdiens de l'occipital sous la forme de plusieurs petits filamens; ils se plongent par la base de la *langue* dans toute sa substance, & s'y perdent.

De l'arriere-Bouche.

400. L'arriere-bouche est comme un vestibule dans lequel aboutissent plusieurs ouvertures. Ces ouvertures sont supérieurement les embouchures des trompes d'Eustache & des fosses nasales, & postérieurement les orifices de l'œsophage & de la trachée-artére; celle-ci sont distinguées par les noms de *larynx* & de *pharinx*; le larynx n'étant autre

chose que cette espéce de tête cartilagineuse que présente l'extrémité supérieure du conduit par lequel l'air qui a passé par les naseaux peut sans cesse s'insinuer dans les vaisseaux aëriens du poulmon, & en sortir avec la même liberté ; le pharinx étant un grand sac musculeux & membraneux dans lequel il faut considérer :

1°. *Les adhérences* antérieurement à la face postérieure du larynx, postérieurement à la face de l'apophise cunéiforme & au pavillon des trompes d'Eustache, ce sac étant latéralement affermi par les grandes branches de l'os hyoïde, & ses connexions étant encore par le tissu cellulaire aux glandes, aux muscles & aux vaisseaux qui l'entourent.

2°. *Les membranes* : ce même tissu cellulaire le revêtissant extérieurement, & une membrane qui est la continuation de celle des fosses-nasales & du palais, le tapissant intérieurement ; cette même membrane ayant plus de consistance dans ce sac, en acquérant d'avantage dans le canal alimentaire, adhérant étroitement à la membrane cellulaire, & pouvant être aisément séparée des fibres charnues ; elle l'est même en quelque façon dans l'œsophage où elle forme une sorte de canal membraneux très-distinct. C'est par elle que le pharinx est uni au larynx, ses fibres charnues s'étendant sur les faces latérales du cartilage tiroïde, à la face postérieure du cricoïde, à l'os hyoïde & au sphénoïde.

3°. *Les muscles*, au nombre de quinze, dont sept pairs & un impair. Leurs noms sont relatifs à leurs attaches, & leur action se rapportant à leur direction & à leur situation, opere l'élévation, la dilation & le resserrement de cette partie. (*Voyez l'art. 150 jusqu'à 152*).

Des glandes.

401. Les glandes de la bouche font office d'une part de cryptes ou de follicules glanduleux parsémés dans toutes ses parties, & de l'autre de véritables glandes conglomérées. Eu égard aux premieres, semblables la plupart les unes aux autres par leur volume, par leur substance & par leur office, il faut en considérer:

1°. *La situation* sur la plus grande partie de la surface de la membrane qui tapisse la bouche, cette situation déterminant le nom qu'on leur a donné.

2°. *Les labiales*, dites ainsi, parce qu'elles sont placées entre le muscle orbiculaire des lévres, & la membrane qui revêt ces mêmes lévres.

3°. *Les molaires*, situées entre le muscle molaire & cette membrane.

4°. *Les linguales*, situées à la partie antérieure de la langue.

5°. *Les palatines* situées à la voûte du palais.

6°. *Les épiglotiques*, *les arythénoïdiennes* placées dans le larynx.

7°. *Les pharingiennes* placées dans le pharinx.

8°. *Les tonsiles*, ou celles qui dans l'animal en tiennent lieu, & dont j'ai parlé & expliqué la position N° 11. de *l'article des gencives*, des *barres*, & du *palais*.

9°. *Les usages* qui sont de fournir un liniment gras, transparent quoique visqueux & de plus insipide, liniment qui abonde dans presque toutes les parties du corps, qui émousse les âcretés, qui en défend les nerfs, qui s'oppose aux suites fâcheuses des frottemens, qui prévient celles qui naîtroient d'un long desséchement, qui est le vernis
des

des premieres voies, & qui facilite dans la bouche le paſſage des alimens, en les humectant ainſi que la ſalive, & en maintenant toujours les membranes gliſſantes.

02. Les *conglomérées* y filtrent & y fourniſſent la liqueur connue ſous le nom de *ſalive*, liqueur qui aſſimile les alimens à la nature du corps qu'ils doivent nourrir, & qui eſt le premier véhicule des ſels, car c'eſt principalement par elle qu'ils s'appliquent à l'organe du goût; de-là elles ont été appellées *glandes ſalivaires*. Il faut en examiner:

1°. *Le nombre* que l'on peut porter juſqu'à celui de ſept, en y comprenant celle dont nous avons marqué la ſituation N° 12 *de l'art. des gencives, des barres & du palais.*

2°. *La ſituation* des ſix autres, trois de chaque côté, placées à l'intérieur de la bouche, ou près de l'articulation de la mâchoire, ou près des muſcles qui mûs pendant la maſtication les preſſent, les compriment & excitent un flux plus copieux d'humeur ſalivaire. De ces ſix glandes les unes étant appellées avives ou parotides, les autres maxillaires & les autres ſublinguales.

3°. *Les parotides* ſituées au-deſſous de l'oreille, entre la tubéroſité de la mâchoire poſtérieure & l'encolure, recouvrant une portion de la carotide & de la jugulaire, ayant environ quatre ou cinq pouces de longueur, deux de largeur & un d'épaiſſeur, la couleur en étant jaunâtre, leur ſurface inégale & boſſelée préſentant les intervalles des grains glanduleux dont elles ſont formées. De ce milieu & de la partie inférieure de cette glande, part un canal membraneux blanchâtre dont le diametre eſt égal à celui d'un gros tuyau de plume. Il deſcend derriere la tubéroſité de la mâchoire ſur laquelle il monte le long du bord inférieur du muscle masséter, accompagné d'un rameau d'artéres & de veines venant des artéres & des veines maxillaires. Il s'avance de-là fur le mufcle molaire qu'il perce environ dans fon milieu pour fe rendre dans la bouche où il dégorge la falive qu'il charrie entre les deux premieres dents molaires.

4°. *Les maxillaires* moins volumineufes que les parotides, placées dans l'auge près de l'extrêmité fupérieure de la mâchoire, entre cette partie & le larynx; leur longueur fuppléant au défaut de leur volume étant d'environ un demi pied, & leur forme étant prefqu'arrondie. Elles s'étendent depuis la bafe de l'os hyoïde, jufqu'à la partie fupérieure & latérale de la trachée-artére, l'efpace que le larynx occupe entr'elles, les féparant l'une de l'autre. Leurs canaux excréteurs, découverts par Warton, paflent au-deflous des mufcles milo-hyoïdiens, fe propagent le long des mufcles hyoglofles & de la face interne de la glande fublinguale, à laquelle ils adhérent fortement, percent la membrane interne de la bouche, & s'ouvrent à la partie inférieure du canal de cette partie, à l'endroit où le prolongement accidentel de cette membrane forme ce que nous nommons les *barbillons*, & à très-peu de diftance des crochets.

Du refte ces glandes ne font jamais affectées dans les chevaux atteints de la morve. Celles qui paroiffent tuméfiées, & que l'on comprime dans l'auge, pour s'aflurer de l'exiftence de cette maladie, n'étant que des glandes lymphatiques.

5°. *Les fublinguales* fituées dans l'auge, plus inférieurement & étant plus voifines & plus rapprochées que ne font les autres entr'elles. Leur forme eft étroite, allongée; elles fe dégorgent dans la bouche le long des parties latérales & inférieures du canal par plusieurs petits conduits excréteurs, que Rivinus a démontrés dans le veau.

6°. *Enfin la septiéme ou la glande velo-palatine*, occupant toute l'étendue du voile du palais, située entre la membrane aponévrotique & la membrane palatine ; le nombre considérable de ses canaux excréteurs perçant cette derniere tunique, & versant dans la bouche la salive que cette glande a séparée.

Des principaux usages de la bouche en général.

03. C'est dans cette cavité premiere que se fait une atténuation des alimens par la mastication, par la salive qui s'y décharge, & par la liqueur qui y est exprimée. Un mouvement général de la mâchoire postérieure, composé de tous ceux dont elle est douée, en opére le broyement. C'est à raison de ce mouvement que le fourage est serré & pressé à diverses reprises entre les dents mâchelieres, & d'autant mieux divisé qu'il change à tout moment de place, & qu'il est sans cesse retourné & répoussé entre ces dents, soit par l'action des muscles molaires, soit par celle de la langue qui le porte de côté & d'autre, & qui s'en charge quand il a été suffisamment mâché, mêlé, humecté, lubréfié & pétri. Alors cette même mâchoire se rapproche de l'antérieure, & les alimens contenus sur la face antérieure de la langue, sont comprimés entre cette partie & le palais dont les sillons les maintiennent sur cette même face, & empêchent qu'ils ne retombent à mesure qu'ils remontent vers le gosier, & qu'ils y abordent. En même-tems la langue se repliant dans sa longueur, devient cave dans son milieu, & comme une espéce de canal dans

lequel le fourage déja préparé s'arrange & se moule de maniere à passer en forme de pelotte ovale, non en travers, mais par une des pointes ou des extrémités de cette pelotte dans la seconde cavité, c'est-à-dire, dans l'*arriere-bouche*. Le fourage ainsi pétri, étant pressé contre la voûte palatine, par l'application de la langue, suivant toute sa longueur, en commençant par sa pointe & en finissant par sa base, ses replis sur elle-même, conséquemment au jeu des fibres charnues qui lui sont propres, & à la contraction des basioglosses, aidés des hyoglosses agissant ensemble ; telles sont les actions qui déterminent les alimens à cheminer en haut. Parvenus au voile, ils l'élevent de concert avec le velo-palatin & les peristaphilins, tandis que la langue se portant en arriere dans le petit abaissement qui la sépare de l'épiglote, pousse ce cartilage & le couche sur la glotte qu'il recouvre entiérement. Or la bouche, les arriere-narines & le larynx étant fermés par ce moyen, le fourage est reçu dans le pharinx ouvert qui élevé & dilaté par les ptérygo-palato-pharingiens & les kerato-pharingiens, vient présenter aux matieres le haut de son large entonoir, comme pour les inviter à y descendre. Elles en sont plus fortement sollicitées encore par la cloison, qui dans l'instant de leur passage fait fonction de valvule à l'égard des naseaux, mais qui revenant aussi-tôt après dans sa situation naturelle les presse du côté du pharinx, sur-tout au moyen du muscle œsophagien & des autres muscles, dont l'usage est de resserrer cette partie.

Il est donc facile de voir par cette très-foible ébauche de ce qu'il en coute à la nature dans l'action de la mastication & de la déglutition, que la langue, parmi les organes différens qui y sont employés, & les mouvemens divers qui doivent y concourir, doit être envisagée comme un agent essentiel & des plus nécessaires. Elle est encore l'organe unique & immédiat du goût, &c.

FIN.

ERRATA.

Page 17, Ligne 22, *Attachement*, lisez, *attache*.

39, 1, *Aux aux narines*, supprimez, *aux*.

49, 2, *Intérieure*, lisez, *inférieure*.

64, 4, *Extérieurement*, lisez, *antérieurement*.

65, 27, *Seissure*, lisez, *scissure*.

167, 30, *Muscles descendans*, lisez, *descendant*.

209, 10, *Artéreres*, lisez, *artéres*.

219, 14, *Artére pylogique*, lisez, *pylorique*.

273, 9, *Bucales*, lisez, *buccales*.

399, 11, *Elle pourroit servir*, lisez, *elle paroît servir*.

409, 22, *D'un paroi*, lisez, *d'une paroi*.

439, 8, *Affaissés*, lisez, *affaissées*.

TABLE
DES MATIERES
CONTENUES DANS CE VOLUME.

De l'Anatomie en général, page 1
Des os en général, 10
Des os du cheval confidérés en particulier, 22
Des os de l'avant-main, ibid.
————Du crâne, 23
————De la mâchoire antérieure, 34
————De la mâchoire poftérieure, 41
————hyoïde, 43
————De l'extrémité antérieure, 44
————Du corps, 54
————De l'arrière-main, 66

Du cuir ou du derme, 78
De la furpeau ou de l'épiderme, 81
De la graiffe, 82
Des poils, 84
Du pannicule charnu, 86
Des mufcles du cheval confidérés en général, 88
Des mufcles confidérés en particulier, 101
Des mufcles de la tête, & des mufcles fervant aux mouvemens des parties particulieres qui en dépendent, ibid.
Des mufcles propres de la tête, 118
————De l'os hyoïde, 122
————De la langue, 125

TABLE DES MATIERES.

——————Du larinx, page	126
——————Du pharinx,	128
——————De la cloison du palais & de la trompe d'Eustache,	130
——————De l'encolure,	132
Du ligament cervical,	137
Muscles de l'extrémité antérieure,	138
Muscles du dos & des lombes,	153
——————De la respiration,	155
——————Abdominaux,	160
——————Des testicules & du membre,	167
——————Du clitoris,	169
——————De l'anus,	170
——————De la queue,	171
Des vaisseaux sanguins en général,	193
Des vaisseaux pulmonaires,	203
De l'aorte,	204
——————Antérieure,	206
——————Postérieure,	217
De la veine cave,	227
——————Antérieure,	ibid.
——————Postérieure,	234
De la veine porte,	239
Des nerfs en général,	242
Des nerfs en particulier,	246
——————De la moëlle allongée,	ibid.
——————De la moëlle épinière,	255
Des glandes & des vaisseaux lymphatiques en général,	262
Des glandes en particulier,	269

De l'abdomen en général, page 281
Des mammelles, 283
Des viſceres abdominaux chilopoïetiques, 288
———————— Uropoïetiques, 339
————————Spermatopoïetiques, 349
De l'état de l'uterus dans la jument pleine, 394
De la ſituation du fétus dans l'uterus, 406
Des différences les plus notables dans le fétus & dans l'adulte, 407
Des viſceres de la poitrine, 411
De la plévre & du médiaſtin, 412
Du tymus, 415
Du diaphragme, 417
Des poumons, 421
De la trachée-artére en général & du larinx, 423
De la trachée-artére proprement dite, 428
Des bronches, 431
Du péricarde & du cœur, 444
Des viſcéres de la tête, 463
Des meninges & de la dure-mere, ibid.
De la pie-mere, 470
Du cerveau en général & du cerveau proprement dit, 471
Du cervelet, 480
De la moële allongée, 481
De la moële épiniére, 482
Des yeux, 487
Des naſeaux, 504
Des oreilles, 491
De la bouche, 512

Fin de la Table.

www.ingramcontent.com/pod-product-compliance
Lightning Source LLC
Chambersburg PA
CBHW071403230426
43669CB00010B/1427